空间数据库实验教程

何珍文　编著

内容摘要

空间数据库是空间信息技术的重要基础之一，是地理信息系统、空间信息与数字技术等空间信息相关专业的核心课程。本书是空间数据库课程的实验教程，通过空间数据库建库、管理及应用开发等一系列实验，帮助学生进一步理解所学空间数据库知识，提升其运用空间数据库技术解决实际问题的能力。本书包括空间数据库系统环境、空间数据转换与入库、空间数据模型、空间数据组织管理、空间数据索引、空间查询与分析、空间数据库应用程序开发七个方面的内容。

本书可以作为高等学校地理信息系统、空间信息与数字技术、软件工程、通信工程、测绘、遥感、计算机及其相关专业开设的“空间数据库”课程的本科生和研究生实验教材，也可供信息化建设、信息系统开发等相关科研、企事业单位的研究与开发人员参考和使用。

图书在版编目(CIP)数据

空间数据库实验教程/何珍文编著．—武汉：中国地质大学出版社，2019.1（2020.8重印）
中国地质大学（武汉）实验教学系列教材

ISBN 978-7-5625-4480-7

Ⅰ.①空…
Ⅱ.①何…
Ⅲ.①空间信息系统-实验-高等学校-教材
Ⅳ.①P208-33

中国版本图书馆CIP数据核字(2019)第026585号

空间数据库实验教程 何珍文 编著

责任编辑：彭 琳 责任校对：周 旭

出版发行：中国地质大学出版社（武汉市洪山区鲁磨路388号） 邮政编码：430074
电 话：(027)67883511 传 真：67883580 E-mail：cbb@cug.edu.cn
经 销：全国新华书店 http://cugp.cug.edu.cn

开本：787毫米×1092毫米 1/16 字数：518千字 印张：20.25
版次：2019年1月第1版 印次：2020年8月第2次印刷
印刷：武汉市籍缘印刷厂 印数：501—1500册

ISBN 978-7-5625-4480-7 定价：39.00元

中国地质大学(武汉)实验教学系列教材

《空间数据库实验教程》

作者名单

何珍文　王媛妮　刘　刚　李新川

张夏林　田宜平　翁正平　乔璐楠

孙亚博　龙仕荣　赵　洪

前　言

随着信息技术的不断发展、对地观测能力的不断提升以及各种移动智能设备的推广应用，世界上每时每刻都在不断产生着海量的空间数据。所谓空间数据库，就是长期存储在计算机内、有组织、可共享的大量空间数据的集合。空间数据库技术为这些海量空间数据的存储、管理、查询访问提供了有效的解决方案；同时，也在空间统计分析、空间数据挖掘、空间知识发现及地理、地质空间建模等方面得到广泛应用，成为空间信息技术发展的重要支撑。

在多年教学科研的基础上，我们编写了这本实验教材，供本科生和研究生在实验过程中使用。本书注重理论联系实际，课程实验软件平台涉及 Oracle、ArcGIS 等主流商业软件系统，同时也兼顾了一些开源软件或项目，如 QGIS、GeoTools 等；通过任务和问题设计，将空间数据库的一般原理与实际操作相结合，强化学生解决实际问题的能力。

本书分为两部分：

第一部分为空间数据库基础，主要包括 Oracle Spatial 空间数据库系统环境、空间数据转换与入库、空间数据模型、空间数据组织与管理、空间索引、空间查询与分析以及空间数据库应用程序开发。通过对实际空间数据库管理系统代码层级的解析，进一步加深对空间数据库基本概念的理解、对基本知识的掌握和对基本技术的运用，提升分析问题和解决问题的能力。

第二部分为空间数据库实验指导，与第一部分相对应，包括空间数据库实验环境、Oracle 数据库开发基础实验、空间数据库实验、空间数据模型试验、空间数据组织与管理实验、空间索引实验、空间数据查询实验、空间数据库编程实验七个分项实验和一个空间数据库综合实验。

本实验教程第 1 章至第 7 章由何珍文编写，第 8 章至第 13 章由何珍文、王媛妮编写，第 15 章、第 16 章由何珍文、李新川编写，写作过程中还得到了课程组刘刚、张夏林、田宜平、翁正平、李章林等老师的宝贵建议。乔璐楠、龙仕容、孙亚博、赵洪等研究生参与了部分图形编绘工作。全书由何珍文统稿并定稿。

空间数据库技术发展日新月异，特别是大数据技术的发展对空间数据库提出了许多新的要求，带来了诸多挑战。受时间、篇幅、知识面和材料限制，本书还存在很多不足之处，期待您的批评指导，以便我们在后续工作中不断完善相关内容。

何珍文

2018 年 3 月于中国地质大学（武汉）

目　录

第一部分　空间数据库基础

第二部分　空间数据库实验指导

第一部分

空间数据库基础

第1章　空间数据库系统环境

本章主要介绍了如何使用Oracle Spatial、SQL Developer、WebLogic Server、OC4J、MapViewer、MapBuilder等相关软件或组件构建的空间数据库系统环境与配置过程。由于Oracle Spatial的相关技术实现，在Oracle数据库10.1.0.2以后的标准版和企业版与Oracle数据库是自动集成在一起的，因此，如果安装的Oracle数据库符合上述条件，就不需要专门单独安装Oracle Spatial组件了。首先，我们介绍Oracle数据库的安装与配置。

1.1　Oracle数据库管理系统的安装与配置

Oracle数据库是Oracle公司（甲骨文公司）最主要的数据库产品。该公司成立于1977年，是全球最大的信息管理软件及服务供应商。其主要软件产品Oracle数据库系统已经成为市场占有率最高的数据库产品。最早的Oracle 1是采用汇编语言在DEC公司（美国数字设备公司）的PDP-11上开发完成的。Oracle 3则采用了C语言开发，使得Oracle具有了较强的跨平台优势。1997年Oracle公司推出了基于Java的Oracle 8，两年后推出了Oracle 8i，其中的i则代表了Internet，添加了SQLJ和XML等特性。

2001年，Oracle公司发布了Oracle 9i。这个版本最重要的一个新特性就是增加了RAC。2003年Oracle公司又发布了Oracle 10g，其中的g代表了Grid（网格）。这个版本最重要的特性就是加入了网格计算功能。2007年，Oracle公司发布了Oracle 11g。目前，最新的版本为Oracle 12c。由于在Oracle 12c中引入了可插拔数据库（Pluggable Database），与Oracle 11g在体系结构上已经有一定的差异。在Oracle软件选择方面，本书主要采用Oracle 12c，有些示例为了和其他如ArcGIS、QGIS等工具要求的版本匹配，也部分采用了Oracle 11g。全书代码可以运行在Oracle 11g及其后续版本上。

Oracle数据库系统是一个大型的商业数据库系统软件，如有Oracle公司授权和安装光盘，可以直接在安装光盘中双击“SETUP.EXE”开始执行安装，也可以在Oracle公司的官方网站下载（http://www.oracle.com/technetwork/database/enterprise-edition/downloads/index.html）。

双击“SETUP.EXE”程序后，开始点击Oracle的安装向导，如图1-1所示。在图1-1的界面中，可以填写一个E-mail用于接受Oracle公司发送的安全配置信息。如果不想要这些信息，可以直接单击“下一步”按钮，系统会弹出如图1-2所示的警告提示，直接点击“Yes”按钮，进入下一步安装。

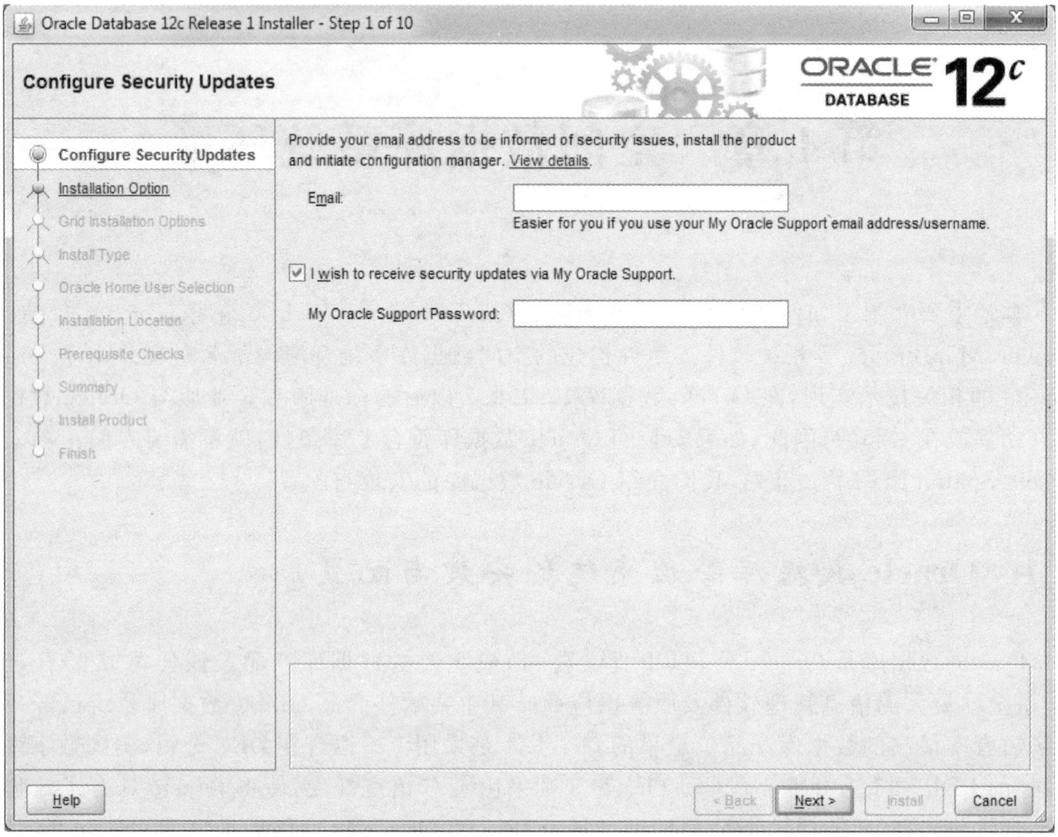

图 1-1　Oracle 安装的安全更新配置

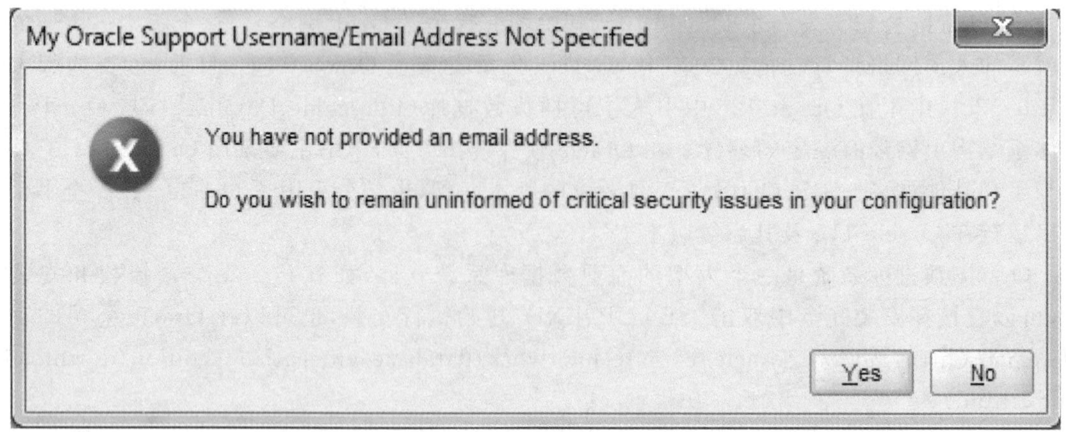

图 1-2　安全配置中的电子邮件错误提示

图 1-3 显示了三种安装选项，分别是："创建和配置数据库""仅安装数据库软件""升级现有数据库"。如果只想安装一个数据库管理系统软件，则不需要安装程序自动给你创建一个数据库实例，可以选择"Installation"(仅安装数据库软件)。如果在安装的目标机器上已经有一

个 Oracle 数据库，则可以选择升级现有数据库。在这里我们以全新安装为例，并且希望安装程序自动创建数据库实例，所以选择“Create and configure a database”(创建和配置数据库)。

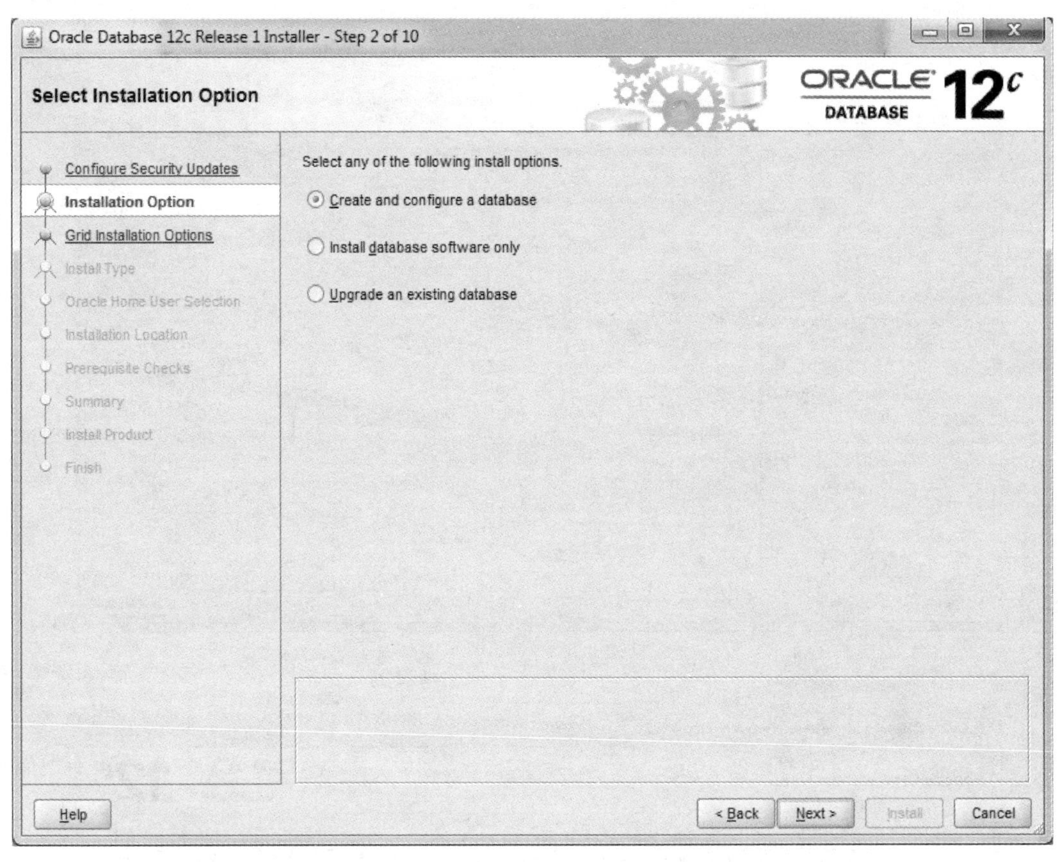

图 1-3　Oracle 的安装选项

接下来出现如图 1-4 所示的界面。在这个界面中可以选择安装的系统类型，可以是桌面类和服务器类。因为服务器类的系统一般对计算机的软硬件资源要求相对较高，并且对资源独占性较强，不太适合安装在个人计算机上，而且我们的数据库管理系统软件只是安装在普通的 PC 上面供实习使用，所以应该选择桌面类的系统比较适合。接下来会出现如图 1-5 所示的界面，这里需要指定 Oracle Home User。可以新建一个用户，也可以采用 Windows 已有用户。

在图 1-6 所示的界面中，主要填写 Oracle 的相关目录、字符集等信息。以 Windows 操作系统为例，如果 Oracle 的基目录是 d:\app\oracle，则 Oracle 相应的 Home 目录会变成 d:\app\oracle\product\12.1.0\dbhome_1，Oracle 的数据文件位置会变成 d:\app\oracle\oradata。由于不同的数据库可能安装位置不尽相同，在本书中，采用 {ORACLE_BASE} 表示 Oracle 的基目录，{ORACLE_HOME} 表示安装的 Oracle 的 Home 目录，也就是软件位置，用{ORACLE_DATA} 表示数据存放目录。图 1-6 中除了目录设置外，还有数据库的版本，这里选择企业版本，相关的一些组件会自动安装。字符集可以采用操作系统默认的字符集。全局数据库名比较重要，以后访问数据库的时候会经常用到，可以直接采用默认的 orcl，也可以自己命名。

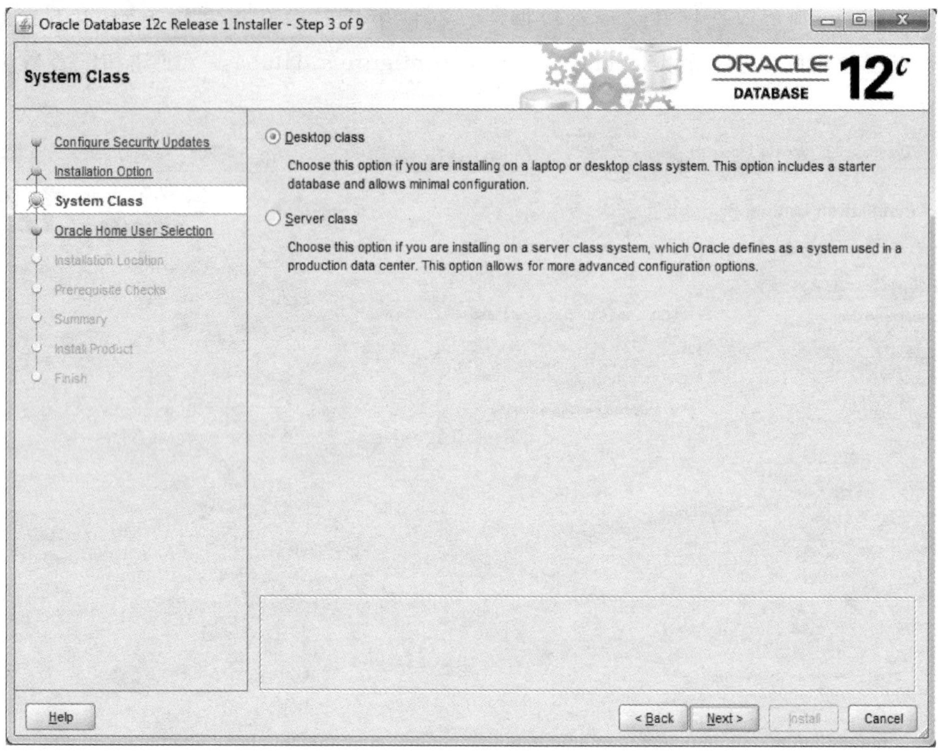

图 1－4　Oracle 安装的系统类型

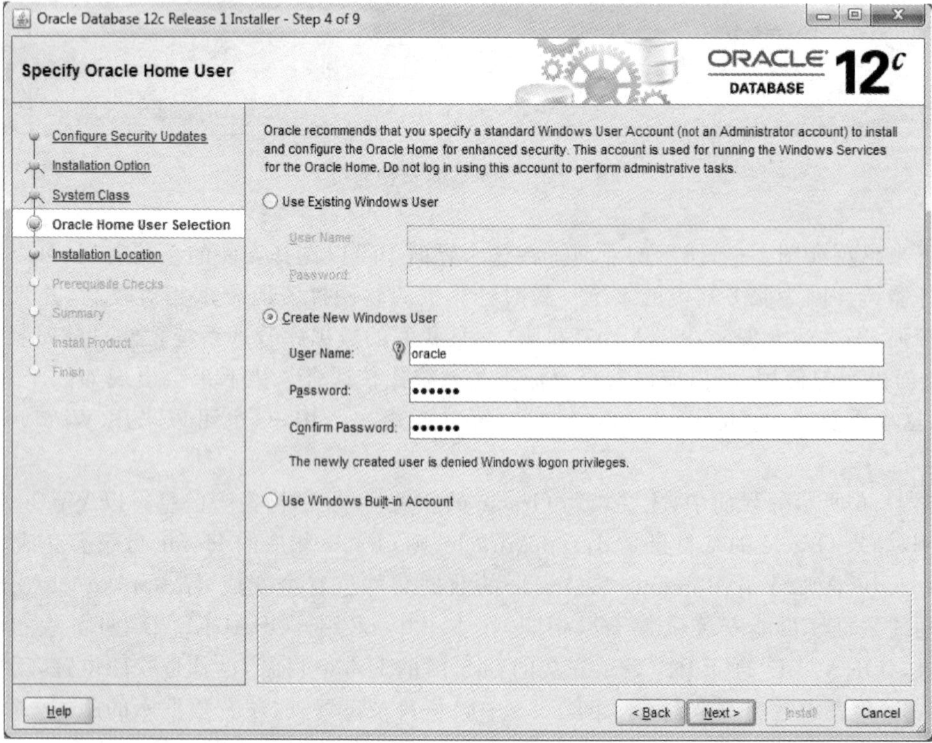

图 1－5　Oracle 安装的用户设置

管理口令是管理员的初始口令，可以输入自己设定的口令。但是这个口令如果比较简单，不符合 Oracle 的安全策略，安装程序会弹出提示对话框（图 1－7），提醒密码不符合 Oracle 建议的标准，这时可以选择"No"返回重新设定，也可以不管它继续执行下一步安装。

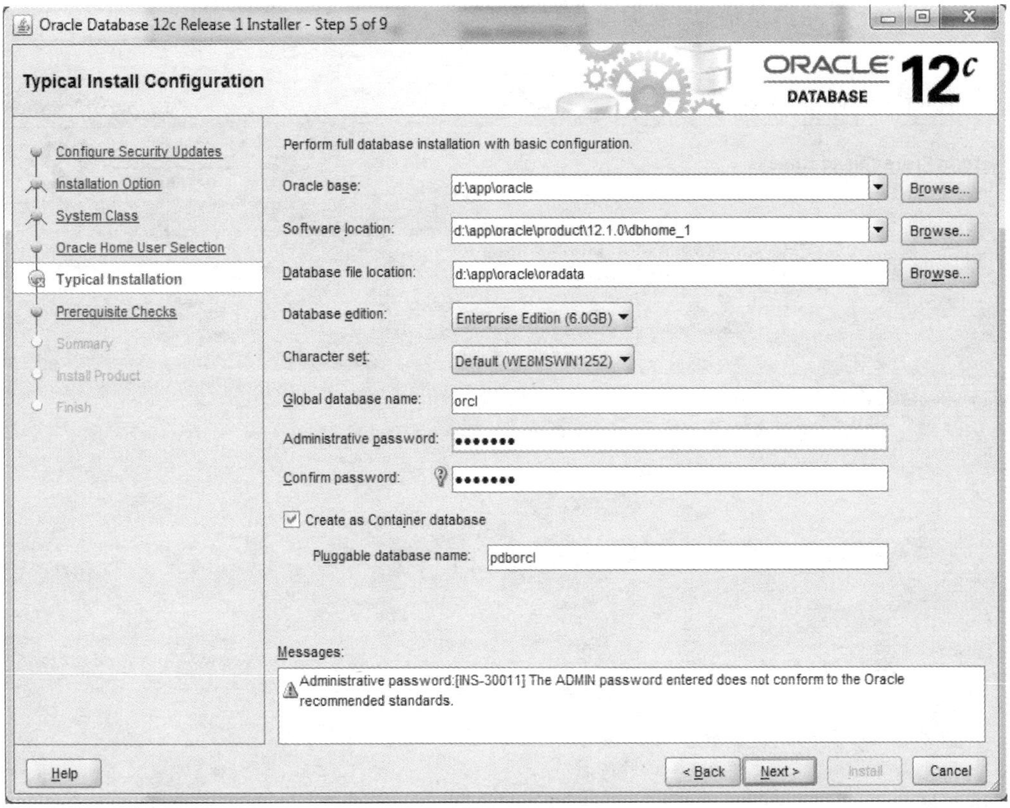

图 1－6　Oracle 的安装配置

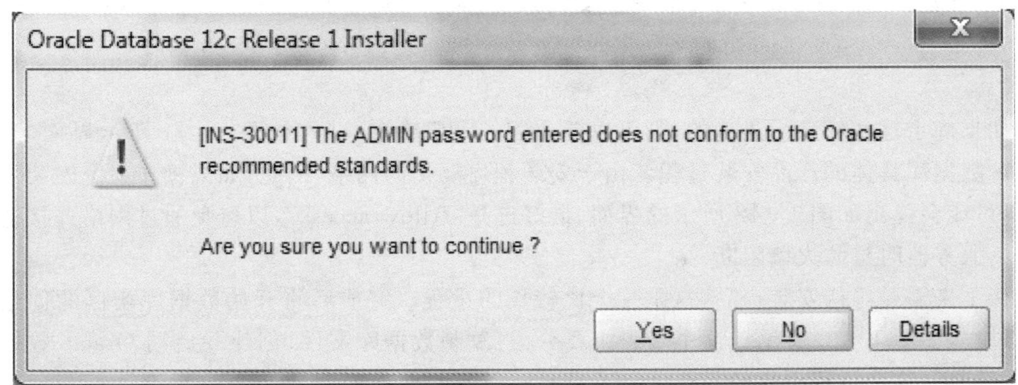

图 1－7　Oracle 的安装过程中密码不符规范提示

接下来，安装系统会进行一些先决条件检查，如图 1－8 所示，主要包括操作系统、CPU、内存等方面。如果没有通过检查，则会弹出如图 1－9 所示的界面，它会告诉你哪些项没有通过安装程序的检查。对于配置比较低的机器，可能会出现内存不够大等问题，这会在一定程度上影响 Oracle 数据库的性能。如果没有可以替换的机器而一定要在这台机器上进行 Oracle 安装，可以在图 1－9 中选择全部忽略。然后单击“Next＞”，进入到如图 1－10 所示的界面。这个界面是前面所有安装配置信息的一个总结，显示将要安装的数据库产品的一些概要信息，如数据的全局设置、产品清单信息、数据库信息等。

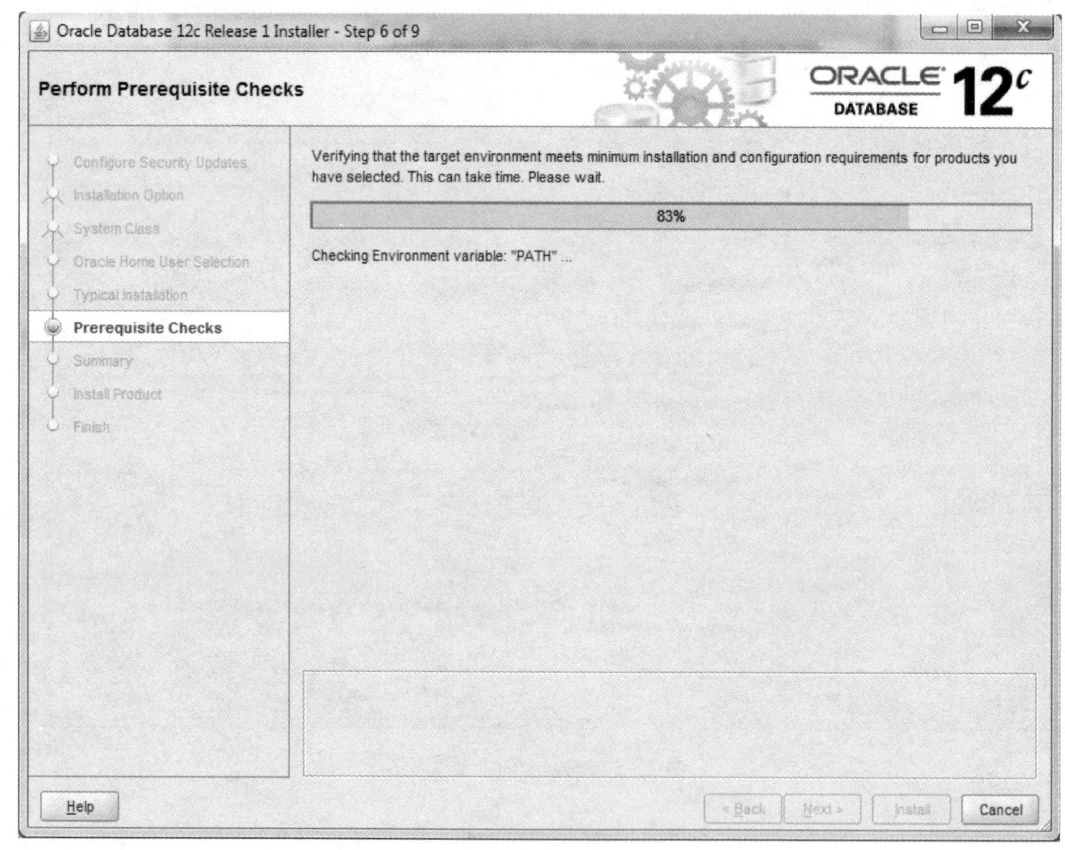

图 1－8　Oracle 安装程序进行系统配置检查

如果确定这些信息是正确的，则可以单击“Install”按钮，进入如图 1－11 所示界面，开始 Oracle 数据库具体的产品安装过程。由于安装程序要访问网络，因此，如果操作系统安装了防火墙，可能会弹出如图 1－12 所示的界面，最好选择“Allow access”，以避免通过网络连接访问 Oracle 服务器时被防火墙阻断。

接下来需要等待安装产品，这是一个比较长的过程。完成后将开始数据库实例的创建和安装过程，如图 1－13 所示。这个步骤主要分为：复制数据库文件、创建并启动 Oracle 数据库实例。同样，这个过程也比较长。

数据库创建完成后，则会弹出如图 1－14 所示的界面。在这个界面中可以看到安装的一些信息，显示了安装路径、数据库全局 ID、名称等数据库信息。

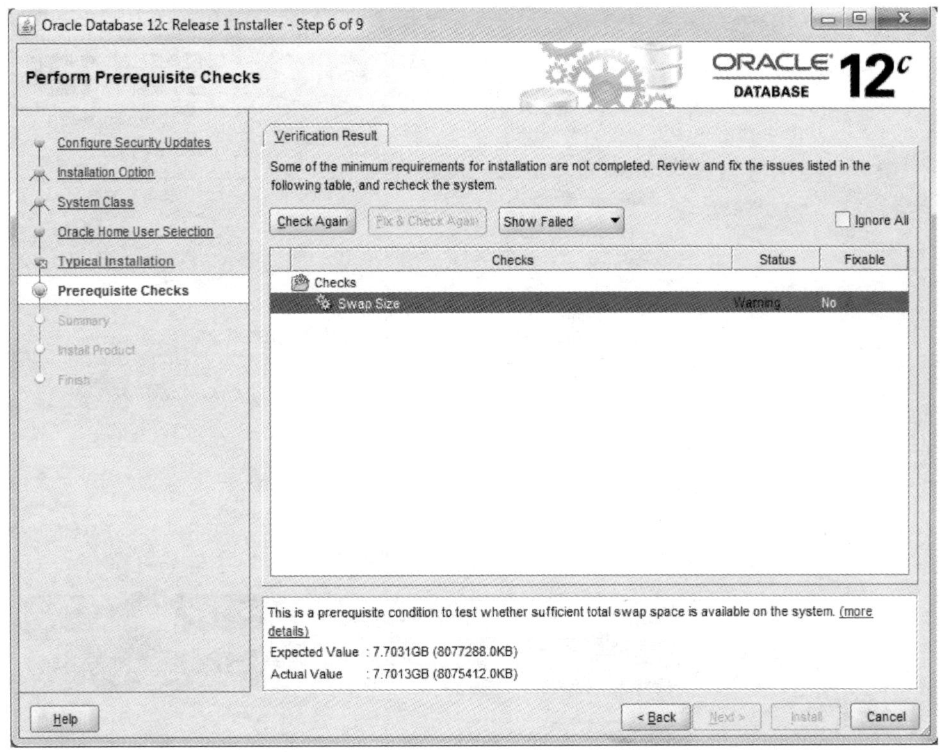

图 1－9　Oracle 安装程序进行系统配置检查失败的处理

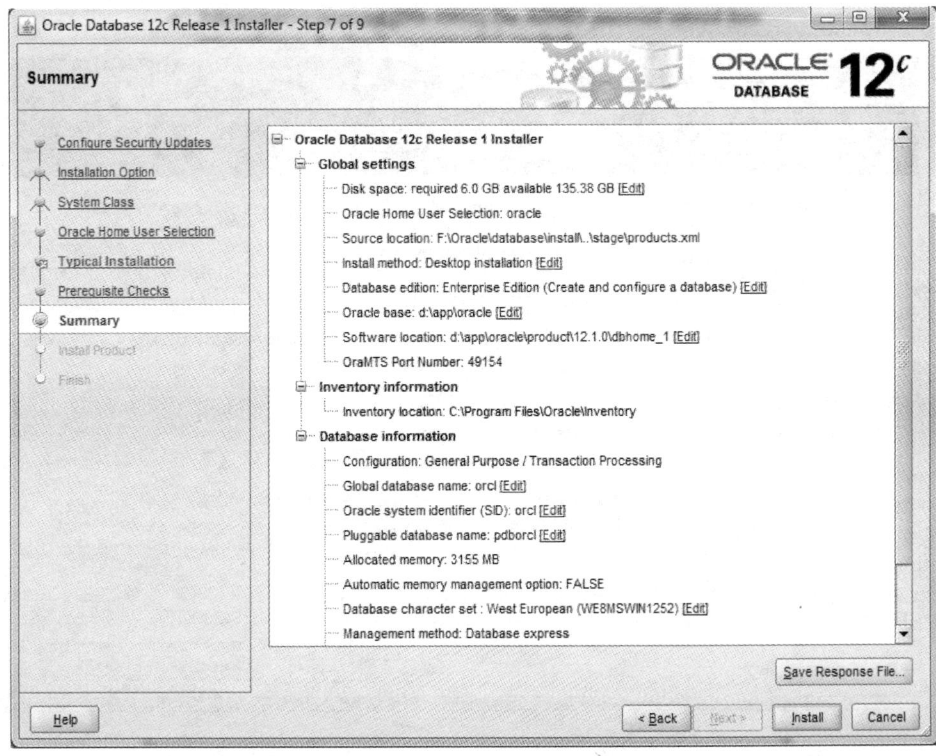

图 1－10　Oracle 安装概要

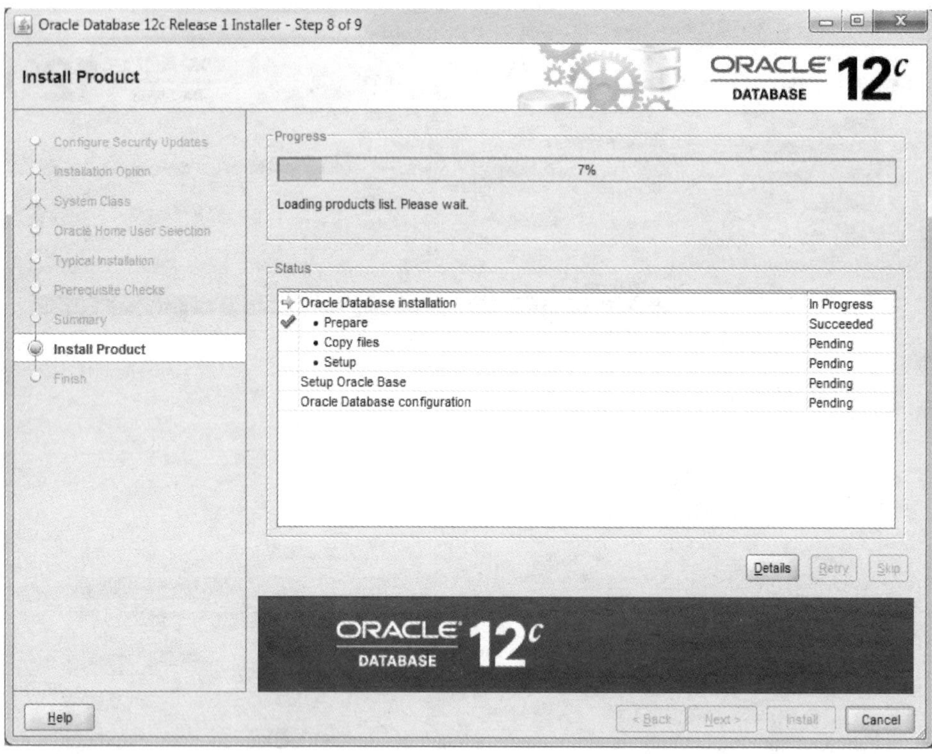

图 1-11　Oracle 安装具体产品过程

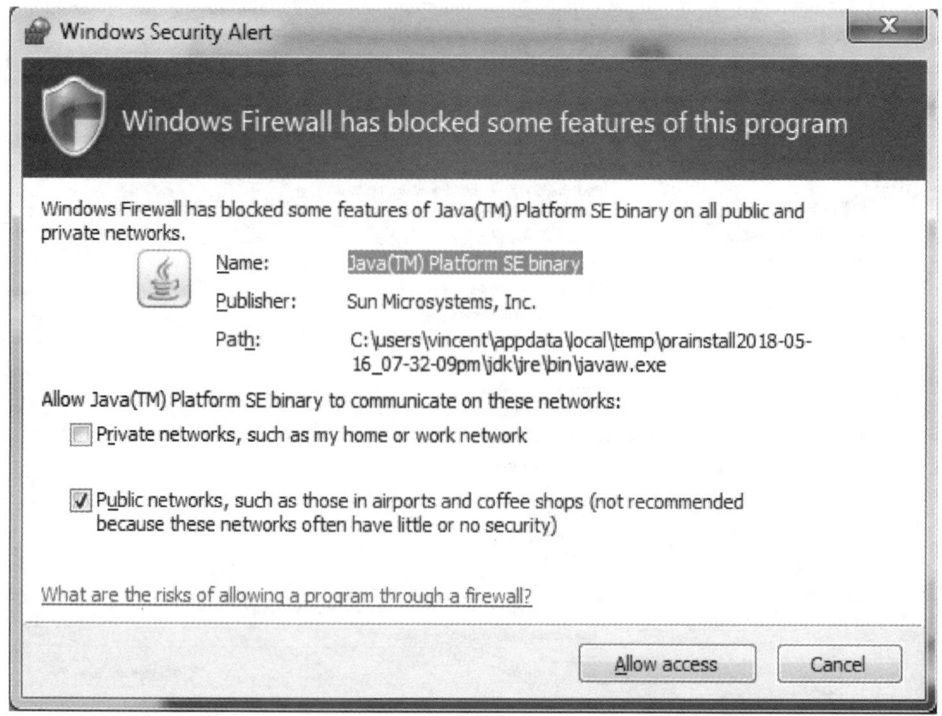

图 1-12　操作系统防火墙对 Oracle 安装过程中出现的网络访问提示

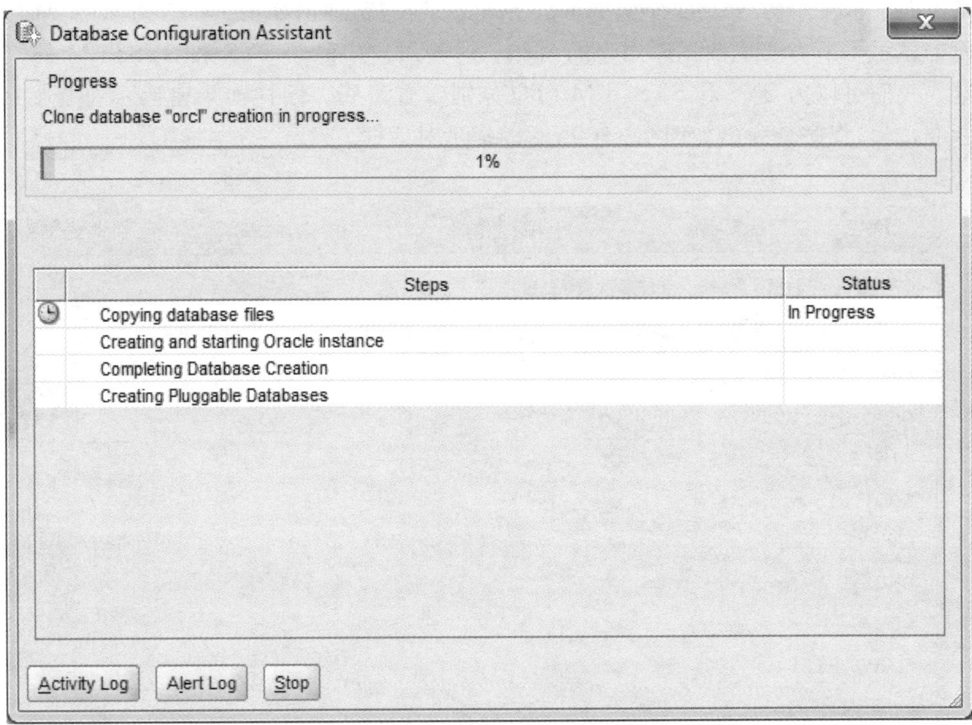

图 1-13　Oracle 安装数据实例

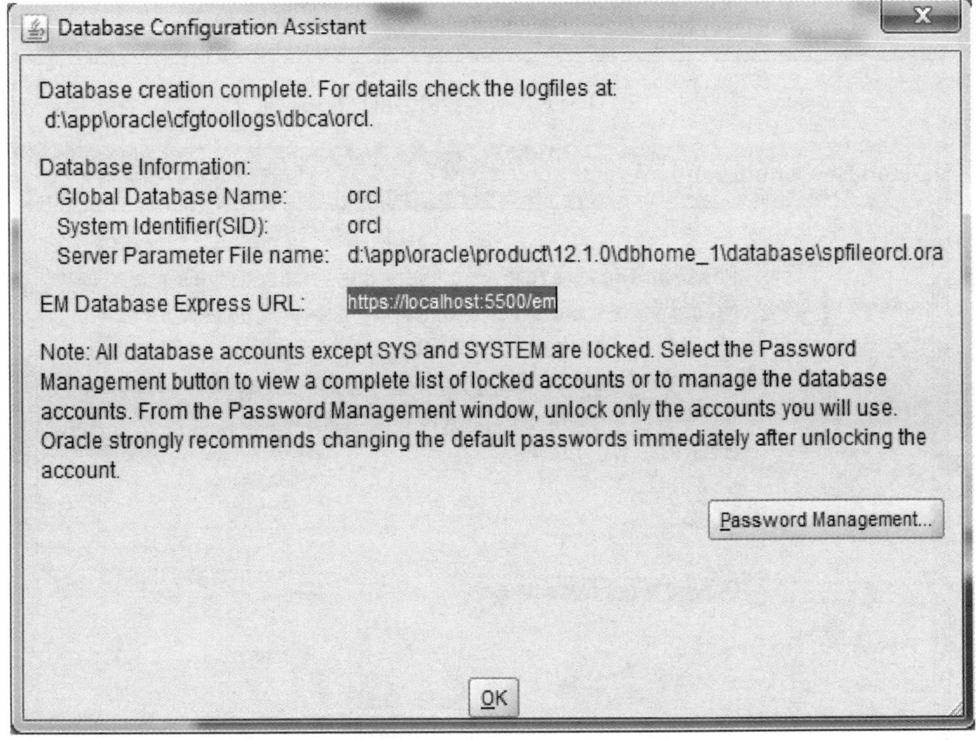

图 1-14　Oracle 数据库实例创建完成

点击图 1－14 中的“Password Management...”按钮，弹出如图 1－15 所示的界面。在这个界面中显示了所有实例数据库用户的名称。这些用户中除了 SYS 和 SYSTEM 外，均被默认锁定。我们可以为 SYS 和 SYSTEM 用户分别设置密码。同样如果密码不符合 Oracle 建议的标准，安装程序会弹出如图 1－16 所示的提示对话框。

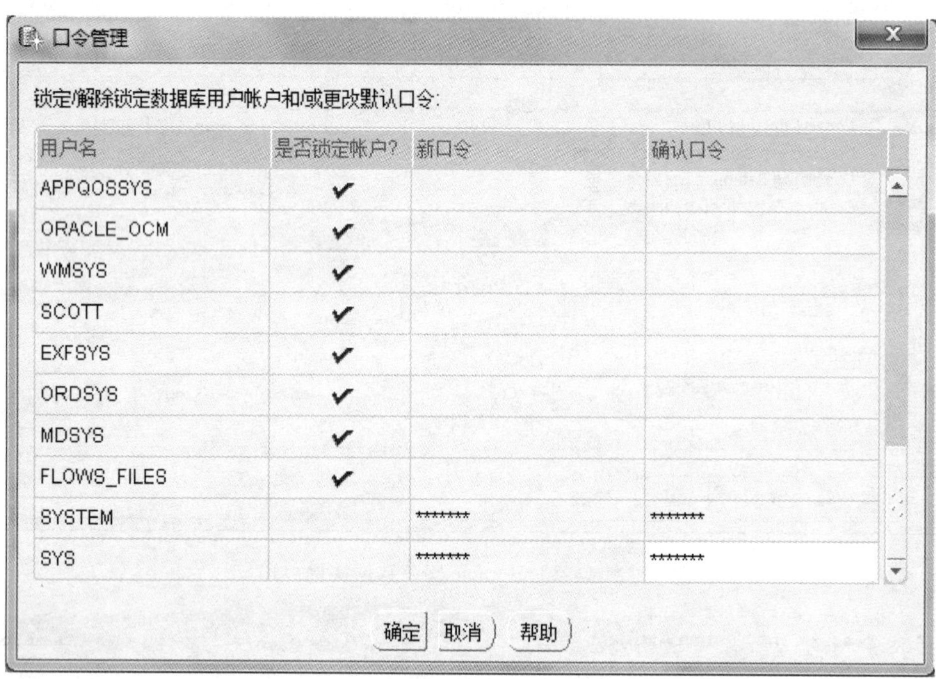

图 1－15　Oracle 数据库实例的用户密码设定

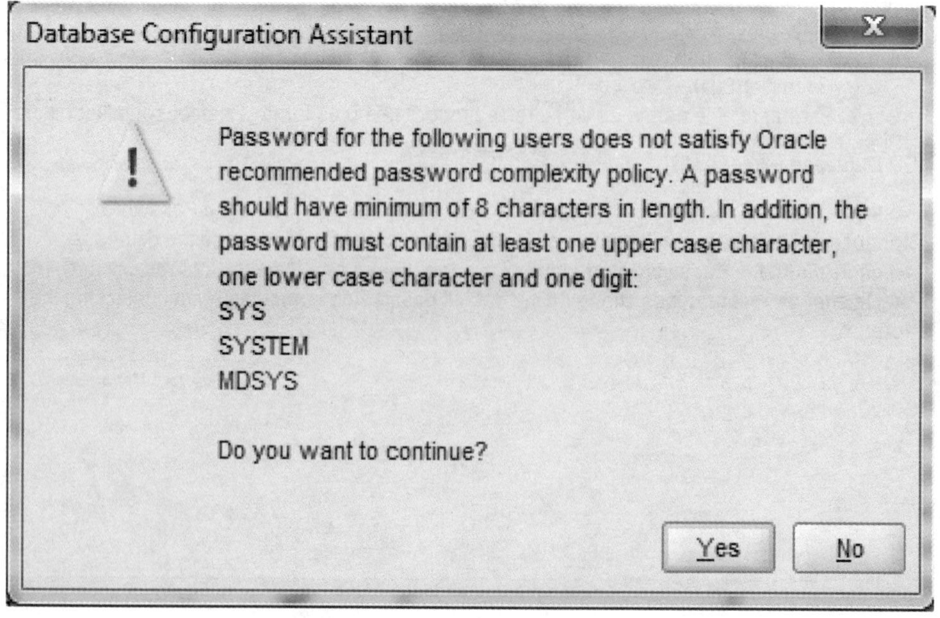

图 1－16　密码强度不符合 Oracle 规范的提示对话框

Oracle 建议的口令长度至少要八个字符。此外，口令中至少应该有一个大写字符、一个小写字符和一个数字。当然，如果不愿意接受它的建议，可以直接选择继续。这样就完成了 Oracle 数据库软件的安装，安装系统会弹出如图 1－17 所示的安装成功提示对话框。它所显示的企业管理数据库控制台的访问 URL 如下：

Enterprise Manager Database Control URL－(orcl)：
https://localhost:1158/em

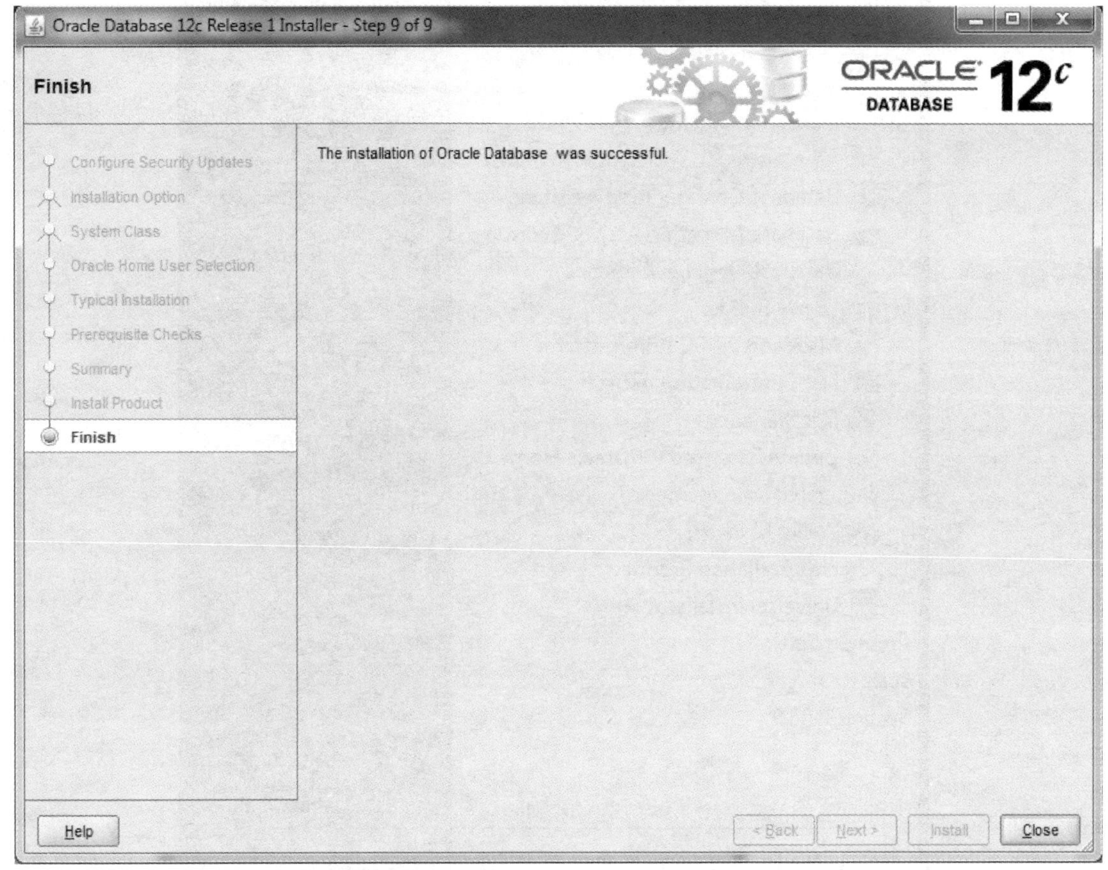

图 1－17 Oracle 整个安装过程完成

同时，也会提醒你，数据库配置文件已经安装到{ORACLE_BASE}，相关组件也已经安装到{ORACLE_HOME}。这样就完成了 Oracle 数据库软件安装的全部过程。

安装完成后，在 Windows 操作系统的开始菜单上会出现如图 1－18 所示的菜单项。我们可以点击“SQL Plus”，来测试一下安装是否正确。点击“SQL Plus”菜单，弹出如图 1－19 所示的界面。

在上面输入“sys as sysdba”，会提示“输入用户密码”，然后输入先前安装时设定的密码，会显示“SQL>提示”，则可以开始输入 SQL 语句“SELECT * FROM V $ VERSION”，在界面上会显示查询结果，显示的是 Oracle 的版本信息。

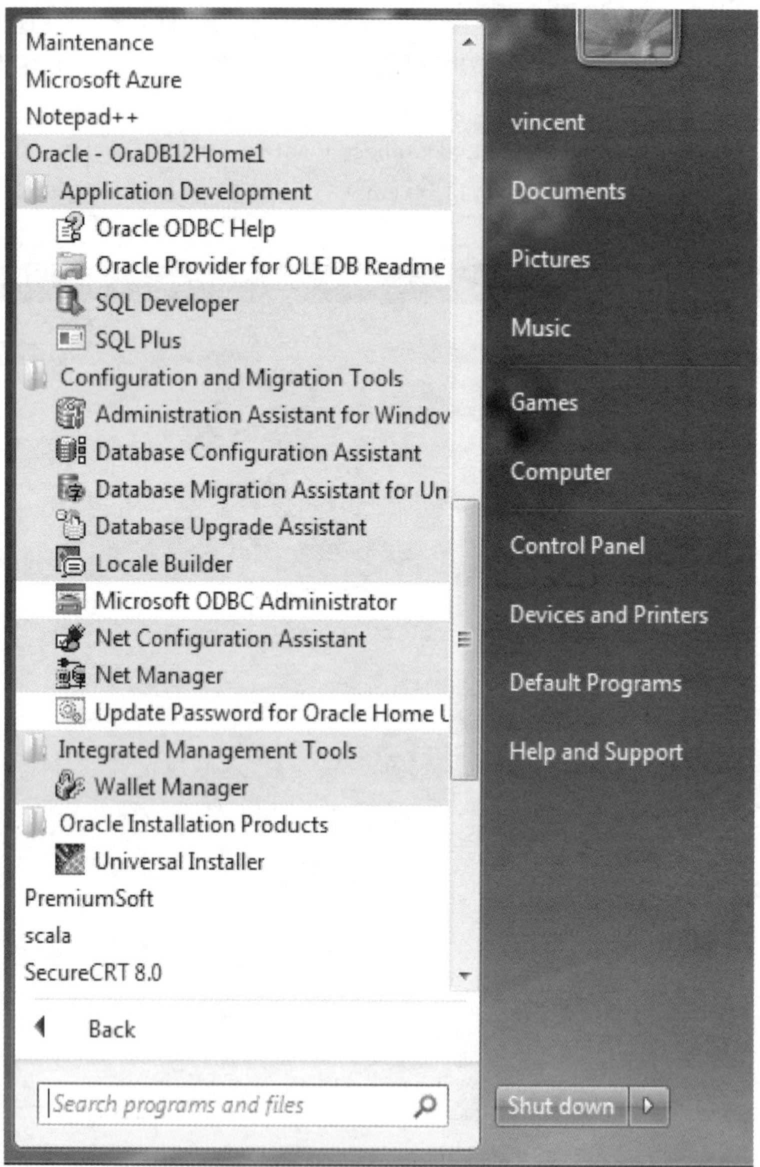

图 1－18　Oracle 整个安装过程完成后的菜单显示

如果要运行 SQL Developer 也可以直接点击开始菜单上的“SQL Developer”选项，启动 SQL Developer，如图 1－20 所示。如果是 Oracle 11g，则安装的 SQL Developer 还需要进行配置才能直接启动，具体参考 1.2 的内容。

Oracle 是一个大型数据库系统，安装是一个复杂的过程，卸载也是一个令人头痛的问题。为此，Oracle 提供了一个专门的卸载批处理程序，在 Windows 操作系统下，该程序为：{ORACLE_HOME}\deinstall\deinstall.bat，直接运行即可。

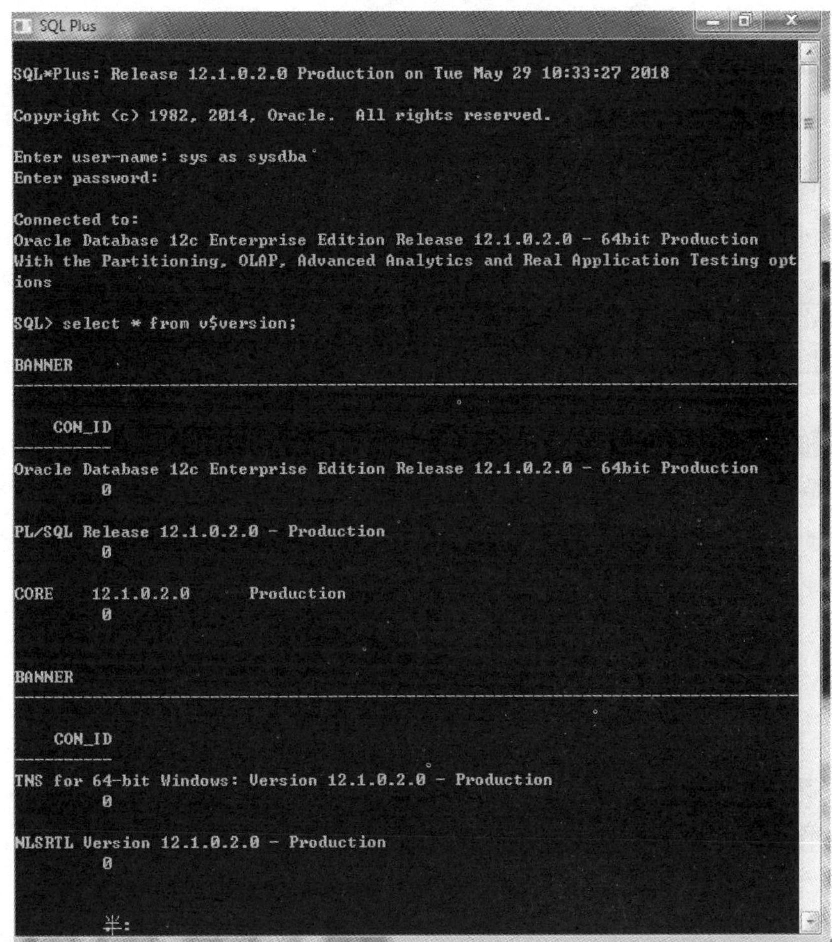

图 1-19　SQL Plus 启动界面

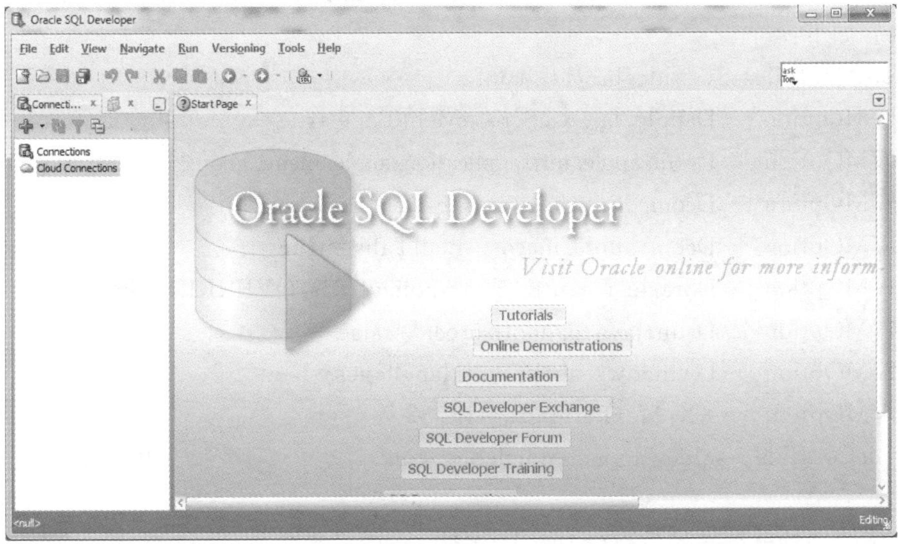

图 1-20　SQL Developer 启动界面

1.2　Oracle SQL Developer 的安装与配置

Oracle SQL Developer 是一个集成开发环境（IDE），用于简化 Oracle 数据库的开发与管理。它提供完整的 PL/SQL 应用程序开发终端环境、运行查询和脚本的工作表（Worksheet）、DBA 控制平台、报表接口、完整的数据建模解决方案和数据迁移平台。在 Oracle 数据库企业版安装完成后，Oracle SQL Developer 也会自动被安装。其所在的目录为：{ORACLE_HOME}\sqldeveloper。

可以双击该目录下的 sqldeveloper.exe 文件运行该程序。需要说明的是，Oracle SQL Developer 是一个基于 Java 开发的应用程序，对于 Oracle 12c 之前的版本，需要本机上安装有合适的 Java 虚拟机。如果是首次运行，会弹出如图 1-21 所示的界面，需在其中填上本机中 java.exe 的完整目录名称。

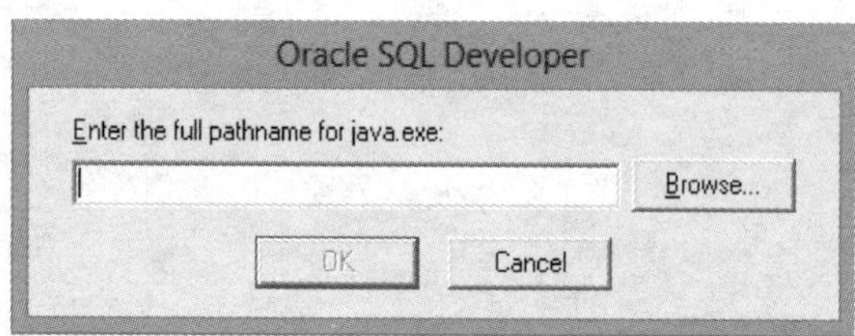

图 1-21　SQL Developer Java 路径设置

在 Windows 操作系统中默认安装的 JDK 目录为：C:\Program Files\Java\jdk1.x.x_xx。x 代表版本号，本书案例中采用的是 jdk1.8.0_162，并将其记为{JAVA_HOME}。除了通过界面设置以外，还可以通过 SQL Developer 的配置文件进行设定。采用文本编辑器打开下面文件：

{ORACLE_HOME}\sqldeveloper\sqldeveloper\bin\sqldeveloper.conf

该文件内容如下：

```
IncludeConfFile../../ide/bin/ide.conf
AddVMOption   -Dapple.laf.useScreenMenuBar=true
AddVMOption   -Dcom.apple.mrj.application.apple.menu.about.name="SQL_Developer"
AddVMOption   -Dcom.apple.mrj.application.growbox.intrudes=false
AddVMOption   -Dcom.apple.macos.smallTabs=true
AddVMOption   -Doracle.ide.util.AddinPolicyUtils.OVERRIDE_FLAG=true
AddVMOption   -Dsun.java2d.ddoffscreen=false
AddVMOption   -Dwindows.shell.font.languages=
AddVMOption   -XX:MaxPermSize=128M
IncludeConfFile   sqldeveloper-nondebug.conf
```

我们需要做的就是在最后一行加上 Java Home 的设置文本：

```
Set Java Home C:\Program Files\Java\jdk1.8.0_162
```

注意:请与本机上的 Java 版本和安装位置匹配正确。如果不想使用 Oracle 数据库安装时自带的 SQL Developer,也可以到 Oracle 网站上下载最新版本的 SQL Developer。直接解压,按照上述方法配置后就可以使用。

在图 1-22 这个界面中我们以 sys 用户名登录连接本机数据库 orcl。连接成功登录后出现如图 1-23 所示的界面,则表明 Oracle 数据库与 SQL Developer 的安装配置都成功。

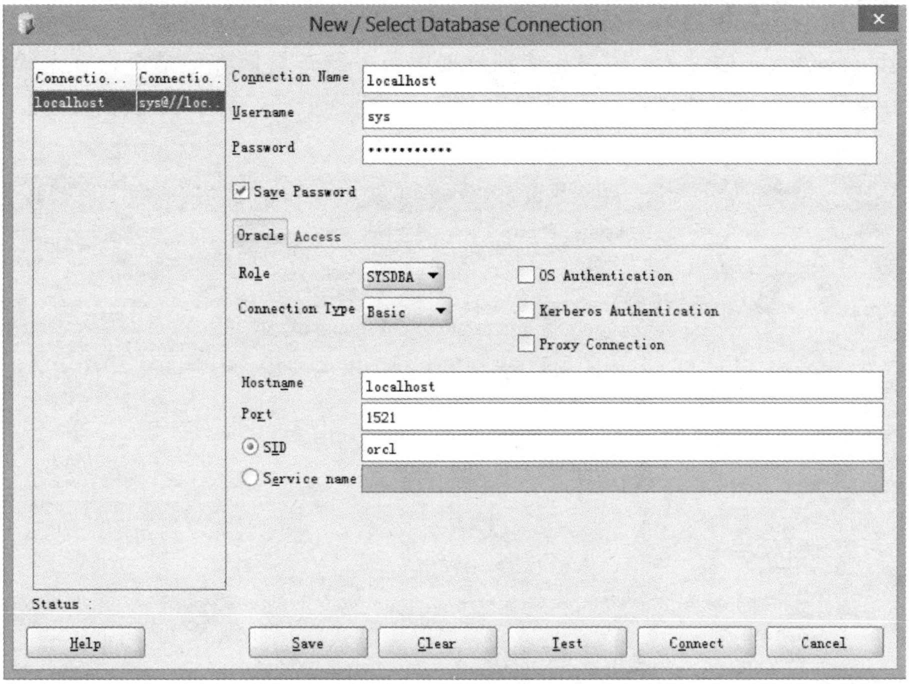

图 1-22　SQL Developer 新建连接

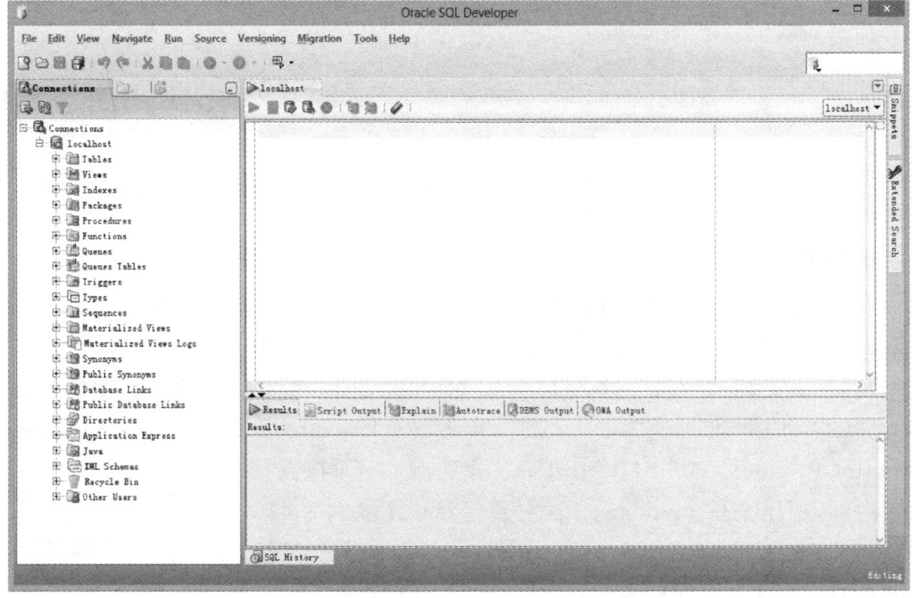

图 1-23　用 sys 用户名连接数据库后 SQL Developer 界面

1.3 Oracle Spatial 的安装配置与测试

前面提到了 Oracle Spatial 会自动与 Oracle 数据库标准版本或企业版本一起安装。由于我们安装的是企业版的 Oracle 数据库系统，因此不需要单独安装 Oracle Spatial 组件。Oracle Spatial 所需要的空间数据类型、视图、包和函数都已经作为 MDSYS 方案的一部分被安装了，可以用 SQL Developer 通过 sys 用户连接到数据库服务器查看该方案是否存在来检测 Oracle Spatial 是否被安装，也可以通过执行下列 SQL 语句来验证 Oracle Spatial 安装情况（图 1－24）。

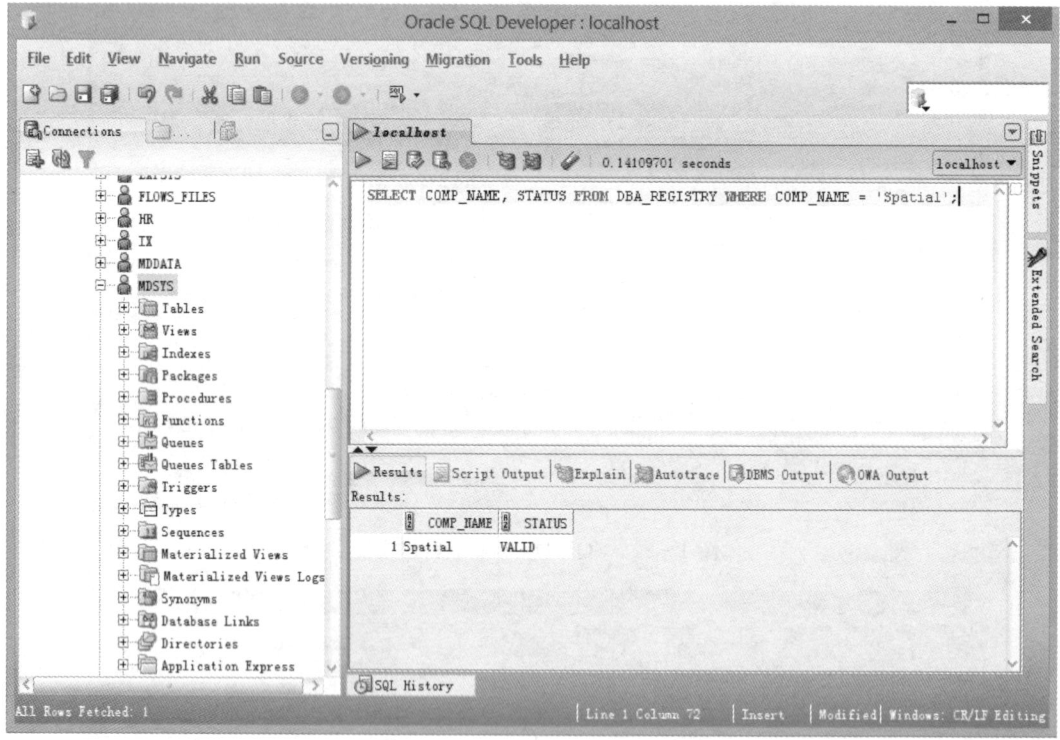

图 1－24　在 SQL Developer 中检测 Oracle Spatial 是否安装成功

安装结果如下：

select comp_name,status from dba_registry where comp_name ='Spatial';

如果返回的结果是 VALID，则说明 Oracle Spatial 已经安装成功。

Oracle Spatial 安装成功了，导入 Oracle 公司提供的测试数据 MVDEMO（MVDEMO Sample Data Set），其下载网址为：http://www.oracle.com/technetwork/middleware/mapviewer/downloads/index－100641.html。下载的版本不同，数据有一定差异。以 Oracle 11g R 版的数据为例，解压文件 mvdemo.zip 主要包括以下文件和目录：

.\topology

mapdefinition.sql

mcsdefinition.sql

mvdemo. dmp

mvdemo. sql

mvdemo - sec. sql

readme. txt

SecureMapRenderingDemo. pdf

在 Oracle Spatial 中导入该示例数据集的主要操作步骤如下。

(1)建立一个数据库用户 mvdemo，密码也为 mvdemo，并为其赋予 connect、resource、create view 权限。可以在 SQL Developer 中用创建用户界面完成，也可以采用如下 SQL 脚本完成：

```
create user mvdemo identified by mvdemo;
grant "resource" to mvdemo;
grant "connect" to mvdemo;
grant create view to mvdemo;
```

(2)在 Command 窗口运行导入命令(注意，要在数据文件的当前目录下运行)：

```
imp mvdemo/mvdemo file=mvdemo. dmp full=y ignore=y
```

运行后我们在 SQL Developer 中用 mvdemo 用户登陆，可以发现在 MVDEMO 方案下已经建立了一系列的数据表、视图等对象，如图 1-25 所示。

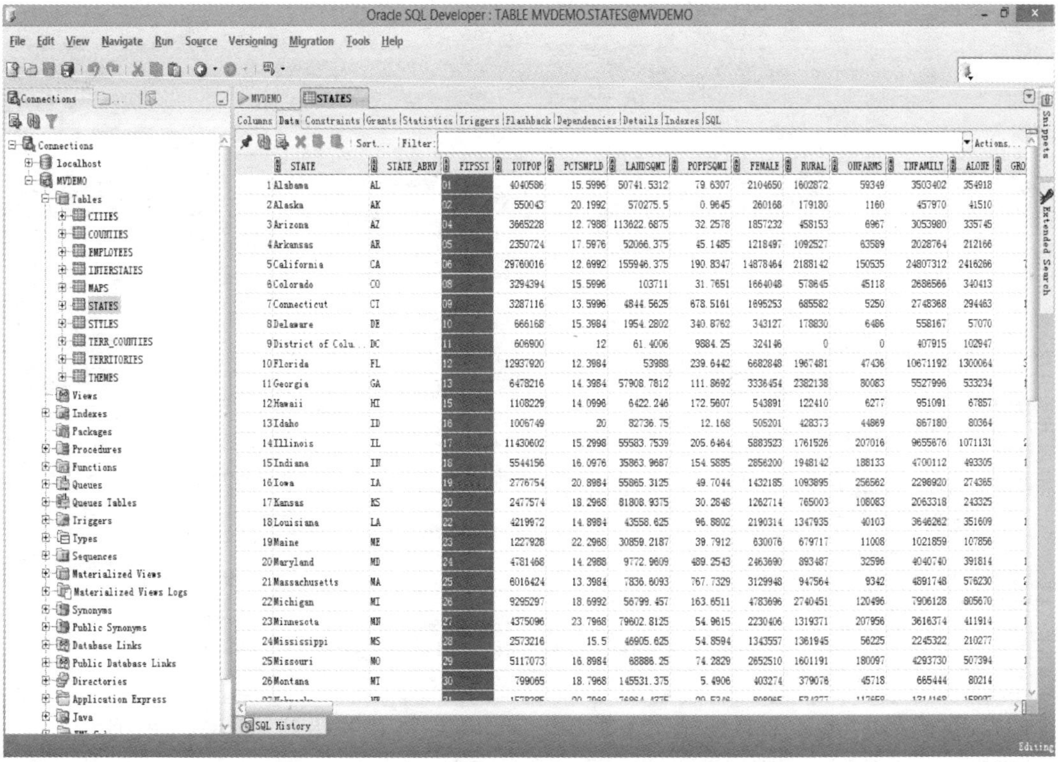

图 1-25　在 SQL Developer 中导入 MVDEMO 数据后的部分结果

(3)执行脚本文件 mcsdefinition. sql。如果数据库从来没有运行过这个脚本文件，需要以 DBA 角色运行这个文件。为验证这个脚本是否已经被执行，可以用任何数据库用户登录，并能成功执行 SELECT NAME FROM USER_SDO_CACHED_MAPS 查询，则说明脚本已经成功执行。该脚本的功能主要是创建视图 USER_SDO_CACHED_MAPS。这个视图用于装载图层定义，并且是 MapViewer 所必需的。

(4)用 mvdemo 登录，执行脚本文件 mvdemo. sql。该脚本执行后将提供所有必需的空间元数据，将预定义的线型、图层等拷贝到相应的用户视图中，并为导入的表创建空间索引。

(5)用 mvdemo/mvdemo 登录 SQLPLUS，执行 usstates. sql 和 schierarchy. sql 脚本，导入拓扑示例数据。

通过上述步骤，就完成了 MVDEMO 数据集的导入。虽然导入了数据，但是还没有用来可视化显示地图的工具。Oracle 提供了 MapViewer 中间件来进行地图的可视化，但是 MapViewer 的配置对于初学者而言还是比较繁琐。如果想现在就看到部分导入数据的可视化结果，可以采用 Oracle MapBuilder 来连接 MVDEMO 数据库预览地图，尽管它并不是为地图浏览设计，但它也可以用来显示地图数据，如图 1－26 所示。

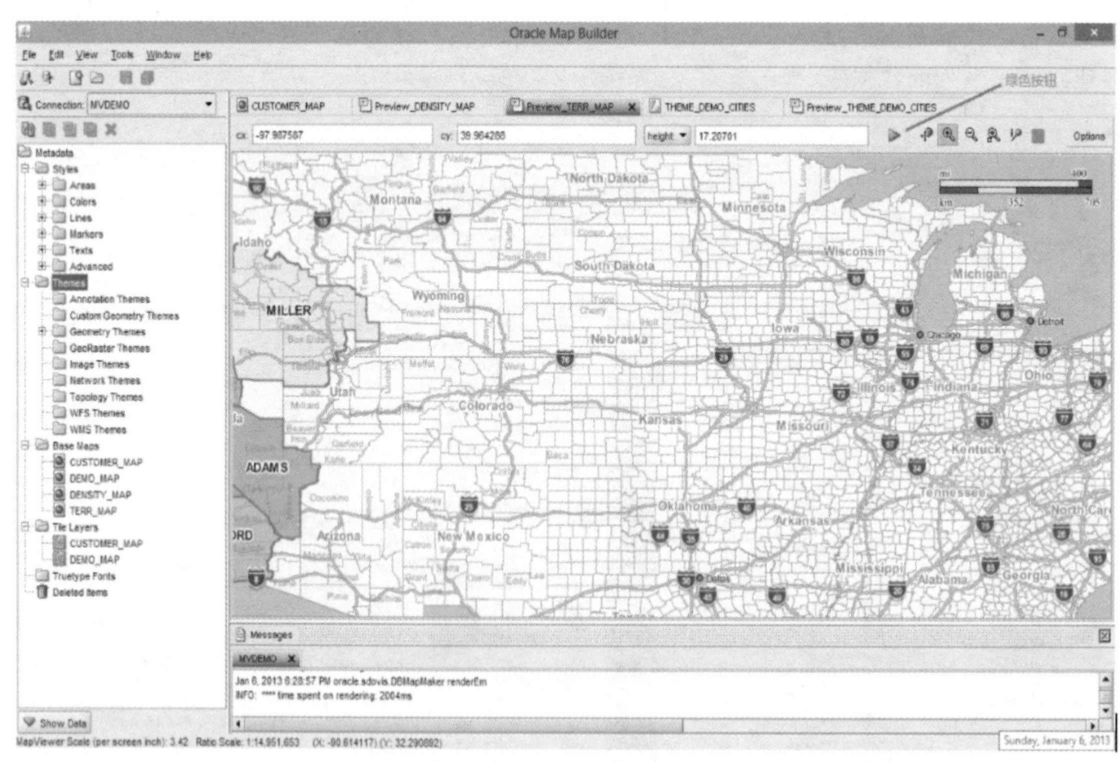

图 1－26　在 Oracle MapBuilder 中连接 MVDEMO 空间数据库并显示

首先，我们到 Oracle 公司网站上下载 MapBuilder，将其解压到{ORACLE_BASE}目录(目录可以任选)，然后运行：

java -jar mapbuilder.jar

启动 MapBuilder，新建连接，采用 mvdemo 用户登录，连接成功后，选择“Base Maps”中的“TERR_MAP”，右键弹出菜单，选择“Preview”，然后点击界面上的绿色按钮，就可以对该图进行可视化显示，也可以进行放大缩小等操作，如图 1-26 所示。

为了方便后面章节关于网络模型的讨论，这里再构建一个方案 NDMDEMO。

(1)在 Oracle 公司网站上下载 ndm_tutorial.zip，解压到当前目录。

(2)创建一个表空间，命名为 ndmdemo。

(3)建立一个数据库用户 ndmdemo，密码也为 ndmdemo，并为其赋予 connect、resource、create view 权限。

(4)运行 hillsborough_network_drop.sql。

(5)运行 imp ndmdemo/ndmdemo file=hillsborough_network.dmp full=y。

(6)运行 hillsborough_network_create.sql。

通过上面步骤，就创建了示例数据库 NDMDEMO，在 MapBuilder 中为其创建一个 Network 主题，名字为 HILLSBOROUGH，该主题预览如图 1-27 所示。在后面关于网络模型的章节中我们将使用该示例数据进行说明，请参见 3.5。

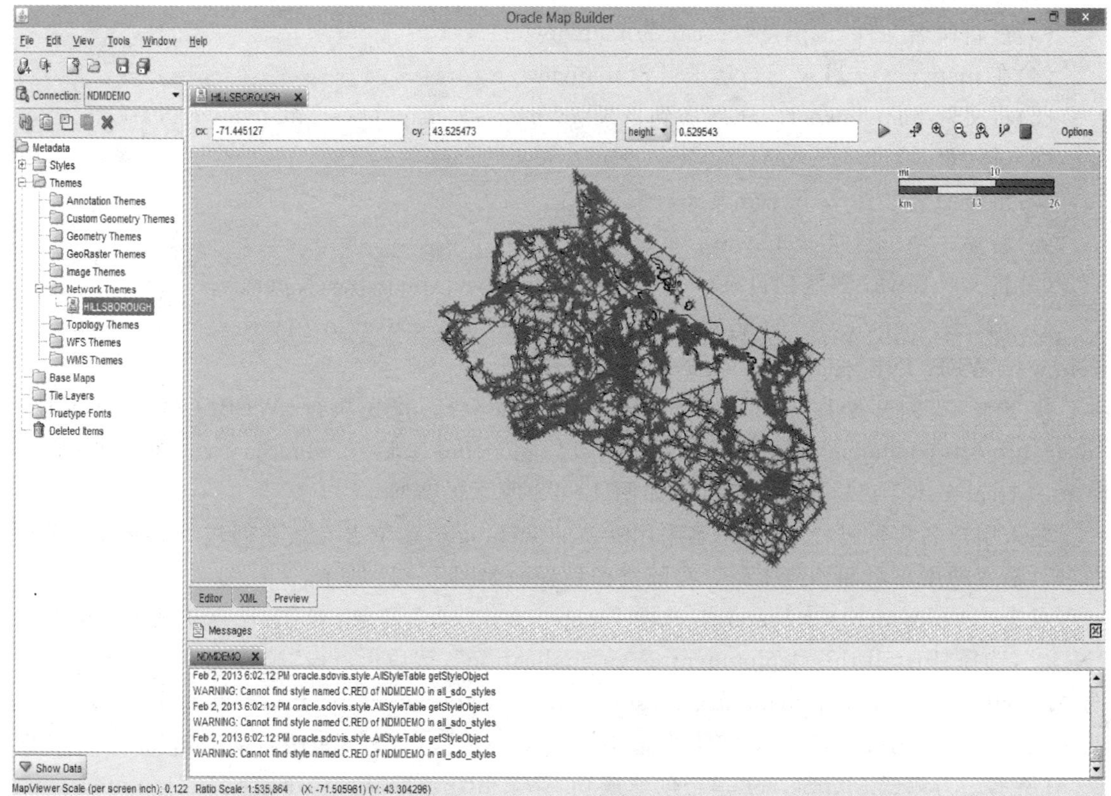

图 1-27　在 MapBuilder 中连接 NDMDEMO 空间数据库并显示

1.4 WebLogic+MapViewer 的安装与配置

如前所述，MapBuilder 虽然可以简单显示空间数据库中的地图数据，但它主要还是用来进行地图构建。Oracle 空间数据库的地图显示的专用组件还是 MapViewer。它是一个中间件，需要基于 JaveEE 架构的应用程序服务器的支持，经常与 OC4J、WebLogic Server 联合部署。下面我们简单介绍如何采用 WebLogic Server 应用程序服务器来部署 MapViewer。

WebLogic 是一个基于 JavaEE 架构的应用程序服务器(Application Server)，适用于开发、集成、部署、管理大型分布式 Web 应用、网络应用和数据库应用。我们可以从 Oracle 公司网站上下载 WebLogic 的安装程序，直接进行安装。具体安装方法请参见 Oracle 相关安装说明书。

WebLogic 安装好后，直接采用 WebLogic 的配置向导新建一个 MapServer，其默认目录放入{WEBLOGIC_HOME}\user_projects\domains\mapserver。接下来开始在该目录下创建 MapViewer 的相关目录和文件，具体步骤如下：

(1)在 mapserver 目录下创建子目录 mapviewer。

(2)将文件 mapviewer. ear 拷贝到\mapserver\mapviewer 中。

(3)重新命名文件 mapviewer. ear 为 mapviewer1. ear。

(4)在 mapviewer 目录下新建子目录 mapviewer. ear。

(5)将文件 mapviewer1. ear 解压到目录\mapserver\mapviewer\mapviewer. ear。

(6)进入目录\mapserver\mapviewer\mapviewer. ear。

(7)重新命名文件 web. war 为 web1. war。

(8)新建一个子目录 web. war。

(9)将 web1. war 解压到目录\mapserver\mapviewer\mapviewer. ear\web. war。

(10)修改 mapviewer 的配置信息，其位置在/mapserver/mapviewer/mapviewer. ear/web. war/WEB_INF/conf/mapViewerConfig. xml。

接下来，我们开始在 WebLogic 中配置 MapViewer。首先执行{WEBLOGIC_HOME}\user_projects\domains\mapserver\startWebLogic. cmd 来启动 MapServer。在 IE 中输入 http://localhost:1071/console，出现如图 1-28 所示的界面。

输入用户名和密码，一般用户名采用默认的 weblogic，这个主要是在创建 mapserver 工程中自己输入的用户名和相应密码。登陆进去后界面如图 1-29 所示。

点击“Deployments→Install”，选择“mapviewer. ear”目录，如图 1-30 所示，并点击“Next”，选择“Install this deployment as an application”，然后再点击“Next”，在 Security 组中选择“I will make the deployment accessible from the following location”，点击“Finish”，这样就完成了 MapViewer 的配置。接下来选中“mapviewer”，点击“Start”启动 MapViewer，如图 1-31所示。为测试 MapServer 是否创建成功，登录 http://<hostname>:1071/mapviewer，进入到 MapViewer 的配置管理页面，具体参见 1.7。

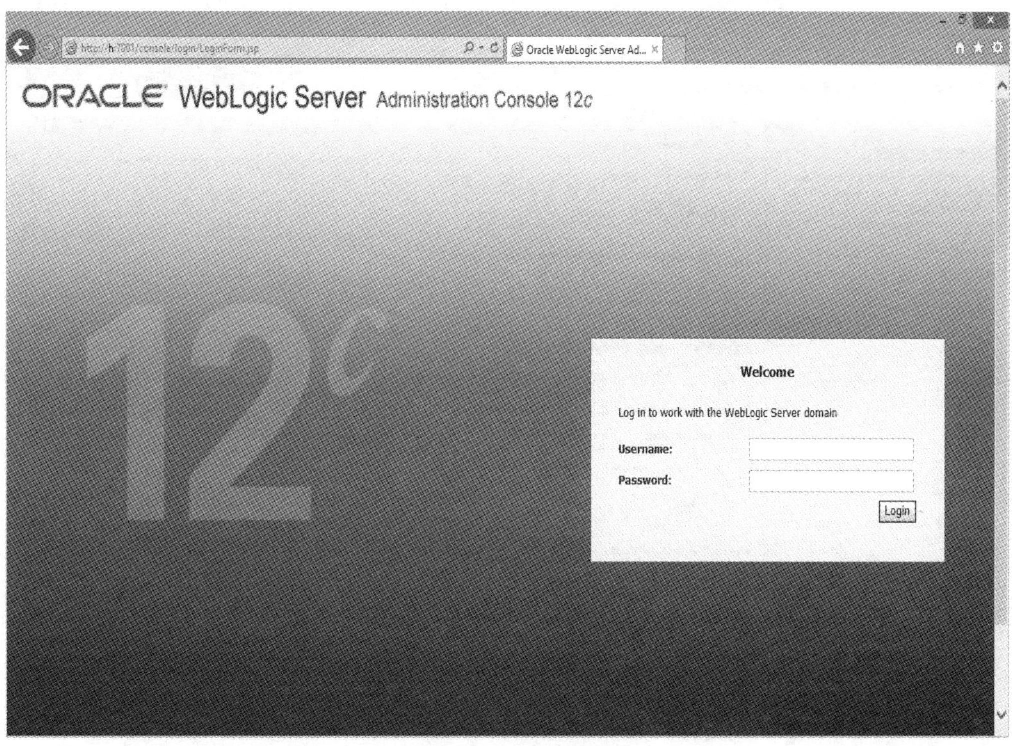

图 1－28　WebLogic 服务器管理平台登录

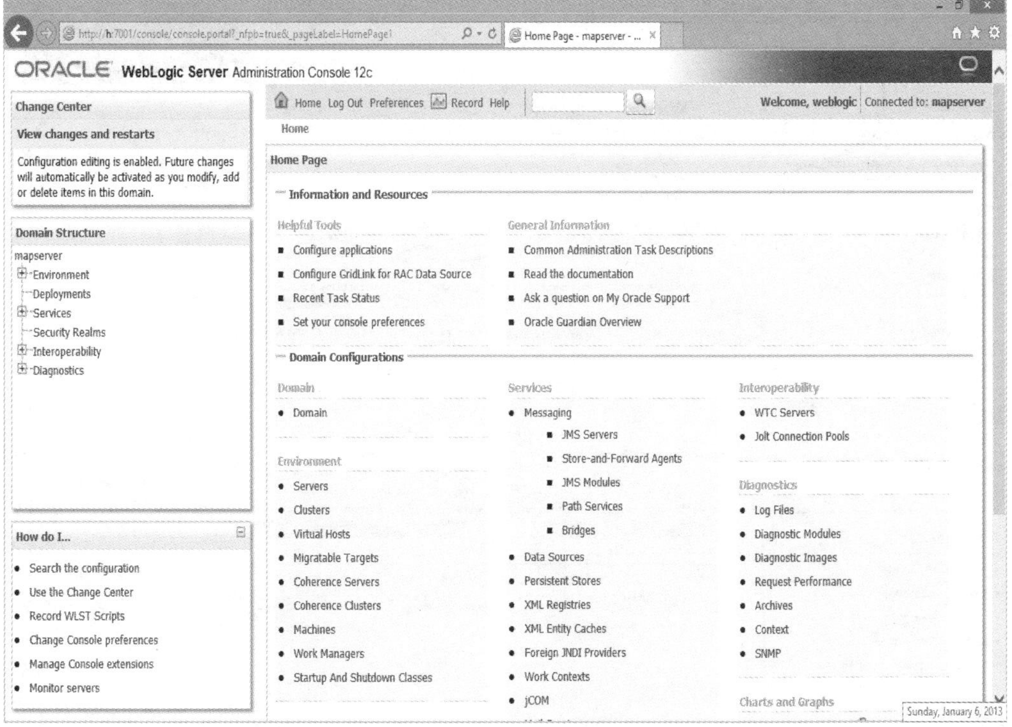

图 1－29　WebLogic 服务器管理平台

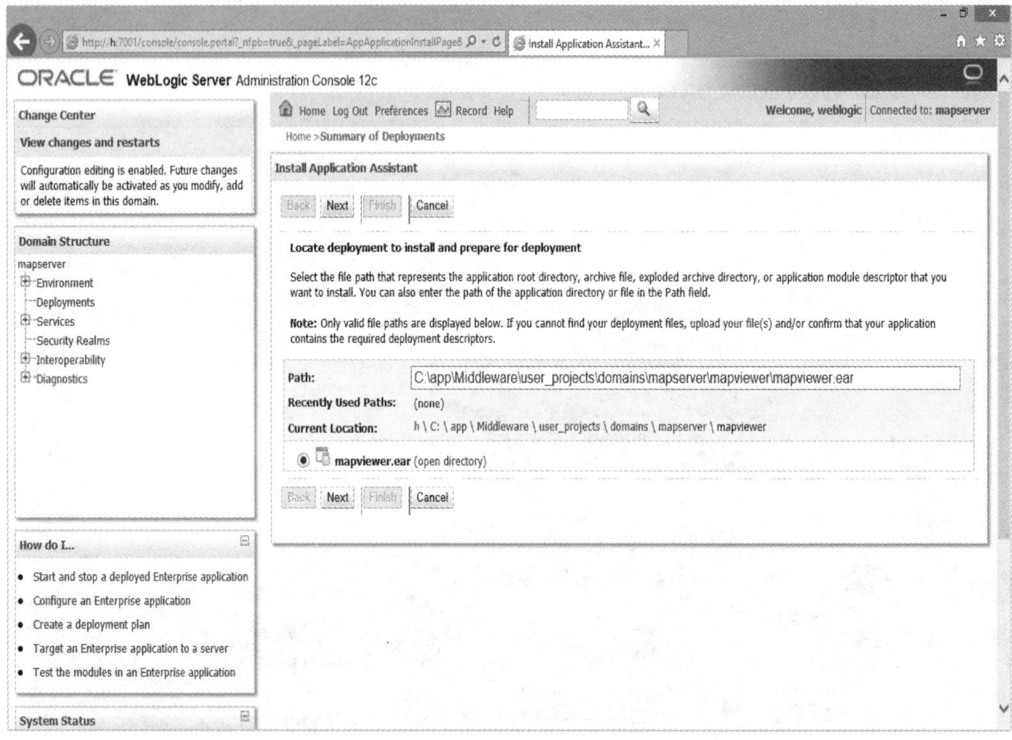

图 1-30　WebLogic 服务器管理平台上配置 MapViewer

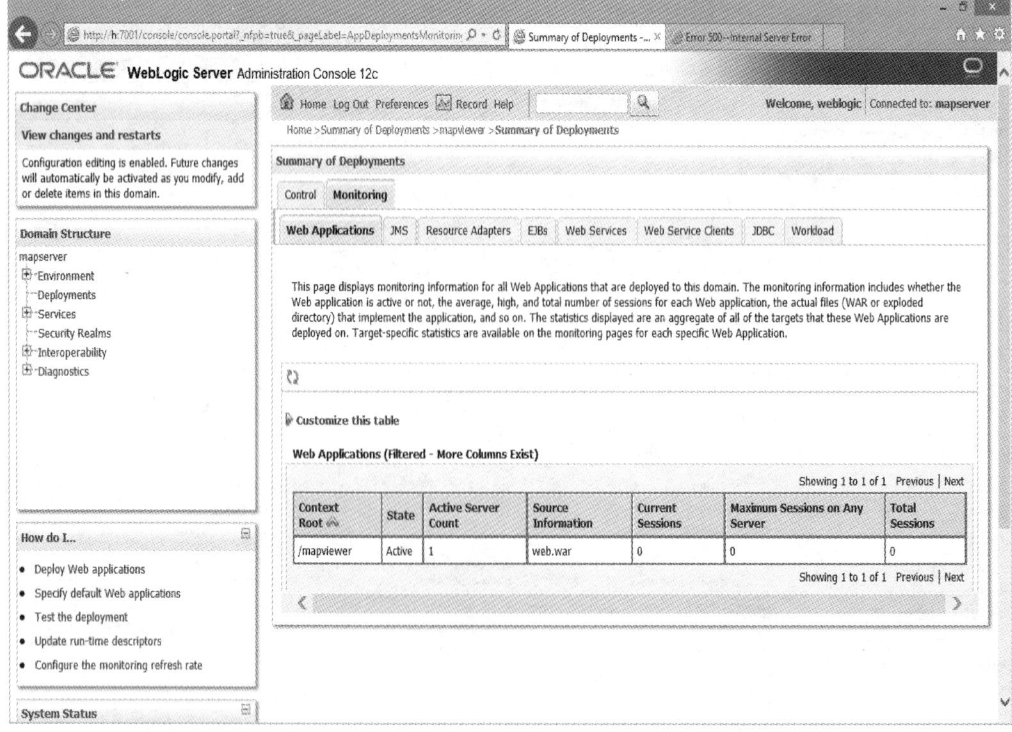

图 1-31　WebLogic 服务器管理平台上 MapViewer 启动成功

1.5　OC4J＋MapViewer 的安装与配置

除了采用 WebLogica＋MapViewer 方式外，还可以采用 OC4J＋MapViewer 方式进行地图发布与显示。OC4J 是一款免费的 Oracle 应用服务器产品成员，它有两种版本：一种是在 Oracle 应用服务器之内，另一种是独立版。OC4J 独立版比完整的 Oracle 应用服务器产品小，下载以后只有一个. zip 压缩文件，包含 J2EE 和 Web 服务组件，能作为 Java 单进程执行。OC4J 独立版提供了内嵌的 HTTP/S 监听器，允许客户端运行发布后的应用程序，适合小型应用程序的运行与调试。Oracle 应用服务器产品自带 OC4J 则更适合于大规模的企业级发布，能满足广泛的企业级需求，这样可以更好地进行程序控制和性能管理以及配置、管理控制台。

这两种版本下的 MapViewer 安装与配置不太相同，最主要的不同点在配置上。Oracle 应用服务器的 OC4J 被配置在运行于 Oracle 应用服务器环境中。这意味着 Oracle 应用服务器类似于一个入口，这个入口具有附加的特征，通过附加的类库提供支持。它在不同的端口之间监听连接(Oracle 应用服务器动态平衡)，将日志输出到不同的文件和目录，它的默认 Web 监听器使用 mod_oc4j，能和 AJP 协议交流，优于 HTTP 协议，可直接浏览客户端。

另外一个不同在于控制和管理 OC4J 的方式。在 Oracle 应用服务器环境下，OC4J 被配置为完整的应用程序服务器技术的一部分，使用 Oracle 企业级应用程序管理器控制，或者用等价的命令行工具——dcmctl，直接对 XML 配置文件操作并不是首选方案，尽管也能完成配置。应用程序发布也使用 Oracle 企业级应用程序管理器操作，或用命令行工具。Oracle 应用服务器的 OC4J 启动和停止也通过以上同样的控制台操作，并能作为 Oracle 应用服务器实例的一部分，可配置成自动管理。与之相反，对 OC4J 独立版的操作、发布以及管理工作很大程度上依赖于手工编辑 XML 文件。命令行工具不适用于 OC4J 独立版。

1.5.1　OC4J 独立版安装与配置

首先，介绍基于 OC4J 独立版的 MapViewer 部署。这种部署方式在 Oracle 12c 中已经不提倡使用，也没有提供相应的 QuickStart 包，所以，我们这里以 mv11ps5_quickstart. zip 版本为例，以方便采用 Oracle 11g 的读者进行部署。这种部署方式最简便的办法就是在 Oracle 的网站上下载 MapViewer QuickStart Kit。下载后将 mv11ps5_quickstart. zip 拷贝到目录{ORACLE_BASE}(也可以是别的目录)，并在当前目录下解压，修改 start. bat 文件为：

```
C:
cd {ORACLE_BASE}\mapviewer11p5_quickstart\oc4j\j2ee\home
"{JAVA_HOME}\bin\java"- server - Xmx768M - jar oc4j. jar
```

这个文件是一个批处理文件，这里指定了 OC4J 的 home 目录和 JDK 信息，应该根据本机上的 Java 环境而定，请注意替换{ORACLE_BASE}和{JAVA_HOME}两个目录为本机的实际目录。需要注意的是这里的盘符需要改成 mapviewer 目录所在的盘符，如果 mapviewer 安装在 F 盘，则这里必须是 F:。

在 Command 窗口执行 start. bat，系统会提示输入 OC4J 管理员密码，请记住该密码。MapViewer QuickStart Kit 的方便之处在于 Oracle 已经为我们在 OC4J 中部署好了 MapViewer，启动 OC4J 后，我们就可以在 IE 中输入 http://<hostname>:8888/mapviewer，进入 MapViewer 的管理界面。点击"Admin"，进入 MapViewer 管理登录页面，输入用户名 oc4jadmin，密码是设定的 OC4J 初次启动设置的密码。登录进入 MapViewer 的 AdminPage，接下来 MapViewer 的配置管理请参见 1.7。

1.5.2 Oracle 应用服务器环境下的 OC4J 配置

Oracle 数据库安装成功后，在目录{ORACLE_HOME}下有一个 oc4j 文件夹，这个就是 Oracle 应用服务器环境下的 OC4J，其主要安装配置过程如下。

(1)修改{ORACLE_HOME}\oc4j\j2ee\home\config 目录下的 server. xml 文件配置 jdk 路径，启动编码等。

<java - compiler name="javac" in - process="false" options="- J - Xmx1024m - encoding UTF8" extdirs="{JAVA_HOME}\jre\lib\ext" />

取消注释，使得路径 path 指向 ascontrol. ear 所在目录：

<application name="ascontrol" path="../../home/applications/ascontrol. ear" parent ="system" start="true" />

{ORACLE_HOME}\oc4j\j2ee\home\config\default - web - site. xml

修改，取消注释：

<web - app application="ascontrol" name="ascontrol" root="/em" load - on - startup ="true" ohs - routing="false" />

{ORACLE_HOME}\oc4j\j2ee\home\config\http - web - site. xml

修改，取消注释：

<web - app application="ascontrol" name="ascontrol" root="/em" load - on - startup ="true" ohs - routing="false" />

(2)修改{ORACLE_HOME}\oc4j\bin 目录下的 oc4j. cmd，在第一行加入：

set ORACLE_HOME= {ORACLE_HOME}\oc4j

set JAVA_HOME= {JAVA_HOME}

(3)Command 命令窗口运行：

cd {ORACLE_HOME}\oc4j\bin

oc4j - start

(4)加载 ascontrol 页面。通过 http://localhost:8888/em 就可以进入项目发布控制管理页面。OC4J 的管理员用户名默认为 oc4jadmin，默认密码为 welcome1。

(5)在 ascontrol 利用提供的可视化工具，配置 MapViewer 中间件，然后进入 1.7 中的内容。

1.6 GlassFish+MapViewer 的安装与配置

在 Oracle 12c 中,MapViewer 的 QuickStart 不再是基于 OC4J,而是基于 GlassFish 应用服务器的。这里以 mapviewer12c_qs-12.2.1.3.zip 这个版本为例进行部署。这种部署方式最简便的办法就是在 Oracle 公司的网站上下载 MapViewer QuickStart Kit。下载后将 mapviewer12c_qs-12.2.1.3.zip 拷贝到目录{ORACLE_BASE}(也可以是别的目录),并在当前目录下解压。例如,本书将其解压后放置在 D:\app\mapviewer12c_qs,如图 1-32 所示。需要注意的是,该版本需要 Java 8 及其后续版本的 JDK 支持。

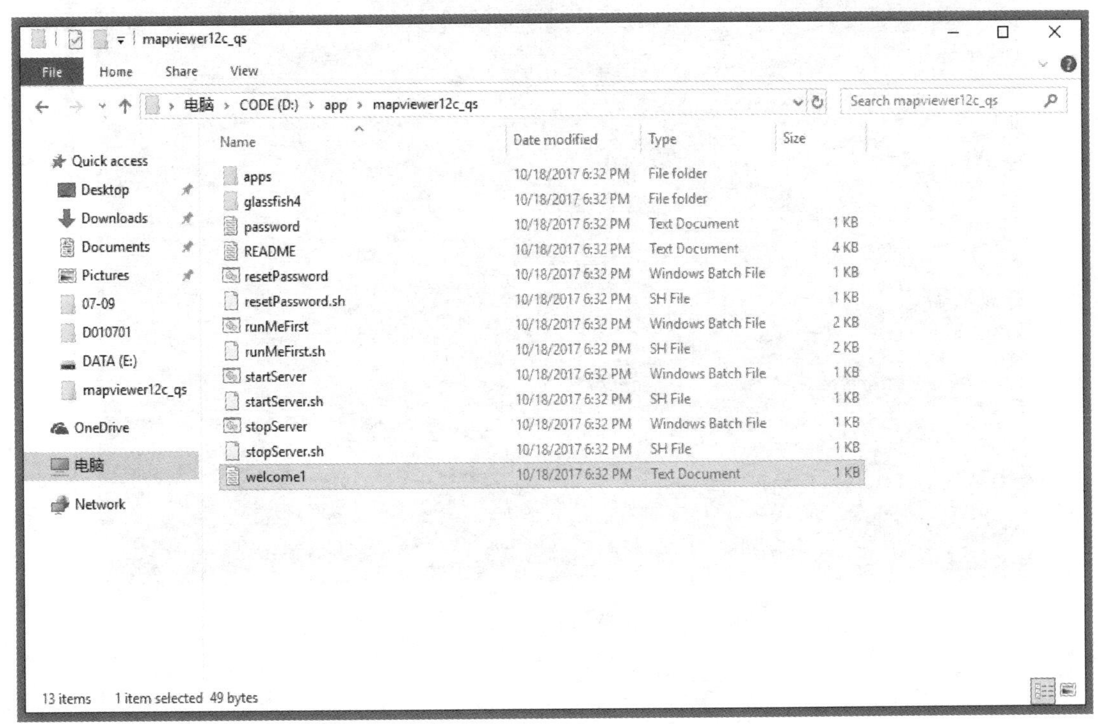

图 1-32 Oracle 12c 对应的 MapViewer QuickStart

接下来进行简单配置。首先,以管理员身份运行 Command 命令行,在 Command 窗口执行 runMeFirst.bat;然后,执行 startServer.bat,如图 1-33 所示。默认的用户密码为 admin/welcome1。MapViewer QuickStart Kit 的方便之处在于 Oracle 已经为我们在 GlassFish 中部署好了 MapViewer,我们就可以在 IE 中输入 http://<hostname>:8080/mapviewer,进入 MapViewer 的管理界面。点击"Admin",进入 MapViewer 管理登录页面,输入用户名:admin,初始密码是 welcome1。登录进入 MapViewer 的 AdminPage,接下来 MapViewer 的配置管理请参见 1.7。

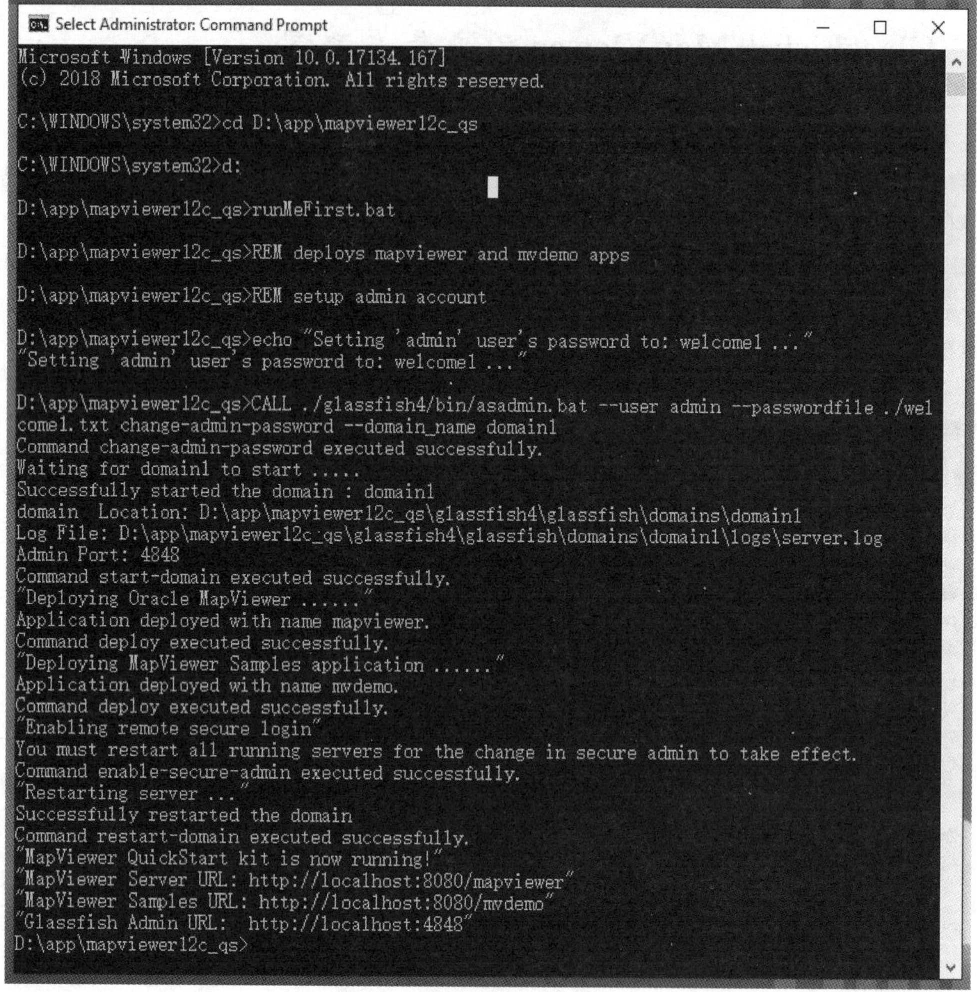

图 1-33 配置 GlassFish+MapViewer

1.7 MapViewer 的配置管理

由于 MapViewer 从 Oracle 11g 升级到 Oracle 12c 变化较大，这里分别给出了两个版本的 MapViewer 配置方法。

1.7.1 Oracle 11g MapViewer 配置管理

进入 MapViewer 管理页面的通用方式为：http://<hostname>:<port>/mapviewer，输入用户名和密码后，进入 MapViewer 的 AdminPage，如图 1-34 所示。将数据源修改为 MVDEMO，host 设置为本机名，用户名/密码修改为 mvdemo/mvdemo，SID 设置为 orcl，然后提交。这样就构建了一个数据源(Datasource)。重启登录，点击“Demos”，点击“OMap”，弹出

Oracle Maps Demo 页面，全部采用默认参数，点击“Proceed”，则实现了示例空间数据集（MVDEMO）的可视化显示，同时也提供了缩放、平移等常规可视化操作功能，如图 1－35 所示。

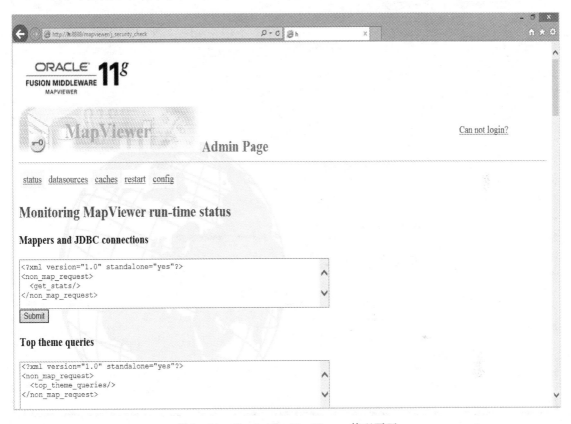

图 1－34 Oracle 11g MapViewer 管理页面

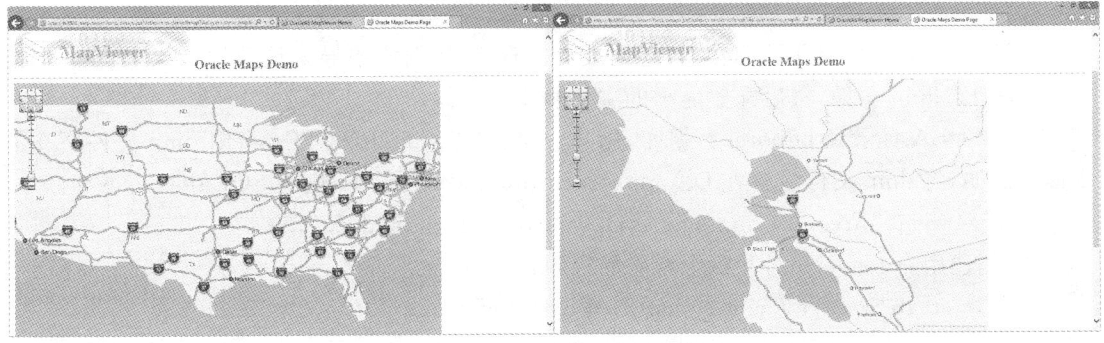

图 1－35 MapViewer 显示的示例地图（右图是左图局部放大）

1.7.2 Oracle 12c MapViewer 配置管理

进入 Oracle 12c MapViewer 配置管理的 URL 为：http://＜hostname＞:8080/mapviewer，输入用户和密码登录进入后界面如图 1－36 所示。

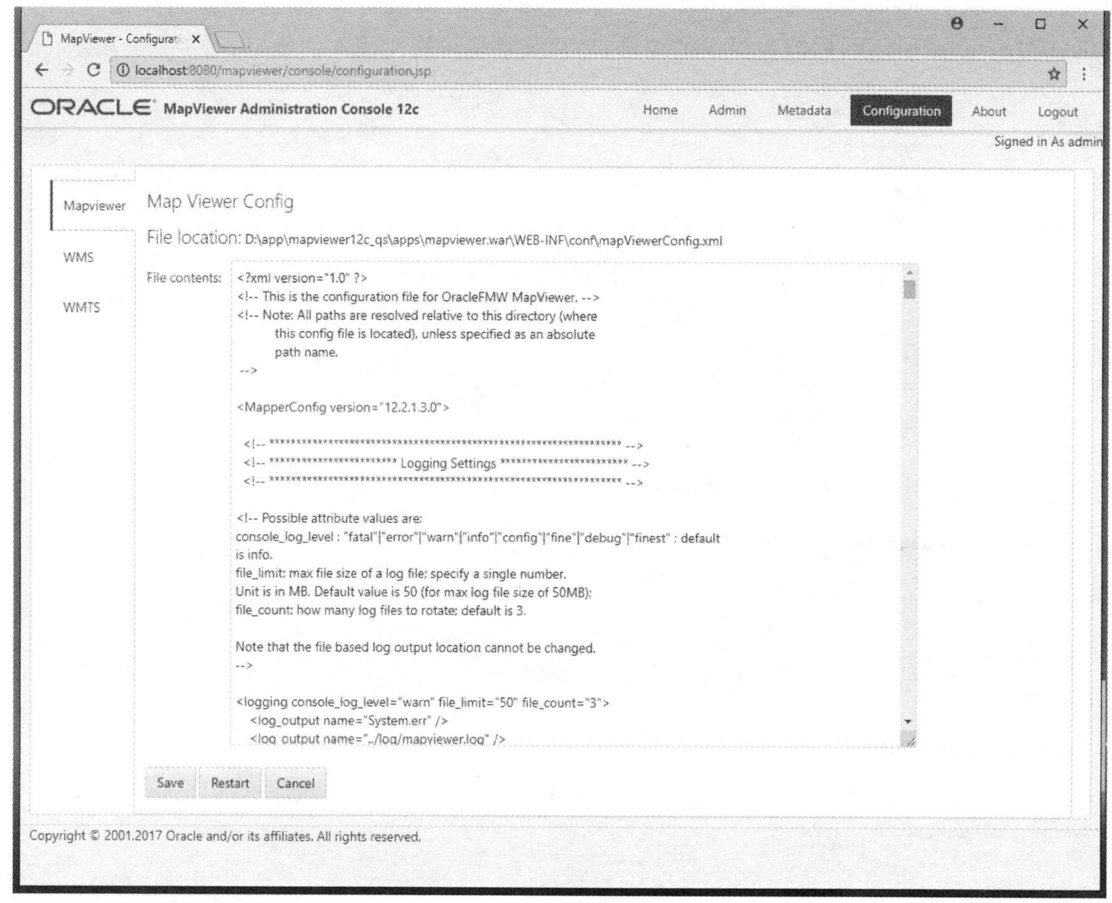

图 1－36　Oracle 12c MapViewer 管理页面

为了显示 MVDEMO 示例数据，还需要在 Oracle 数据库中导入该数据。导入 mvdemo_naturalearth. dmp 文件，然后配置显示的主要步骤如下。

(1)以 DBA 登录到 pdborcl 数据库，创建一个 DIRECTORY 对象，指向 dmp 文件所在的位置。例如，将 dmp 文件放置在 D:\app\oracle\dumpdir 目录下，则在 SQL 中执行下列命令：

```
SQL> create directory dumpdir as'D:\app\oracle\dumpdir';
```

(2)创建用户 mvdemo2，并赋予相应的权限：

```
SQL> create user mvdemo2 identified by "mvdemo2"
                    default tablespace "users" temporary tablespace "temp";
SQL> grant "dba"," resource ","connect" to mvdemo2;
SQL> grant read,write on directory dump_dir to mvdemo2;
```

(3)在命令行中执行 impdp 命令：

```
$ > impdp mvdemo2/mvdemo2@pdborcl directory=dump_dir
                    dumpfile=mvdemo_naturalearth. dmp full=y parfile=exclude. par
```

(4)完成导入后，以 mvdemo2 登录，执行以下 SQL 语句：

```
SQL> insert into user_sdo_styles select * from styles;
```

```
SQL> insert into user_sdo_themes select * from themes;
SQL> insert into user_sdo_maps select * from basemaps;
SQL> insert into user_sdo_cached_maps select * from tilelayers;
SQL> commit;
```

(5)在如图 1－36 所示的界面中，配置 MapViewer 数据源，然后保存：

```
<map_data_source name="mvdemo"
                 jdbc_host="localhost"
                 jdbc_sid="pdborcl"
                 jdbc_port="1521"
                 jdbc_user="mvdemo2"
                 jdbc_password="mvdemo2"
                 jdbc_mode="thin"
                 number_of_mappers="3"
                 allow_jdbc_theme_based_foi="false"
                 editable="false"
/>
```

(6)在 Chrome 浏览器中输入 http://localhost:8080/mvdemo，选择 Demos 和 Tile Layers 下的 Oracle Maps，会出现如图 1－37 所示的界面，图中显示了世界地图中的美国部分。可以在该地图中进行缩放、平移等操作，如图 1－38 所示为缩小显示效果，如图 1－39 所示为平移到中国部分显示效果。

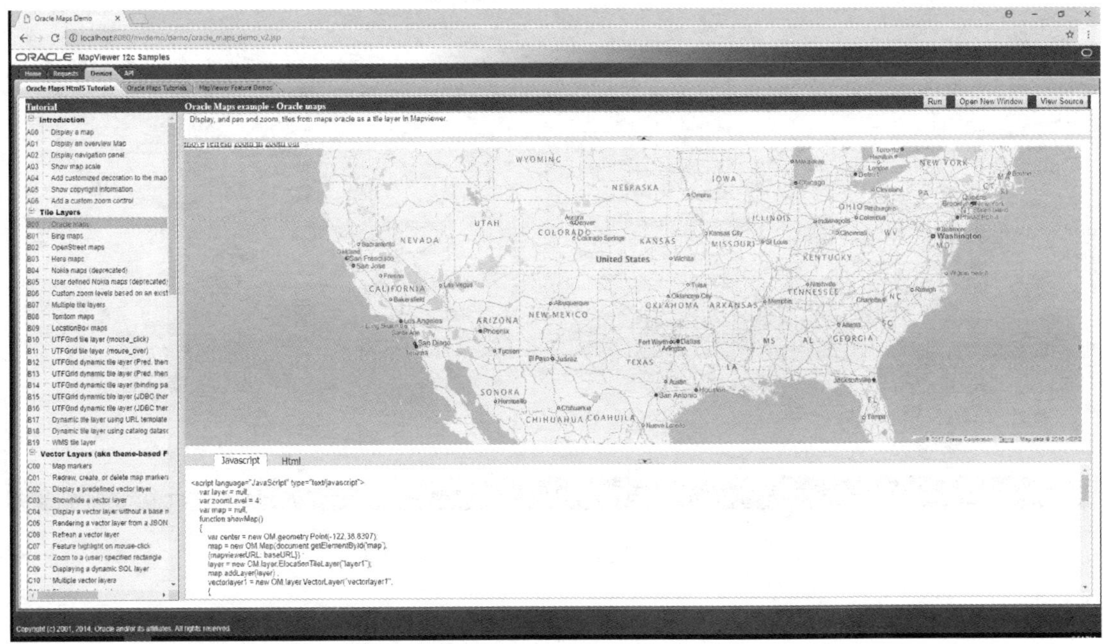

图 1－37　初始化显示效果

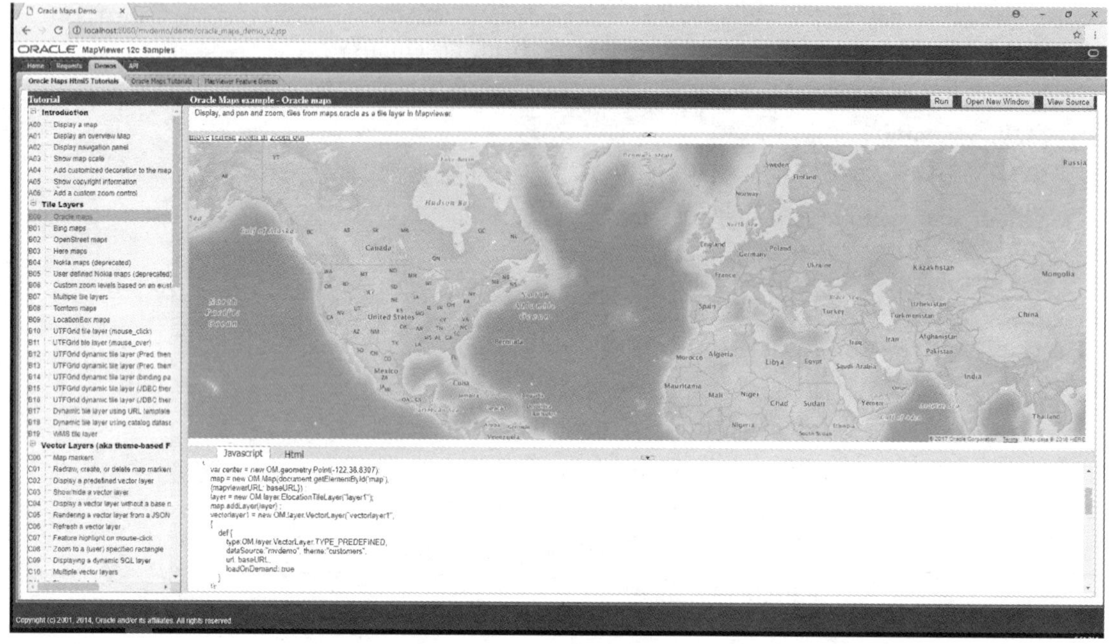

图 1-38　小比例显示效果

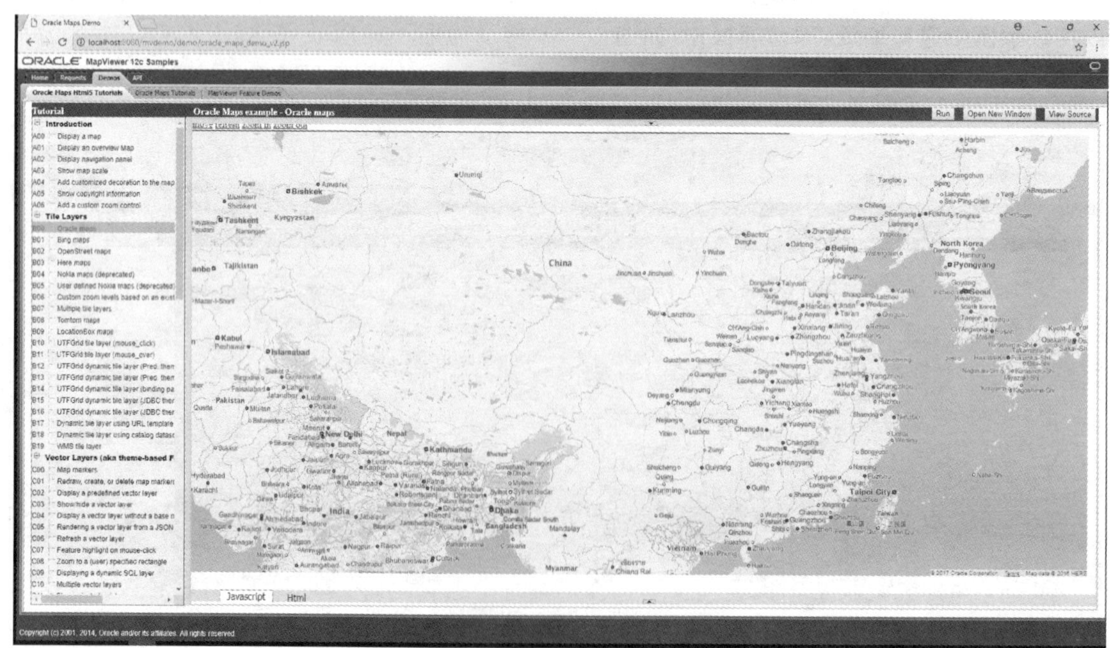

图 1-39　平移到中国部分的显示效果

第 2 章　空间数据转换与入库

在第 1 章其实已经用到了本章将要阐述的内容，那就是如何将空间数据存储到 Oracle Spatial 空间数据库中，通常称之为空间数据入库。Oracle Spatial 空间数据入库一般的流程是：首先，将其他软件编辑处理的空间数据转换成 Oracle Spatial 或 Oracle 数据库所支持的格式；其次，采用 Oracle 提供的数据加载工具将转换后的数据加载到空间数据库；最后，还要对入库的数据进行编码（如果需要的话）、数据有效性检查与校正等工作。

2.1　外部格式空间数据转换与入库

我们在第 1 章中采用的数据是 Oracle 公司已经处理好的示例数据，其格式是.dmp 文件，它是 Oracle 平台的独立数据文件格式，可以采用 Oracle 的 IMP/EXP 或 IMPDP/EXPDP 命令行工具进行导入导出，具体参见 2.3。

由于 Oracle Spatial 只是一个空间数据存储管理系统，并不具备空间数据的采集与编辑处理能力，因此，其数据来源主要是其他 GIS 软件（如 ArcGIS、QGIS 等）加工处理后的空间数据集。其中.shp 文件是常用数据格式之一，因此 Oracle 提供了一个命令行工具 SHP2SDO 来实现.shp 文件向 Oracle Spatial 所支持的 SDO 数据集的转换功能。

如果没有.shp 数据，可以按照 2.1.1 的方法获得一些免费的.shp 试验数据；如果已经有现成的.shp 数据供试验，可以跳过 2.1.1 中的内容。

2.1.1　试验数据集的获取

目前，网上有很多供测试用的免费示例数据。这里采用的数据来源于 OpenStreetMap (http://www.openstreetmap.org)，其数据可以在 ODBL 协议下自由共享、编辑和使用。选取武汉光谷片区地图导出。其经度范围：114.3684°—114.4331°，纬度范围：30.5354°—30.4837°，导出为.osm 文件格式；然后采用开源 QGIS（需要安装 OpenStreetMap 插件；QGIS 安装程序下载地址为 http:// www.qgis.org）打开该文件。由于 QGIS 插件也支持直接输入经、纬度范围从 OpenStreetMap 服务器上下载数据，因此也可以输入上面的经、纬度范围直接下载打开，地图显示如图 2-1 所示。我们将图 2-1 中的三个图层分别另存为三个.shp 文件即 ovcpoints.shp、ovclines.shp、ovcpolygons.shp，这样就得到了.shp 示例数据。SRID 采用的是 WGS84，这个参考坐标系统在下面数据格式转换的时候要用到。另外，由于导出有损失，把该区域也作为图像导出，命名为 ovcimage.jpeg。需要说明的是，这四个数据文件的使用需要遵守 OpenStreetMap 的相关协议。

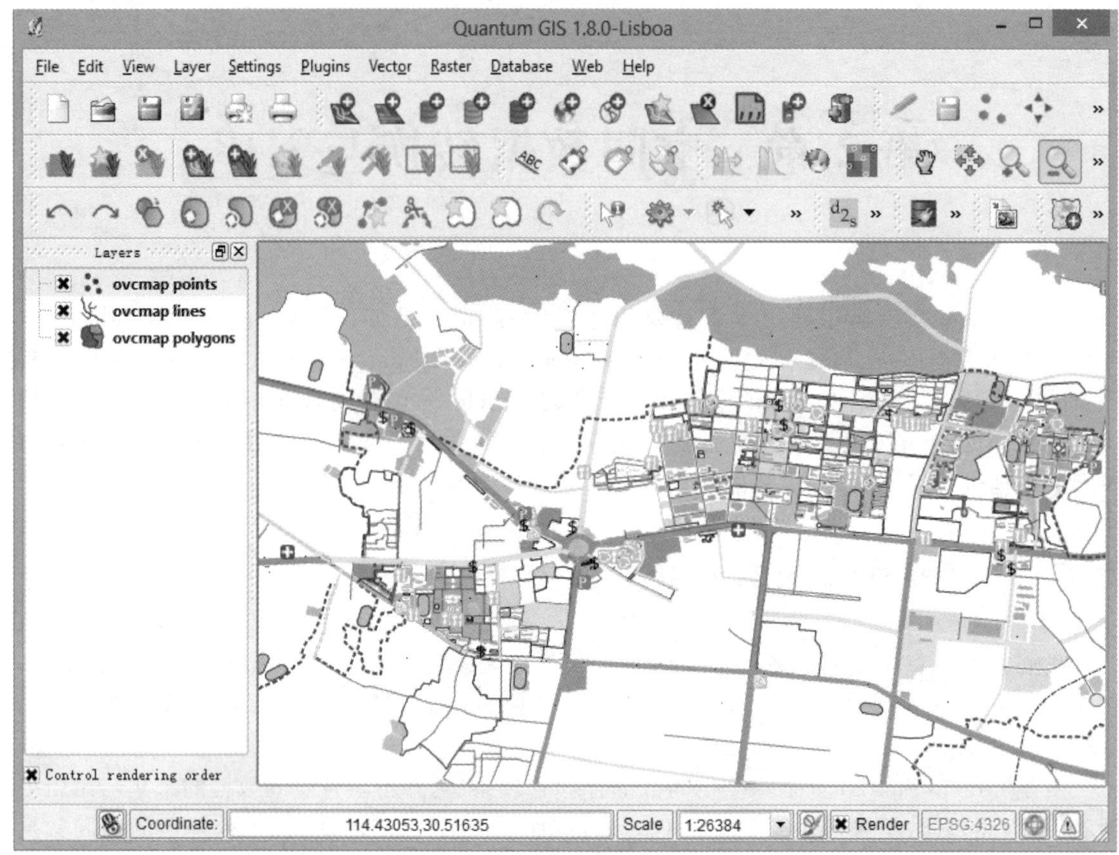

图 2-1　QGIS 中显示的武汉光谷示例图(© OpenStreetMap contributors)

如果机器上安装有 ArcGIS 和 FME，就可以采用 FME 将.osm 文件转换成.shp 文件。FME 中对于分层与属性的转换要明显强于 QGIS，如图 2-2 所示，同一份数据在 ArcGIS 中分层信息得到了较好的保留。但不管是采用哪种转换方案，信息损失几乎都是必然存在的。如何无损地实现各种 GIS 平台下的空间数据互操作，依然是空间数据处理中的难点问题之一。在这里不讨论如何实现无损转换问题，关心的是如何将空间数据存储到 Oracle Spatial 空间数据库中。为了使讲解更加清晰明了，本章后续采用的数据是 QGIS 中显示的三个分层的 ovcdemo 数据集，即由 ovcpoints.shp、ovclines.shp、ovcpolygons.shp 构成的数据集。

2.1.2　SHP 数据格式转换(SHP2SDO)

尽管空间数据格式有一定的标准，但几乎每一个 GIS 软件都有自定义的数据格式，并且和可视化效果有较大程度的关联。这对空间数据的无损共享造成了极大的障碍。由于很多 GIS 软件是在空间数据标准发布之前就开发出来的，一些常用的 GIS 软件的空间数据格式便成为了事实上的标准格式之一，ESRI 的.shp 文件格式就是其中之一。Oracle Spatial 并不识别这些格式，因此我们需要借助第三方转换工具将其转换成 Oracle Spatial 所支持的空间数据

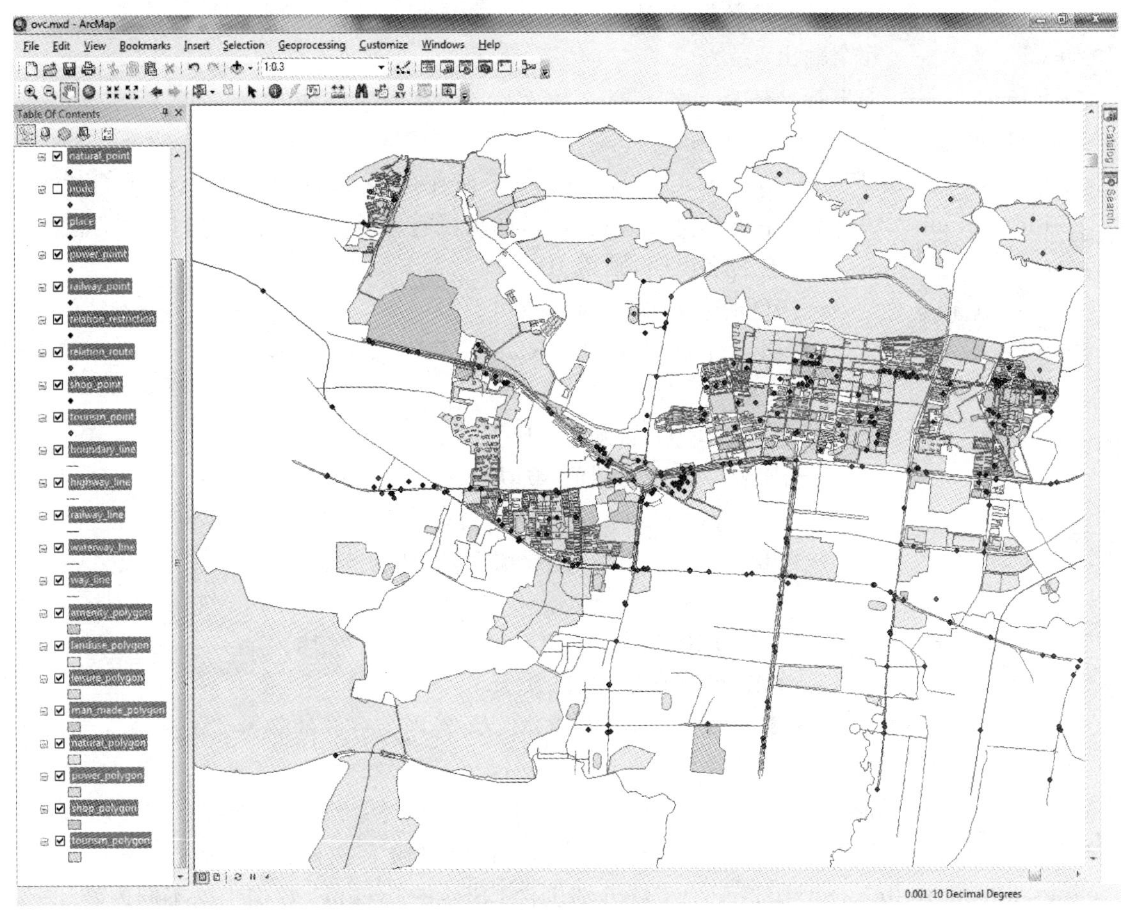

图 2-2　ArcGIS 中显示的武汉光谷示例图(© OpenStreetMap contributors)

格式。在这里不打算讨论众多的转换工具，而只是简单介绍一下如何使用 SHP2SDO 将.shp 文件转换成 Oracle Spatial 所支持的格式。SHP2SDO 的用法如下：

```
shp2sdo [-o] <shapefile> <tablename> -g <geometry column>
        -i <id column> -n <start_id> -p -d
        -x (xmin,xmax) -y (ymin,ymax) -s <srid>
```

或

```
shp2sdo -r <shapefile> <outlayer> -c <ordcount> -n <start_gid> -a -d
        -x (xmin,xmax) -y (ymin,ymax)
```

shapefile ——输入的.shp 文件名(不包括后缀)。

tablename ——空间表名，如果不输入则表名与输入的文件名相同。

通用选项：

-o ——转换到对象模型/关系模型(默认)。

-r ——转换到关系模型格式。

-d ——在 Oracle 控制文件中存储数据，如果没有则将数据存储到分开的文件中。

-x ——X 方向上的数据范围。

- y ——Y 方向上的数据范围。
- v ——冗余输出。
- h or -? ——输出帮助信息。

对象模型选项：

- g geom_column ——指定 SDO_GEOMETRY 所在列名，默认为 GEOM。
- i id_column ——用于几何计数的列名，如果没有声明，则没有关键列生产，如果没有名字声明，则用 ID。
- n start_id ——ID 的开始数字，默认为 1。
- p ——将点存储在 SDO_ORDINATES 数组，否则存储在 SDO_POINT 中。
- s ——加载 SRID，否则 SRID 为空。
- t ——加载误差容忍阈值，默认为 0.000 000 05。
- 8 ——写成 8i 的控制文件格式，否则为 9i 或以后版本。
- f ——几何对象采用 10 位数精度，默认为 6 位精度。

关系模型选项：

- c ordcount ——_SDOGOEM 表中的纵坐标数，默认为 16。
- n start_gid ——GID 的开始数字，默认为 1。
- a ——属性进入 _SDOGEOM 表，否则为分开的表。

运行如下命令：

SHP2SDO ovclines - g roads - x(- 180,180)- y(- 90,90)- s 8307 - t 0.000 000 01

需要注意的是，这里的 ovclines 代表的是三个不同的输入文件，分别是 ovclines. shp、ovclines. dbf 和 ovclines. shx。这三个文件分别包含 ESRI 的 ovclines 数据中的不同内容。- x 及其参数表示经度范围为－180°到 180°，- y 及其参数表示纬度范围为－90°到 90°。8307 是 WGS84 的 SRID，- t 及其参数表示几何计算中采用的阈值是 0.000 000 01。运行上面的命令后，输出三个文件：

ovclines. sql ——创建 ovclines 表，并加载空间元数据的 SQL 脚本文件。
ovclines. ctl ——SQL* Loader 的控制文件。
ovclines. dat ——SQL* Loader 的数据文件。

接下来的入库过程就是使用 SQL* Loader 加载这三个文件到空间数据库，具体操作过程见 2.2。

2.2 用 SQL* Loader 加载文本文件入库

SQL* Loader 是 Oracle 数据库的数据加载工具。以 ovclines 数据为例讲解其数据加载入库过程。首先新建 ovcdemo 表空间和用户，密码也为 ovcdemo，使 ovcdemo 的表空间为 ovcdemo，并且至少具有 connect、resource、create table 和 create view 等权限。在 SQL Developer 中以 sys 用户名登录，执行脚本 Code_2_1。

Code_2_1

```
create tablespace ovcdemo datafile d:\app\oradata\orcl\spatial'size 100m;
create user ovcdemo profile default identified by "ovcdemo"
default tablespace spatial temporary tablespace temp;
grant create table to ovcdemo;
grant create view to ovcdemo;
grant execute any procedure to ovcdemo;
grant connect to ovcdemo;
grant resource to ovcdemo;
```

这样就完成了表空间和用户创建。如果对 SQL 语言不太熟悉，建议直接使用 Oracle EM 控制台或 SQL Developer 的界面进行操作。接下来用 ovcdemo 用户连接数据，执行 ovclines .sql脚本文件，然后使用 SQL* Loader 加载数据：

```
SQLPLUS ovcdemo/ovcdemo @ovclines. sql
SQLLDR ovcdemo/ovcdemo CONTROL=ovclines. ctl
```

2.3　用 MapBuilder 导入.shp 文件入库

MapBuilder 是 Oracle 公司提供的一个可视化的空间数据库建库工具。使用它可以按照向导提示实现.shp 文件的入库。空间数据导入后，为了能够方便地查询使用，还需要对它进行主题(Theme)创建和基础地图(Base Map)创建。

2.3.1　SHP 数据格式导入

对于导入.shp 文件这个过程而言，MapBuilder 集成了 SHP2SDO 和 SQL* Loader 的功能。此外，在实际的空间数据入库过程中数据量往往很大，其数据文件个数很多，如果采用基于 SHP2SDO 与 SQL* Loader 命令行方式批量导入空间数据，这绝对不是一个高效而明智的选择。MapBuilder 提供了两种.shp 文件导入方式，即单文件导入和多文件导入。启动 MapBuilder，点击“Tools”中的“Import Shapefile”，弹出.shp 文件导入向导，如图 2-3 所示。对于单文件导入选择 Single File，然后选择.shp 文件，输入.shp 文件对应的几何表名称，接着输入几何表中几何字段的名称。对于多个.shp 文件的批导入，则选择 Multiple Files or Directories，所有的几何表的名称将与.shp 文件同名，然后输入几何字段的名称，接着选择.shp 文件所在目录，在列表中会显示选择的.shp 文件或目录，点击“Next>”进入下一步，如图 2-4 所示。这一步是附加参数的设置，主要是空间参考系统设置和表信息设置。以 ovcdemo 数据为例，选择的是 WGS 84 坐标系统。表信息则主要是选择相关的表是新建还是使用已经存在的表以及是否创建空间索引等信息。点击“Next”进入下一步，显示的是导入向导的总结信息，点击“Finish”开始数据的导入。

图 2-3　MapBuilder 导入.shp 文件向导——数据选择

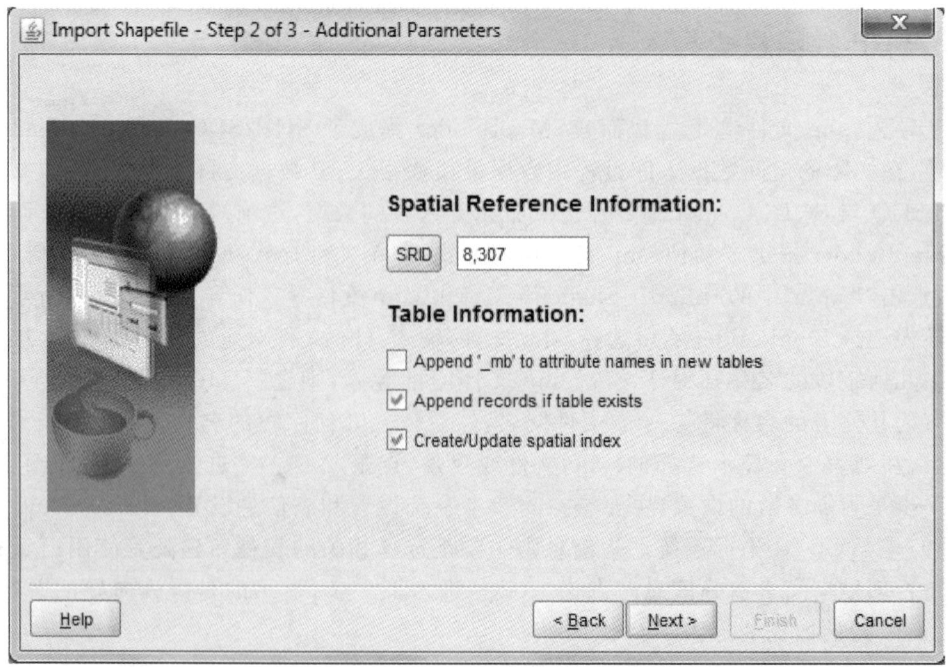

图 2-4　MapBuilder 导入.shp 文件向导——附加参数设置

导入完成后，可以用 SQL Developer 打开 OVCDEMO 方案，如图 2－5 所示。该方案共包含六个数据表。数据主要存储在 OVCPOINTS、OVCLINES 和 OVCPOLYGONS 三个数据表中。由于在使用 MapBuilder 导入的时候，选择了创建索引，因此在该方案中也包含了 OVCPOINTS_MB_IDX、OVCLINES_MB_IDX 和 OVCPOLYGONS_MB_IDX 三个空间索引。

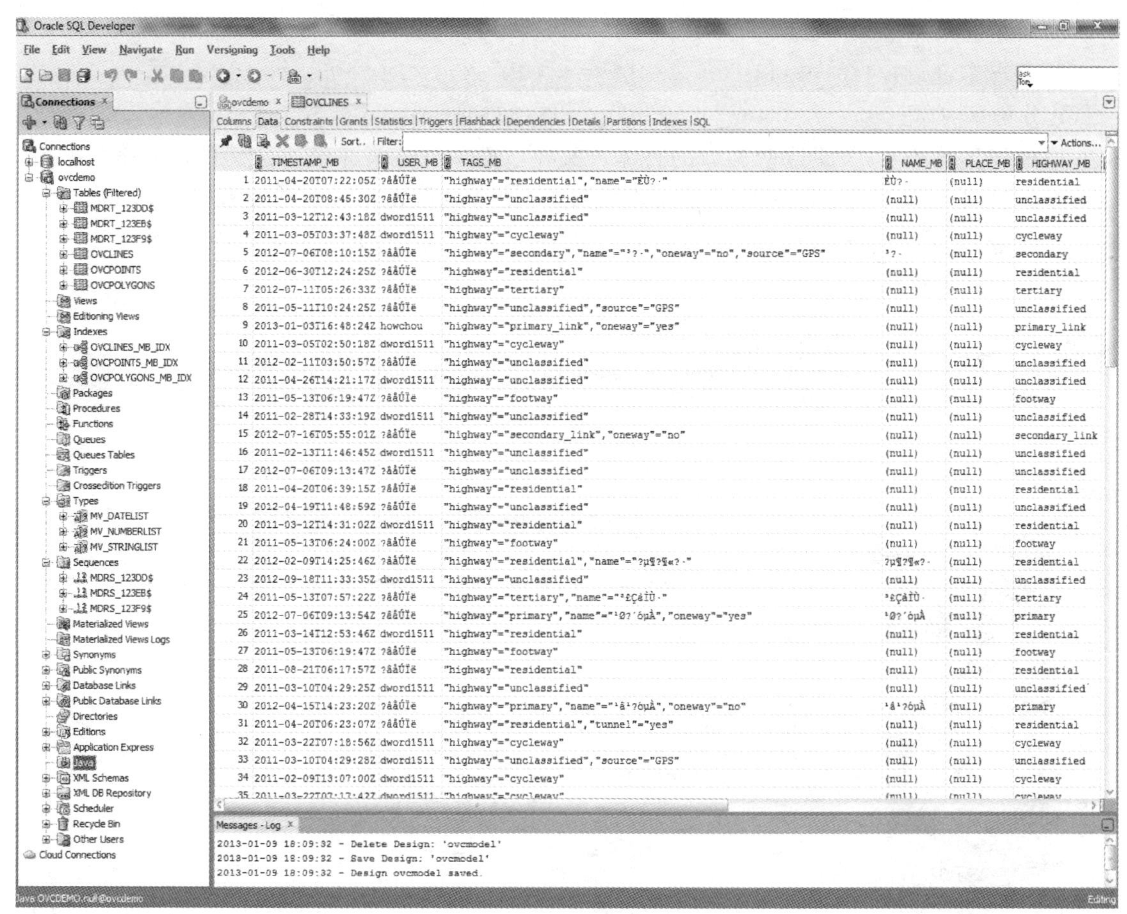

图 2－5　OVCDEMO 方案

2.3.2　图像/栅格数据导入

MapBuilder 是一个整合的建库工具。它除了能够导入. shp 文件等矢量数据外，还能导入栅格图像数据。ovcimage. jpeg 是与上面的. shp 数据对应的图像数据。在 MapBuilder 中连接 OVCDEMO 方案，点击“Import Image”，弹出 GeoRaster 导入向导(图 2－6)，在其中设置表的名称和描述信息。GeoRaster 表名为 ovciamge，其中的 GeoRaster 列名为 georaster，存放分块数据的栅格数据表名为 ovcimage_rdt。选项“Build Pyramid Levels”用于创建图像金字塔。由于数据很小，没有必要创建，因此没有勾选此项。默认的块大小为 256。图 2－7 是选择图像数据文件，可以是一个文件也可以是多个文件，本示例中选择 ovcimage. jpeg 文件。图 2－8

是空间参考参数设置，由于.shp文件采用的是WGS84坐标系统，其SRDI是8307，所以这里SRID设置为8307。Model Location有两种方式：左上模式和中心模型。采用默认值左上模式。图像的大小为：2 143 * 1 795 * 3。其对应空间范围如下。

X方向经度范围：114.3684°—114.4331°

Y方向纬度范围：30.5354°—30.4837°

所以图像左上角点坐标为(114.3684,30.5354)，这样可以算出：

X分辨率：(114.4331－114.3684)/2143＝3.019 132e－5

Y分辨率：(30.5354－30.4837)/1795＝2.880 223e－5

将这些参数填入，关于这些参数的具体含义在后面章节还会详细讨论。导入栅格数据后，Oracle会建立OVCIMAGE和OVCIMAGE_RDT两个数据表和一个空间索引OVCIMAGE_RTREEIDX，如图2－9所示。OVCIMAGE存放GEO_RASTER对象，OVCIMAGE_RDT存放对应的分块数据。

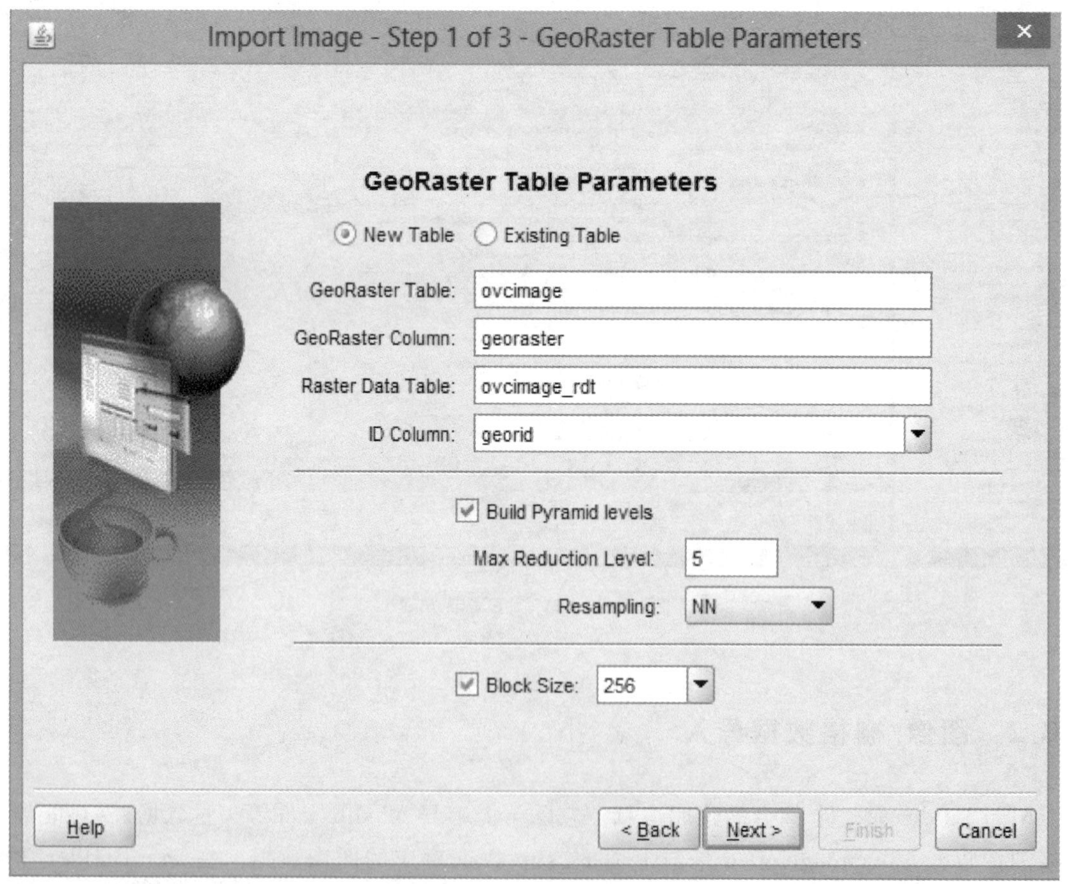

图2－6　GeoRaster导入向导表参数设置

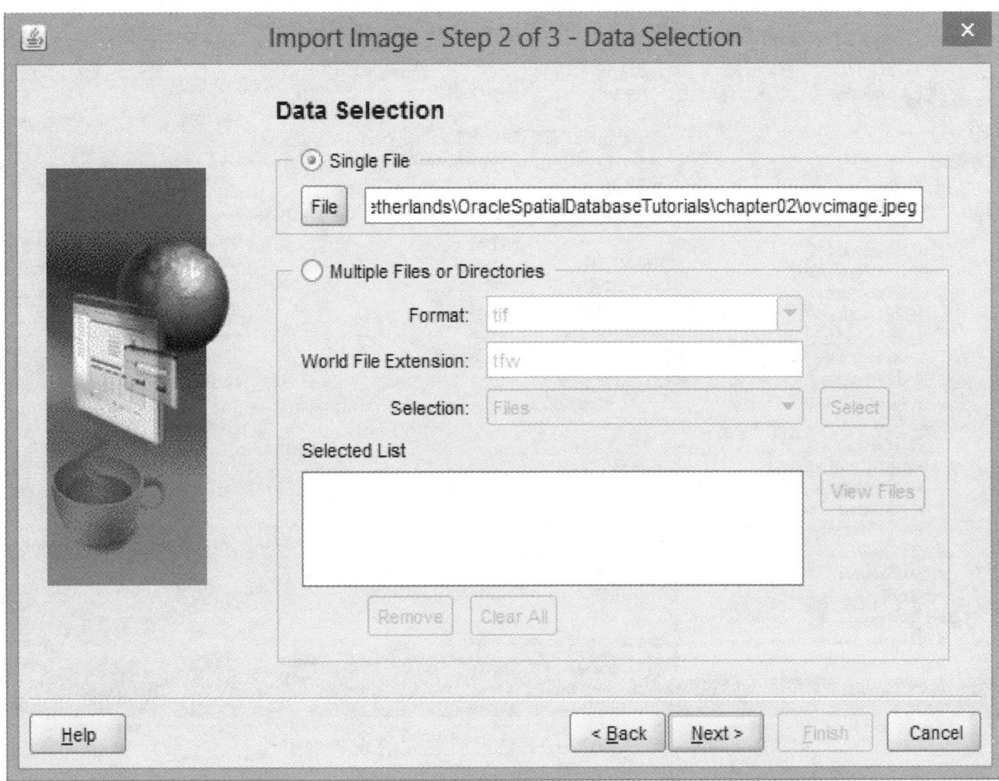

图 2-7　GeoRaster 导入向导数据文件选择

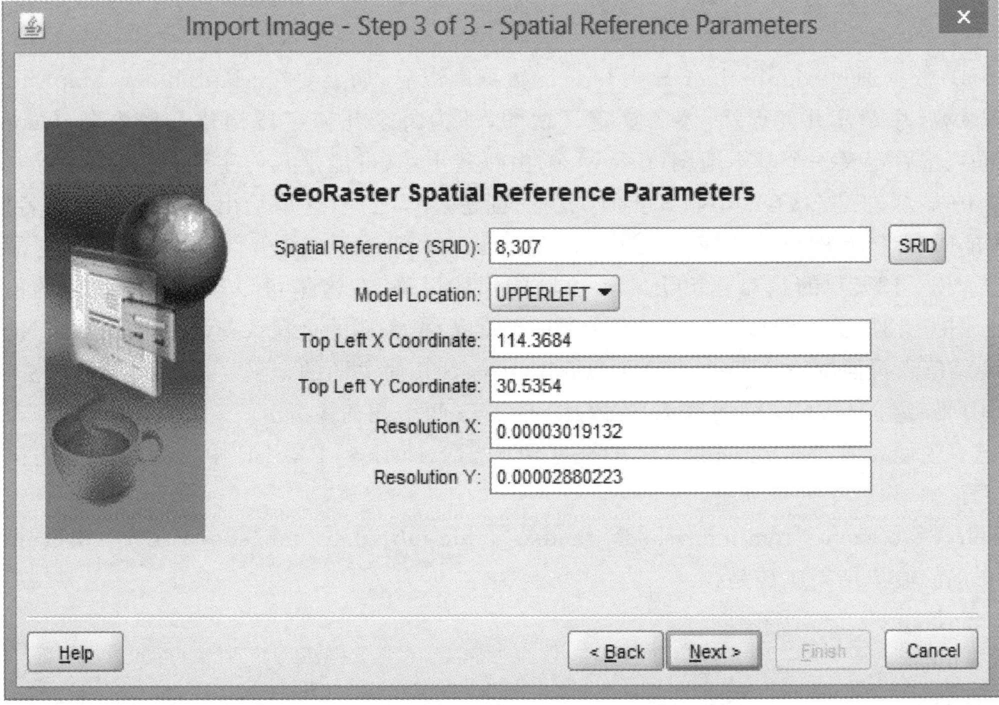

图 2-8　GeoRaster 导入向导空间参考参数设置

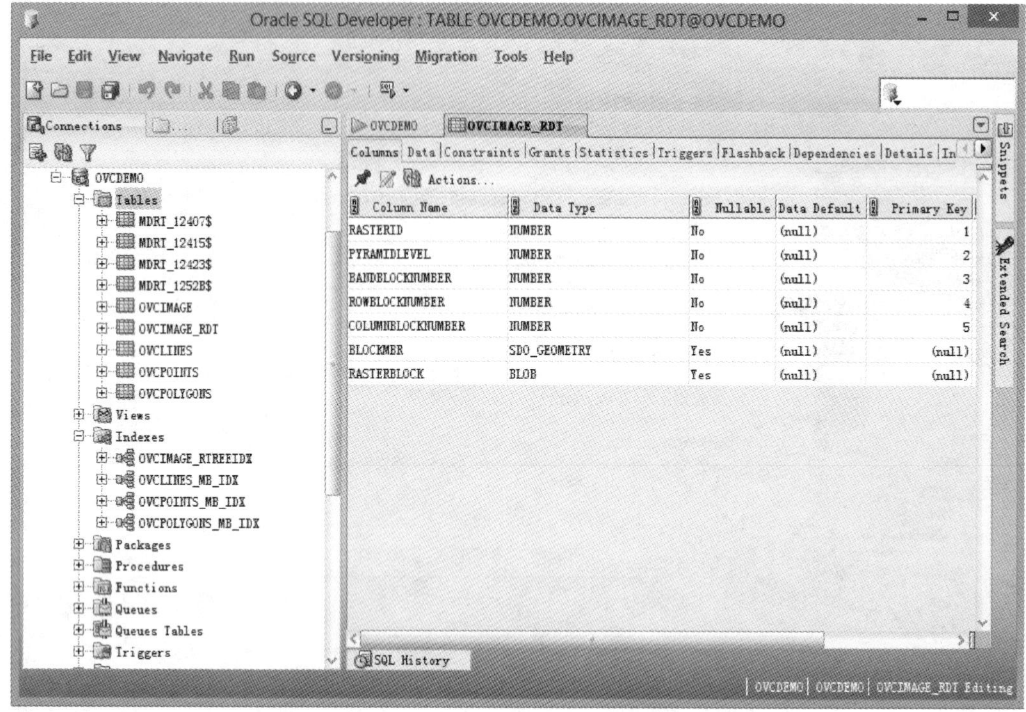

图 2-9　GeoRaster 导入后建立的表和索引

2.3.3　定义主题与地图

SHP 数据通过 MapBuilder 导入 Oracle 数据库以后，如果要在 MapBuilder、MapEditor 或 MapViewer 中显示几何形状，还需要定义地图，即为每个几何字段构建几何主题(Geometry Theme)，然后定义一个基本地图(BaseMap)由哪些主题(可能是几何主题、栅格主题等)构成。图 2-10 显示的是 OVCPOINTS 几何主题的创建过程之一，这里给出了几何主题的名称、描述、表的所有者、基础表和几何字段所在的列。图 2-11 显示的是 OVCPOINTS 主题的要素风格。图2-12显示的是 OVCPOINTS 主题的标注风格，在这里可以选择某个字段的值进行标注。图2-13显示的是 OVCPOINTS 主题的查询条件，采用的是默认查询。然后点击“Next>”进入总结信息页面，点击“Finish”完成 OVCPOINTS 几何主题的定义。采用同样的方法，也可以利用向导定义 OVCLINES 和 OVCPOLYGONS 两个几何主题。

这些主题信息存放在 MDSYS 方案的 SDO_THEMES_TABLE 中。为判断上述执行过程是否正确，执行下列查询语句：

select tab. name from mdsys. sdo_themes_table tab where tab. sdo_owner='ovcdemo';

正确的输出结果应该是：

---Name---

ovclines

ovcpoints

ovcpolygons

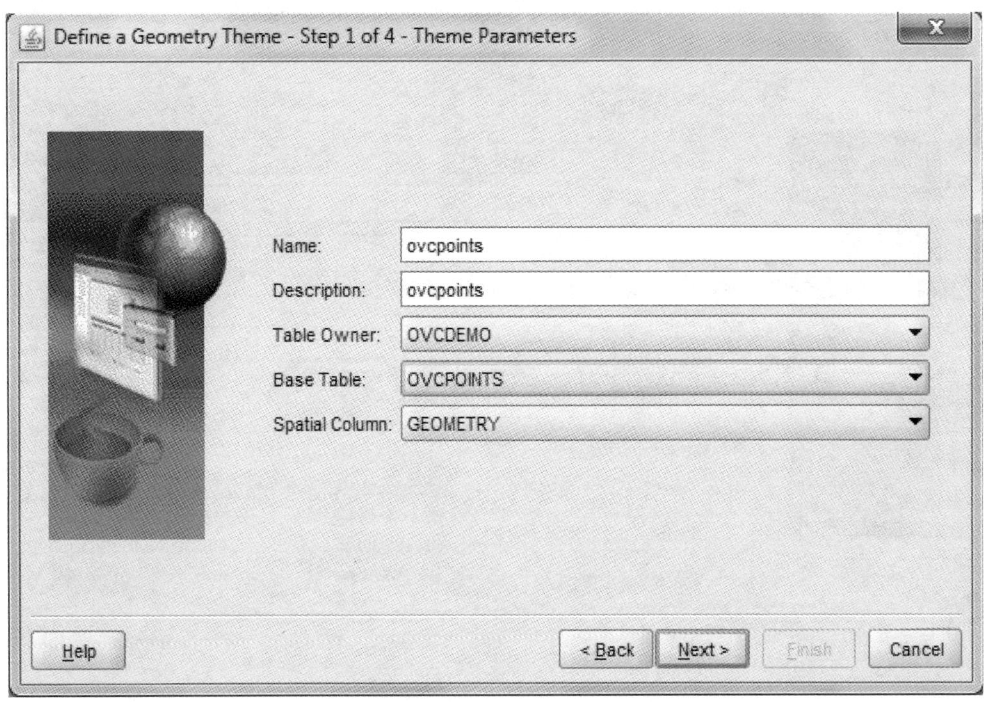

图 2-10　定义几何主题的主题参数设置

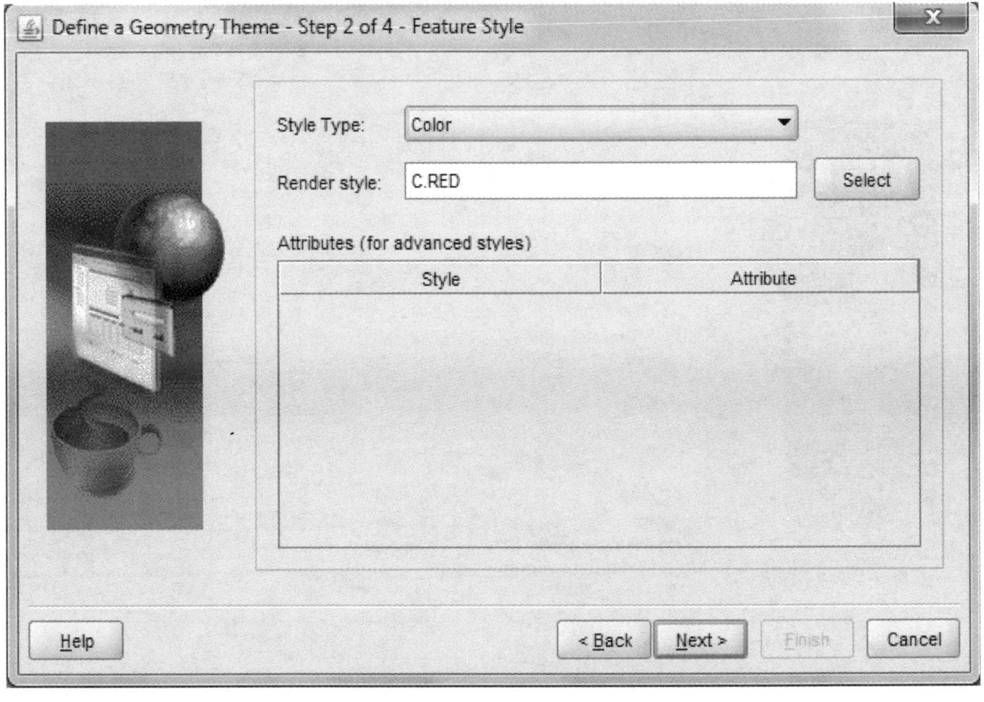

图 2-11　定义几何主题的要素风格

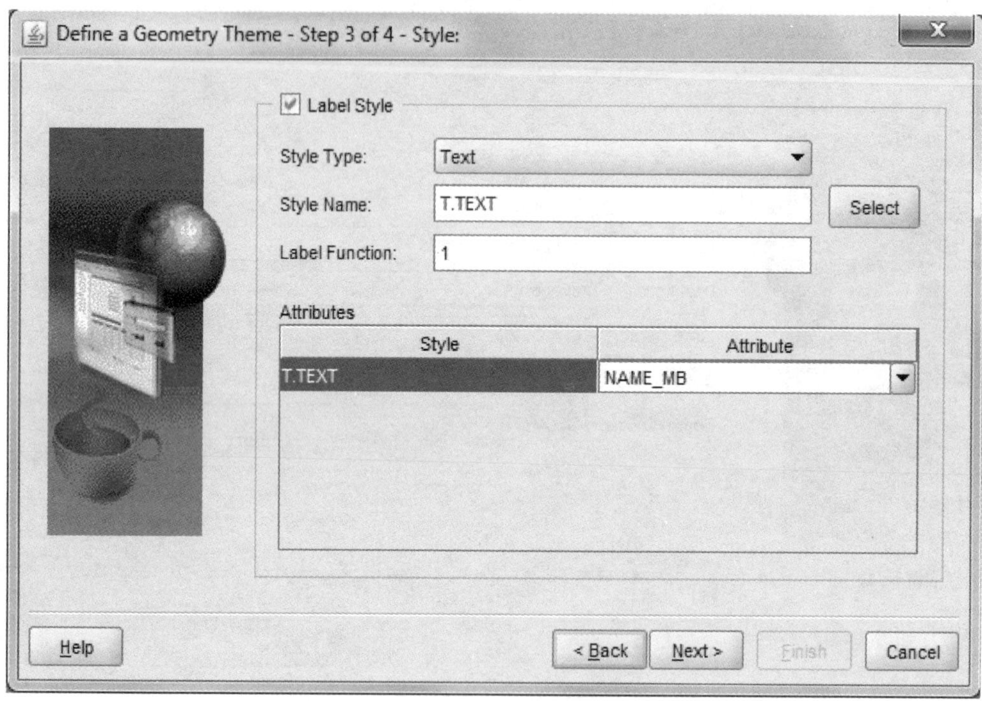

图 2-12　定义几何主题的标注风格

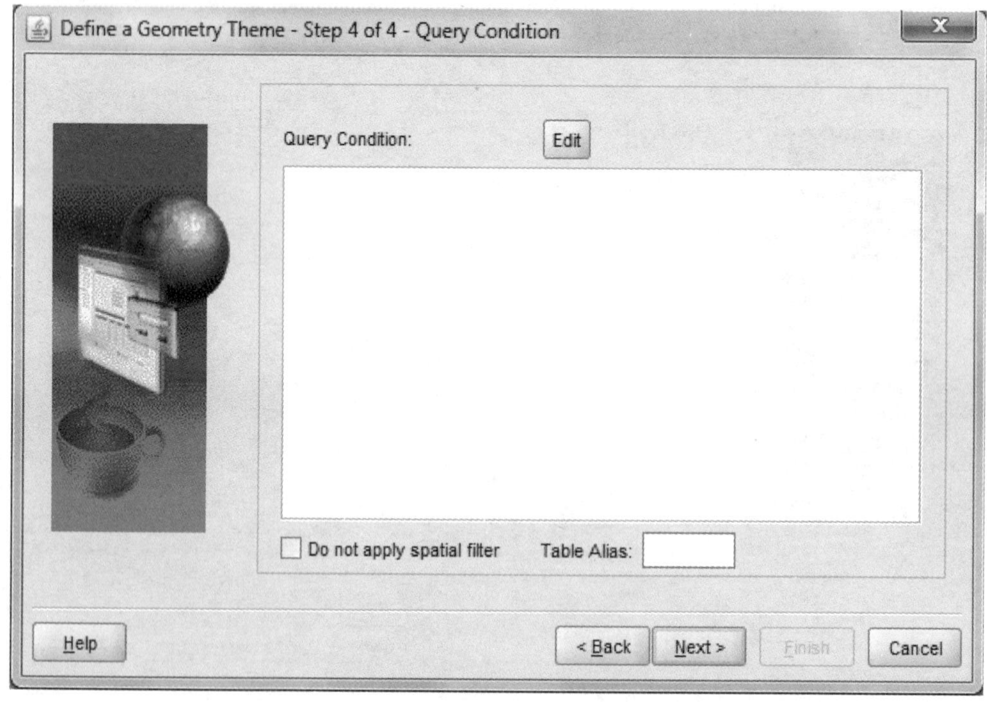

图 2-13　定义几何主题的查询条件

定义主题之后，接下来应该定义的是地图，它确定的是一个地图应包含哪些主题。在MapBuilder中有定义地图的向导。运行向导，首先是地图的名称与描述信息，如图 2-14 所示。接下来是定义地图的主题层信息，如图 2-15 所示，这里定义的 OVCMAP 包含了三个主题，这些信息将保存在 USER_SDO_MAPS 表中。向导的最后一个对话框显示的是所定义的地图的概要信息，如图 2-16 所示。

关于地图的定义信息存放在 MDSYS 方案的 SDO_MAPS_TABLE 中。为判断地图定义是否成功，可以执行下列查询语句：

select tab. name from mdsys. sdo_maps_table tab where tab. sdo_owner='ovcdemo';

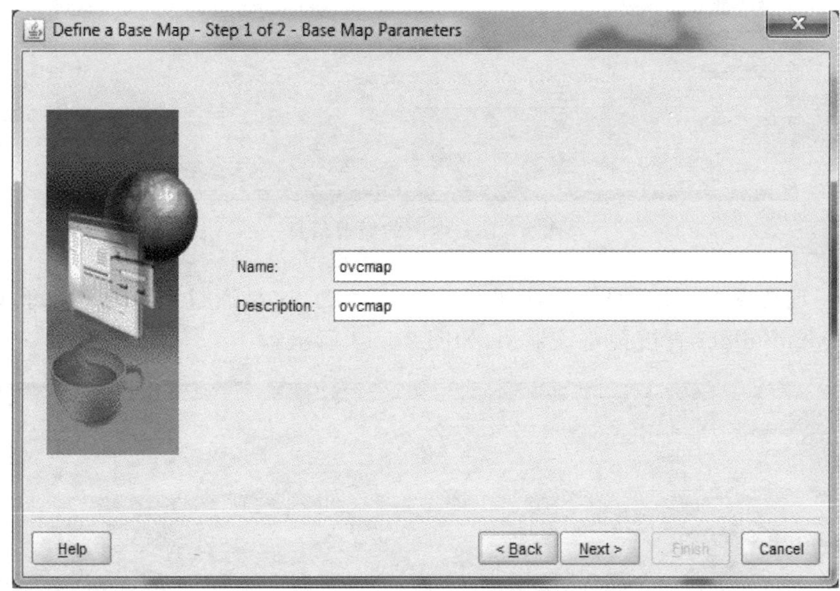

图 2-14　定义地图的基本信息

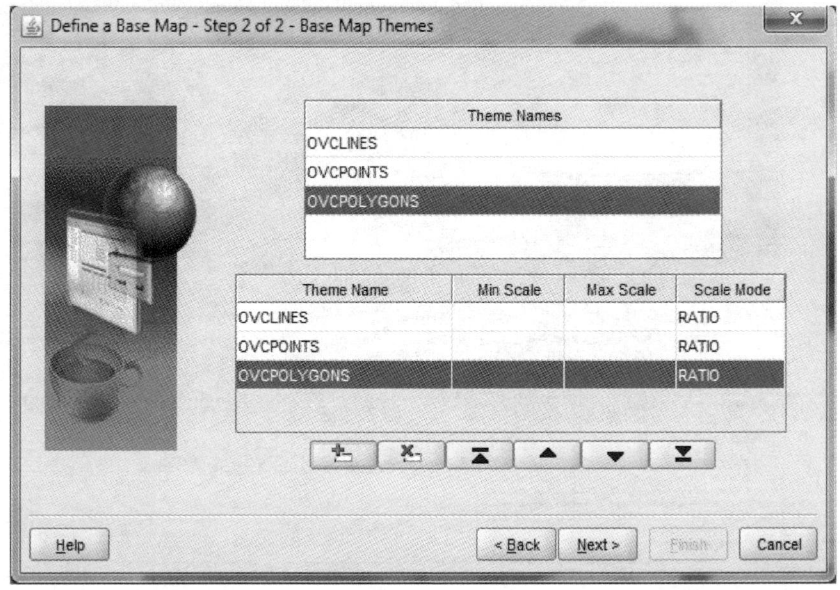

图 2-15　定义地图的主题层信息

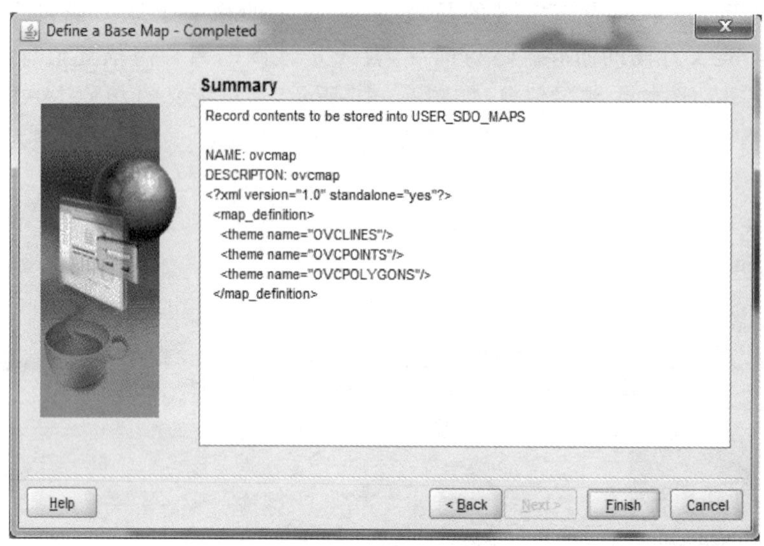

图 2－16　地图的概要信息

如果地图定义成功，则返回结果应该是 OVCMAP。这是通过查询语句来验证的。同时也可以通过 MapBuilder 直接预览该地图，如图 2－17 所示。

图 2－17　OVCMAP 地图预览

上面的 OVCMAP 没有加入栅格主题层。栅格主题的定义方法和几何主题定义方法相似。可以采用 MapBuilder 的 GeoRaster 主题定义向导定义想要的主题。首先设定 GeoRaster 主题名称等参数，这里设定的名称为 ovcraster，如图 2-18 所示。图 2-19 主要设置查询模式，一般可采用默认模式。图 2-20 为该主题的金字塔、投影等参数设置，均采用默认值。关于具体参数含义将在栅格数据的组织管理部分讨论。

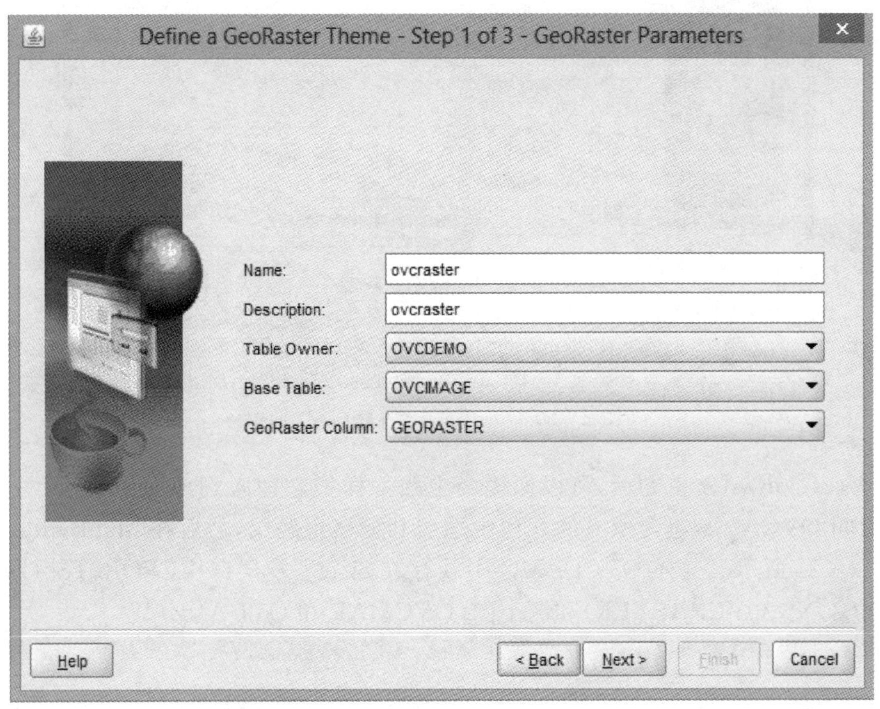

图 2-18　GeoRaster 主题向导(Ⅰ)

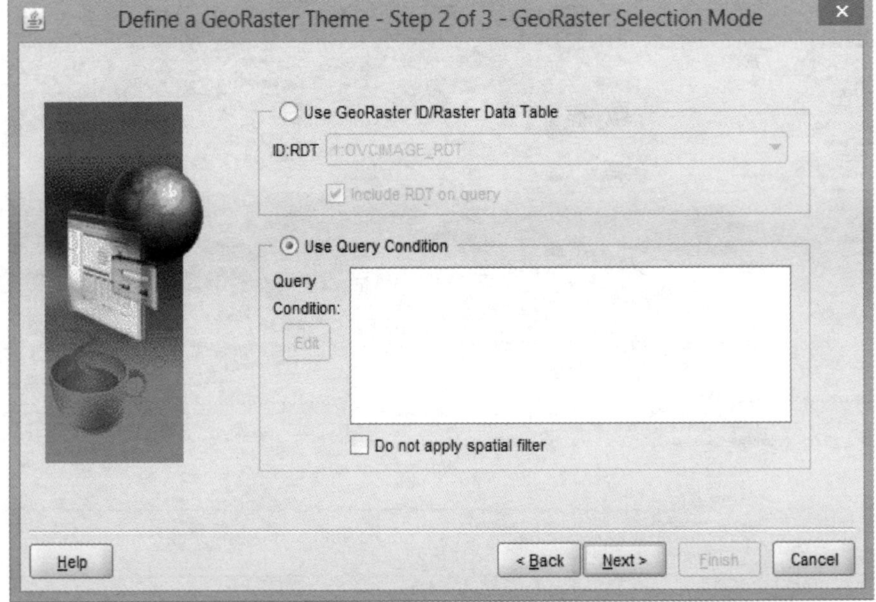

图 2-19　GeoRaster 主题向导(Ⅱ)

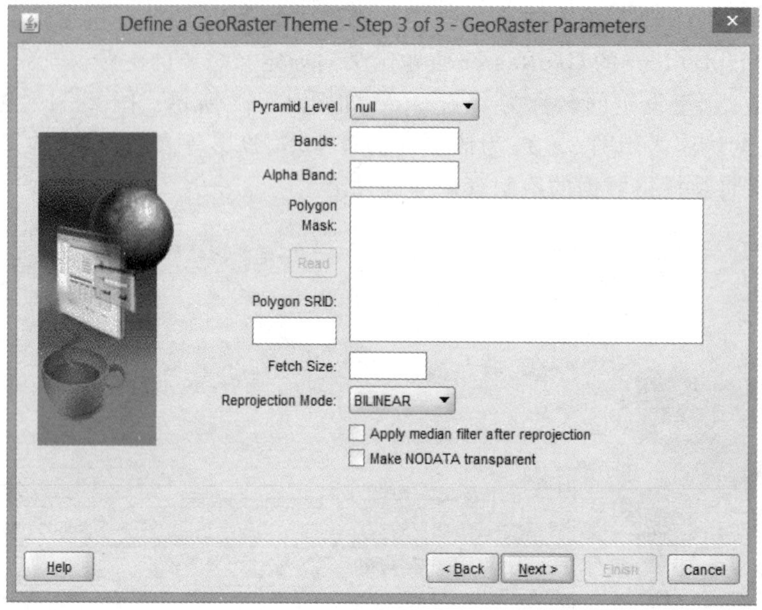

图 2-20　GeoRaster 主题向导(Ⅲ)

定义好了 GeoRaster 主题后,可以像集合主题一样把它加入到地图中显示。这里构建一个基本地图叫 OVCALL,包含所有的几何主题层和栅格主题层,然后在 MapBuilder 中显示该地图,如图 2-21 所示。这样 OVCDEMO 中就存在四个主题层(OVCPOINTS、OVCLINES、OVCPOLYGONS、OVCRASTER)和两个图(OVCMAP 和 OVCALL)。

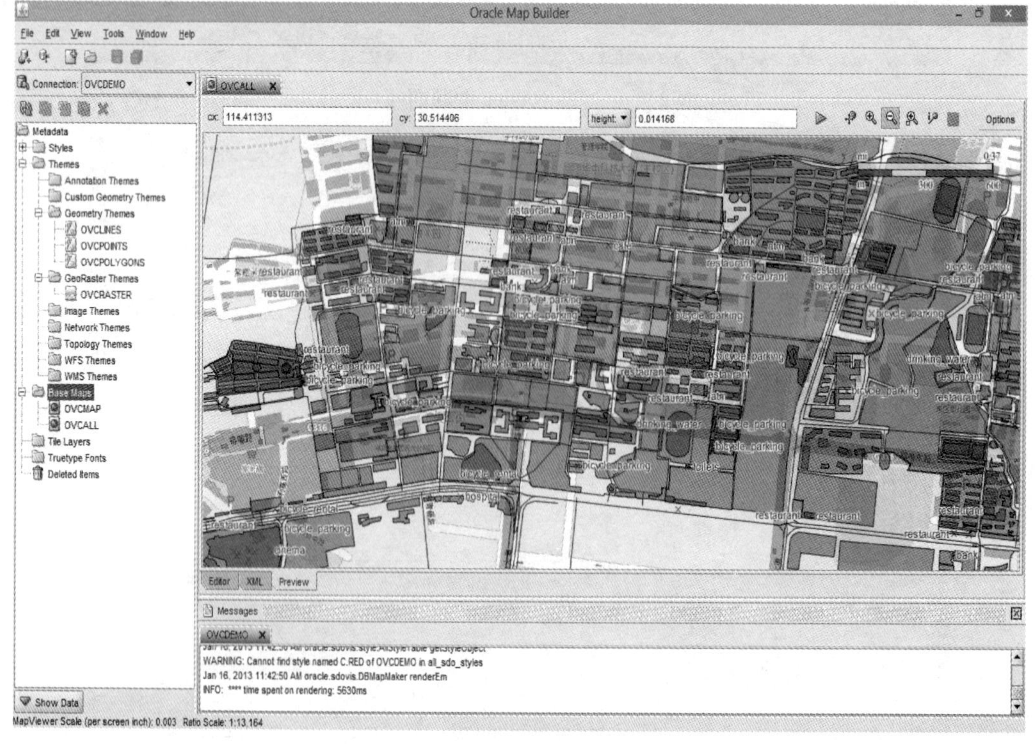

图 2-21　OVCALL 地图预览

2.4 Oracle 数据库内部迁移与转换

前面讲述的是如何将外部空间数据导入到 Oracle 数据库中。这一节将讨论如何在不同的 Oracle 数据库之间进行数据转换。

2.4.1 IMP/EXP 或 IMPDP/EXPDP 工具

第一种方法，也是最容易使用的方法就是 Oracle 提供的命令行工具 IMP/EXP。这个其实在第 1 章的时候已经使用过。IMP 工具主要用于加载 Oracle 平台的独立. dmp 文件。这种. dmp 文件一般是用 EXP 从 Oracle 数据库中导出生成的。例如，要将建立的 OVCDEMO 数据库全部导出：

exp ovcdemo/ovcdemo file=ovcdemo.dmp full=y

大致输出如图 2-22 所示。如果只想导出某个或几个表，如 ovclines 和 ovcpoints 数据表，则执行：

exp ovcdemo/ovcdemo file=ovcdemo.dmp tables='ovclines,ovcpoints'

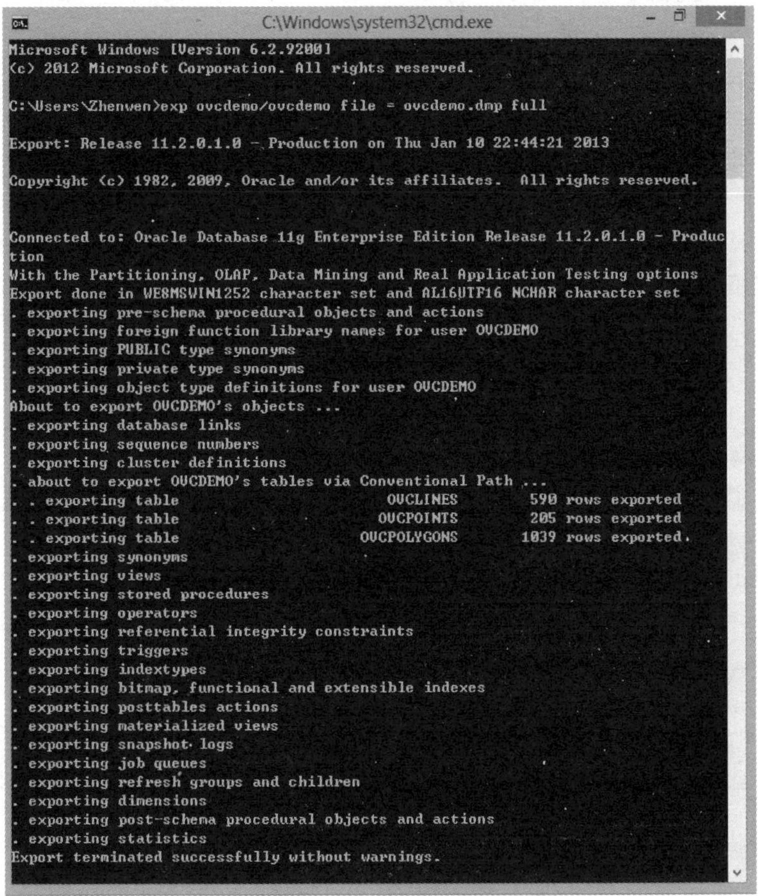

图 2-22　导出 OVCDEMO 数据库

上面 EXP 导出生成的. dmp 文件就是 IMP 的输入文件。如要在另外的数据库中导入 OVCDEMO 数据库，则可以先新建 ovcdemo 用户，密码为 ovcdemo，然后执行：

imp ovcdemo/ovcdemo file=ovcdemo. dmp full=y ignore=y

这里的 full 代表整个数据库全部导入，ignore 代表忽略所有警告。

上面给出的例子都是用户名和密码相同的导入示例。IMP 也支持从一个用户导入到另外一个用户，不过这种操作一般需要管理员账户，例如：

imp system/password fromuser=ovcdemo touser=mvdemo file='ovcdemo. dmp'

就是将 OVCDEMO 数据库中的数据导入到 MVDEMO 数据库中。

另外，Oracle 也提供了和 IMP/EXP 等效的 IMPDP/EXPDP 工具，这组工具对于. dmp 文件处理更高效，在 Oracle 12c 中使用更加普遍。例如，从 Oracle 12c 的可插拔数据库 pdborcl 中导出 ovcdemo 数据，首先需要创建一个 Oracle 目录对象，然后进行导出操作：

SQL> create directory dumpdir as'd:\app\oracle\dumpdir';

$ > expdp ovcdemo/ovcdemo@pdborcl directory=dump_dir dumpfile=ovcdemo. dmp full=y

如果要在另外一个 Oracle 数据库中导入 ovcdemo. dmp，首先需要构建 OVCDEMO 用户和方案，然后采用下列命令进行导入：

$ >impdp ovcdemo/ovcdemo@pdborcl directory= dump_dir dumpfile= ovcdemo. dmp logfile= ovcdemo. log schemas=ovcdemo

2.4.2 可移动表空间

可移动表空间是在不同的 Oracle 数据库之间进行数据转移的一种机制。在这种情况下，能够将整个表空间转移到另外一个 Oracle 数据库中。前面提到 OVCDEMO 方案中建立了三个空间索引，为了保证索引也能一起转移，需要执行下列步骤。

(1)在进行数据转移之前，执行：

sdo_util. prepare_for_tts('ovcdemo')；

(2)在进行数据转移之后，执行：

sdo_util. initialize_indexes_for_tts('ovcdemo')；

下面的脚本展示了如何为源数据库中的可移动表空间 ovcdemo 创建. dmp 文件：

```
sqlplus ovcdemo/ovcdemo;
execute sdo_util. prepare_for_tts('ovcdemo');
connect sys/<password> as sysdba;
execute dbms_tts. transport_set_check('ovcdemo',true);
exit;
exp userid=sys/<password> transport_tablespace=y file=ovcdemo_tts. dmp
datafiles=ovcdemo_tts. dbf tablespace=ovcdemo;
```

这样就在 ovcdemo_tts. dmp 文件中创建了元数据。将这个文件和 ovcdemo_tts. dbf 拷贝到目标数据库系统，并为目标数据库系统创建 OVCDEMO 用户和方案，然后执行下列脚本：

```
imp userid=sys/<password> transport_tablespace=y file=ovcdemo_tts. dmp
```

datafiles=ovcdemo_tts.dbf tablespace=ovcdemo;

这样就在目标数据库中创建了表空间，并将数据内容也注入到了目标数据库。需要说明的是，在执行导入之前，目标数据库中应该不存在 ovcdemo 表空间。在导入后，应该改变表空间 ovcdemo 的只读属性，并执行 sdo_util.initialize_indexes_for_tts 过程，其相关脚本如下：

```
sqlplus sys/<password>
alter tablespace ovcdemo read write;
connect ovcdemo/ovcdemo;
execute sdo_util.initialize_indexes_for_tts('ovcdemo');
```

2.4.3 Oracle Spatial 版本升级

Oracle Spatial 的核心是 SDO_GEOMTRY 数据类型。随着 Oracle 的版本升级，这个数据类型也会随之变化。SDO_MIGRATE 包就是为解决这一问题而编写的。其中的 TO_CURRENT 函数能将之前的任何版本的 SDO_GEOMTRY 数据转换成当前版本的 SDO_GEOMTRY 数据。假如 OVCDEMO 中的数据是 Oracle 11g 之前版本的数据，那么下面脚本可以将其转换为当前版本：

```
execute sdo_migrate.to_current('ovclines','geometry',1000);
```

第一个参数"ovclines"是数据表的名称，第二个参数"geometry"是该表中的 SDO_GEOMTRY 字段名，第三个参数"1000"是告诉数据库每 1000 个数据转换作为一个事物提交。关于该函数和所在的包的更详细的信息，请参考 *Oracle Spatial User's Guide* 一书。

2.5 Oracle Spatial 几何数据检验

在本章节之前，多次提到了 Oracle Spatial 最重要的数据类型是 SDO_GEOMTRY，并且采用了多种方法将空间数据库存储到 Oracle Spatial 中。在这个过程中，SDO_GEOMTRY 都在默默地发挥着它的基础作用。但之前导入的这些空间数据是否正确地存储到了 Oracle 数据库中呢？一旦几何数据 SDO_GEOMTRY 存储到 Oracle 的数据表中，就需要检查它们是否为有效的空间数据。否则，基于错误的空间数据得到的空间查询与空间分析结果必然都将是错误的。

2.5.1 有效性验证函数

在 Oracle Spatial 中提供了两个有效性验证函数：

```
sdo_geom.validate_geometry_with_context
(
    geometry in sdo_geometry,
    tolerance in number
) return varchar2;
sdo_geom.validate_geometry_with_context
```

```
(
    geometry in sdo_geometry,
    diminfo in sdo_dim_array
) return varchar2;

sdo_geom.validate_layer_with_context
(
    table_name in varchar2,
    column_name in varchar2,
    result_table in varchar2
    [,commit_interval in number]
)
```

第一个函数 VALIDATE_GEOMETRY_WITH_CONTEXT 有两个版本，针对单个的几何对象进行操作。第二个函数 VALIDATE_LAYER_WITH_CONTEXT 针对图层或者说一个数据表中的几何对象进行操作。这两个函数都支持二维和三维几何数据。如果几何数据存在错误，它们都能返回一个错误描述字符串。有效性验证函数用到了一个用户自定义的数值——容忍值(tolerance)来决定一个几何对象是否有效。这个 tolerance 参数存放在 MDSYS 方案下的数据表 SDO_GEOM_METADATA_TABLE 中的 SDO_DIMINFO 列中。图 2-23 是 ovcdemo 数据在该表中的元数据。

SDO_OWNER	SDO_TABLE_NAME	SDO_COLUMN_NAME	SDO_DIMINFO	SDO_SRID
OVCDEMO	OVCLINES	GEOMETRY	MDSYS.SDO_DIM_ARRAY([MDSYS.SDO_DIM_ELEMENT],[MDSYS.SDO_DIM_ELEMENT])	8307
OVCDEMO	OVCPOINTS	GEOMETRY	MDSYS.SDO_DIM_ARRAY([MDSYS.SDO_DIM_ELEMENT],[MDSYS.SDO_DIM_ELEMENT])	8307
OVCDEMO	OVCPOLYGONS	GEOMETRY	MDSYS.SDO_DIM_ARRAY([MDSYS.SDO_DIM_ELEMENT],[MDSYS.SDO_DIM_ELEMENT])	8307

图 2-23　OVCDEMO 数据库的几何元数据

VALIDATE_GEOMETRY_WITH_CONTEXT 函数的参数说明：

geometry：输入检验的 SDO_GEOMETRY 对象。

tolerance：用于检验的容许阈值。

diminfo：什么维数信息和容许阈值信息。

如果该函数返回的是字符串“TRUE”，则说明几何对象有效，否则返回“FALSE”，说明几何对象是无效或有错误。

VALIDATE_LAYER_WITH_CONTEXT 函数的参数说明：

table_name：存储 SDO_GEOMETRY 数据的表名称。

column_name：表中存储 SDO_GEOMETRY 列名称。

result_table：存放有效性检验的结果表的名称。该表应该在执行有效性检验函数之前创建好。其表结构如下：

SDO_ROWID ROWID

STATUS VARCHAR2(2000)

表中的 STATUS 列，记录的是每行几何对象的有效性检验结果(只记录有问题的行)，结果为“FALSE”或错误信息。

commit_interval：每次事物提交检验的几何对象个数。

如果要检验 OVCDEMO 中 ovcpolygons 几何对象的有效性，其操作步骤如下：

(1)连接 OVCDEMO，新建数据表。

ovcpolygons_validation：

```
create table ovcpolygons_validation (
sdo_rowid rowid,
status varchar2(2000))；
```

(2)执行有效性检验函数。

```
execute mdsys. sdo_geom. validate_layer_with_context (
        'ovcpolygons',
        'geometry',
        'ovcpolygons_validation'
);
```

其显示结果如图 2－24 所示。

SDO_ROWID	STATUS
(null)	Rows Processed <1039>
AAASQeAAAAAAAFgAAH	13349 [Element <1>] [Ring <1>][Edge <3>][Edge <6>]
AAASQeAAAAAAAFjAAJ	13349 [Element <1>] [Ring <1>][Edge <13>][Edge <22>]
AAASQeAAAAAAAFlAAB	13356 [Element <1>] [Coordinate <1>][Ring <1>]

图 2－24　ovcpolygons 有效性检验结果表

结果表明，总共对 1039 个多边形进行了有效性检查，但有三个多边形存在问题。Ora－13349 是 Oracle 的错误编号，表示多边形(Polygon)的边界自相交，可能原因是检测的时候默认的 tolerance 值过大，可以在 SDO_GEOM_METADATA_TABLE 表查看 ovcpolygons 的默认 tolerance 的值为 0. 05。Ora－13356 表示的是存在相邻重复点，导致有效性检验通不过的原因也可能是 tolerance 的值 0. 05 过大。可以通过 Code_2_2 脚本来测试是否是因为 tolerance 值过大导致的问题。注意，其中的 ROWID 要和实际运行的真实数据对应，以图 2－24 中最后一条记录为例。

Code_2_2

```
declare
    geom    ovcpolygons. geometry%type;
    retstring varchar2(2000);
begin
    select ovcpolygons. geometry into geom from ovcpolygons
        where vcpolygons. rowid=chartorowid('aaasqeaaaaaaaflaab');
    retstring:=mdsys. sdo_geom. validate_geometry_with_context(geom,0. 000001);
    sys. dbms_output. put_line(retstring);
end;
```

如果输出的错误和表中一样，则说明在 tolerance＝0.000 001 的情况下多边形本身也是存在自相交的；如果在 tolerance＝0.000 001 的情况下输出的是“TRUE”，则说明该多边形有效。实际运行过程也证实我们的估计是正确的，当 tolerance＝0.000 001 时，该多边形有效；而当 tolerance＝0.05 时，多边形无效。

2.5.2 有效性验证准则

上面的有效性函数是用什么样的准则来判定一个几何对象是否有效的呢？这就涉及到 Oracle Spatial 的 SDO_GEOMTRY 类型的具体细节实现，可以参见 3.1。在这里只关心 SDO_GEOMTRY 的有效性判断准则。在有效性检验中，Oracle 首先会看几何对象的 SDO_TYPE，其主要类型包括点、线、环、多边形、面和体，针对不同类型的几何对象，其检验准则也不尽相同，下面一一讨论。

2.5.2.1 点

点(Point)是一种比较简单的几何对象，其检验只有一项，就是看点坐标是否在给定的有限范围内。比如对于 ovcdemo 数据，其有效范围就是经度范围为(－180°，180°)，纬度范围为(－90°，90°)。如果一个点的坐标范围超出这个范围，则该点是无效点。

2.5.2.2 线

线(Line String)的有效性检验准则有两点：

(1)所有线上的点都是离散的并能相互区别的，例如，tolerance＝0.5，如果存在两个点：(1.50，1.50)、(1.52，1.52)，这两个点就不能相互区分。

(2)所有的线应该具有两个或两个以上的点。

2.5.2.3 环

环(Ring)的判定准则与线(Line String)基本相同，不同的地方是：

(1)环要求首尾闭合，也就是说第一个点和最后一个点是同一个点，也即闭合性。

(2)所有点必须是共面的，也即共面性。

(3)环上所有的边都是不相交的。

2.5.2.4 多边形

多边形(Polygon)通过一个外环(Outer Ring)和 0～n 个内环(Inner Ring)定义了一个连续区域。其规则是：

(1)Oracle Spatial 中的多边形要求所有的环都是共面的。

(2)所有的环必须是有方向的，并且内环与外环的方向相反。

(3)多边形定义的是单个连续区域，也就是说任何内环不能将多边形分成两个或多个不相连的区域。

(4)任何两个环都不可能有重叠区域，至多只能有一个重叠点。

(5)任何内环都必须在外环内部，如果内环与外环有接触，其接触点有且只有一个。

(6)对于二维多边形，外环是逆时针方向，而内环则是顺时针方向。如果是三维多边形则没有这项限制。

2.5.2.5 复杂面

复杂面(Composite Surface)定义了由一个或者多个多边形构成的连续区域。其有效性规则是：

(1)其中的每个多边形都是有效的多边形。

(2)其中任意两个多边形的相交面积为 0。

(3)其中的任意两个多边形 P1 和 P2，从 P1 出发总能通过共享边找到 P2，也就是说复杂面的区域必须是连续的。

2.5.2.6 简单体

简单体(Solid)是一个单一连续体，其外边界是一个复杂面，内部可以包含 $0\sim n$ 个复杂面(Composite Surface)。基于这个定义，其有效性规则为：

(1)体必须是连续的。

(2)外边界必须是封闭的。

(3)连接性，也就是说从其中的任意组件(面或体)可以到达其他任何组件(面或体)。

(4)每一个标记为内部的面都必须在体的外边界里面。

(5)方向性，也即面中的多边形通常都是有方向的，其方向为多边形的所有点的法向量指向它们形成的体的外面。共面的多个面的法向量遵循右手大拇指(Right Thumb)原则（右手手指弯曲的方向是点序列的方向，则大拇指指向的就是法线方向）。

(6)每一个面都是有效的面。

(7)不存在有内环的多边形。

2.5.2.7 复杂体

复杂体(Composite Solid)是一个单一连续的体，它可以由一个或多个简单体构成。其有效性规则为：

(1)每一个简单体都是有效的。

(2)简单体之间存在共面但不存在体相交的情况，也就是任意两个简单体之间的交集的体积为 0。

(3)体是连续的。

2.5.2.8 集合

集合(Collection)是多个几何对象的集合，其有效性规则就是其中的每个组件都是有效的。如果是同质集合，如多点(MultiPoint)、多线(MultiLine String)、多面(MultiSurface 或 MultiPolygon)或多体(MultiSolid)，则其中的所有元素必须类型相同。

2.5.3 空间数据调试与排错

空间数据的有效性检查能够查询 SDO_GEMOTRY 对象的无效情况，但并没有进行排错。例如，在 ovcpolygons 表中出现如图 2-24 所示的 Ora-13356 错误，只是查出来了，但并没有进行清理。Oracle Spatial 的 SDO_UTIL 包提供了一些函数用于清理这些空间数据中存在的错误，如 REMOVE_DUPLICATE_VERTICES、EXTRACT、APPEND 等函数。具体的函数用法请参见 *Oracle Spatial Developer's Guide* 一书。在这里以去除重复点为例，演示一下 REMOVE_DUPLICATE_VERTICES 函数的用法。

Code_2_3

```
declare
    geom ovcpolygons.geometry%type;
    geomvalid ovcpolygons.geometry%type;
    retstring varchar2(2000);
begin
    select ovcpolygons.geometry into geom from ovcpolygons
        where ovcpolygons.rowid=chartorowid('aaasqeaaaaaaaflaab');
    retstring:=mdsys.sdo_geom.validate_geometry_with_context(geom,0.05);
    sys.dbms_output.put_line(retstring);
    geomvalid:=mdsys.sdo_util.remove_duplicate_vertices(geom,0.05);
    retstring:=mdsys.sdo_geom.validate_geometry_with_context(geomvalid,0.05);
    sys.dbms_output.put_line(retstring);
end;
```

运行脚本 Code_2_3，DBMS 输出的结果为：

13356 [Element <1>] [Coordinate <1>][Ring <1>]

TRUE

第一行的输出是采用 tolerance=0.05 检测 geom 对象发现的有效性问题，它表示在该容忍值下，geom 的一个元素中存在重复点。于是调用 REMOVE_DUPLICATE_VERTICES 去除其中的重复点，并将其复制给 geomvalid，然后再检测 geomvalid 对象的有效性。第二行输出的是检测结果，证明 REMOVE_DUPLICATE_VERTICES 已经排除了 geom 中存在的问题。SDO_UTIL 中有很多函数用于 SDO_GEOMETRY，初步学习的时候没有必要去记住这些函数或过程，只需要掌握如何通过 Oracle 提供的帮助文档查询所要用到的函数，然后根据说明会使用这些函数就可以了。更多具体的 SDO_GEOMETRY 操作方法，将在下一章详细讨论。此外，对于有些空间有效性问题，Oracle Spatial 并没有提供完善的排错函数，在这种情况下需要自己根据实际应用编写相关工具包。

2.6 Oracle Spatial 栅格数据检验

Oracle Spatial 中的栅格数据与矢量数据一样，也提供了相应的检测函数。栅格对象和几何对象相比要简单一些，主要的检测函数介绍如下：

```
sdo_geor. validateblockmbr
(
    georaster in sdo_georaster
)
return varchar2;
```

这个函数的功能是检查与 GeoRaster 对象关联的栅格数据表每行的 BlockMBR 属性是否是该块实际的最小边界矩形。如果是，则返回"TRUE"；如果 GeoRaster 对象为空，则返回"NULL"；如果不是，则返回 Oracle 标准错误码；如果是未知错误，返回"FALSE"。如果 GeoRaster 是采用 MapBuilder 创建的，则 BlockMBR 会自动计算，不需要进行有效性检查。对于 OVCIMAGE 中的 GeoRaster 对象，可以采用下列语句检测其有效性：

```
select mdsys. sdo_geor. validateBlockMBR(georaster) from ovcimage where georid=1;
```

输出结果为：TRUE。

```
function sdo_geor. validategeoraster
(
    georaster in mdsys. sdo_georaster
)
return varchar2 deterministic;
```

该函数主要用于检测给定的 SDO_GEORASTER 对象是否有效，包括它的栅格数据和元数据。如果有效，则返回"TRUE"；如果为空，返回"NULL"；如果无效，则返回一个 Oracle 标准错误码；如果是未知错误，则返回"FALSE"。为保证数据的有效性，当创建、加载或编辑 GeoRaster 对象后需要用这个函数进行检查，以确保在进行其他处理前它是有效的。

如果这个函数返回的错误代码为 13454，则表示按照 GeoRaster 的 XML Schema 对象的元数据是无效的。如果出现这种情况，可以调用 SDO_GEOR. schemaValidate 函数发现错误的特定位置和其他信息。这个函数不仅针对 GeoRaster 的 XML Schema 检查 GeoRaster 对象的元数据，并且也会强制要求它满足 XML Schema 中没有描述的当前发行版本的约束和需求。下面是检查过程中的约束条件。

(1)图层数为 1～n(图层总数)。

(2)cellRepresentationType 的值必须是 UNDEFINED。

(3)如果 totalBandBlocks 或 bandBlockSize 在元数据中声明了，则它们必须同时都声明。如果只有一个波段，则不允许出现波段分块。

(4)总块数乘以某一维上块的大小必须与该维上的大小加上填充大小匹配，并且每个单元数据 BLOB 对象的大小必须与元数据描述项即分块或不分块、为空或不为空相匹配。

(5)存储在栅格数据表中的 GeoRaster 数据块的大小和数目，必须与元数据描述一致。对于单位数据，块的大小和数目都将被检查，但块的内容不被检查。

(6)唯一支持的金字塔类型是 NONE 和 DECREASE。

(7)栅格数据表名称不能包含空格、句号分隔符,或引号字符串中包含大小写混合字符。所有的字母都必须是大写的。

(8)栅格数据表必须是一个 SDO_RASTER 对象表,并且这个表必须存在。如果 GeoRaster 不是空的,为使 Oracle Workspace Manager 或 Oracle Label Security (OLS)一起使用 GeoRaster,可以定义一个 SDO_RASTER 类型的对象视图,并以该对象视图作为栅格存储用。

(9)ALL_SDO_GEOR_SYSDATA 视图中的 GeoRaster 对象必须有一个入口。

(10)在栅格数据表中,每个相关位图掩码必须有正确的行数。

(11)任何 NODATA 值和范围要在由单元格深度表明的有效单元格值范围内。

(12)对于一个未压缩的 GeoRaster 对象,基于分块大小和单元格深度,每个栅格块的 BLOB 对象的大小都会被检查;对于压缩的 GeoRaster 对象,则不会被检查。所以,当一个压缩的 GeoRaster 对象被解压时,其数据可能是无效的。

(13)对于一个没有压缩的 GeoRaster 对象,每个位图掩码的栅格块大小将被检查。该检查基于分块大小和 1 Bit 单元格深度进行。

(14)检查所支持的通用函数拟合多项式模型的各项参数限制。

(15)不针对 CS_SRS 表和自身检查 GeoRaster SRS 元数据的 SRID。

(16)支持地面控制点用于存储函数的地理参考模型。

(17)不支持 Rigorous Model 地理参考模型。

(18)如果 GeoRaster 是基于地理空间参考的,空间分辨率可以和仿射变换比例不一致。

(19)虽然在时间参照系统(TRS)和波段参照系统(BRS),可以选择存储开始和结束的日期和时间、光谱分辨率、光谱单元以及相关的描述性信息,但是 GeoRaster 的时间参照和波段参照不被支持。

(20)只支持一个 layerInfo 元素。

(21)缩放、统计或直方图等功能函数存放在 GeoRaster 元数据中需要被检查,并且要针对 XML Schema 检查,但是这些项的值域范围没有约束。GeoRaster 的这些用于元数据的接口将被限制。在使用之前,应用程序需要对这些可选元数据进行有效性验证。

(22)颜色对照表值与灰度映射值的格式没有约束,但是它们必须没有重复值。每个数组中的值必须与 GeoRaster 对象之间的 cellDepth 值协调一致,并升序排列。各个分量的值必须在[0,255]之间。

(23)不支持复杂 cellDepth。

(24)该函数并不检查在 XML 元数据中注册的外部表。

(25)该函数不检查外部空间几何对象或这个几何对象与栅格数据之间的空间关系是否正确。如果要检查外部几何对象可以使用 2.5 中的有效性检查函数。

(26)该函数不检查由栅格数据表中的 BlockMBR 属性指定的几何对象,或该几何对象是否精确地包裹该栅格数据块。要做这方面的检查,可调用 validateBlockMBR 函数。

```
function schemavalidate
(
    georaster in mdsys. sdo_georaster
```

```
)
return varchar2 deterministic;
```

该函数针对 GeoRaster 对象的 XML Schema，验证该对象的元数据有效性。如果 GeoRaster 针对 XML Schema 是有效的，则返回“TRUE”；如果该对象或其他的元数据为空，则返回“NULL”；否则，返回 Oracle 的标准错误代码并直接停止。该函数一般在 validateGeoRaster 函数返回错误码为 13454 的时候调用。这种情况下，它可以更加明确地指出错误的位置和说明信息，便于查找排除数据有效性错误。

利用上面的函数，可以对数据库中的内容进行有效性检查，以 OVCDEMO 中的 ovcimage 为例，见 Code_2_4。

Code_2_4

```
declare
  geor mdsys.sdo_georaster;
begin
  select georaster into geor from ovcimage where georid=1;
  sys.dbms_output.put_line(mdsys.sdo_geor.validateGeoRaster(geor));
  sys.dbms_output.put_line(mdsys.sdo_geor.validateBlockMBR(geor));
  sys.dbms_output.put_line(mdsys.sdo_geor.schemaValidate(geor));
end;
```

第3章 空间数据模型

前面两章讨论了如何创建 Oracle Spatial 的相关环境，以及如何将数据导入到 Oracle Spatial 空间数据库中。通过前面两章的学习，已经知道了如何利用 Oracle Spatial 提供的工具进行空间数据库的入库操作，但并不知道这些工具具体是如何操纵 Oracle Spatial 空间数据库的，也不知道 Oracle Spatial 空间数据库所支持的空间数据模型究竟是什么，它们是如何在 Oracle 数据库中存储管理的。接下来的两章将主要讨论这两个方面的问题。本章主要讨论 Oracle Spatial 所采用的空间数据模型——矢量模型和栅格模型。从理论角度而言，拓扑关系、网络模型与矢量/栅格数据模型并不是一个层面上的概念。由于拓扑关系和网络模型在实际应用中的重要性和特殊性，也将在本章中对它们进行必要的讨论。

3.1 空间对象表达形式与数据模型

空间对象模型包含以下几个层面的内容。

(1)几何对象模型，用于描述空间对象的空间位置和几何形态。

(2)空间关系模型，用于描述空间对象内部和外部以及对象之间的关系模型，主要用于表达空间拓扑关系、方向等信息，其中最常用的就是拓扑关系模型。

(3)属性模型，用于描述空间对象除几何与空间关系之外的附属信息。例如，对于一条道路而言，其属性可以有修建时间、施工单位、使用年限等。由于这些信息能够采用关系数据模型很好地表达和存储管理，所以，长期以来对于空间对象的研究主要集中在几何对象与空间关系的研究方面。由于空间对象模型的前两个层面内容比较适合用对象模型来表达，而第三个层面的属性信息比较适合用关系模型来表达，因此，目前比较主流的做法是采用对象关系模型(Object - Relational Model)来表达空间数据。目前 NOSQL 的研究与应用也正在兴起，它在空间信息方面的应用也正成为研究热点问题，但这不属于本书要讨论的问题。

Oracle Spatial 采用的是对象关系模型。所谓对象关系模型，是在关系模型的基础上整合对象模型或用户自定义数据类型而形成的一种混合模型，它使得关系数据库管理系统具有处理用户自定义对象类型的能力。所以，从本质而言，它就是一种能允许用户集成面向对象特征的关系模型。在 Oracle Spatial 的对象关系模型中，这种自定义的对象类型主要包括 SDO_GEOMETRY、SDO_GEORASTER 和 SDO_RASTER 等。

Oracle Spatial 中，空间对象可以被表达成矢量格式或栅格格式。对于矢量数据，点采用唯一的 (x,y,z) 坐标表示，线则是一个点串，面一般也采用多边形来描述，是封闭线围成的一个区域。这种矢量数据可以精确地记录空间对象的空间位置和几何形态。在 Oracle Spatial 中，数据类型 SDO_GEOMETRY 是专门为空间对象的几何数据而设计的。对于栅格数据，它通过对其覆盖空间对象的一系列单元格赋值来表达空间对象，通常采用单元格数组的方式。这种栅格数据与矢量数据相比，其精确度相对较低，但它是很多空间分析的理想支持数据类型。SDO_GEORASTER 和 SDO_RASTER 就是 Oracle Spatial 为支持栅格数据而设计的两种数据类型。下面对 Oracle Spatial 中的主要数据模型进行一一阐述。

3.2 矢量数据模型与 SDO_GEOMETRY

前面提到 Oracle Spatial 支持采用对象关系模型表达几何数据。这个模型将整个几何对象存放在 Oracle 的处理矢量数据的本地数据类型 SDO_GEOMETRY 中。一个 Oracle 数据表可以有一个或多个 SDO_GEOMETRY 列。这种关系模型是对 Open GIS ODBC/SQL 说明文档中关于空间特征部分的一种“SQL with Geomtry Type”的实现。这样做的好处如下：

(1)提供多种几何类型，包括弧、园、复杂多边形、复杂线和优化矩形等。

(2)便于创建和维护索引，便于执行空间查询。

(3)索引的维护由 Oracle 数据库负责。

(4)几何模型单独成列。

(5)可优化性能。

SDO_GEOMETRY 是 Oracle Spatial 支持矢量空间数据库的核心数据结构。可以使用 describe 命令查看 SDO_GEOMETRY 的具体定义描述：

```
type sdo_geometry            as object (
        sdo_gtype        number,
        sdo_srid         number,
        sdo_point        sdo_point_type,
        sdo_elem_info    sdo_elem_info_array,
        sdo_ordinates    sdo_ordinate_array,
        member function   get_gtype
        return number deterministic,
        memberfunction   get_dims
        return number deterministic,
        member function   get_lrs_dim
        return number deterministic)

  alter type sdo_geometry
  add member function get_wkb return blob deterministic,
  add member function get_wkt return clob deterministic,
  add member function st_coorddim return smallint deterministic,
  add member function st_isvalid return integer deterministic,
  add constructor function sdo_geometry(wkt in clob,
            srid in integerdefault null) return self as result,
  add constructor function sdo_geometry(wkt in varchar2,
```

```
        srid in integer default null) return self as result,
add constructor function sdo_geometry(wkb in blob,
        srid in integer default null) return self as result
cascade
```

上面列出了 SDO_GEOMETRY 的所有数据成员(属性)和成员函数,重点讨论其数据成员(属性)。SDO_GTYPE 表示的是几何图形的类型(点、线、多边形、集合、多点、多线、多多边形等)。尽管 SDO_GTYPE 表示了实际的几何类型,但它并不包含任何的实际坐标,在 Oracle Spatial 中,它仅仅是一个数字。SDO_SRID 表示几何对象使用的空间参考系统(坐标系统)。坐标点是构成几何对象的基本数据,Oracle Spatial 提供两种存放坐标点的方法:①存放在 SDO_POINT 中;②存放 SDO_ORDINATES 和 SDO_ ELEM_INFO 中。SDO_ORDINATES 中存放构成所有元素的坐标点,SDO_ ELEM_INFO 存放几何对象元素构成信息。下面分别讨论这几个数据成员(属性)的具体含义和用法。

3.2.1 几何类型与 SDO_GTYPE 属性

Oracle Spatial 所支持的几何对象,就是一个有序点列,这些点通过直线段或圆弧段连接构成不同的几何对象类型。几何对象的语义由其类型决定。Oracle Spatial 支持多种基础类型和复合类型的几何对象,其中二维的几何对象类型主要有:

(1)点和点束(Points and Point Clusters);

(2)线串(Line Strings);

(3)简单多边形(n - Point Polygons);

(4)弧段、线串(Arc Line Strings);

(5)弧段多边形(Arc Polygons);

(6)复合多边形(Compound Polygons);

(7)复合线串(Compound Line Strings);

(8)圆(Circles);

(9)优化矩形(Optimized Rectangles)。

二维点(Two - Dimensional Points)是由 X 和 Y 坐标组成的,经常与经、纬度相关。线串(Line Strings)由一个或多个点对定义的线段组成。多边形(Polygons)是由相互连接构成环的线串组成,其区域是多边形所隐含的。例如,一个点可以表示一个建筑位置,一个线串可以表示一条飞机跑道,一个多边形可以表示一个城市或区域。Oracle Spatial 不支持自相交的多边形。如果一个封闭的线串自相交,它是不能变成一个多边形的。Oracle Spatial 所支持的二维几何类型,见图 3 - 1 和表 3 - 1。

除了支持二维几何对象外,Oracle Spatial 还支持三维和四维的几何对象。由于三维几何对象和四维几何对象主要通过点的维度不同来表示,所以这里主要讨论三维几何对象类型。三维几何对象类型主要包括点(Points)、点云(Point Clouds)、线(Lines)、多边形(Polygons)、面(Surfaces)和体(Solids)。表 3 - 2 显示了三维(3D)几何对象的类型及元素关系。

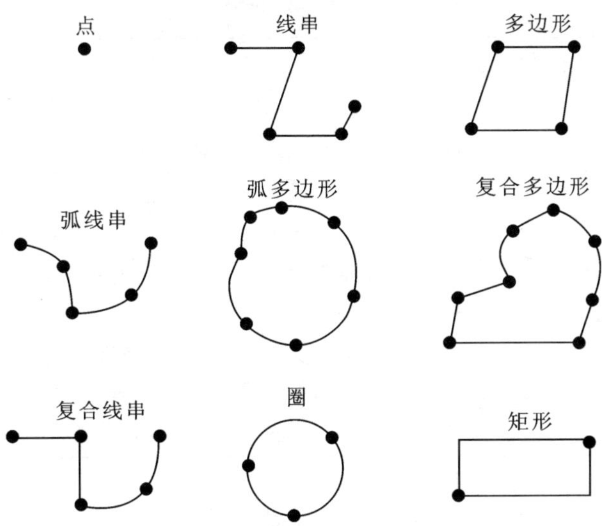

图 3-1　Oracle Spatial 支持的二维几何对象类型

注:所有的弧段都是圆弧

表 3-1　Oracle Spatial 支持的二维(2D)几何对象类型

2D 几何类型	SDO_GTYPE	类型说明
未知(Unknown)	2000	0000 或 2000 表示未知类型
点(Point)	2001	一个单点
线(Line/Curve)	2002	一个线串,可以由直线段或圆弧段构成
多边形(Polygon)	2003	一个无洞多边形
集合(Collection)	2004	一个或多个几何对象,可以是不同类型
多点(MultiPoint)	2005	多个点
多线(MultiLine)	2006	一个或多个线对象
多多边形(MultiPolygon)	2007	一个或多个简单多边形

表 3-2　Oracle Spatial 支持的三维(3D)几何对象类型

3D 几何类型	SDO_GTYPE	元素类型与解析说明
点(Point)	3001	采用 SDO_POINT 存储
线(Line)	3002	2,1
多边形(Polygon)	3003	1003,1:共面外多边形
		2003,1:共面内多边形
		1003,3:共面外矩形
		2003,3:共面内矩形
面(Surface)	3003	1006,1:面(接下来是构成面的多边形元素信息)
集合(Collection)	3004	一个或多个几何对象,类型可以不同

续表 3 - 2

3D 几何类型	SDO_GTYPE	元素类型与解析说明
多点(点云)(MultiPoint)	3005	1,*n*(表示有 *n* 个点)
多线(MultiLine)	3006	一个或多个线对象
多面(MultiSurface)	3007	一个或多个面元素定义
体(Solid)	3008	简单体由单个封闭面构成:一个元素类型 1007,跟着一个元素类型 1006(外部面)和一个或多个可选元素类型 2006(内部面)。 复杂体由邻接的简单体构成:一个元素类型 1008,接着是任意格数据的 1007 元素类型
多体(MultiSolid)	3009	一个或多个简单体元素定义(1007)或复杂体(1008)

这里的 SDO_GTYPE 是一个 NUMBER 型的值,用于描述几何对象类型。它由四个数字组成,其形式为 *DLTT*,具体含义如下:

(1)*D* 表示几何对象的维数,可以是 2、3、4。

(2)*L* 表示三维线性参照系统(Linear Referencing System,LRS)几何对象的线性参考度量维,也就是说,维度(3 或 4)包含度量值。对于一个非 LRS 几何对象,其默认值为 0。

(3)*TT* 表示几何类型,如 00 表示未知,01 表示点,02 表示线,03 表示面,04 表示集合,05 表示多点,06 表示多线,07 表示多面,08 表示体,09 表示多体,具体参见表 3 - 1 和表 3 - 2。

Code_3_1 输出 OVCDEMO 数据库中的所有几何对象类型

```
begin
  for i in (select distinct t.geometry.sdo_gtype as it from ovcpoints t) loop
    sys.dbms_output.put_line(to_char(i.it));
  end loop;
  for i in (select distinct t.geometry.sdo_gtype as it from ovclines t) loop
    sys.dbms_output.put_line(to_char(i.it));
  end loop;
  for i in (select distinct t.geometry.sdo_gtype as it from ovcpolygons t) loop
    sys.dbms_output.put_line(to_char(i.it));
  end loop;
end;
```

上面的脚本实现了对 OVCDEMO 数据库中所有几何对象类型的输出。第一个 FOR 循环输出 ovcpoints 表中几何对象的类型。第二个 FOR 循环输出 ovclines 表中几何对象的类型。第三个 FOR 循环输出 ovcpolygons 表中几何对象的类型。输出结果为:

```
2001
2002
2003
```

这说明 ovcpoints 表中的所有几何对象类型都是 2001 (单点)，ovclines 表中的所有几何对象类型都是 2002 (线串)，ovcpolygons 表中的所有几何对象类型都是 2003 (多边形)。

3.2.2 坐标系统与 SDO_SRID

空间坐标系统涉及到两个方面的问题，一个是采用什么样的坐标系统，另一个是不同坐标系统之间的转换。本小节将对这两方面的内容展开讨论，首先讨论空间坐标系统。

3.2.2.1 空间坐标系统

空间对象的位置采用的是坐标点来描述的。由于选定的参考系统(坐标系统)不同，其坐标点的数值也不同。由于应用目的的不同，坐标系统千差万别。例如在 CAD 中制图一般采用笛卡尔坐标系(Cartesian System)。但是，对于地球这个椭圆形球体而言，要表达整个地球表面，采用笛卡尔坐标系则并不是一个很好的方案。地球上的一个位置点，通常采用经度和纬度来表示，如果是三维的则加上高程。当我们把地球表面平铺到一个二维平面上的时候，该表面会发生严重的形变，从而导致实际的空间位置关系发生变化。那么，如何定位地球表面以避免这种错误和形变呢？目前，解决这个问题通常做法是，首先采用三维椭球体对地球进行建模，然后再把椭球体上的数据投影到二维平面上。

为了将地球作为一个规则的三维椭球体来建模，可以通过计算椭球体上两点之间距离来进行空间距离关系度量。但是很不幸，地球并不是一个完美的椭球体，因此单一的椭球体不可能对地球上所有的区域进行精确的建模。这就导致人们需要定义各种椭球体来适应不同的应用需求。Oracle Spatial 使用的椭球体存放在 DSYS. SDO_ELLIPSOIDS 表中。在 Oracle 11g Release2 中，总共定义了 96 种椭球体。有时候需要移动地球中心，旋转坐标轴以便更好地适应局部区域的曲率。为此，可以通过平移和旋转特定椭球体来创建不同的基准模型以适应不同地区的地球曲率。MDSYS. SDO_DATUMS 表中存储了各种不同的基准信息。通过参考基于特定基准的经、纬度坐标系统来实现地球表面定位的系统称为大地坐标系统(Geodetic Coordinate System)或大地空间参照系(Geodetic Spatial Reference System)。

上面解决的是地球建模问题，接下来要解决的是投影问题。在很多应用中，往往只关心地球上某一个很小的区域。投影这种数据到一个二维平面对于特定应用需求或许更加简单和精确。我们怎样将地球表面投影到一个二维平面呢？首先选定一个三维地球基准模型，然后通过一系列的投影技术，将该参考模型下的三维数据转换到二维平面上。因为没有任何单一的投影技术能保证，在将三维投影到二维的过程中保持两个空间对象之间的距离、面积、方向等信息都不变。有的投影方法能保证投影后面积不变，有的投影方法能保证距离不变，有的投影方法能保证方向夹角不变，应用需求的不同导致了多种不同投影方法的存在。在 Oracle Spatial 中，表 MDSYS. SDO_PROJECTIONS 存储了各种投影方法。

由此可以看出，通过选择一个三维椭球体和参考基准，以及一种确定的投影方法，就能将地球表面的空间位置表达到一个二维平面上。这种使用特定参照基准和合适的投影方法构成的参考系统就是投影坐标系统或投影空间参照系统。

由于存在多种坐标系统，就需要给 SDO_GEOMETRY 附上合适的 SDO_SRID。如果几何数据和地球表面不相关，则 SDO_SRID 可以设置为 NULL 或一个数据供应商提供的值。

如果几何数据和地球表面相关，需要给 SDO_SRID 设置一个指向特定投影系统或大地坐标系统的数值。MDSYS. SDO_CS_SRS 数据表中存放了各种不同的大地坐标系统或投影系统，每一种空间参照系统具有一个 SRID。运行 describe 命令，显示该表的结构如下：

```
Name                              Null          Type
--------------------------------- ------------- ----------------------------------
CS_NAME                                         VARCHAR2(80)
SRID                              NOT NULL      NUMBER
AUTH_SRID                                       NUMBER
AUTH_NAME                                       VARCHAR2(256)
WKTEXT                                          VARCHAR2(2046)
CS_BOUNDS                                       SDO_GEOMETRY()
WKTEXT3D                                        VARCHAR2(4000)
```

其中，CS_NAME 表示坐标系统名称，SRID 是空间参照或坐标系统的唯一 ID，AUTH_SRID 和 AUTH_NAME 记录的是该坐标系统的原创者 ID 和名称，WKTEXT 提供该坐标系统的详细描述，WKTEXT3D 是针对 3D 的坐标系统的详细描述。对于大地坐标系统，以 GEOGC5 为前缀；对于投影系统，则以 PROJC5 为前缀。CS_BOUND 是一个几何对象，表示的是高坐标系统的有效范围。

Oracle Spatial 中提供了大约 4500 种坐标系统，这使得根据实际需求选择正确的坐标系统变得比较困难。可以采用模糊查询的方式选择坐标系统。例如，要求采用西安 1980 坐标系和高斯投影来处理武汉的空间数据。武汉的经度范围大约是 113°—115°，因此，按照高斯三度分带，选择中央经线为 114°的高斯分带是比较合适的。根据上面要求，可以构建如下查询语句：

```
SELECT srid,cs_name FROM  SDO_CS_SRS WHERE
                          wktext LIKE'%Xian%'AND
                          wktext LIKE'%114%'AND
                          wktext LIKE'%Gauss%';
```

输出结果为：

```
SRID                 CS_NAME
-------------------- -----------------------------------------------
2362                 Xian 1980 / 3 - degree Gauss - Kruger zone 38
2383                 Xian 1980 / 3 - degree Gauss - Kruger CM 114E
```

其中，第 38 区三度高斯-克里格分带与中央经线 114°的三度分高斯-克里格是一样的。如果要看两者究竟有什么不同，可以查询输出这两种坐标系的 WKTEXT：

```
PROJCS["Xian 1980 / 3 - degree Gauss - Kruger zone 38",
    GEOGCS [
        "Xian 1980",
```

```
        DATUM ["Xian 1980 (EPSG ID 6610)",
            SPHEROID ["Xian 1980 (EPSG ID 7049)",6378140.0,298.257]],
        PRIMEM [ "Greenwich",0.000000 ],
    UNIT ["Decimal Degree",0.0174532925199433]],
    PROJECTION ["Transverse Mercator"],
    PARAMETER ["Latitude_Of_Origin",0.0],
    PARAMETER ["Central_Meridian",114.0],
    PARAMETER ["Scale_Factor",1.0],
    PARAMETER ["False_Easting",38500000.0],
    PARAMETER ["False_Northing",0.0],
    UNIT ["Meter",1.0]]

PROJCS["Xian 1980 / 3 - degree Gauss - Kruger CM 114E",
    GEOGCS [ "Xian 1980",
        DATUM ["Xian 1980 (EPSG ID 6610)",
            SPHEROID ["Xian 1980 (EPSG ID 7049)",6378140.0,298.257]],
        PRIMEM [ "Greenwich",0.000000 ],
        UNIT ["Decimal Degree",0.0174532925199433]],
    PROJECTION ["Transverse Mercator"],
    PARAMETER ["Latitude_Of_Origin",0.0],
    PARAMETER ["Central_Meridian",114.0],
    PARAMETER ["Scale_Factor",1.0],
    PARAMETER ["False_Easting",500000.0],
    PARAMETER ["False_Northing",0.0],
    UNIT ["Meter",1.0]]
```

从上面输出结果比较来看，这两个坐标系统的参数基本一致，唯一不同的就是 False_Easting 参数的值。False_Easting(东偏)是为了使得 X 坐标为正而作用于坐标原点的一个线性值，False_Northing(北偏)则是为了使得 Y 坐标为正而作用于坐标原点的一个线性值。例如，如果要处理的数据 Y 值都大于 100 000，则可以将 False_Northing 定义为−10 000，这样可以减小计算量。所以，也可根据实际数据情况选择合适的 False_Easting 值。在 OVCDEMO 示例数据中采用的坐标系统如下：

```
SRID                  CS_NAME
--------------------- ------------------------------------------------------------
8307                  Longitude / Latitude (WGS 84)
```

其具体参数如下：

```
GEOGCS [ "Longitude / Latitude (WGS 84)",
    DATUM ["WGS 84",
        SPHEROID ["WGS 84",6378137,298.257223563]],
```

```
PRIMEM [ "Greenwich",0.000000 ],
UNIT ["Decimal Degree",0.01745329251994330]]
```

3.2.2.2 EPSG与坐标系统转换

上面讨论了坐标系统的选择问题。在实际的应用中,往往对于同一个数据集要采用不同的坐标系统来处理,以适应不同的具体需求,这就涉及到坐标系统之间的转换问题。EPSG是欧洲石油标准组(The European Petroleum Standards Group)的缩写。EPSG模型支持大量预定义好的一维、二维(投影坐标系统、大地坐标系统、本地坐标系统)和三维坐标系统,并且为不同坐标系统之间的转换提供了很大的灵活性。

Oracle Spatial用MDSYS.SDO_COORD_REF_SYS数据表来存储与EPSG坐标系统相关的信息。运行describe命名输出其数据表结构:

```
Name                        Null            Type
--------------------------- --------------- ------------------------------
SRID                        NOT NULL        NUMBER(10)
COORD_REF_SYS_NAME          NOT NULL        VARCHAR2(80)
COORD_REF_SYS_KIND          NOT NULL        VARCHAR2(24)
COORD_SYS_ID                NUMBER(10)
DATUM_ID                    NUMBER(10)
GEOG_CRS_DATUM_ID           NUMBER(10)
SOURCE_GEOG_SRID                            NUMBER(10)
PROJECTION_CONV_ID                          NUMBER(10)
CMPD_HORIZ_SRID                             NUMBER(10)
CMPD_VERT_SRID                              NUMBER(10)
INFORMATION_SOURCE                          VARCHAR2(254)
DATA_SOURCE                                 VARCHAR2(40)
IS_LEGACY                   NOT NULL        VARCHAR2(5)
LEGACY_CODE                                 NUMBER(10)
LEGACY_WKTEXT                               VARCHAR2(2046)
LEGACY_CS_BOUNDS                            SDO_GEOMETRY()
IS_VALID                                    VARCHAR2(5)
SUPPORTS_SDO_GEOMETRY                       VARCHAR2(5)
```

其中,COORD_REF_SYS_KIND字段记录的是EPSG坐标系统支持的类型,运行下列查询语句:

```
select distinct t.coord_ref_sys_kind from  mdsys.sdo_coord_ref_sys t;
```

可以得到所有类型值:

```
COORD_REF_SYS_KIND
------------------------
PROJECTED
```

GEOCENTRIC
GEOGRAPHIC2D
VERTICAL
ENGINEERING
COMPOUND
GEOGENTRIC
GEOGRAPHIC3D

究竟应该选择哪种坐标系统，需要根据具体应用而定。这八种类型的坐标系统按照维度可分为一维、二维、三维和本地(局部)坐标系统四大类。

1. 一维坐标系统

VERTICAL：这类坐标系统主要用于地表高程信息建模，可以是大地水准面高程，也可以是基于椭球面高程。

2. 二维坐标系统

(1)GEOGRAPHIC2D：这类坐标系统采用地球表面经纬度，也称为大地坐标系统。

(2)PROJECTED：这类坐标系统说明了如何将 Geographic2D 的经、纬度坐标投影到二维欧几里德坐标系统。

3. 三维坐标系统

(1)GEOGRAPHIC3D：这类坐标系统采用基于大地基准(椭球)的地表经、纬度和椭球面高程来表达三维坐标。

(2)GEOCENTRIC：这类是地心坐标系统，其三维坐标原点为地球中心点。

(3)COMPOUND：这类坐标是其他两种或两种以上坐标系统的混合。例如，采用 GEOGRAPHIC2D 和 VERTICAL 联合构建三维坐标系统。

4. 本地(局部)坐标系统

ENGINEERING：工程坐标系统，一般采用欧几里德坐标系统。

由于存在这么多的坐标系统，因此，将一种坐标系统下的数据转换成另外一种坐标系统下是日常空间数据处理过程的常见操作之一。EPSG 模型中定义了很多不同的转换方法，并且允许将这些方法串联转换。以美国的 NAD(27)与 NAD(83)两个坐标系统为例。NAD(27)的 SRID=41155，NAD(83)的 SRID= 4269。如果要利用 EPSG 模型实现这两个坐标系统之间的转换，其操作步骤如下。

(1)查询与 41155 的 EPSG 等价坐标系统的 SRID：

```
select MDSYS. SDO_CS. find_proj_crs(41155,'FALSE') EPSG_SRID from dual;
```

查询结果为：

```
EPSG_SRID
--------------------------------------------------------------------------------
MDSYS. SDO_SRID_LIST(32041)
```

(2)由于 SRID 为 41155 的 NAD(27)与 EPSG_SRID 为 32041 的坐标系统等价，可以查询 MDSYS. SDO_COORD_REF_SYS 数据表，确定 32041 的源地理坐标系统和转换 ID：

```
select projection_conv_id conv_id,source_geog_srid src_srid
        FROM MDSYS.SDO_COORD_REF_SYS WHERE srid=32041;
```

查询结果如下：

```
CONV_ID   SRC_SRID
--------  ---------
14205       4267
```

(3)接下来要做的就是从 4267 转换到 4269，关于这个转换操作可以查询数据表 MDSYS.SDO_COORD_OPS：

```
select COORD_OP_ID,COORD_OP_NAME from MDSYS.SDO_COORD_OPS
        where SOURCE_SRID=4267 and TARGET_SRID=4269;
```

查询结果如下：

```
COORD_OP_ID        COORD_OP_NAME
-------- ----------------------------------------------------
      1241         NAD27 to NAD83 (1) (EPSG OP 1241)
      1243         NAD27 to NAD83 (2) (EPSG OP 1243)
      1312         NAD27 to NAD83 (3) (EPSG OP 1312)
      1313         NAD27 to NAD83 (4) (EPSG OP 1313)
      1573         NAD27 to NAD83 (6) (EPSG OP 1573)
      1462         NAD27 to NAD83 (5) (EPSG OP 1462)
```

说明有 6 种方法可以实现以 4267 到 4269 的转换。这样就可以构建从 SRID= 41155 的 NAD(27)到 SRID= 4269 的 NAD(83)的转换路径：

```
MDSYS.SDO_CS.create_pref_concatenated_op(
    9000000,//唯一操作 ID,
    'NAD27 to NAD83 Example',//操作名称,
    TFM_PLAN(
        SDO_TFM_CHAIN(
            41155,//源坐标系统的 SRID
            14205,4267,//14205 是转换 ID,实现 41155(32041)到 4267 的转换
            1241,4269 //1241 为转换 ID,实现 4267 到 4269 的转换
        )),NULL);
```

这样在 Oracle Spatial 中就预定义了从 NAD(27)到 NAD(83)坐标系统的转换路径。以后调用 MDSYS.SDO_CS.TRANSFORM 函数实现这个 SRID 为 41155 到 4269 的转换会自动调用该操作路径。

上面讨论了转换路径的定义。接下来讨论如何使用 MDSYS.SDO_CS.TRANSFORM 实现具体的转换。在 Oracle Spatial 中很多坐标系统之间转换都已经被事先定义好了，所以一般情况下，并不需要自己定义转换路径。TRANSFORM 有很多个版本，它可以支持单个几何对象的转换，也可以支持图层级别的转换。例如，要将 OVCDEMO 数据库中的 ovcpoints 点(源坐标系统为 WGS84，SRID=8307)全部转换到西安 1980 坐标系统(2362，Xian 1980 / 3 -

degree Gauss - Kruger zone 38)，下列代码实现了该转换：

Code_3_2 坐标转换示例

```
//将创建时间为 2011-10-27T01:02:17Z 的几何对象
//坐标系统从 WGS84 转换成西安 1980 坐标系统，并输出转换前后的坐标
drop table ovcpoints_xian80;//如果已经存在该表则删除
/
begin
  mdsys.sdo_cs.transform_layer('ovcpoints','geometry','ovcpoints_xian80',2362);
end;
/
declare
  resultrowid ROWID;
  geom1 ovcpoints.geometry%type;
  geom2 ovcpoints.geometry%type;
  x number;
  y number;
begin
  select t.rowid into resultrowid  from ovcpoints t
    where t.timestamp_mb='2011-10-27T01:02:17Z';
  select t.geometry into geom1 from ovcpoints t
    where t.timestamp_mb='2011-10-27T01:02:17Z';
  select t.geometry into geom2 from ovcpoints_xian80 t  where t.sdo_rowid=resultrowid;
  sys.dbms_output.put_line('wgs84 x='||to_char(geom1.sdo_point.x,'999999999.9999999'));
  sys.dbms_output.put_line('wgs84 y='||to_char(geom1.sdo_point.y,'999999999.9999999'));
  sys.dbms_output.put_line('xa80  x='||to_char(geom2.sdo_point.x,'999999999.9999999'));
  sys.dbms_output.put_line('xa80  y='||to_char(geom2.sdo_point.y,'999999999.9999999'));
end;
```

上面代码的输出结果如下：

```
WGS84 X=         114.3741985
WGS84 Y=          30.5076574
XA80  X=    38535919.9819118
XA80  Y=     3376451.7825404
```

上面代码首先将整个 ovcpoints 的所有几何对象的坐标转换到西安 1980 坐标系统，结果存放在新建的数据表 ovcpoint_xian80 中，该表包含两个字段：

```
Name        Null Type
----- ---- -------------
SDO_ROWID        ROWID()
GEOMETRY         SDO_GEOMETRY()
```

字段 GEOMETRY 存放的是转换后的几何对象，SDO_ROWID 存放的是 ovcpoints 表中对应几何对象所在行的 ROWID。

3.2.3　点与 SDO_POINT 属性

在 Code_3_2 中已经使用到了 SDO_GEOMETRY 的 SDO_POINT 属性。这个属性存储的是一个点几何对象的位置坐标。它的类型是 SDO_POINT_TYPE，是一个对象类型。用 describe 命令查看该类型，输出如下：

```
Name                    Null?           Type
------------ -------- --------------
X                                       NUMBER
Y                                       NUMBER
Z                                       NUMBER
```

从上面可以看出，SDO_POINT 有 *X*、*Y*、*Z* 三个成员，可以表示一个一维到三维坐标点。当几何类型为 1001、2001 和 3001 时，SDO_GEOMETRY 对象的唯一坐标点存储于 SDO_POINT 中。Code_3_3 显示了如何创建这三种类型的点并插入 GEOMETRY_EXAMPLES 数据表中。

Code_3_3

```
drop table geomexamples;
create table geomexamples (name varchar2(50),shape mdsys. sdo_geometry);
/
begin
  insert into geomexamples(name,shape) values('point1',
    mdsys. sdo_geometry(1001,8307,
    mdsys. sdo_point_type(113. 0,null,null),null,null));
  insert into geomexamples(name,shape) values(
    'point2',
    mdsys. sdo_geometry(2001,8307,
    mdsys. sdo_point_type(113. 0,30. 0,null),null,null));
  insert into geomexamples(name,shape) values(
    'point3',
    mdsys. sdo_geometry(3001,8307,
    mdsys. sdo_point_type(113. 0,30. 0,100. 0),null,null));
end;
```

以 ovcdemo 用户登录运行得到数据表 geomexamples，该表中存放了三个点，如图 3-2 所示。

	NAME	SHAPE
1	point1	MDSYS.SDO_GEOMETRY(1001,8307,MDSYS.SDO_POINT_TYPE(113,null,null),null,null)
2	point2	MDSYS.SDO_GEOMETRY(2001,8307,MDSYS.SDO_POINT_TYPE(113,30,null),null,null)
3	point3	MDSYS.SDO_GEOMETRY(3001,8307,MDSYS.SDO_POINT_TYPE(113,30,100),null,null)

图 3-2 geomexamples 表中的示例点

在上面的点对象示例中，把 SDO_GEOMETRYSDO_ELEM_INFO 和 SDO_ORDINATES 都设置为 NULL。如果维度超过三维，则不能存放在 SDO_POINT 中；如果几何对象不是点对象，则 SDO_POINT 也无法存放多个坐标点。这就需要用到 SDO_ELEM_INFO 和 SDO_ORDINATES。需要注意的是，如果 SDO_ELEM_INFO 和 SDO_ORDINATES 不为 NULL 时，SDO_POINT 将会被 Oracle Spatial 自动忽略。

3.2.4 SDO_ORDINATES 属性

SDO_ORDINATES 被定义成一个长度为 1048576 的一维可变长 NUMBER 数组。该数组存放空间对象的所有坐标值。这个属性数组必须与 SDO_ELEM_INFO 一起使用才能解析构造出想要的几何对象。SDO_ORDINATES 中存储的坐标是按照维度排序的。例如，一个多边形，它的边界由四个二维点封闭而成$\{X_1,Y_1,X_2,Y_2,X_3,Y_3,X_4,Y_4,X_1,Y_1\}$，如果是三维坐标点，则存储为$\{X_1,Y_1,Z_1,X_2,Y_2,Z_2,X_3,Y_3,Z_3,X_4,Y_4,Z_4,X_1,Y_1,Z_1\}$。SDO_ORDINATES 中的每个值必须非空有效，对于多个元素构成的几何对象，SDO_ORDINATES 中也不会有特殊的限定数值，在它里面唯一存在的就是坐标值。如果存放的是二维点坐标，则 SDO_ORDINATES 中元素个数必定为 2 的倍数；如果存放的是三维点坐标，则 SDO_ORDINATES 中元素个数必定为 3 的倍数。也就是说，如果存放的是 D 维坐标，则 SDO_ORDINATES 中元素个数必定为 D 的倍数。一个指定元素序列的开始和结束点由 SDO_ELEM_INFO 中的 STARTING_OFFSET 决定，这个偏移值的开始值为 1，而不是 0。

3.2.5 SDO_ELEM_INFO 属性

SDO_ELEM_INFO 也是一个变长 NUMBER 数组，其作用是告诉几何引擎如何去解析存放在 SDO_ORDINATES 中的坐标序列，正确地构造几何对象。SDO_ELEM_INFO 中每三个元素构成一个三元组，其具体含义如下。

(1)SDO_STARTING_OFFSET：表示几何元素的第一个坐标点的开始位置。数组下标从 1 开始，也就是说，第一个几何元素的第一个坐标的第一维分量应该是 SDO_ORDINATES(1)。如果有第二个几何元素，则它的第一个坐标应该是 SDO_ORDINATES(n)。

(2)SDO_ETYPE：表示几何元素的类型，具体见表 3-3。SDO_ETYPE 的值 1、2、1003 和 2003 表示的是简单元素。在 SDO_ELEM_INFO 数组中，它们被定义成单个的三元体。对于 SDO_ETYPE 的值 1003 和 2003，第一个数字表示外部(1)或内部(2)。1003 表示多边形外环，必须是逆时针方向。2003 表示多边形内环，必须是顺时针方向。SDO_ETYPE 的值 4、

1005、2005、1006 和 2006 表示的是复合元素。它们包含至少一个头三元组和一个三元组序列。对于 4 位数字的 SDO_ETYPE 值，第一位数字的含义是外部(1) 或内部 (2)。1005 表示外多边形环(必须是逆时针方向)。2005 表示内多边形环，必须是顺时针方向。1006 表示外表面，由一个或多个多边形环构成。2006 表示体元素的内表面。1007 表示体元素。一个复合元素的所有元素都是相互连接的。复合元素中的一个子元素的最后一个点是下一个子元素的开始点，这个点是不重复的。

(3) SDO_INTERPRETATION：如果 SDO_ETYPE 是复合元素(4，1005，2005，1006，2006)，则它表示有多少个子元素构成这个复合元素；如果不是复合元素，它表明应该怎样解析组成该元素的坐标序列。例如，一个线串或多边形，它们的边界是如何由一系列的点连接的，是采用线段连接还是采用圆弧段连接。具体值及说明参见表 3-3。

如果一个几何对象包含一个或多个元素，元素的最后一个坐标总是比下一个元素的开始偏移小 1。最后一个元素的坐标是从它的开始坐标数组偏移到 SDO_ORDINATES 的最后。对于复合元素(SDO_ETYPE 的值为 4、1005、2005、1006 和 2006)，可以用 n 个三元组来描述。一定要记住的是，复合元素的子元素都是相互连接的。子元素的最后一个点是下一个子元素的第一个点。一个变长数组的长度在 PL/SQL 中用 VARRAY_VARIABLE.COUNT 获取，在 OCI 中用函数 OCICOllSize 获取。具体语义关系见表 3-3。

表 3-3　SDO_ETYPE 和 SDO_INTERPRETATION 的语义

SDO_ETYPE	SDO_INTERPRETATION	说明
0	任意数值	用于 Oracle Spatial 不支持的几何模型，例如曲线、样条曲线等。类型为 0 的元素在 Oracle Spatial 中不能被索引，并且会被空间函数和过程所忽略
1	1	点元素
1	0	有向点
1	$n>1$	具有 n 个点的点簇
2	1	用线段连接的线串
2	2	用圆弧段连接的线串，每三个点确定一个弧段，相邻的两个弧段共一个点。例如点列{1，2，3，4，5，6，7}，构成三个弧段{1，2，3}、{3，4，5}和{5，6，7}
1003 或 2003	1	简单多边形，用线段连接。必须为每个节点指定一个点，其最后一个点必须和第一个点一致。例如，一个具有四个点的多边形，必须声明五个点，第五个点与第一个点是重叠的。1003 表示外环，2003 表示内环
1003 或 2003	2	由圆弧段连接成的多边形。最后弧段的最后点和第一弧段的第一点是同一个点。每个弧段用三个点表示，第一点为弧段开始点，第二点为弧段上任意一点，第三点为弧段最后点。相邻两户端是首尾相连的，共用一个点，例如{1，2，3，4，5}表示两个弧段{1，2，3}和{3，4，5}，其中点 3 是共用点。1003 表示外环，2003 表示内环

续表 3-3

SDO_ETYPE	SDO_INTERPRETATION	说明
1003 或 2003	3	优化矩形，具有两个点：左下点和右上点。1003 表示外环，2003 表示内环
1003 或 2003	4	圆(不共圆的三个点)。1003 表示外环，2003 表示内环
4	$n>1$	复合线串，部分用线段连接，部分用弧段连接。n 是子元素的个数。接下来的 n 个三元组描述 n 个子元素，每个子元素的 SDO_ETYPE 只能是 2。一个子元素的最后点是下一个子元素的开始点，也即这个点是共用的
1005 或 2005	$n>1$	复合多边形，部分用线段连接，部分用弧段连接。n 是组成复合多边形的子元素个数。接下来的 n 个三元组描述 n 个子元素，每个子元素的 SDO_ETYPE 只能是 2。一个子元素的最后点是下一个子元素的开始点，也即这个点是共用的。复合多边形的开始点必须和最后点重叠
1006 或 2006	$n>1$	表面(Surface)，由一个或多个多边形组成，每条边由不多于两个多边形共用。面元素具有面积但没有体积。n 表示多边形的个数。接下来的 n 个三元组描述 n 个多边形子元素。面元素可以是二维或三维
1007	$n>1$	由多个表面构成的体(Solid)在三维空间是封闭的，它具有所有内部体积。它具有一个外表面 1006 和 $0\sim n$ 多个内表面 2006。n 表示组成体的表面个数。接下来的 n 个三元组描述这些表面子元素，以及构成每个表面子元素的多边形子元素。如果 $n=3$，则体是一个优化盒(三维矩形或高维矩形)，它只需要两个点描述，左下角点和右上角点

除上面的规则外，在具体使用过程中，SDO_GTYPE 和 SDO_ETYPE 之间也有一些需要注意的关系：①对于 SDO_GTYPE 为 D001 或 D005，任何 SDO_ETYPE 不为 1 的子元素将被忽略；②对于 SDO_GTYPE 为 D002 或 D006，任何 SDO_ETYPE 不为 2 或 4 的子元素将被忽略；③对于 SDO_GTYPE 为 D003 或 D007，任何 SDO_ETYPE 不为 3 或 5 的子元素将被忽略。

如果不确定几何对象是否有效，可用 SDO_GEOM. VALIDATE_GEOMETRY_WITH_CONTEXT 函数检测几何对象是否有效。

3.2.6　SDO_GEOMETRY 的成员函数与构造函数

SDO_GEOMETRY 是一个对象类型，除了具有数据成员(属性)外，还具有成员函数(方法)。其主要方法(包括构造方法)见表 3-4。

表 3-4　SDO_GEOMETRY 的成员函数与构造函数

函数名	返回类型	参数列表	函数说明
GET_DIMS	NUMBER	无	返回 SDO_GTPE 中的维度，它和 ST_COORDDIM 方法返回的结果一样
GET_GTYPE	NUMBER	无	返回几何对象的几何类型，即返回 SDO_GTYPE 值
GET_LRS_DIM	NUMBER	无	返回一个 LRS 几何对象的度量维度 0：表示标准几何对象 3：表示三维包含度量信息 4：表示四维包含度量信息
GET_WKB	BLOB	无	返回几何对象的 well - known binary（WKB）数据，返回中不包括 SRID 的信息
GET_WKT	CLOB	无	返回几何对象的 well - known text（WKT）数据，返回中不包括 SRID 的信息
ST_COORDDIM	NUMBER	无	返回坐标维度
ST_ISVALID	NUMBER	无	返回 0 表示无效，返回 1 表示有效。该函数使用的 tolerance 默认值为 0.001
SDO_GEOMETRY	构造函数，无返回类型	wkt CLOB，srid NUMBER	通过 WKT 构建几何对象，默认的 SRID 为 NULL
SDO_GEOMETRY	构造函数，无返回类型	wktVARCHAR2，srid NUMBER	通过 WKT 字符串构建几何对象，默认的 SRID 为 NULL
SDO_GEOMETRY	构造函数，无返回类型	wkb BLOB，srid NUMBER	通过 WKB 字符串构建几何对象，默认的 SRID 为 NULL

下面通过一段代码来演示这些函数的使用。该代码首先通过一个 WKT 字符串构建一个几何对象，调用成员函数并输出返回信息，并通过返回信息构建另一个几何对象。参见代码 Code_3_4。

Code_3_4

```
declare
   wkt varchar2(255);
   wkb_blob blob;
   wkt_clob clob;
   geom mdsys.sdo_geometry;
   geom_wkb mdsys.sdo_geometry;
   geom_wkt mdsys.sdo_geometry;
begin
   wkt:='POINT(113.0 30.0)';
   geom:= mdsys.sdo_geometry(wkt,8307);-- call the constructor. The SRID is
WGS84
```

```
    --you can also replace the equal operator with the command as follows.
    --select mdsys.sdo_geometry(wkt,8307) into geom from dual;
    sys.dbms_output.put_line('call get_dims'|| to_char(geom.get_dims(),'99'));
    sys.dbms_output.put_line('call get_gtype'||
            to_char(geom.get_gtype(),'9999'));
    sys.dbms_output.put_line('call get_lrs_dim'||
            to_char(geom.get_lrs_dim(),'99'));
    sys.dbms_output.put_line('call st_coorddim'||
            to_char(geom.st_coorddim(),'99'));
    sys.dbms_output.put_line('call st_isvalid'||
            to_char(geom.st_isvalid(),'9'));
    wkb_blob:= geom.get_wkb();
    --convert blob to string and output it
    sys.dbms_output.put_line('call st_get_wkb:'||
    sys.dbms_lob.substr(wkb_blob,256,1));
    wkt_clob:= geom.get_wkt();
    --convert clob to string and output it
    sys.dbms_output.put_line('call st_get_wkt:'||
    sys.dbms_lob.substr(wkt_clob,256,1));
    --create a geometry from blol
    geom_wkb:= mdsys.sdo_geometry(wkb_blob,8307);
    sys.dbms_output.put_line('create a geometry from wkb and it is valid ? '||
            to_char(geom_wkb.st_isvalid(),'9'));
    --create a geometry from clob
    geom_wkt:= mdsys.sdo_geometry(wkt_clob,8307);
    sys.dbms_output.put_line('create a geometry from wkt and it is valid ? '||
            to_char(geom_wkt.st_isvalid(),'9'));
end;
```

运行结果如下：

```
call get_dims  2
call get_gtype    1
call get_lrs_dim  0
call st_coorddim  2
call st_isvalid 1
call st_get_wkb:0000000001405c4000000000000403e000000000000
call st_get_wkt:POINT (113.0 30.0)
Create a geometry from wkb and it is valid ? 1
Create a geometry from wkt and it is valid ? 1
```

3.2.7　SDO_GEOMETRY 示例

下面将结合具体的例子，讨论如何利用 SDO_GEOMETRY 来构建二维和三维几何对象。

3.2.7.1　点(Point)

在 SDO_GEOMETRY 中定义如图 3-3 所示的二维点：①SDO_GTYPE＝2001，第一个数字“2”表示二维，最后一个数字“1”表示单一点；②SDO_SRID＝NULL，表示空间参考坐标系统为 NULL；③SDO_POINT＝SDO_POINT_TYPE(x_0，y_0，NULL)，表示其空间位置为(x_0，y_0)；④SDO_ELEM_INFO and SDO_ORDINATES 都是 NULL。

单点(Point)也可以采用这两个元素来存储数据，但为了提高效率，这种方案尽量不要采用。

如图 3-3 所示的点处于三维中，并且其坐标点为(x_0，y_0，z_0)，则 SDO_GEOMETRY 的属性设置如下：①SDO_GTYPE＝3001，第一个数字“3”表示三维，最后一个数字“1”表示单一点；②SDO_SRID＝NULL，表示空间参考坐标系统为 NULL；③SDO_POINT＝SDO_POINT_TYPE(x_0，y_0，z_0)，表示其空间位置为(x_0，y_0，z_0)；④SDO_ELEM_INFO and SDO_ORDINATES 都是 NULL。

单点(Point)也可以采用这两个元素来存储数据，但为了提高效率，这种方案尽量不要采用。如果点维数超过了三维，则即使是单点也必须采用这两个属性来存储管理。

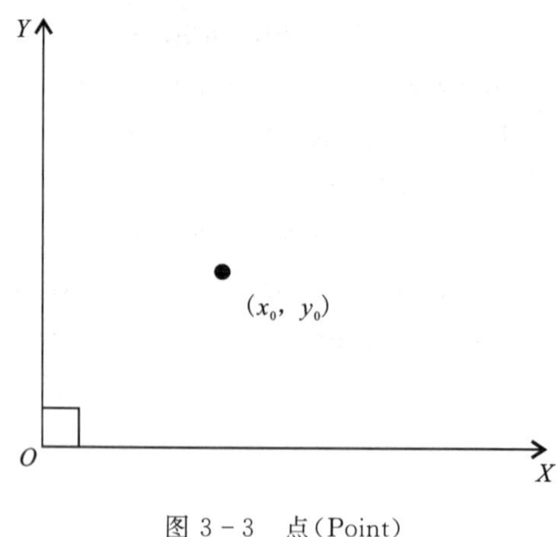

图 3-3　点(Point)

3.2.7.2　直线段连接的线串(Line String)

在 SDO_GEOMETRY 中定义如图 3-4 所示的二维线串：①SDO_GTYPE＝2002，第一个数字“2”表示二维，最后一个数字“2”表示线串；②SDO_SRID＝NULL，表示空间参考坐标系统为 NULL；③SDO_POINT＝NULL，不是点，不采用本属性；④SDO_ELEM_INFO＝{1，2，1}，前面“1”表示从 SDO_ORDINATES(1)开始，“2”表示线串，后面“1”表示线串是通过直线段连接的；⑤SDO_ORDINATES＝{x_1，y_1，x_2，y_2，x_3，y_3，x_4，y_4，x_5，y_5}，存储坐标。

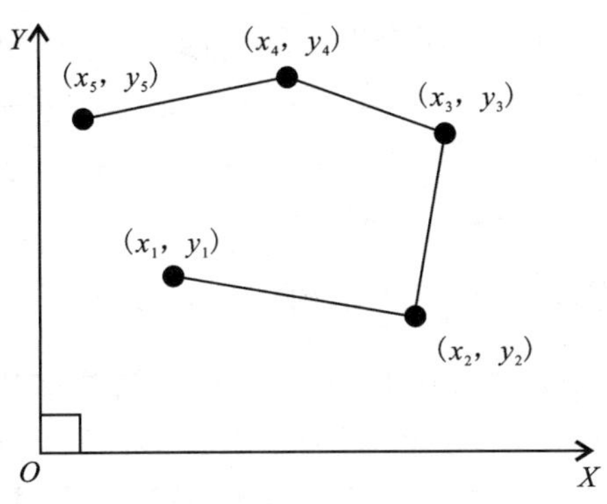

图 3-4　线串(线段连接)

如图 3-4 所示的几何对象处于三维环境中,假定整数 $i\in[1,5]$,每个坐标点的 Z 值 $p(i).z=z(i)$,则 SDO_GEOMETRY 的属性值设置如下:①SDO_GTYPE=3002,第一个数字"3"表示三维,最后一个数字"2"表示线串;②SDO_SRID=NULL,表示空间参考坐标系统为 NULL;③SDO_POINT=NULL,不是点,不采用本属性;④SDO_ELEM_INFO={1,2,1},前面"1"表示从 SDO_ORDINATES(1)开始,"2"表示线串,后面"1"表示直线段连接;⑤SDO_ORDINATES=$\{x_1,y_1,z_1,x_2,y_2,z_2,x_3,y_3,z_3,x_4,y_4,z_4,x_5,y_5,z_5\}$,存储坐标。

3.2.7.3　圆弧段连接的线串(Line String)

在 SDO_GEOMETRY 中定义如图 3-5 所示的二维线串。①SDO_GTYPE=2002,第一个数字"2"表示二维,最后一个数字"2"表示线串;②SDO_SRID=NULL,表示空间参考坐标系统为 NULL;③SDO_POINT=NULL,不是点,不采用本属性;④SDO_ELEM_INFO={1,2,2},"1"表示从 SDO_ORDINATES(1)开始,第一个数字"2"表示线串,第二个数字"2"表示线串是通过圆弧段连接的,$\{p_1,p_2,p_3\}$与$\{p_3,p_4,p_5\}$分别构成一个圆弧段;⑤SDO_ORDINATES=$\{x_1,y_1,x_2,y_2,x_3,y_3,x_4,y_4,x_5,y_5\}$,存储坐标。

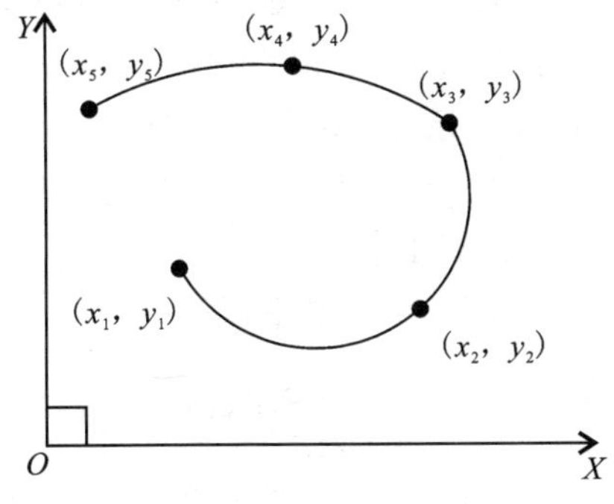

图 3-5　线串(线段连接)

如图 3-5 所示的几何对象处于三维环境中,假定整数 $i\in[1,5]$,每个坐标点的 Z 值 $p(i).z=z(i)$,则 SDO_GEOMETRY 的属性值设置如下:①SDO_GTYPE=3002,第一个数字“3”表示三维，最后一个数字“2”表示线串；②SDO_SRID＝NULL，表示空间参考坐标系统为 NULL；③SDO_POINT＝NULL，不是点，不采用本属性；④SDO_ELEM_INFO＝{1,2,2}，“1”表示从 SDO_ORDINATES(1)开始，第一个数字“2”表示线串，第二个数字“2”表示圆弧段连接，{p_1，p_2，p_3}与{p_3，p_4，p_5}分别构成一个圆弧段；⑤SDO_ORDINATES＝{x_1，y_1，z_1，x_2，y_2，z_2，x_3，y_3，z_3，x_4，y_4，z_4，x_5，y_5，z_5}，存储坐标。

3.2.7.4 直线段连接的单边界多边形(Polygon)

在 SDO_GEOMETRY 中定义如图 3-6 所示的单边界多边形：①SDO_GTYPE＝2003，第一个数字“2”表示二维，最后一个数字“3”表示多边形；②SDO_SRID＝NULL，表示空间参考坐标系统为 NULL；③SDO_POINT＝NULL，不是点，不采用本属性；④SDO_ELEM_INFO＝{1,1003,1}，第一个数字“1”表示从 SDO_ORDINATES(1)开始，“1003”表示外环，第二个数字“1”表示是采用线段连接的；⑤SDO_ORDINATES＝{x_1，y_1，x_2，y_2，x_3，y_3，x_4，y_4，x_5，y_5，x_1，y_1}，存储坐标。由于是封闭的，需要重复第一个点 p_1。

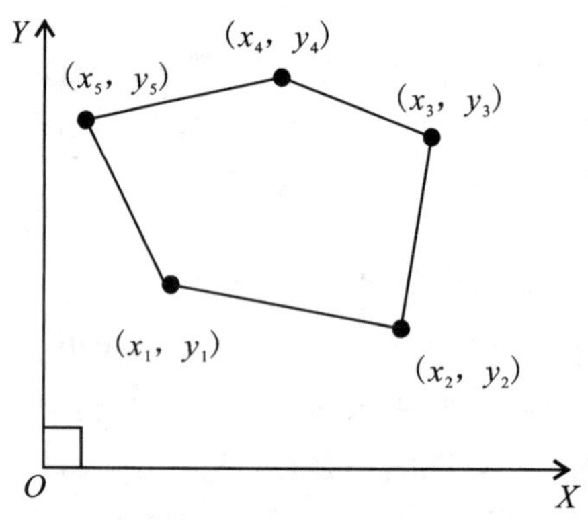

图 3-6 单边界多边形(线段连接)

如图 3-6 所示的几何对象处于三维环境中，假定整数 $i\in[1,5]$，每个坐标点的 Z 值 $p(i).z=z(i)$，则 SDO_GEOMETRY 的属性值设置如下：①SDO_GTYPE＝3003，第一个数字“3”表示三维，最后一个数字“3”表示多边形；②SDO_SRID＝NULL，表示空间参考坐标系统为 NULL；③SDO_POINT＝NULL，不是点，不采用本属性；④SDO_ELEM_INFO＝{1,1003,1}，第一个数字“1”表示从 SDO_ORDINATES(1)开始，“1003”表示外环，第二个数字“1”表示是采用线段连接的；⑤SDO_ORDINATES＝{x_1，y_1，z_1，x_2，y_2，z_2，x_3，y_3，z_3，x_4，y_4，z_4，x_5，y_5，z_5，x_1，y_1，z_1}，存储坐标。由于是封闭的，需要重复第一个点 p_1。

3.2.7.5 圆弧段连接的单边界多边形(Polygon)

在 SDO_GEOMETRY 中定义如图 3-7 所示的圆弧段连接的单边界多边形：①SDO_GTYPE＝2003，第一个数字“2”表示二维，最后一个数字“3”表示多边形；②SDO_SRID＝NULL，表示空间参考坐标系统为 NULL；③SDO_POINT＝NULL，不是点，不采用本属性；④SDO_ELEM_INFO＝{1,1003,2}，“1”表示从 SDO_ORDINATES(1)开始，“1003”表示外环，“2”表示是采用圆弧段连接的，总共包含三个弧段{p_1，p_2，p_3}，{p_3，p_4，p_5}，{p_5，p_6，p_1}；

⑤SDO_ORDINATES＝{x_1，y_1，x_2，y_2，x_3，y_3，x_4，y_4，x_5，y_5，x_6，y_6，x_1，y_1}，存储坐标。由于是封闭的，需要重复第一个点 p_1。这里存储的节点个数应该总是奇数，例如，这里是七个节点。

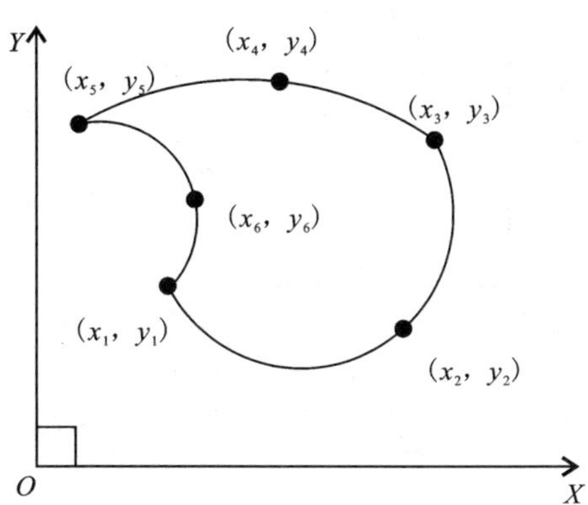

图 3－7 单边界多边形(圆弧段连接)

如图 3－7 所示的几何对象处于三维环境中，假定整数 $i \in [1,6]$，每个坐标点的 Z 值 $p(i).z=z(i)$，则 SDO_GEOMETRY 的属性值设置如下：①SDO_GTYPE＝3003，第一个数字"3"表示三维，最后一个数字"3"表示多边形；②SDO_SRID＝NULL，表示空间参考坐标系统为 NULL；③SDO_POINT＝NULL，不是点，不采用本属性；④SDO_ELEM_INFO＝{1，1003，2}，"1"表示从 SDO_ORDINATES(1)开始，"1003"表示外环，"2"表示采用圆弧段连接的，总共包含三个弧段{p_1，p_2，p_3}，{p_3，p_4，p_5}，{p_5，p_6，p_1}；⑤SDO_ORDINATES＝{x_1，y_1，z_1，x_2，y_2，z_2，x_3，y_3，z_3，x_4，y_4，z_4，x_5，y_5，z_5，x_6，y_6，z_6，x_1，y_1，z_1}，存储坐标。由于是封闭的，需要重复第一个点 p_1。这里存储的节点个数应该总是奇数，例如，这里是七个节点。

3.2.7.6 矩形(Rectangle/Box)

在 SDO_GEOMETRY 中定义如图 3－8 所示的矩形多边形：①SDO_GTYPE＝2003，第一个数字"2"表示二维，最后一个数字"3"表示多边形；②SDO_SRID＝NULL，表示空间参考坐标系统为 NULL；③SDO_POINT＝NULL，不是点，不采用本属性；④SDO_ELEM_INFO＝{1，1003，3}，"1"表示从 SDO_ORDINATES(1)开始，"1003"表示外环，"3"表示矩形；⑤SDO_ORDINATES＝{x_1，y_1，x_2，y_2}，存储左下和右上两个节点坐标。

如图 3－8 所示的几何对象处于三维环境中，它是一个三维矩形，常用作包围盒。假定整数 $i \in [1,2]$，每个坐标点的 Z 值 $p(i).z=z(i)$，则 SDO_GEOMETRY 的属性值设置如下：①SDO_GTYPE＝3008，第一个数字"3"表示三维，最后一个数字"8"表示三维体；②SDO_SRID＝NULL，表示空间参考坐标系统为 NULL；③SDO_POINT＝NULL，不是点，不采用本属性；④SDO_ELEM_INFO＝{1，1007，3}，"1"表示从 SDO_ORDINATES(1)开始，"1007"表示体元素，"3"表示三维优化矩形盒；⑤SDO_ORDINATES＝{x_1，y_1，z_1，x_2，y_2，z_2}，存储左下和右上两个节点坐标。

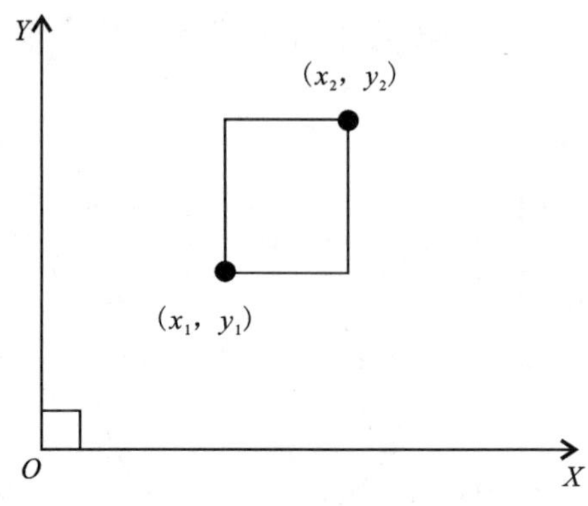

图 3-8　二维矩形多边形

例如：

SDO_GEOMETRY(3008,NULL,NULL,

SDO_ELEM_INFO_ARRAY(1,1007,3),

SDO_ORDINATE_ARRAY(1,1,1,3,3,3))

表示的就是一个最小边界点在(1,1,1),最大边界点在(3,3,3)的三维矩形。

3.2.7.7　圆(Circle/Sphere)

在 SDO_GEOMETRY 中定义如图 3-9 所示的圆形多边形:①SDO_GTYPE=2003,第一个数字"2"表示二维,最后一个数字"3"表示多边形;②SDO_SRID=NULL,表示空间参考坐标系统为 NULL;③SDO_POINT=NULL,不是点,不采用本属性;④SDO_ELEM_INFO={1,1003,4},"1"表示从 SDO_ORDINATES(1)开始,"1003"表示外环,"4"表示圆形;⑤SDO_ORDINATES=$\{x_1, y_1, x_2, y_2, x_3, y_3\}$,存储圆上的三个节点坐标。

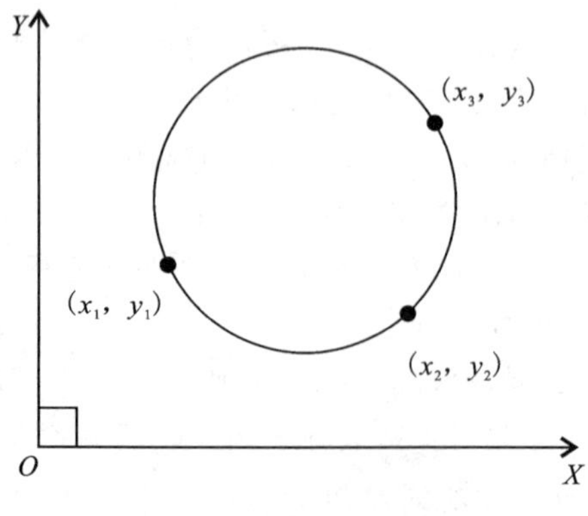

图 3-9　圆形多边形

注:Oracle Spatial11g 中不支持优化球体。

3.2.7.8　复合线串(Compound Line String)

在 SDO_GEOMETRY 中定义如图 3-10 所示的二维复合线串：①SDO_GTYPE＝2002，第一个数字“2”表示二维，最后一个数字“2”表示线串；②SDO_SRID＝NULL，表示空间参考坐标系统为 NULL；③SDO_POINT＝NULL，不是点，不采用本属性；④SDO_ELEM_INFO＝{1,4,2,1,2,1,5,2,2}，各数字含义依次是“1”表示从 SDO_ORDINATES(1)开始，“4”表示集合，“2”表示有两个元素(对于第一个元素{1,2,1}，第一个数字“1”表示从 SDO_ORDINATES(1)开始，“2”表示线串，第二个数字“1”表示线串用线段连接；而对于第二个元素{5,2,2}，“5”表示从 SDO_ORDINATES(5)开始，第一个数字“2”表示线串，第二个数字“2”表示采用圆弧段连接)；⑤SDO_ORDINATES＝{x_1,y_1,x_2,y_2,x_3,y_3,x_4,y_4,x_5,y_5}，存储坐标。

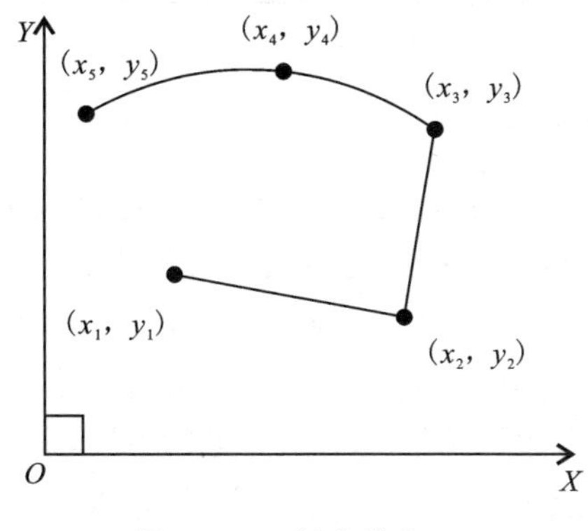

图 3-10　复合线串

如图 3-10 所示的几何对象处于三维环境中，假定整数 $i\in[1,5]$，每个坐标点的 Z 值 $p(i).z=z(i)$，则 SDO_GEOMETRY 的属性值设置如下：①SDO_GTYPE＝3002，第一个数字“3”表示三维，最后一个数字“2”表示线串；②SDO_SRID＝NULL，表示空间参考坐标系统为 NULL；③SDO_POINT＝NULL，不是点，不采用本属性；④SDO_ELEM_INFO＝{1,4,2,1,2,1,7,2,2}，各数字含义依次是“1”表示从 SDO_ORDINATES(1)开始，“4”表示集合，“2”表示有两个元素(对于第一个元素{1,2,1}，第一个数字“1”表示从 SDO_ORDINATES(1)开始，“2”表示线串，第二个数字“1”表示线串用线段连接；对于第二个元素{7,2,2}，“7”表示从 SDO_ORDINATES(7)开始，第一个数字“2”表示线串，第二个数字“2”表示采用圆弧段连接)；⑤SDO_ORDINATES＝{x_1,y_1,z_1,x_2,y_2,z_2,x_3,y_3,z_3,x_4,y_4,z_4,x_5,y_5,z_5}，存储坐标。

3.2.7.9　复合多边形(Compound Polygon)

在 SDO_GEOMETRY 中定义如图 3-11 所示的二维复合多边形：①SDO_GTYPE＝2003，第一个数字“2”表示二维，最后一个数字“3”表示多边形；②SDO_SRID＝NULL，表示空间参考坐标系统为 NULL；③SDO_POINT＝NULL，不是点，不采用本属性；④SDO_ELEM_INFO＝{1,4,2,1,2,2,9,2,1}，各数字含义依次是“1”表示从 SDO_ORDINATES(1)开始，“4”表示集合，“2”表示有两个元素(对于第一个元素{1,2,2}，“1”表示从 SDO_ORDINATES(1)开始，第一个数字“2”表示线串，第二个数字“2”表示圆弧段连接；对于第二个元素{9,2,1}，“9”表示从 SDO_ORDINATES(9)开始，“2”表示线串，“1”表示采用线段连接)；⑤SDO_OR-

DINATES＝{x_1,y_1,x_2,y_2,x_3,y_3,x_4,y_4,x_5,y_5,x_6,y_6,x_1,y_1},存储坐标。由于需要闭合,所以 x_1,y_1 重复存储。

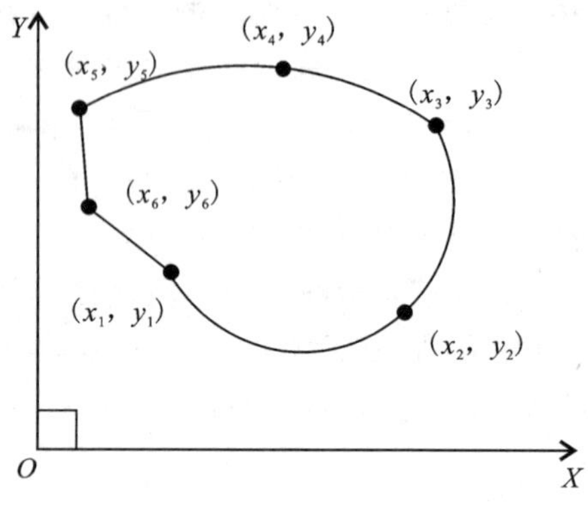

图 3－11 复合多边形

如图 3－11 所示的几何对象处于三维环境中,假定整数 $i\in[1,6]$,每个坐标点的 Z 值 $p(i).z=z(i)$,则 SDO_GEOMETRY 的属性值设置如下:①SDO_GTYPE＝3003,第一个数字"3"表示三维,最后一个数字"3"表示多边形;②SDO_SRID＝NULL,表示空间参考坐标系统为 NULL;③SDO_POINT＝NULL,不是点,不采用本属性;④SDO_ELEM_INFO＝{1,4,2,1,2,2,13,2,1},各数字含义分别为"1"表示从 SDO_ORDINATES(1)开始,"4"表示集合,"2"表示有两个元素(对于第一个元素{1,2,2},"1"表示从 SDO_ORDINATES(1)开始,第一个数字"2"表示线串,第二个数字"2"表示圆弧段连接;对于第二个元素{13,2,1},"13"表示从 SDO_ORDINATES(13)开始,"2"表示线串,"1"表示采用线段连接);⑤SDO_ORDINATES＝{x_1,y_1,z_1,x_2,y_2,z_2,x_3,y_3,z_3,x_4,y_4,z_4,x_5,y_5,z_5,x_6,y_6,z_6,x_1,y_1,z_1},存储坐标。由于需要闭合,所以 x_1,y_1,z_1 重复存储。

3.2.7.10 带洞多边形(Polygon With Hole)

在 SDO_GEOMETRY 中定义如图 3－12 所示的二维带洞多边形:①SDO_GTYPE＝2003,第一个数字"2"表示二维,最后一个数字"3"表示多边形;②SDO_SRID＝NULL,表示空间参考坐标系统为 NULL;③SDO_POINT＝NULL,不是点,不采用本属性;④SDO_ELEM_INFO＝{1,1003,1,13,2003,1},(对于第一个元素{1,1003,1},第一个数字"1"表示从 SDO_ORDINATES(1)开始,"1003"表示外环,第二个数字"1"表示线段连接;对于第二个元素{13,2003,1},"13"表示从 SDO_ORDINATES(13)开始,"2003"表示内环,"1"表示采用线段连接);⑤SDO_ORDINATES＝{x_1,y_1,x_2,y_2,x_3,y_3,x_4,y_4,x_5,y_5,x_1,y_1,x_6,y_6,x_7,y_7,x_8,y_8,x_6,y_6},存储坐标。由于需要闭合,{x_1,y_1,x_2,y_2,x_3,y_3,x_4,y_4,x_5,y_5,x_1,y_1}表示外环,x_1,y_1 重复存储;由于是外环,节点按照逆时针方向存储。{x_6,y_6,x_7,y_7,x_8,y_8,x_6,y_6}表示内环,x_6,y_6 重复存储以保证闭合,且由于是内环,需按照顺时针方向存储。

如图 3－12 所示的几何对象处于三维环境中,假定整数 $i\in[1,8]$,每个坐标点的 Z 值 $p(i).z=z(i)$,则 SDO_GEOMETRY 的属性值设置如下:①SDO_GTYPE＝3003,第一个数字"3"表示三维,最后一个数字"3"表示多边形;②SDO_SRID＝NULL,表示空间参考坐标系统为 NULL;③SDO_POINT＝NULL,不是点,不采用本属性;④SDO_ELEM_INFO＝{1,

1003,1,19,2003,1}(对于第一个元素{1,1003,1},第一个数字“1”表示从 SDO_ORDINATES(1)开始,“1003”表示外环,第二个数字“1”表示线段连接;对于第二个元素{19,2003,1},“19”表示从 SDO_ORDINATES(19)开始,“2003”表示内环,“1”表示采用线段连接);⑤SDO_ORDINATES={$x_1,y_1,z_1,x_2,y_2,z_2,x_3,y_3,z_3,x_4,y_4,z_4,x_5,y_5,z_5,x_1,y_1,z_1,x_6,y_6,z_6,x_7,y_7,z_7,x_8,y_8,z_8,x_6,y_6,z_6$},存储坐标。由于需要闭合,{$x_1,y_1,z_1,x_2,y_2,z_2,x_3,y_3,z_3,x_4,y_4,z_4,x_5,y_5,z_5,x_1,y_1,z_1$}表示外环,$x_1,y_1,z_1$ 需要重复存储,且由于是外环,节点应按照逆时针方向存储。{$x_6,y_6,z_6,x_7,y_7,z_7,x_8,y_8,z_8,x_6,y_6,z_6$}表示内环,$x_6,y_6,z_6$ 需要重复存储以保证闭合,且由于是内环,应按照顺时针方向存储。

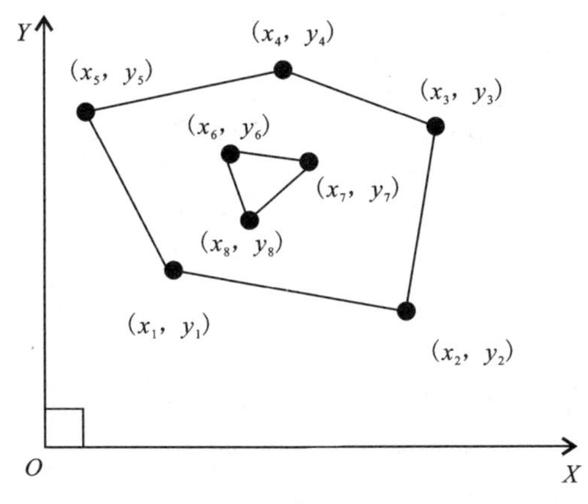

图 3-12　带洞多边形

3.2.7.11　点集合(MultiPoint)

在 SDO_GEOMETRY 中定义如图 3-13 所示的点集合:①SDO_GTYPE=2005,第一个数字“2”表示二维,最后一个数字“5”表示多点;②SDO_SRID=NULL,表示空间参考坐标系统为 NULL;③SDO_POINT=NULL,不是点,不采用本属性;④SDO_ELEM_INFO={1,1,1,3,1,1,5,1,1}(对于第一个元素{1,1,1},第一个数字“1”表示从 SDO_ORDINATES(1)开始,第二个数字“1”表示点元素,第三个数字“1”表示连接方式也是点;对于第二个元素{3,1,1},“3”表示从 SDO_ORDINATES(3)开始,第一个数字“1”表示是点元素,第二个数字“1”表示连接方式也是点;对于第三个元素{5,1,1},“5”表示从 SDO_ORDINATES(5)开始,第一个数字“1”表示点元素,第二个数字“1”表示连接方式也是点);⑤SDO_ORDINATES={x_1,y_1,x_2,y_2,x_3,y_3}。

如图 3-13 所示的几何对象处于三维环境中,假定整数 $i\in[1,3]$,每个坐标点的 Z 值 $p(i).z=z(i)$,则 SDO_GEOMETRY 的属性值设置如下:①SDO_GTYPE=3005,第一个数字“3”表示三维,最后一个数字“5”表示多点;②SDO_SRID=NULL,表示空间参考坐标系统为 NULL;③SDO_POINT=NULL,不是点,不采用本属性;④SDO_ELEM_INFO={1,1,1,4,1,1,7,1,1}(对于第一个元素{1,1,1},第一个数字“1”表示从 SDO_ORDINATES(1)开始,第二个数字“1”表示点元素,第三个数字“1”表示连接方式也是点;对于第二个元素{4,1,1},“4”表示从 SDO_ORDINATES(4)开始,第一个数字“1”表示点元素,第二个数字“1”表示连接方式也是点；对于第三个元素{7,1,1}，“7”表示从 SDO_ORDINATES(7)开始，第一个数字“1”表示点元素，第二个数字“1”表示连接方式也是点)；⑤SDO_ORDINATES＝{x_1，y_1，x_2，y_2，x_3，y_3}。

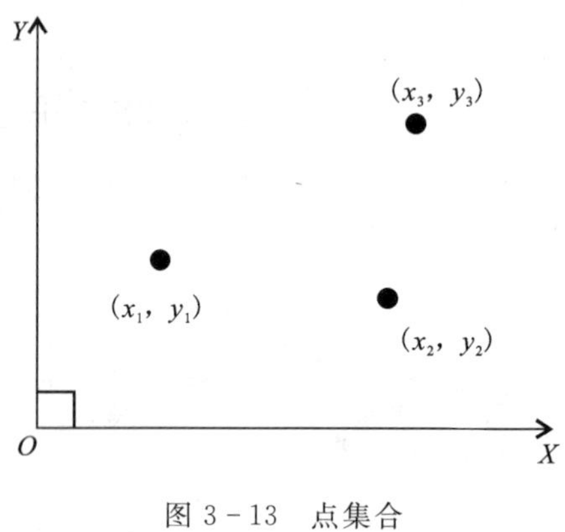

图 3－13　点集合

3.2.7.12　线串集合(MultiLine String)

在 SDO_GEOMETRY 中定义如图 3－14 所示的线串集合：①SDO_GTYPE＝2006，第一个数字“2”表示二维，最后一个数字“6”表示多线串；②SDO_SRID＝NULL，表示空间参考坐标系统为 NULL；③SDO_POINT＝NULL，不是点，不采用本属性；④SDO_ELEM_INFO＝{1,2,1,5,2,2}(对于第一个元素{1,2,1}，第一个数字“1”表示从 SDO_ORDINATES(1)开始，“2”表示点元素，第二个数字“1”表示直线段连接；对于第二个元素{5,2,2}，“5”表示从 SDO_ORDINATES(5)开始，第一个数字“2”表示点元素，第二个数字“2”表示圆弧段连接)；⑤SDO_ORDINATES＝{x_1，y_1，x_2，y_2，x_3，y_3，x_4，y_4，x_5，y_5}。

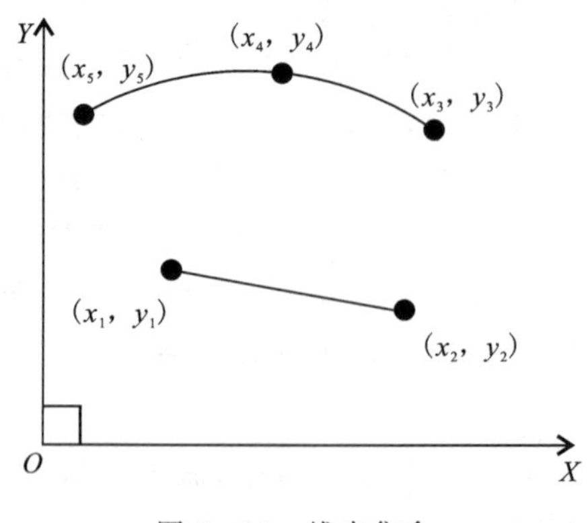

图 3－14　线串集合

如图 3－14 所示的几何对象处于三维环境中，假定整数 $i \in [1,5]$，每个坐标点的 Z 值 $p(i).z=z(i)$，则 SDO_GEOMETRY 的属性值设置如下：①SDO_GTYPE ＝3006，第一个数字“3”表示三维，最后一个数字“6”表示多线串；②SDO_SRID＝NULL，表示空间参考坐标系统为 NULL；③SDO_POINT＝NULL，不是点，不采用本属性；④SDO_ELEM_INFO＝{1,2,

1,7,2,2}(对于第一个元素{1,2,1},第一个数字“1”表示从 SDO_ORDINATES(1)开始,“2”表示点元素,第二个数字“1”表示直线段连接;对于第二个元素{7,2,2},“7”表示从 SDO_ORDINATES(7)开始,第一个数字“2”表示点元素,第二个数字“2”表示圆弧段连接);⑤SDO_ORDINATES={x_1,y_1,z_1,x_2,y_2,z_2,x_3,y_3,z_3,x_4,y_4,z_4,x_5,y_5,z_5}。

3.2.7.13　多边形集合(MultiPolygon)

在 SDO_GEOMETRY 中定义如图 3-15 所示的多边形集合:①SDO_GTYPE=2007,第一个数字“2”表示二维,最后一个数字“7”表示多边形集合;②SDO_SRID=NULL,表示空间参考坐标系统为 NULL;③SDO_POINT=NULL,不是点,不采用本属性;④SDO_ELEM_INFO={1,1003,1,13,1003,1}(对于第一个元素{1,1003,1},第一个数字“1”表示从 SDO_ORDINATES(1)开始,“1003”表示外环,第二个数字“1”表示直线段连接;对于第二个元素{13,1003,1},“13”表示从 SDO_ORDINATES(13)开始,“1003”表示外环,“1”表示直线段连接);⑤SDO_ORDINATES={x_1,y_1,x_2,y_2,x_3,y_3,x_4,y_4,x_5,y_5,x_1,y_1,x_6,y_6,x_7,y_7,x_8,y_8,x_6,y_6},由于两个多边形都要封闭,所以需要重复存储 x_1,y_1 和 x_6,y_6。

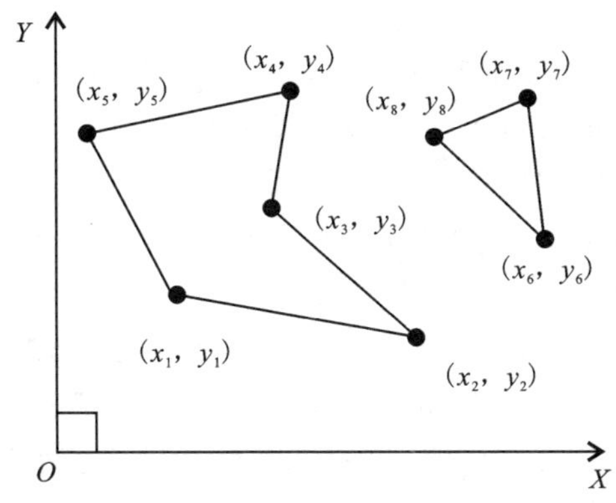

图 3-15　多边形集合

注:在三维中没有 MultiPolygon 对象,只有 MultiSurface 几何对象,所以关于图 3-15 的三维几何对象,只能将其表示成两个 Surface 元素,然后由这两个 Surface 元素构建一个 MultiSurface 几何对象,具体请参考 MultiSurface 的几何示例。当然,还有另外一种解决方案就是将其处理成两个三维共面多边形的集合,请参考集合 Collection。

3.2.7.14　集合(Collection)

在 SDO_GEOMETRY 中定义如图 3-16 所示的二维异形集合:①SDO_GTYPE=2004,第一个数字“2”表示二维,最后一个数字“4”表示集合;②SDO_SRID=NULL,表示空间参考坐标系统为 NULL;③SDO_POINT=NULL,不是点,不采用本属性;④SDO_ELEM_INFO={1,2,1,9,1,1,11,1003,1}(对于第一个线串元素{1,2,1},第一个数字“1”表示从 SDO_ORDINATES(1)开始,“2”表示线串,第二个数字“1”表示直线段连接;对于第二个点元素{9,1,1},“9”表示从 SDO_ORDINATES(9)开始,第一个数字“1”表示点元素,第二个数字“1”表示连接为点;对于第三个多边形元素{11,1003,1},“11”表示从 SDO_ORDINATES(11)开始,

"1003"表示多边形外环,"1"表示直线段连接);⑤SDO_ORDINATES={x_1,y_1,x_2,y_2,x_3,y_3,x_4,y_4,x_5,y_5,x_6,y_6,x_8,y_8,x_7,y_7,x_6,y_6},第三个元素为多边形,由于是外环,节点顺序应该是逆时针方法,所以它们的节点排列为{x_6,y_6,x_8,y_8,x_7,y_7,x_6,y_6}。

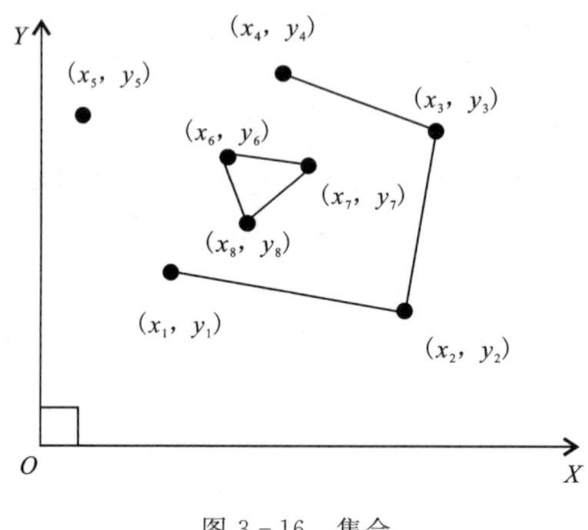

图 3-16 集合

如图 3-16 所示的几何对象处于三维环境中,假定整数 $i \in [1,8]$,每个坐标点的 Z 值 $p(i).z=z(i)$,则 SDO_GEOMETRY 的属性值设置如下:①SDO_GTYPE =3004,第一个数字"3"表示三维,最后一个数字"4"表示集合;②SDO_SRID=NULL,表示空间参考坐标系统为 NULL;③SDO_POINT=NULL,不是点,不采用本属性;④SDO_ELEM_INFO={1,2,1,13,1,1,16,1003,1}(对于第一个线串元素{1,2,1},其中第一个数字"1"表示从 SDO_ORDINATES(1)开始,"2"表示线串,第二个数字"1"表示直线段连接;对于第二个点元素{13,1,1},其中"13"表示从 SDO_ORDINATES(13)开始,第一个数字"1"表示点元素,第二个数字"1"表示连接为点;对于第三个多边形元素{16,1003,1},其中"16"表示从 SDO_ORDINATES(16)开始,"1003"表示多边形外环,"1"表示直线段连接);⑤SDO_ORDINATES={x_1,y_1,z_1,x_2,y_2,z_2,x_3,y_3,z_3,x_4,y_4,z_4,x_5,y_5,z_5,x_6,y_6,z_6,x_8,y_8,z_8,x_7,y_7,z_7,x_6,y_6,z_6},第三个元素为多边形,由于是外环,节点顺序应该是逆时针方法,所以它们的节点排列为{p_6,p_8,p_7,p_6}。

3.2.7.15 曲面(Surface)

曲面(Surface)是只针对三维环境的几何对象类型。在三维环境中,多边形都是共面的。一个曲面由一个或多个多边形构成。以图 3-17 中的两个可见面{p_1,p_4,p_6,p_3}和{p_4,p_5,p_6}构成的曲面为例,假定整数 $i \in [1,6]$,节点 $p(i)=(xi,yi,zi)$,则 SDO_GEOMETRY 的属性值设置如下:①SDO_GTYPE =3003,第一个数字"3"表示三维,最后一个数字"3"表示三维曲面;②SDO_SRID=NULL,表示空间参考坐标系统为 NULL;③SDO_POINT=NULL,不是点,不采用本属性;④SDO_ELEM_INFO={1,1006,2,1,1003,1,16,1003,1},各数字含义依次为"1"表示从 SDO_ORDINATES(1)开始,"1006"表示由多边形构成曲面,"2"表示构成曲面的多边形个数为 2,"1"表示第一个多边形坐标,"1003"表示外多边形环,"1"表示直线段连接方式,"16"从 SDO_ORDINATES(16)开始,"1003"表示外多边形环,"1"表示直线段连接方式;⑤SDO_ORDINATES={x_1,y_1,z_1,x_4,y_4,z_4,x_6,y_6,z_6,x_3,y_3,z_3,x_1,y_1,z_1,x_4,y_4,z_4,

$x_5, y_5, z_5, x_6, y_6, z_6, x_4, y_4, z_4\}$，其中，$\{x_1, y_1, z_1, x_4, y_4, z_4, x_6, y_6, z_6, x_3, y_3, z_3, x_1, y_1, z_1\}$是第一个多边形的坐标序列，$\{x_4, y_4, z_4, x_5, y_5, z_5, x_6, y_6, z_6, x_4, y_4, z_4\}$是第二个多边形的坐标序列。

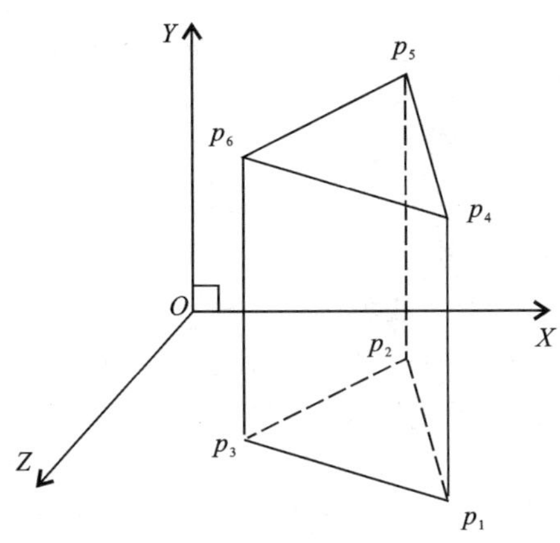

图 3－17　三棱柱体

3.2.7.16　曲面集合(MultiSurface)

曲面集合是由多个曲面对象构成的一个集合。它可以存放相接的曲面，也可以存放不相接的曲面。对于图 3－17，如果要构建的是三棱柱的整个外表面，可以采用多曲面集合。假定整数 $i \in [1,6]$，节点 $p(i)=(xi, yi, zi)$，则 SDO_GEOMETRY 的属性值设置如下：①SDO_GTYPE ＝3007，第一个数字“3”表示三维，最后一个数字“7”表示多曲面集合(MultiSurface)；②SDO_SRID＝NULL，表示空间参考坐标系统为 NULL；③SDO_POINT＝NULL，不是点，不采用本属性；④SDO_ELEM_INFO＝{1,1007,1,1,1006,5,1,1003,1,13,1003,1,28,1003,1,43,1003,1,58,1003,1}，各数字含义依次为“1”表示从 SDO_ORDINATES(1)开始，“1007”表示由曲面构成体，“1”表示构成体的曲面数为 1，“1”表示第一个外曲面开始坐标，“1006”表示外曲面，“5”表示由五个多边形构成外曲面，“1”表示第一个 Polygon 从 SDO_ORDINATES(1)开始，“1003”表示外多边形环，“1”表示线段连接，“13”表示第二个多边形从 SDO_ORDINATES(13)开始，“1003”表示外多边形环，“1”表示线段连接，“28”表示第三个多边形从 SDO_ORDINATES(28)开始，“1003”表示外多边形环，“1”表示线段连接，“43”表示第四个多边形从 SDO_ORDINATES(43)开始，“1003”表示外多边形环，“1”表示线段连接，“58”表示第五个多边形从 SDO_ORDINATES(58)开始，“1003”表示外多边形环，“1”表示线段连接；⑤SDO_ORDINATES＝$\{x_3, y_3, z_3, x_2, y_2, z_2, x_1, y_1, z_1, x_3, y_3, z_3, x_1, y_1, z_1, x_4, y_4, z_4, x_6, y_6, z_6, x_3, y_3, z_3, x_1, y_1, z_1, x_1, y_1, z_1, x_2, y_2, z_2, x_5, y_5, z_5, x_4, y_4, z_4, x_1, y_1, z_1, x_2, y_2, z_2, x_3, y_3, z_3, x_6, y_6, z_6, x_5, y_5, z_5, x_2, y_2, z_2, x_4, y_4, z_4, x_5, y_5, z_5, x_6, y_6, z_6, x_4, y_4, z_4\}$，$\{x_3, y_3, z_3, x_2, y_2, z_2, x_1, y_1, z_1, x_3, y_3, z_3\}$表示第 1 个多边形$\{p_3, p_2, p_1\}$坐标序列，$\{x_1, y_1, z_1, x_4, y_4, z_4, x_6, y_6, z_6, x_3, y_3, z_3, x_1, y_1, z_1\}$表示第 2 个多边形$\{p_1, p_4, p_6, p_3\}$坐标序列，$\{x_1, y_1, z_1, x_2, y_2, z_2, x_5, y_5, z_5, x_4, y_4, z_4, x_1, y_1, z_1\}$表示第 3 个多边形$\{p_1, p_2, p_5, p_4\}$坐标序列，$\{x_2, y_2, z_2, x_3, y_3, z_3, x_6, y_6, z_6, x_5, y_5, z_5, x_2, y_2, z_2\}$表示第 4 个多边形$\{p_2, p_3, p_6, p_5\}$坐标序列，$\{x_4, y_4, z_4, x_5, y_5, z_5,$

$x_6, y_6, z_6, x_4, y_4, z_4$}表示第 5 个多边形{$p_4, p_5, p_6$}坐标序列。

3.2.7.17　体(Solid)

体是由一个封闭的外曲面和 0～n 个内部曲面构成的。以图 3-17 所示的三棱柱体为例，假定整数 $i \in [1,6]$，节点 $p(i)=(xi, yi, zi)$，则 SDO_GEOMETRY 的属性值设置如下：①SDO_GTYPE =3008，第一个数字“3”表示三维，最后一个数字“8”表示三维体；②SDO_SRID=NULL，表示空间参考坐标系统为 NULL；③SDO_POINT=NULL，不是点，不采用本属性；④SDO_ELEM_INFO={1,1007,1,1,1006,5,1,1003,1,13,1003,1,28,1003,1,43,1003,1,58,1003,1}，各数字含义依次为“1”表示从 SDO_ORDINATES(1)开始，“1007”表示由曲面构成体，“1”表示构成体的曲面数为 1，“1”表示第一个外曲面开始坐标，“1006”表示外曲面，“5”表示由 5 个多边形构成外曲面，“1”表示第一个多边形从 SDO_ORDINATES(1)开始，“1003”表示外多边形环，“1”表示线段连接，“13”表示第二个多边形从 SDO_ORDINATES(13)开始，“1003”表示外多边形环，“1”表示线段连接，“28”表示第三个多边形从 SDO_ORDINATES(28)开始，“1003”表示外多边形环，“1”表示线段连接，“43”表示第四个多边形从 SDO_ORDINATES(43)开始，“1003”表示外多边形环，“1”表示线段连接，“58”表示第五个多边形从 SDO_ORDINATES(58)开始，“1003”表示外多边形环，“1”表示线段连接；⑤SDO_ORDINATES={$x_3, y_3, z_3, x_2, y_2, z_2, x_1, y_1, z_1, x_3, y_3, z_3, x_1, y_1, z_1, x_4, y_4, z_4, x_6, y_6, z_6, x_3, y_3, z_3, x_1, y_1, z_1, x_1, y_1, z_1, x_2, y_2, z_2, x_5, y_5, z_5, x_4, y_4, z_4, x_1, y_1, z_1, x_2, y_2, z_2, x_3, y_3, z_3, x_6, y_6, z_6, x_5, y_5, z_5, x_2, y_2, z_2, x_4, y_4, z_4, x_5, y_5, z_5, x_6, y_6, z_6, x_4, y_4, z_4$}，{$x_3, y_3, z_3, x_2, y_2, z_2, x_1, y_1, z_1, x_3, y_3, z_3$}表示第一个多边形{$p_3, p_2, p_1$}坐标序列，{$x_1, y_1, z_1, x_4, y_4, z_4, x_6, y_6, z_6, x_3, y_3, z_3, x_1, y_1, z_1$}表示第二个多边形{$p_1, p_4, p_6, p_3$}坐标序列，{$x_1, y_1, z_1, x_2, y_2, z_2, x_5, y_5, z_5, x_4, y_4, z_4, x_1, y_1, z_1$}表示第三个多边形{$p_1, p_2, p_5, p_4$}坐标序列，{$x_2, y_2, z_2, x_3, y_3, z_3, x_6, y_6, z_6, x_5, y_5, z_5, x_2, y_2, z_2$}表示第四个多边形{$p_2, p_3, p_6, p_5$}坐标序列，{$x_4, y_4, z_4, x_5, y_5, z_5, x_6, y_6, z_6, x_4, y_4, z_4$}表示第五个多边形{$p_4, p_5, p_6$}坐标序列。

3.2.7.18　体集合(MultiSolid)

MultiSolid 是由一个或多个体构成的集合。以图 3-18 所示为例，可以采用 MultiSolid 来构建图中的三棱柱和四面体。假定整数 $i \in [1,10]$，节点 $p(i)=(xi, yi, zi)$，则 SDO_GEOMETRY 的属性值设置如下：①SDO_GTYPE =3009，第一个数字“3”表示三维，最后一个数字“9”表示多体；②SDO_SRID=NULL，表示空间参考坐标系统为 NULL；③SDO_POINT=NULL，不是点，不采用本属性；④SDO_ELEM_INFO={1,1008,2,1,1007,1,1,1006,5,1,1003,1,13,1003,1,28,1003,1,43,1003,1,58,1003,1,70,1007,1,70,1006,5,70,1003,1,82,1003,1,94,1003,1,106,1003,1}，各数字含义依次为“1”表示从 SDO_ORDINATES(1)开始，“1008”表示由多个单体构成多体，“2”表示体的个数为 2，“1”表示第一个体从 SDO_ORDINATES(1)开始，“1007”表示由曲面构成体，“1”表示构成体的曲面数为 1，“1”表示第一个外曲面开始坐标，“1006”表示外曲面，“5”表示由五个多边形构成外曲面，“1”第一个多边形从 SDO_ORDINATES(1)开始，“1003”表示外多边形环，“1”表示线段连接，“13”表示第二个多边形从 SDO_ORDINATES(13)开始，“1003”表示外多边形环，“1”表示线段连接，“28”表示第三个多边形从 SDO_ORDINATES(28)开始，“1003”表示外多边形环，“1”表示线段连接，“43”表示第四个多边形从 SDO_ORDINATES(43)开始，“1003”表示外多边形环，“1”表示线段连接，“58”表示第五个多边形从 SDO_ORDINATES(58)开始，“1003”表示外多边形环，“1”表示线段连接，“70”表示第二个体从 SDO_ORDINATES(70)开始，“1007”表示由曲面构成体，“1”表示构成体的曲面数为 1，“70”表示第一个外曲面开始坐标，“1006”表示外曲面，“5”表示由五个多边形构成外曲面，“70”表示第一个多边形从 SDO_ORDINATES(70)开始，“1003”表示外多边形环，“1”表示线段连接，“82”表示第二个多边形从 SDO_ORDINATES(82)开始，“1003”表示外多边形环，“1”表示线段连接，“94”表示第三个多边形从 SDO_ORDINATES(94)开始，“1003”表示外多边形环，“1”表示线段连接，“106”表示第四个多边形从 SDO_ORDINATES(106)开始，“1003”表示外多边形环，“1”表示线段连接；⑤SDO_ORDINATES＝{

--第 1Solid，三棱柱

$x_3,y_3,z_3,x_2,y_2,z_2,x_1,y_1,z_1,x_3,y_3,z_3$ 表示第一个多边形{p_3,p_2,p_1}

$x_1,y_1,z_1,x_4,y_4,z_4,x_6,y_6,z_6,x_3,y_3,z_3,x_1,y_1,z_1$ 表示第二个多边形{$p_1,p4,p_6,p_3$}

$x_1,y_1,z_1,x_2,y_2,z_2,x_5,y_5,z_5,x_4,y_4,z_4,x_1,y_1,z_1$ 表示第三个多边形{$p_1,p2,p_5,p_4$}

$x_2,y_2,z_2,x_3,y_3,z_3,x_6,y_6,z_6,x_5,y_5,z_5,x_2,y_2,z_2$ 表示第四个多边形{$p_2,p3,p_6,p_5$}

$x_4,y_4,z_4,x_5,y_5,z_5,x_6,y_6,z_6,x_4,y_4,z_4$ 表示第五个多边形{p_4,p_5,p_6}

--第 2Solid，四面体

$x_7,y_7,z_7,x_8,y_8,z_8,x_9,y_9,z_9,x_7,y_7,z_7$ 表示第一个多边形{p_7,p_8,p_9}

$x_7,y_7,z_7,x_9,y_9,z_9,x_{10},y_{10},z_{10},x_7,y_7,z_7$ 表示第二个多边形{p_7,p_9,p_{10}}

$x_8,y_8,z_8,x_{10},y_{10},z_{10},x_9,y_9,z_9,x_8,y_8,z_8$ 表示第三个多边形{p_8,p_{10},p_9}

$x_8,y_8,z_8,x_7,y_7,z_7,x_{10},y_{10},z_{10},x_8,y_8,z_8$}表示第四个多边形{$p_8,p_{10},p_9$}

}；

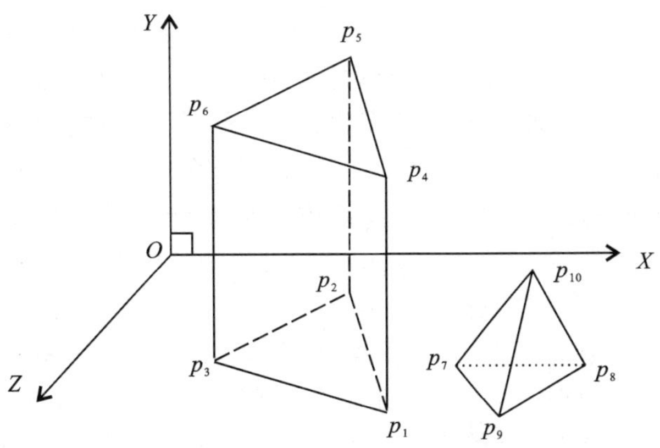

图 3-18　三棱柱体和四面体

3.3　栅格数据模型与 SDO_GEORASTER

前面讨论了矢量数据模型。Oracle Spatial 同时也支持栅格数据模型。对于栅格数据模型的支持主要通过两个数据类型——SDO_GEORASTER 和 SDO_RASTER 来实现。

3.3.1 SDO_GEORASTER 及其相关属性

在 GeoRaster 对象关系模型中，一个栅格图像(Raster Image)对象或网格对象(Grid Object)是存储在一个单独的列中的，该列的对象类型为 SDO_GEORASTER，位于一个用户自定义表中。该表有一个或多个列的数据类型为指向 GeoRaster 数据表的 SDO_GEORASTER，其对象类型定义为：

```
create type sdo_georaster as object (
    rastertype number,
    spatialextent sdo_geometry,
    rasterdatatable varchar2(32),
    rasterid number,
    metadata xmltype
);
```

下面对它的各个属性语义进行讨论：

(1)rastertype 是一个由五位数字组成的 NUMBER 类型，其格式为[d][b][t][gt]。其中，[d]表示空间维数，目前版本必须是 2。[b]表示波段或图层信息：0 表示一个波段或图层，1 表示一个或多于一个波段或图层。[t]保留值，目前必须是 0。[gt]两位数表示 GeoRaster 类型，必须是下列值之一：(a)00——Oracle 保留；(b)01——任意 GeoRaster 类型，这是目前版本唯一支持的值；(c)02～50——Oracle 保留；(d)51～99——后续版本用户保留。

例如栅格类型为 20001 表示：二维数据，一个波段，任意 GeoRaster 类型。

(2)spatialextent 表示与栅格数据相关的空间扩展范围，其类型为 SDO_GEOMETRY，可以是任意坐标系统，没有必要一定是在 GeoRaster 模型空间中。但是，如果 GeoRaster 对象是有地理空间参考的，并且如果在生成该几何对象时用到了 SDO_GEOR. generateSpatialExtent 函数，或 GeoRaster 客户端加载器或 SDO_GEOR. importFrom 过程的存储参数 spatialExtent 为“TRUE”时，该几何对象必须和 GeoRaster 对象在一个模型空间中。可以调用 SDO_CS. transform 将它转换到任何其他支持的坐标系统中。如果 SRID 为 NULL，该属性值应该设置为 NULL，而不是单元格空间范围。SpatialExtent 属性通常用来建立空间 R 树索引。

(3)rasterdatatable 记录栅格数据表的名称。该表必须是一个对象表，类型是 SDO_RASTER，它包含若干行，每行包含一个 SDO_RASTER 对象，用于存储栅格块数据。这个表不需要直接进行编辑，但可以查询该表。该表的命名规则参见第 2 章的栅格数据有效性规则。

(4)rasterid。GeoRaster 对象的 rasterdatatable 指向的栅格数据表中对应值为 rasterid 的所有行，存储的是该对象对应的所有块数据。

(5)metadata 装载的是 GeoRaster 元数据。

3.3.2 SDO_RASTER 及其相关属性

在 GeoRaster 对象关系模型中，栅格数据表用来存储一个栅格图像的所有单元值。GeoRaster 对象的单元值是分块的，每个分块存储在栅格数据表中，一行存储一个分块。栅格数据表是一个 SDO_RASTER 对象表。SDO_RASTER 定义如下：

```
create type sdo_raster as object (
    rasterid number,
    pyramidlevel number,
    bandblocknumber number,
    rowblocknumber number,
    columnblocknumber number,
    blockmbr sdo_geometry,
    rasterblock blob
);
```

下面是 SDO_RASTER 的属性：

(1)SDO_RASTER 对象的 rasterid 属性必须是一个和相关连的 SDO_GEORASTER 对象的 rasterid 值相匹配的数。

(2)pyramidlevel 记录的是当前分块的金字塔层数，为 0 或任何正整数。金字塔层用于创建缩小分辨率的图像，以便占用较少的存储空间。金子塔层为 0 表示是原始栅格数据。

(3)bandblocknumber 记录的是分块的波段维度。

(4)rowblocknumber 记录的是行方向上的分块数。

(5)columnblocknumber 记录的是列方向上的分块数。

(6)blockmbr 记录的是该块的最小边界矩形。

(7)rasterblock 是一个 BLOB 对象，存储的是该分块的所有单元值。它也用于存储 GeoRaster 对象的位图掩码。

3.3.3　栅格数据示例

GeoRaster 数据对象类型除了 SDO_GEORASTER 和 SDO_RASTER 外，还有一些其他的数据类型，如 SDO_GEOR_HISTOGRAM、SDO_GEOR_COLORMAP 等，这些类型在这里不再讨论。下面结合 OVCDEMO 中的栅格数据讨论一下 SDO_GEORASTER 和 SDO_RASTER 的实际用法。

对于栅格图像 ovcimage，长和宽分别为 2143 * 1795 个像素或单元格。导入的时候，给出的块大小为 256，金字塔分层为 5 层。下面一段代码输出其主要信息。代码如下：

Code_3_5

```
declare
  sgro ovcimage.georaster%type;
  numb number;
  wkt clob;
begin
  select t.georaster into sgro from ovcimage t where t.georid=1;
  sys.dbms_output.put_line('rasterType:'||
```

```
        to_char(sgro.rasterType,'99999'));
    sys.dbms_output.put_line('rasterDataTable:'|| sgro.rasterDataTable);
    sys.dbms_output.put_line('metadata:'|| sgro.metadata.getStringVal());
    sys.dbms_output.put_line('rasterID:'||
        to_char(sgro.rasterID,'99999'));
    select max(t.rowblocknumber)  into numb from ovcimage_rdt t;
    sys.dbms_output.put_line('totalrowblocks:'||to_char(numb+1,'99'));
    sys.dbms_output.put_line('image extend height:'||
        to_char((numb+1) * 256,'9999'));
    select max(t.columnblocknumber) into numb from ovcimage_rdt t;
    sys.dbms_output.put_line('totalcolumnblocks:'||to_char(numb+1,'99'));
    sys.dbms_output.put_line('image extend width:'||
        to_char((numb+1) * 256,'9999'));
    select max(t.pyramidlevel) into numb  from ovcimage_rdt t;
    sys.dbms_output.put_line('pyramidlevel:'||to_char(numb,'99'));
      wkt:= sgro.spatialextent.get_wkt();
      sys.dbms_output.put_line('spatialExtent:'||
      sys.dbms_lob.substr(wkt,1024,1));
end;
```

运行上面的代码，输出结果如下：

```
rasterType:  21001
spatialExtent: POLYGON ((114.3684 30.5354,114.3684 30.50956439969,114.3684 30.48369999715,114.40073490372 30.48369999715,114.43309999876 30.48369999715,114.43309999876 30.50956439969,114.43309999876 30.5354,114.40073490372 30.5354,114.3684 30.5354))
rasterDataTable: OVCIMAGE_RDT
rasterID:        1
totalrowblocks:  8
image extend height:  2048
totalcolumnblocks: 9
image extend width:  2304
pyramidlevel:  5
metadata: <georasterMetadata xmlns="http://xmlns.oracle.com/spatial/georaster">
  <objectInfo>
    <rasterType>21001</rasterType>
    <isBlank>false</isBlank>
    <defaultRed>1</defaultRed>
    <defaultGreen>2</defaultGreen>
```

```xml
    <defaultBlue>3</defaultBlue>
  </objectInfo>
  <rasterInfo>
    <cellRepresentation>UNDEFINED</cellRepresentation>
    <cellDepth>8BIT_U</cellDepth>
    <totalDimensions>3</totalDimensions>
    <dimensionSize type="ROW">
      <size>1795</size>
    </dimensionSize>
    <dimensionSize type="COLUMN">
      <size>2143</size>
    </dimensionSize>
    <dimensionSize type="BAND">
      <size>3</size>
    </dimensionSize>
    <ULTCoordinate>
      <row>0</row>
      <column>0</column>
    </ULTCoordinate>
    <blocking>
      <type>REGULAR</type>
      <totalRowBlocks>8</totalRowBlocks>
      <totalColumnBlocks>9</totalColumnBlocks>
      <rowBlockSize>256</rowBlockSize>
      <columnBlockSize>256</columnBlockSize>
    </blocking>
    <interleaving>BIP</interleaving>
    <pyramid>
      <type>DECREASE</type>
      <resampling>NN</resampling>
      <maxLevel>5</maxLevel>
    </pyramid>
    <compression>
      <type>NONE</type>
    </compression>
  </rasterInfo>
  <spatialReferenceInfo>
    <isReferenced>true</isReferenced>
    <SRID>8307</SRID>
```

```
        <spatialResolution dimensionType="X">
          <resolution>3.019132e-005</resolution>
        </spatialResolution>
        <spatialResolution dimensionType="Y">
          <resolution>2.880223e-005</resolution>
        </spatialResolution>
        <modelCoordinateLocation>UPPERLEFT</modelCoordinateLocation>
        <modelType>FunctionalFitting</modelType>
        <polynomialModel rowOff="0" columnOff="0" xOff="0" yOff="0" zOff="0" rowScale="1" columnScale="1" xScale="1" yScale="1" zScale="1">
          <pPolynomial pType="1" nVars="2" order="1" nCoefficients="3">
              <polynomialCoefficients>1060174.854516473 0 -34719.53386942609</polynomialCoefficients>
          </pPolynomial>
          <qPolynomial pType="1" nVars="0" order="0" nCoefficients="1">
            <polynomialCoefficients>1</polynomialCoefficients>
          </qPolynomial>
          <rPolynomial pType="1" nVars="2" order="1" nCoefficients="3">
              <polynomialCoefficients>-3788121.884038194 33122.10264407121 0 </polynomialCoefficients>
      </rPolynomial>
          <sPolynomial pType="1" nVars="0" order="0" nCoefficients="1">
            <polynomialCoefficients>1</polynomialCoefficients>
          </sPolynomial>
        </polynomialModel>
      </spatialReferenceInfo>
      <layerInfo>
        <layerDimension>BAND</layerDimension>
      </layerInfo>
    </georasterMetadata>
```


针对上面的输出结果，进行具体分析。

rastertype:"21001"表示该栅格图像是二维图像，有多个图层或波段。

spatialextent:采用的 WKT 文本格式输出整个图像的边界范围。其坐标系统是 SRID=8307 的 WGS84。

rasterdatatable: OVCIMAGE_RDT 表示与 OVCIMAGE 表中 georid=1 行对应的栅格数据表，名称为 OVCIMAGE_RDT。

rasterid 为 1 表示图像 ovcimage.jpeg 对应的数据为 ID=1 的栅格对象。

totalrowblocks 为 8 和 image extend height 为 2048，表示纵向分块总数为 8 块，即序号为

0～7，由于分块大小为 256，所有扩展后图像高度应该是 2048，大于实际的 1795。

totalcolumnblocks 为 9 和 image extend width 为 2304 表示横向分块总数为 9 块，即序号为 0～8，由于分块大小为 256，所以扩展后的图像宽度应该为 2304，大于实际的 2143。

pyramidlevel 为 5 表示有 6 层金字塔，序号为 0～5，第 0 层为原始数据。

3.4　拓扑模型与 SDO_TOPO_GEOMETRY

Oralce Spatial 的拓扑数据模型，主要用于存储管理节点（Node）、边（Edge）和面（Face）之间的相对关系。例如，前面使用的武汉市光谷地区的地图，其中就包含这类拓扑关系。Oracle Spatial 不仅能处理其中的几何信息，也能对它们之间的拓扑关系进行存储和管理。在此基础上，能够基于这些拓扑关系数据执行特定的空间分析。例如，查找与某个公园连接的街道。在这节中，将讨论拓扑关系数据模型的数据结构和数据类型，然后再讨论这些结构的相关操作及其在应用程序中的使用。本节中使用的示例数据来自 Oracle Spatial 提供的拓扑示例数据，在第 2 章中已经将它导入到了 MVDEMO 方案。

3.4.1　拓扑基本概念

拓扑（Topology）是数学的一个分支，它研究的是空间中的对象。拓扑关系包括包含（Contains）、在里面（Inside）、覆盖（Cover）、被覆盖（Covered By）、接触（Touch）、边界相交重叠（Overlaps）等。拓扑关系是当坐标空间变形（例如扭曲或拉伸）而依然保持不变的关系。而空间对象的长度、面积和对象之间的距离等关系是会在空间形变中发生变化的，这些不属于拓扑关系。拓扑最基本的元素是它的节点、边和面。一个节点（Node）表示一个孤立的或约束边的点（Point）。两个或多个边（Edge）相遇于一个非孤立节点。一个节点有一个坐标对来描述该节点的空间位置。例如，地铁站即是地铁线路上的一个节点，它也具有自己的空间位置。一个边由一个开始节点（Start Node）和一个终止节点（End Node）确定。边具有相关联的几何对象，通常是线串，可以具有多个坐标点（Vertice）。此外，边是可以有方向的。有方向的边叫做有向边（Directed Edge）。一条边可以被两个面（Face）共有。所谓面，一般与多边形相关，指向外边界，由一个或多个有向边构成。以图 3 - 19 所示为例。

（1）E（E1，E2 等）表示边（Edge），F（F0，F1 等）表示面（Face），N（N1，N2 等）表示节点（Node）。

（2）F0 是包含任何拓扑的总面，没有几何对象与其相关，它的 ID 为－1。

（3）每一个几何点、边的开始节点或结尾节点都有一个相关的节点。例如，F1 只有一条封闭的边，E1 具有相同的开始节点和终止节点 N1。F1 也还有一条边 E25，它的开始节点为 N21，结束节点为 N22。

（4）所谓的孤立节点是其相关面上的一个孤立的点。例如，N4 是 F2 里面的一个孤立点。

（5）所谓的孤立边是其相关面上的一个孤立的边。例如，E25 是 F1 里面的一条孤立边。

（6）环形边（Loop Edge）是首尾节点相同的边。例如 E1，其首尾节点均为 N1。

（7）边不能有孤立节点，如果有则必须将该边拆开成两个边。例如，如果 N16 和 N18 构成一个边的首尾节点，当添加了 N17 后，这条边必须拆开成两个边，变成 E6 和 E7。

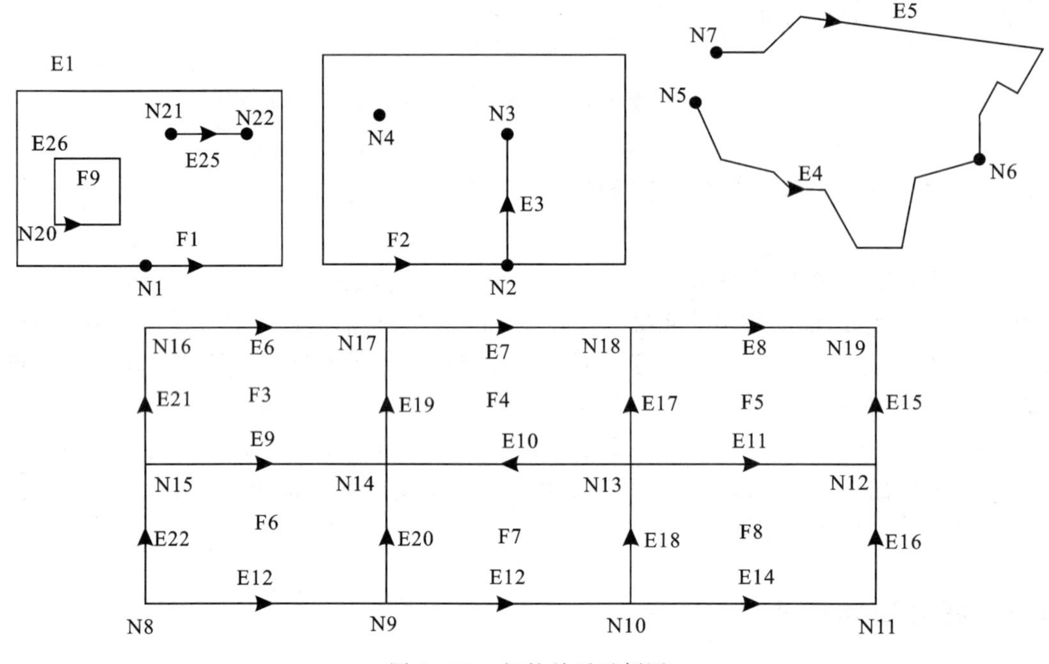

图 3-19　拓扑关系示例图

(8)拓扑关系信息存储在特定的节点、边和面信息数据表中。

拓扑几何(Topology Geometry),也称为要素(Feature),表示一个真实世界对象。例如主干道、公园都可以是拓扑几何的名称。几何对象作为一系列的拓扑元素(节点、边和面)存储。每个拓扑几何对象有一个唯一的 ID。一个拓扑几何层(Topology Geometry Layer)包含多个拓扑几何对象,通常是一种特定的拓扑几何类型,尽管它也可以是多种类型的集合。每个拓扑几何层都具有一个唯一的 ID,它的数据存储在一个要素表(Feature Table)中。每一个拓扑几何对象(要素)被定义为一个类型 SDO_TOPO_GEOMETRY 的对象,它包含拓扑几何类型、拓扑几何 ID、拓扑几何层 ID 和拓扑 ID。拓扑元数据由 Oracle Spatial 在视图(View)USER_SDO_TOPO_METADATA 和 ALL_ADO_TOPO_METADATA 中自动维护。需要注意的是,对于要素(Feature)而言,通常情况下,拓扑元素要多于要素。例如,一个道路要素或许会包含许多边,一个公园要素可能会包含许多面。集合层(Collection Layer)是一个包含不同拓扑几何类型的拓扑几何层。

在一些拓扑关系中,拓扑几何层(要素层)有一个或多个父子关系。也就是说,最顶层的层包含它的下一子层中的要素,而子层中可能还包含更下一层的要素,以此类推,这样形成了拓扑几何层的层次结构。例如,国家层面主要讨论各个省之间的拓扑关系,而对于一个省而言,主要讨论各个市之间的拓扑关系,对于一个市而言,主要讨论各个区或县之间的拓扑关系,这样就构成了一个拓扑几何层的层次结构。系统提供了 SDO_TOPO.ADD_TOPO_GEOMETRY_LAYER 过程,通过指定 CHILD_LAYER_ID 参数来实现这种层次结构。

3.4.2 拓扑模型的数据表结构

要使用拓扑，必须首先将拓扑数据插入到特定的节点表、边表和面表中。节点信息表的名称为<Topology－Name>_Node＄，例如在 MVDEMO 方案中的 USSTATES_NODE＄表，其表结构见表 3－5。边信息表的名称为<Topology－Name>_Edge＄，例如在 MVDEMO 方案中的 USSTATES_EDGE＄表，每一个边信息表的结构见表 3－6。面信息表的名称为<Topology－Name>_Face＄，例如在 MVDEMO 方案中的 USSTATES_FACE＄表，其表结构见表 3－7。Oracle Spatial 将拓扑的关系信息存储放在<Topology－Name>_Relation＄数据表中，如在 MVDEMO 方案中的 USSTATES_RELATION＄表，其表结构见表 3－8。OracleSpatial 会自动维护这个表中的关系信息。除了上述四个表外，还有一个就是要素表，这个表里面有一列的类型是 SDO_TOPO_GEOMETRY，这个对象中记录了 TG_LAYER_ID 和 TG_ID。这五个数据表就构成了存储一个拓扑的存储结构。图 3－20 显示了这五个表之间的关联关系。如果对拓扑进行编辑，其编辑行为会被 Oracle Spatial 自动记录在<Topology－Name>_History＄表中，例如 MVDEMO 方案中的 USSTATES_HISTORY＄表，其表结构见表 3－9。

表 3－5 <Topology－Name>_Node＄数据表结构

函数名	数据类型	函数说明
NODE_ID	NUMBER	节点的唯一 ID
EDGE_ID	NUMBER	任意与节点相关的边的 ID，如果存在的话
FACE_ID	NUMBER	任意与节点相关的面的 ID，如果存在的话
GEOMETRY	SDO_GEOMETRY	表示节点的几何对象

表 3－6 <Topology－Name>_Edge＄数据表结构

函数名	数据类型	函数说明
EDGE_ID	NUMBER	边的唯一 ID
START_NODE_ID	NUMBER	边的开始节点 ID
END_NODE_ID	NUMBER	边的结束节点 ID
PREV_LEFT_EDGE_ID	NUMBER	边的第一个前左边的 ID
NEXT_LEFT_EDGE_ID	NUMBER	边的第一个后左边的 ID
PREV_RIGHT_EDGE_ID	NUMBER	边的第一个前右边的 ID
NEXT_RIGHT_EDGE_ID	NUMBER	边的第一个后右边的 ID
LEFT_FACE_ID	NUMBER	边的左面的 ID
RIGHT_FACE_ID	NUMBER	边的右面的 ID
GEOMETRY	SDO_GEOMETRY	表示边的线串几何对象，坐标按照边正向顺次排列

表 3-7 <Topology-Name>_Face $ 数据表结构

函数名	数据类型	函数说明
FACE_ID	NUMBER	面的唯一 ID
BOUNDARY_EDGE_ID	NUMBER	面的边界边的 ID
ISLAND_NODE_ID_LIST	SDO_LIST_TYPE	面里孤立节点的 ID 列表(NUMBER 型可变数组)
ISLAND_EDGE_ID_LIST	SDO_LIST_TYPE	面里孤立边的 ID 列表(NUMBER 型可变数组)
MBR_GEOMETRY	SDO_GEOMETRY	面的最小边界矩形

表 3-8 <Topology-Name>_Relation $ 数据表结构

函数名	数据类型	函数说明
TG_LAYER_ID	NUMBER	拓扑几何所属的拓扑几何层的 ID
TG_ID	NUMBER	拓扑几何的 ID
TOPO_ID	NUMBER	对于没有层次结构的拓扑:拓扑几何中拓扑元素的 ID 对于有层次结构的拓扑:Oracle 保留
TOPO_TYPE	NUMBER	对于没有层次结构的拓扑:1=node,2=edge,3=face 对于有层次结构的拓扑:Oracle 保留
TOPO_ATTRIBUTE	VARCHAR2	Oracle 保留

表 3-9 <Topology-Name>_History $ 数据表结构

函数名	数据类型	函数说明
TOPO_TX_ID	NUMBER	由 SDO_TOPO_MAP. LOAD_TOPO_MAP 函数或 loadWindow 或 loadTopology 等 Java 方法启动的事务 ID,可以通过调用 SDO_TOPO_MAP. GET_TOPO_TRANSACTION_ID 得到当前更新 TopoMap 对象的事务 ID
TOPO_SEQUENCE	NUMBER	赋值给事务内的一个编辑操作的序列
TOPOLOGY	VARCHAR2	包含被编辑修改的对象的拓扑 ID
TOPO_ID	NUMBER	拓扑几何中拓扑元素的 ID
TOPO_TYPE	NUMBER	拓扑元素类型: 1=node,2=edge,3=face
TOPO_OP	VARCHAR2	针对拓扑元素的编辑操作类型: I 表示插入,D 表示删除
PARENT_ID	NUMBER	对于插入操作,记录当前拓扑元素的父拓扑元素的 ID; 对于删除操作,记录结果拓扑元素 ID

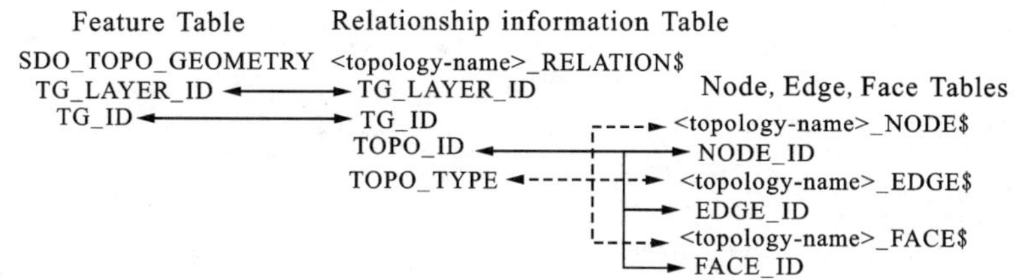

图 3-20　拓扑模型数据表之间的关联关系

3.4.3　SDO_TOPO_GEOMETRY

与拓扑数据模型相关的最主要的数据类型是用于描述拓扑几何的 SDO_TOPO_GEOMETRY。拓扑几何描述信息存储在一个包含 SDO_TOPO_GEOMETRY 类型的用户自定义数据表中。类型为 SDO_TOPO_GEOMETRY 的列中每一行存储一个该类型对象。该类型定义为：

```
create type sdo_topo_geometry as object(
    tg_type number,
    tg_id number,
    tg_layer_id number,
    topology_id number
);
```

SDO_TOPO_GEOMETRY 的属性描述如下：

(1)tg_type,拓扑几何类型,“1”表示点或多点,“2”表示线串或多线串,“3”表示多边形或多多边形,“4”表示异类集合。

(2)tg_id 是由 Oracle Spatial 生成的拓扑几何的唯一 ID。

(3)tg_layer_id 拓扑几何所属的拓扑几何层的 ID,通常由 Oracle Spatial 生成,唯一标识拓扑几何层。

(4)topology_id 是由 Oracle Spatial 生成的拓扑 ID。

拓扑中的每个拓扑几何由它的 tg_id 和 tg_layer_id 两个值唯一确定,如图 3-20 所示。

sdo_topo_geometry 由构造函数提供插入和更新拓扑几何对象。这些构造函数可以分为两类:①指定最低层拓扑元素的构造函数;②指定子层元素的构造函数。第一类构造的形式如下：

```
sdo_topo_geometry (
    topology varchar2,
    tg_type number,
    tg_layer_id number,
    topo_ids sdo_topo_object_array
)
```

```
sdo_topo_geometry (
    topology varchar2,
    table_name varchar2,
    column_name varchar2,
    tg_type number,
    topo_ids sdo_topo_object_array
)
```

这里的 sdo_topo_object_array 是一个 sdo_topo_object 类型的变长数组;数组中的每个元素 sdo_topo_object 有两个属性:(topo_id number 和 topo_type number)。tg_type 和 topo_id 必须是<topology - name>_relation $ 数据表中对应列上的值。其中第二类构造的形式如下:

```
    sdo_topo_geometry (
    topology varchar2,
    tg_type number,
    tg_layer_id number,
    topo_ids sdo_tgl_object_array
)
sdo_topo_geometry (
    topology varchar2,
    table_name varchar2,
    column_name varchar2,
    tg_type number,
    topo_ids sdo_tgl_object_array
)
```

这里的 sdo_tgl_object_array 是一个 sdo_tgl_object 类型的变长数组。数组中的每个元素都是 sdo_tgl_object 类型,包含两个属性:(tgl_id number 和 tg_id number)。此外,Oracle Spatial 也提供了 sdo_topo 等程序包来操作拓扑数据,在此不再详细讨论,具体用法请参考 Oracle 提供的文档 *Oracle Spatial Topology and Network Data Models Developer's Guide*。

3.4.4 拓扑数据示例

这里以 MVDEMO 中的 USSTATES 拓扑数据为例。导入拓扑数据后,可以用 MapBuilder 建立相应的拓扑主题,图 3 - 21 是采用 MapBuilder 向导的默认参数创建的一个 USSTATESTHEMES 主题,其预览显示如图所示。上面显示了美国所有的州。

美国州拓扑数据表主要包含 USSTATES_NODE$、USSTATES_EDGE$、USSTATES_FACE$、USSTATES_RELATION$、USSTATES_HISTRORY$、TOPO_US_STATES 六个数据表,其中最后一个是要素表。对于拓扑关系的处理,可以采用 Oracle Spatial 提供的工具包进行编程处理,如果理解了这几个表之间的关系,也可以对这些数据表进行操纵。对于

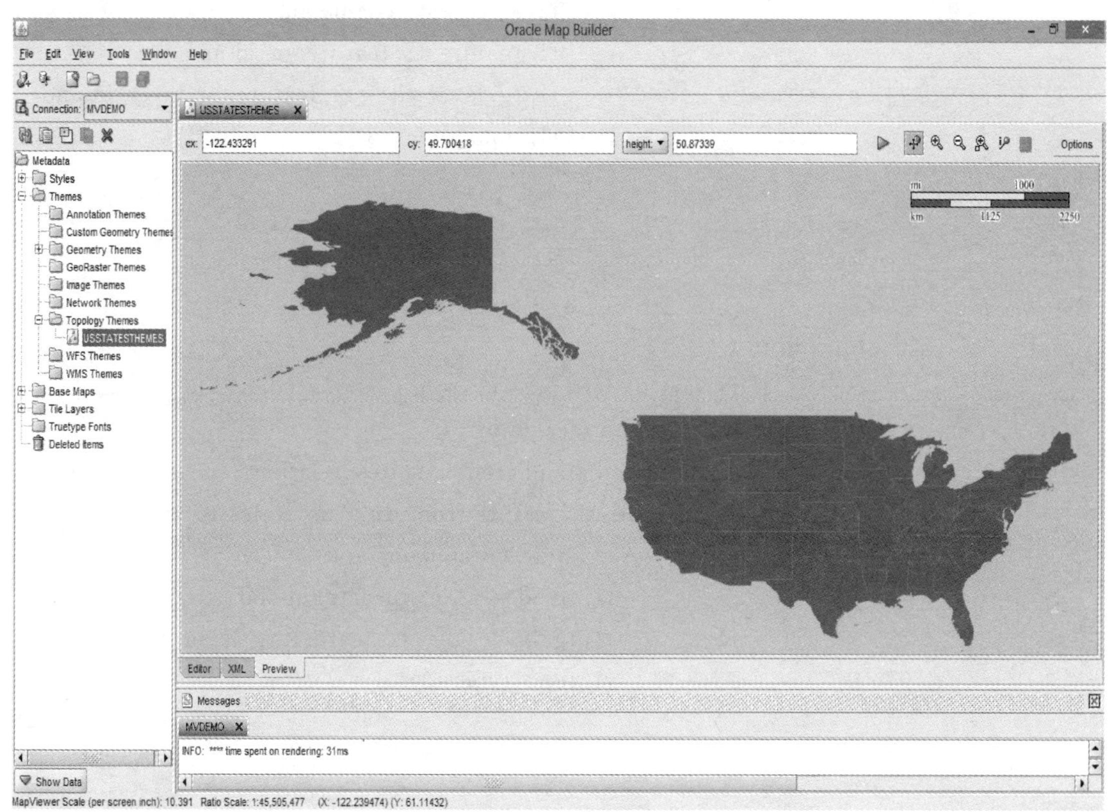

图 3-21　MapBuilder 显示的拓扑数据示例

查询操作可以这样做，但对于写操作并不推荐这种做法，原因是写操作涉及到元数据维护，也不是这六个表能够完成的。下面看一个应用例子：查询与 Texas 州邻接州的名称。可以调用 SDO_TOPO. GET_TOPO_OBJECT 进行编程处理，也可以自定义查询来处理。Code_3_6 显示了实现后一种方式的代码。代码如下：

Code_3_6

```
declare
    sn varchar2(20);
    cursor tgcursor(statename varchar2 ) is
    select  tss.state from topo_us_states tss
        where tss.feature.tg_id in (
            select t.tg_id from usstates_relation$ t
                where topo_type=3 and (
                    t.topo_id in (
                        SELECT distinct t0.right_face_id from usstates_edge$ t0
                          where t0.left_face_id in  (
                            select t1.topo_id from usstates_relation$ t1 where exists(
                                select t2.feature from topo_us_states t2 where
```

```
                                    t2.state=statename and
                                    t1.tg_id= t2.feature.tg_id and
                                    t1.tg_layer_id= t2.feature.tg_layer_id and
                                    t1.topo_type=3
                           )
                        )
                    )
                or
                t.topo_id in (
                  SELECT distinct t0.left_face_id from usstates_edge$ t0
                        where t0.right_face_id in   (
                           select t1.topo_id from usstates_relation$ t1 where exists(
                              select t2.feature from topo_us_states t2 where
                                 t2.state=statename and
                                 t1.tg_id= t2.feature.tg_id and
                                 t1.tg_layer_id= t2.feature.tg_layer_id and
                                 t1.topo_type=3
                           )
                        )
                )
           )
);

begin
  open tgcursor (statename=>'Texas');
  loop
    fetch tgcursor into sn;
    if tgcursor%FOUND then
      dbms_output.put_line(sn);
    else
      exit;
    end if;
  end loop;
end;
```

这里定义了一个非常复杂的游标，其主要思路是 topo_us_states 数据表中找到 Texas 州对应的 tg_id 和 tg_layer_id，然后根据查询结果再在 usstates_relation$ 中查询所有构成 Texas 州要素的 topo_id 和 topo_type，然后根据查询结果在 usstates_edge$ 中查询得到所有与 Texas 州共边的面 ID(Texas 州可能是公用边的左面，也可能是公用边的右面)，接着在

usstates_relation $ 中查询具有相应面 ID 的 tg_id，最后根据得到的 tg_id 的集合在 topo_us_states 中查询得到相应州的名称。从上面的阐述可以看出，理解 Oracle Spatial 的拓扑数据模型的关键在于了解这些数据表及其字段属性之间的相互关联关系。运行输出的结果为：

Arkansas

Louisiana

New Mexico

Oklahoma

图 3 - 22 显示的结果与查询的结果是一致的。需要注意的是，这里没有考虑面的 ID 为负数的情况，如果要考虑这种情况需要进一步了解程序开发知识，这个问题留待读者自行完成。

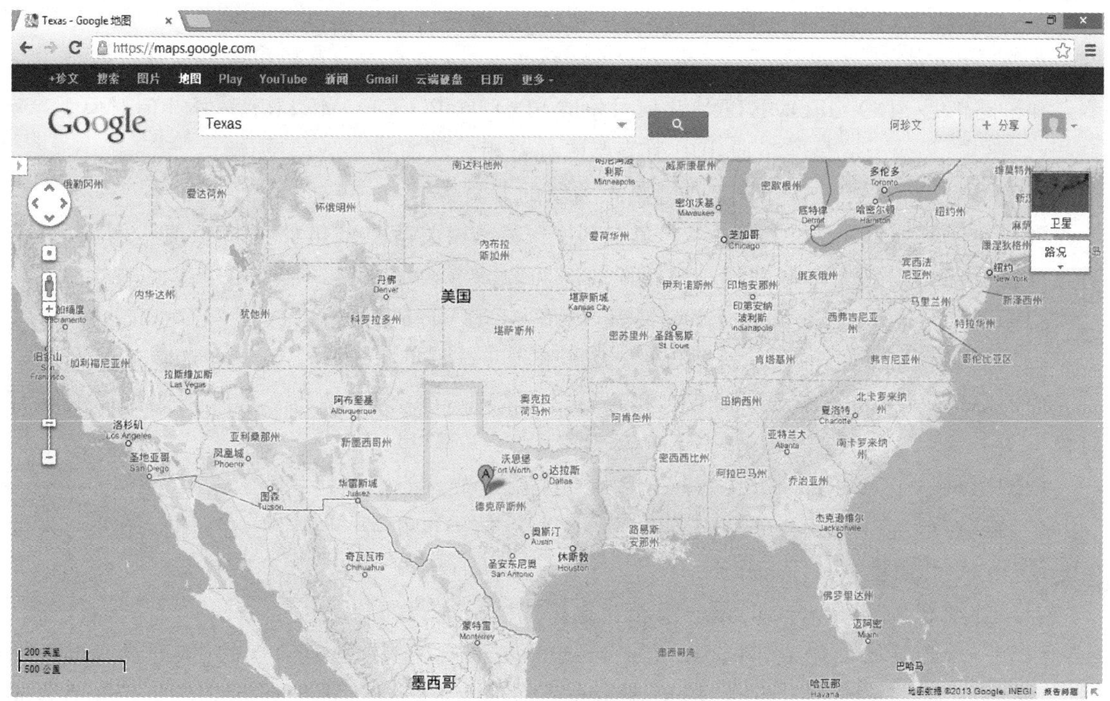

图 3 - 22　与 Texas 州相邻的州

3.5　网络数据模型

网络模型是一种表示对象之间连接关系的数学图。这种连接属性可以是基于空间近似的，也可以不是。例如，分别位于湖对岸的两个城镇，基于空间近似的最短路径是一条直线跨越这个湖，但如果要开车从一个城镇到另外一个城镇，则需要知道关于道路的连接信息才能确定最短的路径。一个网络包括一系列的节点(Node)和链路(Link)。每个链路(有时也称为边，Edge)指定两个节点。网络可以是有向的，也可以是无向的。

3.5.1 Oracle Spatial 的网络模型特征

Oracle Spatial 中的网络数据模型具有以下一些特性：

(1)一个节点(Node)代表一个相关的物体。孤立的节点是没有任何连接的。

(2)一个链路(Link)代表两个节点之间的关系。在有向网络中，任何链路可以有双向的或者是单向的。在无向网络中，任何链路都是无向的。

(3)一条路径(Path)是一个节点与链路的交替序列，它以节点开始，也以节点结束。

(4)一条子路径(Subpath)是沿路径的部分路径，它是网络分析的结果或是明确由用户创建的结果。

(5)逻辑网络(Logical Network)包含连接信息，但没有几何信息。

(6)空间网络(Spatial Network)不仅包含连接信息，也包含空间几何信息。该网络模型中的节点和链路都是 SDO_GEOMETRY 几何对象或 SDO_TOPO_GEOMETRY 拓扑几何对象。

(7)要素(Feature)是网络应用中和节点或链路相关联的感兴趣的物体。

(8)成本(Cost)是一个与节点或链路相关联的非负数。

(9)持续属性(Duration)是一个非负数，用于表示相关节点或链路的持续值。例如，一个链路的持续值可以是驾车行驶通过该路段的时间。

(10)状态(State)是一个字符串属性，可以是 ACTIVE 或 INACTIVE。

(11)类型(Type)是一个字符串属性，为链路或节点类型指定一个用户定义值。

(12)临时(Temporary)链路、节点和路径是只存在于内存网络而不被写入数据库的临时对象。

(13)可到达节点(Reachable Node)是从一个给定节点能够到达的所有节点。

(14)节点的度(Degree)是与该节点连接的所有链路的个数。如果是有向的，还分为入度(In－Degree)和出度(Out－Degree)。

(15)连通组件(Connected)是一组相互直接或间接连通的节点。

(16)一个连通图的生成树(Spanning Tree)是一棵连接图中所有节点的树(即没有循环的图)。最小成本生成数(Minimum Cost Spanning Tree)是一棵连接所有节点并具有最小总成本的最小生成树。

(17)分区网络(Partitioned Network)包含多个分区。将一个大网络分区，有助于将所需要部分网络调入内存，提高整体性能。网络分区(Network Partitions)是子网络(Sub network)，包含整个网络中的节点与链路的特定子集。网络分区是加载分析的基本处理单元。网络分区信息存储在分区表中。

(18)根据需要加载(Load On Demand)是一种将大网络分解为可管理的分区，并在分析过程中只加载需要的分区，以规避内存限制，提供更好的整体性能。

(19)分区 BLOBs 是网络分区的二进制表示。它们能提供更快速的加载，被存储在分析 BLOBs 数据表中。

(20)根据需要加载的分区缓存是网络分析过程中网络分区加载到内存中的内存占位。这种分区缓存是可以配置的。

(21)用户定义数据是用户希望与网络关联，但与连接属性无关的信息。

3.5.2 网络模型的数据表结构

一个空间网络的连接信息存储在两个数据表中：一个节点表和一个链路表。路径信息能够存储在一个路径表和一个路径连接表中。当调用相关的过程创建网络时，这些表会被相应地创建。这些过程为 CREATE_<network - type>_NETWORK，分别是：

sdo_net.create_node_table， sdo_net.create_link_table，

sdo_net.create_path_table， sdo_net.create_path_link_table

这些数据表的列名是预先定义的，不能修改，但是可以为这些数据表添加行。下面分别对上述表进行讨论。

每个网络有一个节点表，其列描述见表 3 - 10；一个链路数据表，其列描述见表 3 - 11；可能会有一个路径表和一个路径-链路表，其列描述分别见表 3 - 12 和表 3 - 13；可能会有一个或多个子路径表，其列描述见表 3 - 14；一个分区表，其列描述见表 3 - 15；可能会有一个分区 BLOB 表，其列描述见表 3 - 16；可能会有一个联通组件表，其列描述见表 3 - 17。此外，还有相关的元数据表 USER/ALL_SDO_NETWORK_METADATA。

表 3 - 10 节点数据表结构

函数名	数据类型	函数说明
NODE_ID	NUMBER	一个网络内，节点的唯一 ID
NODE_NAME	VARCHAR2(32)	节点名
NODE_TYPE	VARCHAR2(24)	用户定义字符串，用于标识节点类型
ACTIVE	VARCHAR2(1)	Y 表示活动节点，N 表示非活动节点
PARTITION_ID	NUMBER	分区 ID
<node_geometry_column>，or GEOM_ID and MEASURE	SDO_GEOMETRY，or SDO_TOPO_GEOMETRY，or NUMBER	对于空间网络，该列类型为 SDO_GEOMETRY；对于空间拓扑网络，该列类型为 SDO_TOPO_GEOMETRY；对于空间 LRS 网络，GEOM_ID 和 MEASURE 的类型为 NUMBER。对于逻辑网络，不使用该字段
<node_cost_column>	NUMBER	和节点相关的成本值。实际的列名可以是默认名，也可以是用户自定义名
HIERARCHY_LEVEL	NUMBER	只针对层次结构网络：表示节点所在的层次
PARENT_NODE_ID	NUMBER	只针对层次网络：表示节点的父节点 ID

表 3-11　链路数据表结构

函数名	数据类型	函数说明
LINK_ID	NUMBER	一个网络内，链路的唯一 ID
LINK_NAME	VARCHAR2(32)	链路名
START_NODE_ID	NUMBER	开始节点 ID
END_NODE_ID	NUMBER	结束节点 ID
LINK_TYPE	VARCHAR2(24)	用户定义字符串，用于标识链路类型
ACTIVE	VARCHAR2(1)	Y 表示活动链路，N 表示非活动链路
LINK_LEVEL	NUMBER	链路的优先级
PARTITION_ID	NUMBER	分区 ID
<link_geometry_column>，or GEOM_ID and MEASURE	SDO_GEOMETRY，or SDO_TOPO_GEOMETRY，or NUMBER	对于空间网络，该列类型为 SDO_GEOMETRY；对于空间拓扑网络，该列类型为 SDO_TOPO_GEOMETRY；对于空间 LRS 网络，GEOM_ID 和 MEASURE 的类型为 NUMBER。对于逻辑网络，不使用该字段
<link_cost_column>	NUMBER	和链路相关的成本值。实际的列名可以是默认名，也可以是用户自定义名
BIDIRECTED	VARCHAR2(1)	只针对有向网络：Y 表示是无向的，N 表示是有向的
PARENT_LINK_ID	NUMBER	只针对层次网络：表示链路的父链路 ID

表 3-12　路径数据表结构

函数名	数据类型	函数说明
PATH_ID	NUMBER	一个网络内，路径的唯一 ID
PATH_NAME	VARCHAR2(32)	路径名
PATH _TYPE	VARCHAR2(24)	用户定义字符串，用于标识路径类型
START_NODE_ID	NUMBER	开始节点 ID
END_NODE_ID	NUMBER	结束节点 ID
COST	NUMBER	和路径相关的成本值。
SIMPLE	VARCHAR2(1)	Y 表示简单路径，N 表示非简单路径
LINK_LEVEL	NUMBER	链路的优先级
PARTITION_ID	NUMBER	分区 ID
<path_geometry_column>	SDO_GEOMETRY	对于空间网络，该列类型为 SDO_GEOMETRY。对于逻辑网络，不使用该字段

表 3-13　路径-链路数据表结构

函数名	数据类型	函数说明
PATH_ID	NUMBER	一个网络内，路径的唯一 ID
LINK_ID	NUMBER	一个网络内，链路的唯一 ID
SEQ_NO	NUMBER	路径中的链路的唯一序列号，从 1 开始

表 3-14　子路径数据表结构

函数名	数据类型	函数说明
SUBPATH_ID	NUMBER	一个网络内，子路径的唯一 ID
SUBPATH_NAME	VARCHAR2(32)	子路径名
SUBPATH _TYPE	VARCHAR2(24)	用户定义字符串，用于标识子路径类型
REFERENCE_PATH_ID	NUMBER	包含该子路径的路径 ID
START_LINK_INDEX	NUMBER	用于定义该子路径的开始链路 ID
END_LINK_INDEX	NUMBER	用于定义该子路径的结束链路 ID
START_PERCENTAGE	NUMBER	START_LINK_INDEX 与下一个链路的距离百分比
END_PERCENTAGE	NUMBER	END_LINK_INDEX 与下一个链路的距离百分比
COST	NUMBER	和子路径相关的成本值
GEOM	SDO_GEOMETRY	对于空间网络，该列类型为 SDO_GEOMETRY。对于逻辑网络，不使用该字段

表 3-15　分区数据表结构

函数名	数据类型	函数说明
NODE_ID	NUMBER	一个网络内，节点的唯一 ID
PARTITION_ID	NUMBER	分区 ID
LINK_LEVEL	NUMBER	链路优先级

表 3-16　分区 BLOB 数据表结构

函数名	数据类型	函数说明
LINK_LEVEL	NUMBER	链路优先级
PARTITION_ID	NUMBER	分区 ID
BLOB	BLOB	指定分区中的指定链路层的 BLOB
NUM_INODES	NUMBER	BLOB 字段中的内部节点数
NUM_ENODES	NUMBER	BLOB 字段中的外部节点数
NUM_ILINKS	NUMBER	BLOB 字段中的内部链路数,内部链路是两个节点都在 BLOB 范围内的节点
NUM_ELINKS	NUMBER	BLOB 字段中的外部链路数,外部链路是一个节点都在 BLOB 范围内,另一节点在 BLOB 范围外的节点
NUM_INLINKS	NUMBER	BLOB 字段中的进入链路数。所谓的进入链路为开始节点在 BLOB 外,而结束节点在 BLOB 内
NUM_OUTLINKS	NUMBER	BLOB 字段中的出去链路数。所谓的出去链路为开始节点在 BLOB 内,而结束节点在 BLOB 外
USER_DATA_INCLUDED	VARCHAR2(1)	Y 表示包含用户定义数据,N 表示不包含用户定义数据

表 3-17　连通组件数据表结构

函数名	数据类型	函数说明
LINK_LEVEL	NUMBER	链路优先级
NODE_ID	NUMBER	一个网络内,节点的唯一 ID
COMPONENT_ID	NUMBER	能够从指定节点到达的组件的 ID

3.5.3　网络模型程序包与应用示例

针对网络模型的程序包主要有两个:SDO_NET 和 SDO_NET_MEM。SDO_NET 程序包提供了数据库服务器端创建、访问和管理网络的一系列子程序。SDO_NET_MEM 程序包通过一个网络内存对象(也叫缓存对象),提供了网络对象编辑和网络分析功能。

(1)SDO_NET 可以归纳为以下几个逻辑分组。

(a)创建网络。

sdo_net.create_sdo_network

sdo_net.create_lrs_network

sdo_net.create_topo_network

sdo_net.create_logical_network

(b)拷贝和删除网络。

sdo_net.copy_network

sdo_net.drop_network

(c)创建网络数据表。

sdo_net.create_node_table

sdo_net.create_link_table

sdo_net.create_path_table

sdo_net.create_path_link_table

sdo_net.create_lrs_table

(d)网络对象有效性检验。

sdo_net.validate_network

sdo_net.validate_node_schema

sdo_net.validate_link_schema

sdo_net.validate_path_schema

sdo_net.validate_lrs_schema

(e)信息获取。

sdo_net.get_child_links

sdo_net.get_child_nodes

sdo_net.get_geometry_type

sdo_net.get_in_links

sdo_net.get_link_cost_column

sdo_net.get_link_direction

sdo_net.get_link_geom_column

sdo_net.get_link_geometry

sdo_net.get_link_table_name

sdo_net.get_lrs_geom_column

sdo_net.get_lrs_link_geometry

sdo_net.get_lrs_node_geometry

sdo_net.get_lrs_table_name

sdo_net.get_network_type

sdo_net.get_no_of_hierarchy_levels

sdo_net.get_no_of_links

sdo_net.get_no_of_nodes

sdo_net.get_node_degree

sdo_net.get_node_geom_column

sdo_net. get_node_geometry
sdo_net. get_node_in_degree
sdo_net. get_node_out_degree
sdo_net. get_node_table_name
sdo_net. get_out_links
sdo_net. get_path_geom_column
sdo_net. get_path_table_name
sdo_net. is_hierarchical
sdo_net. is_logical
sdo_net. is_spatial
sdo_net. lrs_geometry_network
sdo_net. network_exists
sdo_net. sdo_geometry_network
sdo_net. topo_geometry_network

(2)SDO_NET_MEM 程序包可分为以下几个逻辑分组。

(a)SDO_NET_MEM. NETWORK_MANAGER 和 ORACLE. SPATIAL. NETWORK. NETWORKMANAGER 类相关联。它提供了删除网络内存对象和执行网络分析的功能。

(b)SDO_NET_MEM. NETWORK 与 ORACLE. SPATIAL. NETWORK. NETWORK 类相关联。它提供了添加和删除节点、链路和路径的功能。

(c)SDO_NET_MEM. NODE 与 ORACLE. SPATIAL. NETWORK. NODE 类相关联。它提供了节点属性的获取与设置功能。

在这里不讨论每个过程或函数的详细参数和用法，关于每个函数的详细说明请参考 Oracle 相关开发说明文档 *Oracle® Spatial Topology and Network Data Models Developer's Guide*。这里结合示例(在第 1 章中构建的 NDMDEMO)，通过演示如何新建网络并进行最短路径分析来说明如何应用这些程序包。代码如下：

Code_3_7

```
begin
  mdsys. sdo_net. drop_network('roads');
end;
/
drop table roads_node $ ;
/
drop table roads_link $ ;
/
drop table roads_path $ ;
/
drop table roads_plink $ ;
/
commit;
```

```
/
begin
-- create'roads'network
  mdsys.sdo_net.create_sdo_network('roads',1,true,true);
end;
/
declare
  netname varchar2(30);
  snodeid number;
  enodeid number;
  activeval varchar2(1);
  geom   mdsys.sdo_geometry;
  costval number;
  linkid number;
  cursor hnodecursor is
    select node_id,active,geometry from hillsborough_network_node$;
  cursor hlinkcursor is
    select link_id,start_node_id,end_node_id,active,geometry,cost
        from hillsborough_network_link$ where link_level=1;
begin
  netname:='roads';
-- copy the node data from hillsborough to roads
  open hnodecursor;
  loop
    fetch hnodecursor into snodeid,activeval,geom;
    if hnodecursor%found then
      insert into roads_node$ (node_id,active,geometry) values(snodeid,activeval,
geom);
    else
      exit;
    end if;
  end loop;
-- copy the link data from hillsborough to roads
  open hlinkcursor;
  loop
    fetch hlinkcursor into linkid,snodeid,enodeid,activeval,geom,costval;
    if hlinkcursor%found then
      insert into roads_link$ (link_id,start_node_id,end_node_id,active,link_level,
          geometry,cost)  values(linkid,snodeid,enodeid,activeval,1,geom,costval);
```

```
      else
         exit;
   end if;
   end loop;
-- insert geometry metadata
   mdsys. sdo_net. insert_geom_metadata(
      'roads',
      sdo_dim_array (
         sdo_dim_element ('long',-180,+180,0.000001),
         sdo_dim_element ('lat',-90,+90,0.000001)
      ),
      8307
   );
-- validate network
   dbms_output. put_line(sdo_net. validate_network('roads'));
end;
```

在 Code_3_7 中，显示了如何新建网络。首先删除网络对象，然后删除 ROADS 网络的节点表、链路表、路径表和路径-链路表，这样做主要是为了防止 ROADS 网络的相关表已经在数据库中存在了；其次调用 sdo_net. create_sdo_network() 函数新建空间网络，这样系统会自动帮我们在数据库中新建数据表：roads_node $ 、roads_link $ 、roads_path $ 和 roads_plink $ ；然后把 hillsborough_network_node $ 中的所有节点拷贝到数据表 roads_node $ 中，把 hillsborough_network_link $ 中层次为 1 的链路拷贝到 roads_link $ 中；最后将元数据插入相应数据表，检查新建网络的有效性。代码如下：

Code_3_8

```
declare
   netname varchar2(128);
   pathid number;
   snodeid number:=1;
   enodeid number:=20;
   nodearray mdsys. sdo_number_array;
   linkarray mdsys. sdo_number_array;
begin
   mdsys. sdo_net_mem. set_max_memory_size(512 * 1024 * 1024);
   netname:=mdsys. sdo_net_mem. network_manager. list_networks();
-- list all the networks
   dbms_output. put_line(netname);
   netname:='ROADS';
   mdsys. sdo_net_mem. network_manager. read_network(netname,'TRUE');
```

```
-- validate network
  dbms_output.put_line(sdo_net.validate_network(netname));
-- shortest path
  pathid                                                              :=
mdsys.sdo_net_mem.network_manager.shortest_path(netname,snodeid,enodeid);
  -- Make sure we have a result
  if pathid is null then
    dbms_output.put_line('No path found');
    return;
  else
    dbms_output.put_line('path found:'|| pathid);
-- Show the links traversed
    dbms_output.put_line('Link traversed:');
    linkarray:=mdsys.sdo_net_mem.path.get_link_ids(netname,pathid);
    for i in linkarray.first()..linkarray.last() loop
      dbms_output.put_line('* Link'|| linkarray(i) ||"||
        mdsys.sdo_net_mem.link.get_name (netname,linkarray(i))||"||
        mdsys.sdo_net_mem.link.get_cost (netname,linkarray(i))
      );
    end loop;
-- Show the nodes traversed
    dbms_output.put_line('Node traversed:');
    nodearray:= mdsys.sdo_net_mem.path.get_node_ids(netname,pathid);
    for i in nodearray.first()..nodearray.last() loop
      dbms_output.put_line('* Node'|| nodearray(i) ||"||
        mdsys.sdo_net_mem.node.get_name (netname,nodearray(i)) ||"||
        mdsys.sdo_net_mem.node.get_cost (netname,nodearray(i))
      );
    end loop;

--  Give a name to the path - construct it using the path id.
    mdsys.sdo_net_mem.path.set_name(netname,pathid,'Path'|| pathid);
-- Compute the geometry of the path
    mdsys.sdo_net_mem.path.compute_geometry(netname,pathid,0.000001);
-- Add the path to the network
    mdsys.sdo_net_mem.network.add_path(netname,pathid);
-- write the network
    mdsys.sdo_net_mem.network_manager.write_network(netname);
  end if;
```

```
  mdsys.sdo_net_mem.network_manager.drop_network(netname);
end;
```

在 Code_3_8 中显示了如何利用最短路径函数计算两个节点之间的最短路径。步骤为：①代码中设置内存网络缓存大小为 512* 1024* 1024；②列举数据库中的所有网络；③将 ROADS 网络读入内存；④调用 shortest_path()函数计算节点 1 到节点 20 之间的最短路径，得到路径 ID；⑤输出组成该路径的所有节点 ID 和链路 ID；⑥设置该路径名称，计算其几何对象，并将该路径添加到内存网络中；⑦将内存网络写回数据库，并删掉内存网络对象。其输出结果如下：

```
ROADS
TRUE
path found:1
Link traversed:
* Link 145477104   57.4599940801886
* Link 145477100   718.206822785963
* Link 145477148   1717.91051954225
* Link 145477099   149.829299163315
* Link 145482380   443.646567644931
* Link 145482379   16.026067601548
* Link 145477034   48.6850306722499
* Link 145477036   1803.35368873608
* Link 145477038   75.2753768316038
* Link 145477040   63.3881526812395
* Link 145477106   553.210368538399
* Link 145477129   980.817115797283
* Link 145477042   281.8928291947
* Link 145477044   745.701102093955
* Link 145477046   37.9646023070001
* Link 145477048   831.428781256439
* Link 145477047   140.823729638124
* Link 145476983   562.794926564542
* Link 145476982   1562.12502548642
* Link 145476956   421.745971789507
Node traversed:
* Node 1   0
* Node 4   0
* Node 16   0
* Node 59   0
```

```
* Node 56   0
* Node 54   0
* Node 53   0
* Node 51   0
* Node 42   0
* Node 44   0
* Node 45   0
* Node 48   0
* Node 57   0
* Node 60   0
* Node 64   0
* Node 65   0
* Node 46   0
* Node 40   0
* Node 31   0
* Node 13   0
* Node 20   0
```

执行后，会发现在数据表 roads_path$ 中多了一行记录，其 path_id 为 1；在数据表 roads_plink$ 中出现了 20 行数据，记录的是组成该路径的 20 个顺次链路。至于网络分析的其他函数或过程的使用流程和方法与此类似，在此不再一一讨论。

第 4 章　空间数据组织管理

Oracle Spatial 空间数据库是一个典型对象关系型数据库。它使得在关系数据库中有效的存储管理空间数据成为可能，并且支持在此基础上的空间数据分析处理。Oracle Spatial 作为 Oracle 数据库的技术套件，有其自身的体系结构。本章将以 USA. GDB 数据为例，讨论 Oracle Spatial 中空间数据的组织管理。

4.1　Oracle Spatial 空间数据管理的体系结构

Oracle Spatial 从技术上而言分为数据库服务器层和应用服务器层，如图 4－1 所示。

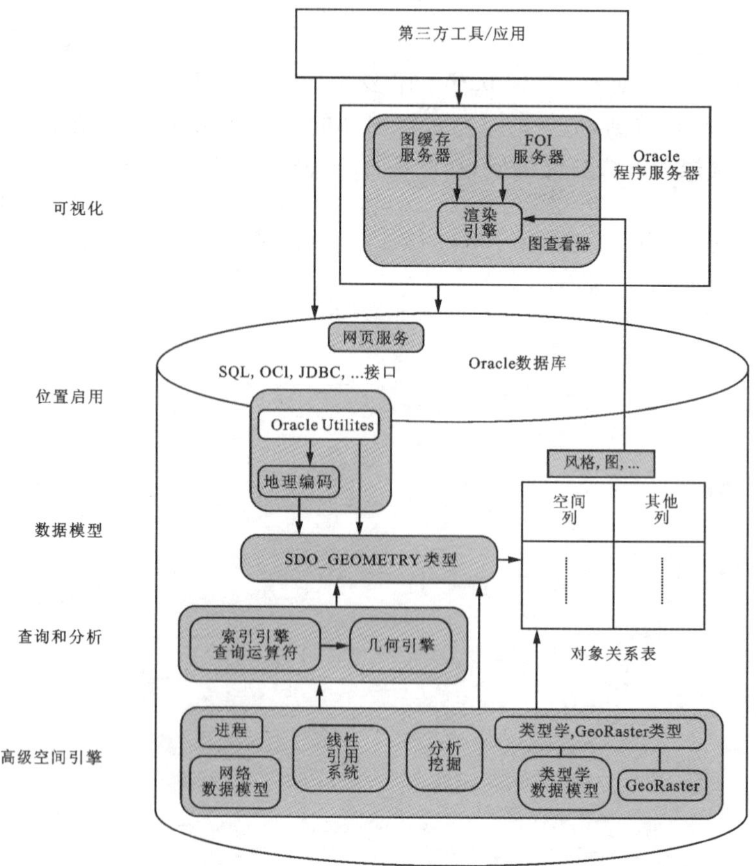

图 4－1　Oracle Spatial 的两层技术体系结构

这套体系结构的核心就是实现第 3 章中提到的几何数据模型、栅格数据模型、拓扑数据模型以及网络数据模型，然后基于这些模型构建一系列的支撑工具。在数据模型方面，Oracle Spatial 定义了数据类型 SDO_GEOMETRY、SDO_GEORASTER 和 SDO_TOPO_GEOMETRY 等数据模型，分别用于存储几何数据、栅格数据和拓扑关系等。这些类型可以用于定义数据表中的字段类型。这些类嵌入数据表后，就构成对象表，可以将含有几何信息、属性信息和拓扑关系的空间要素对象一体化地存储到数据表中。在数据模型之上，Oracle Spatial 针对每种数据模型提供了大量的 API 函数和工具，用于这类数据的存储、访问、可视化显示和分析处理。

4.2　Oracle Spatial 空间数据存储结构

空间数据按照组织形式，可以分为矢量数据和栅格数据两种。在本节中，将以一个示例数据（美国地图，图 4－2）展示其如何存储到 Oracle 数据库中，其存储结构是怎样的。从空间数据库建设者的角度来看，Oracle Spatial 本身并不是一个易用的空间数据库管理工具，更大程度上提供了一种开发工具包。前面的章节中，讨论了如何通过 MapBuilder 来建立 Oracle Spatial 空间数据库，但在实际的工程应用中，比较常见的是基于 ArcGIS 建立空间数据库。这里将重点分析基于 ArcGIS（版本需要 10.2 及以上）和 Oracle Spatial（需要与 ArcGIS 的版本配套，如果是 ArcGIS 10.2，则采用 Oracle 的版本为 11g R2，如果是其他版本，需要保证的一个原则就是，Oracle 和 ArcGIS 的版本必须匹配，具体参见 ArcGIS 的相关版本说明）构建的示例数据库结构。

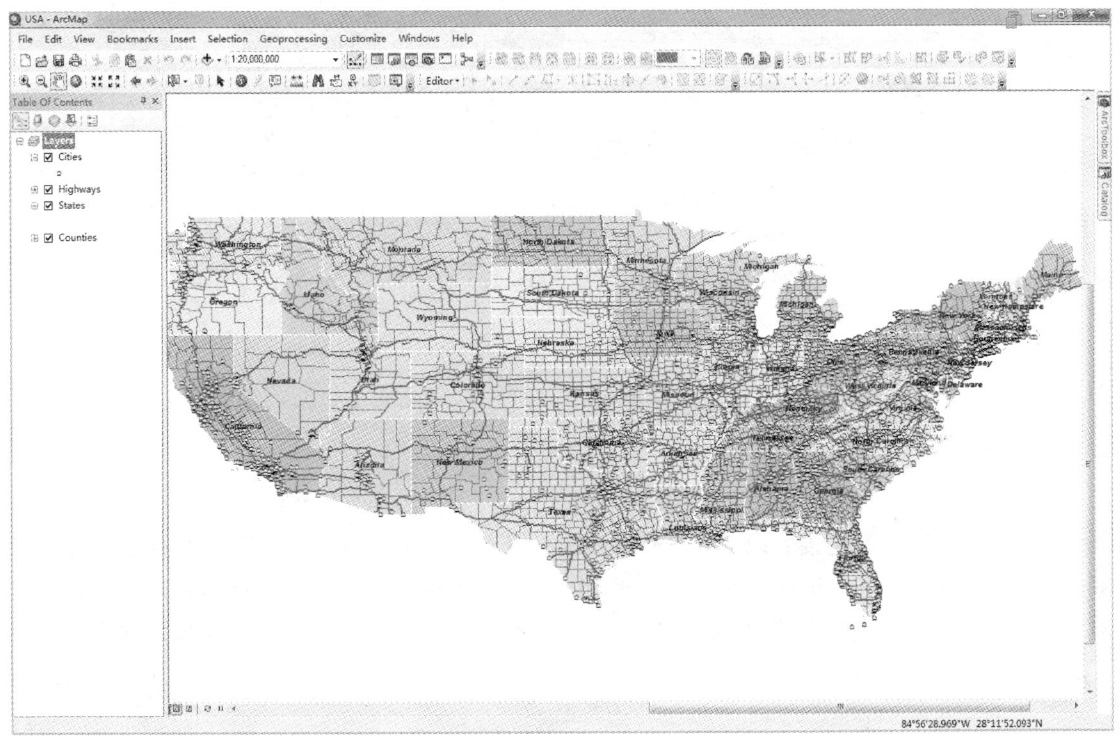

图 4－2　ArcMap 中显示的美国地图数据

该示例数据主要包括四个要素类，分别是 CITIES、HIGHWAYS、STATES 和 COUNTIES，分别表示城市要素类、高速公路要素类、州要素类和郡县要素类。城市要素类是点状要素，高速公路要素类是线状要素，州、县要素类都是面状要素。

4.2.1　基于 ArcGIS 和 Oracle Spatial 的建库

为了通过 ArcGIS 把如图 4－2 所示的示例数据存储到 Oracle 数据库中，需要在 Oracle 中建立一个 test 表空间和 test 用户。建立好后，可以在 SQL Developer 中采用 test 用户连接登录，这时该方案下面没有任何用户表。

接下来，打开 ArcMap，如图 4－3 所示。打开右边的 Catalog 工具栏，点击“Database Connections”下的“Add Database Connection”，弹出如图 4－4 所示的连接界面。填写用户名和密码后可以连接登录。

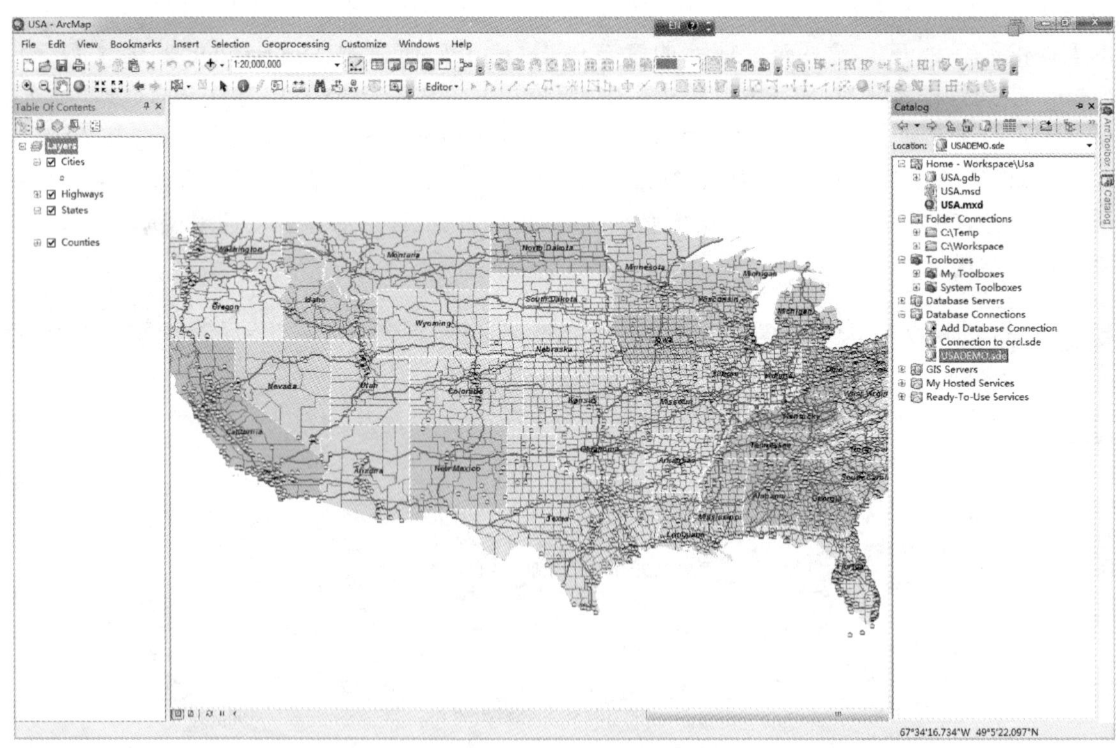

图 4－3　ArcMap 中 Catalog 工具栏

为便于记忆，将该连接名改为 USADEMO. SDE。连接成功后，在该连接上点击右键弹出如图 4－5 所示的菜单。选择“Import －>Feature Class(multiple)...”，导出如图 4－6 所示的对话框，选择要导入的要素类，单击“OK”按钮，完成所选择的数据导入到空间数据库中。

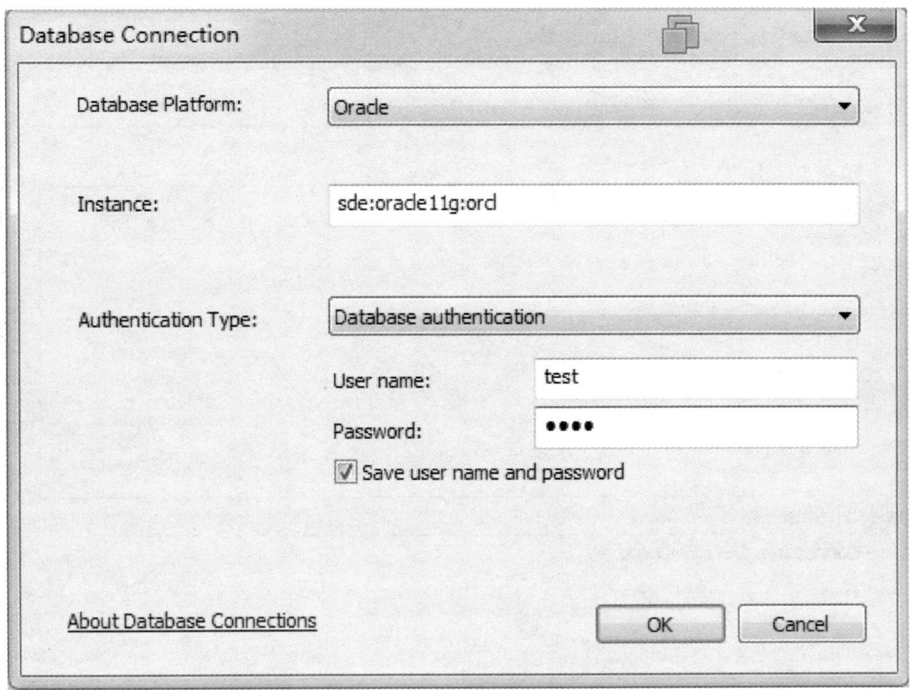

图 4－4　ArcMap 中连接 Oracle 数据库

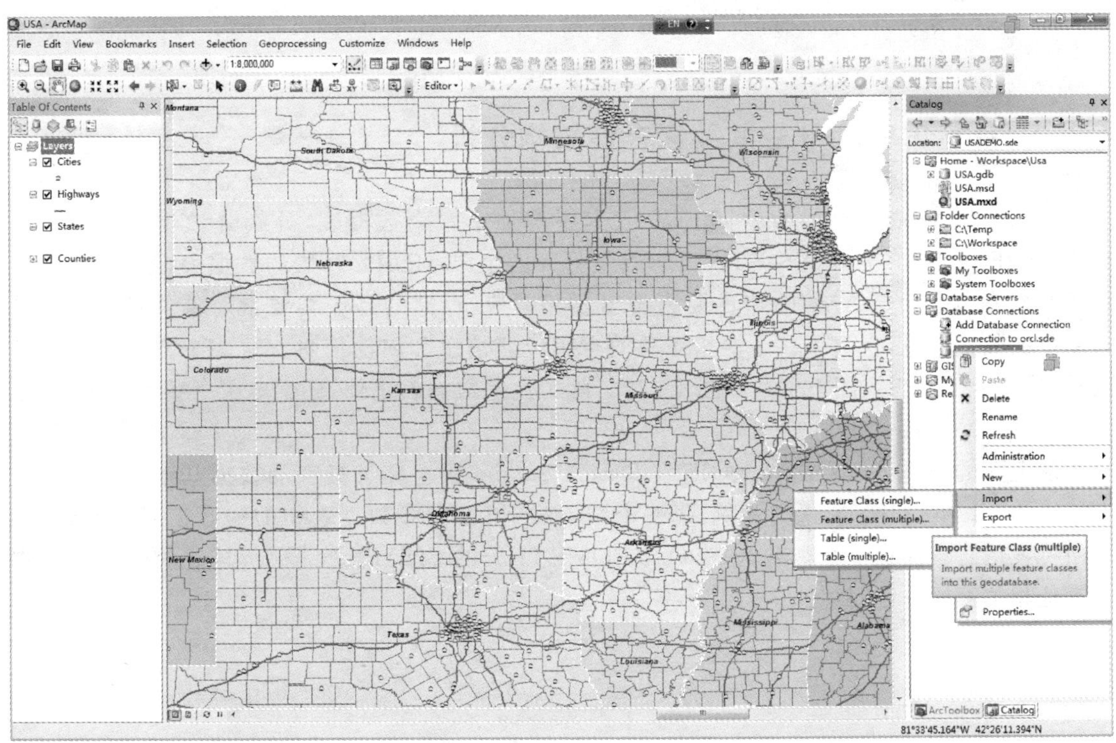

图 4－5　ArcMap 中导入示例数据到 Oracle 中的操作菜单

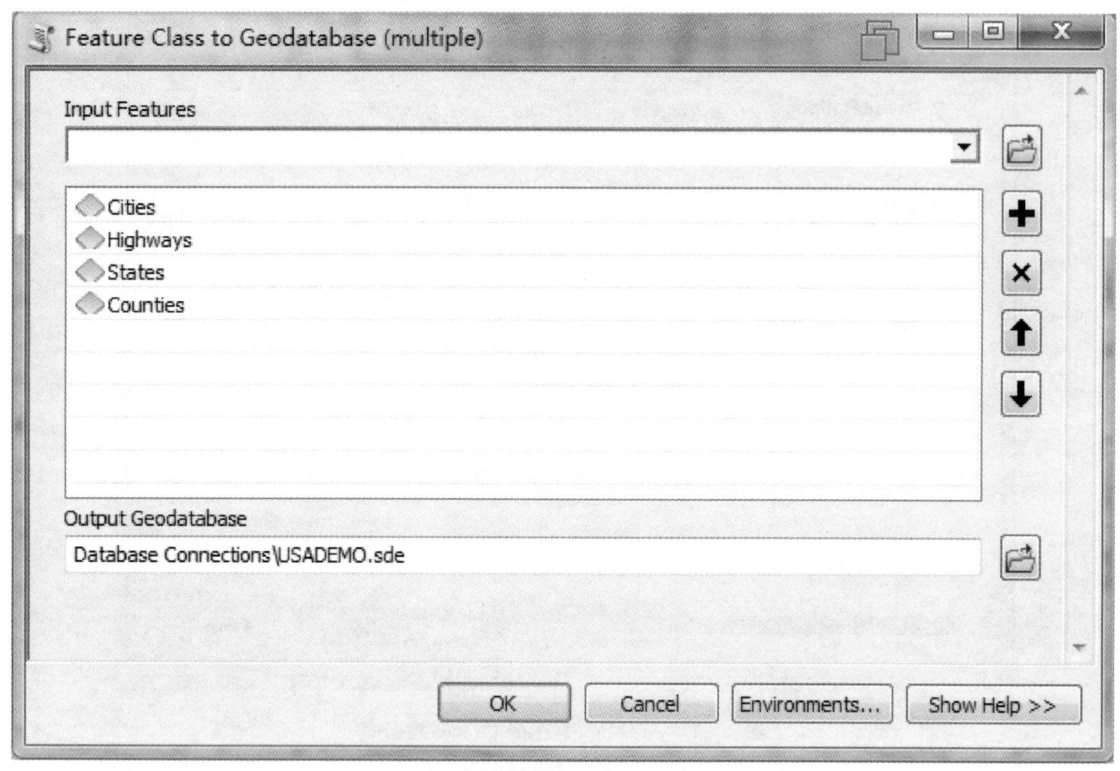

图 4-6　ArcMap 中导入要素类到 Oracle

4.2.2　Oracle Spatial 空间要素存储结构分析

数据导入 Oracle 数据库后，TEST 方案中增加了八个数据表，分别是数据表 CITIES、COUNTIES、HIGHTWAYS、STATES 以及另外四个以 MDRT 开始的数据表，如图 4-7 所示的数据表名分别与 ArcGIS 中的要素类名称相对应，存储的是该类要素对象信息。这也是最主要的数据信息，包含了每个要素对象的空间位置信息和属性信息。这四个数据表的表结构见图 4-8、图 4-9、图 4-10 和图 4-11。除了这些数据表之外，还生成了一些空间索引、触发器、序列等对象。

从上面的分析可以看出，ArcGIS 在 Oracle Spatial 中存储矢量空间数据基本是按照要素类组织的。以 CITIES 要素类为例，每一个城市对于 CITIES 数据表中的一条记录，该城市的几何位置信息存储在一个类型为 SDO_GEOMETRY 的 SHAPE 字段中，其他的属性信息则与其他相关字段一一对应。

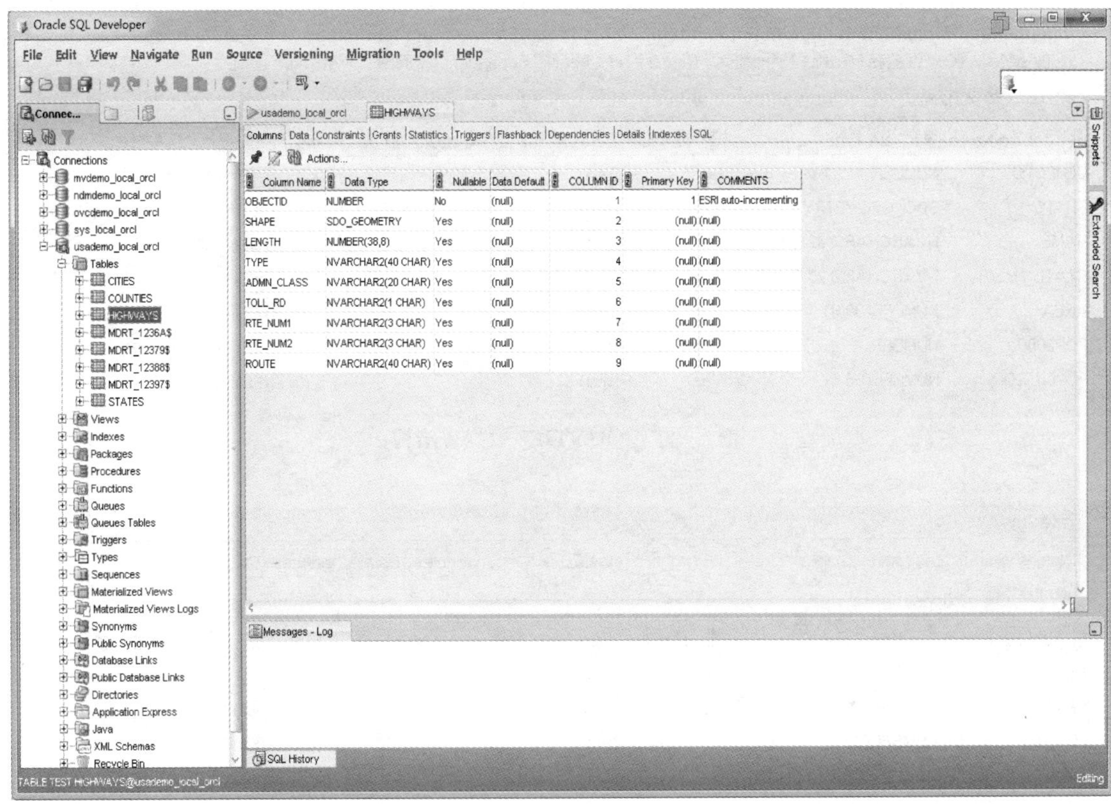

图 4－7　示例数据生成的数据表

CITIES

Columns | Data | Constraints | Grants | Statistics | Triggers | Flashback | Dependencies | Details | Indexes | SQL

Actions...

Column Name	Data Type	Nullable	Data Default	COLUMN ID	Primary Key	COMMENTS
OBJECTID	NUMBER	No	(null)	1	1	ESRI auto-incrementing
SHAPE	SDO_GEOMETRY	Yes	(null)	2	(null)	(null)
AREANAME	NVARCHAR2(50 CHAR)	Yes	(null)	3	(null)	(null)
CLASS	NVARCHAR2(30 CHAR)	Yes	(null)	4	(null)	(null)
ST	NVARCHAR2(2 CHAR)	Yes	(null)	5	(null)	(null)
CAPITAL	NVARCHAR2(1 CHAR)	Yes	(null)	6	(null)	(null)
POP2000	NUMBER	Yes	(null)	7	(null)	(null)

图 4－8　CITIES 数据表结构

COUNTIES

Columns | Data | Constraints | Grants | Statistics | Triggers | Flashback | Dependencies | Details | Indexes | SQL

Actions...

Column Name	Data Type	Nullable	Data Default	COLUMN ID	Primary Key	COMMENTS
OBJECTID	NUMBER	No	(null)	1	1	ESRI auto-incrementing
SHAPE	SDO_GEOMETRY	Yes	(null)	2	(null)	(null)
NAME	NVARCHAR2(32 CHAR)	Yes	(null)	3	(null)	(null)
STATE_NAME	NVARCHAR2(25 CHAR)	Yes	(null)	4	(null)	(null)
AREA	NUMBER(38,8)	Yes	(null)	5	(null)	(null)
POP2000	NUMBER	Yes	(null)	6	(null)	(null)
POP00_SQMI	NUMBER(38,8)	Yes	(null)	7	(null)	(null)

图 4－9　COUNTIES 数据表结构

HIGHWAYS ×

Columns | Data | Constraints | Grants | Statistics | Triggers | Flashback | Dependencies | Details | Indexes | SQL

Actions...

Column Name	Data Type	Nullable	Data Default	COLUMN ID	Primary Key	COMMENTS
OBJECTID	NUMBER	No	(null)	1	1	ESRI auto-incrementing
SHAPE	SDO_GEOMETRY	Yes	(null)	2	(null)	(null)
LENGTH	NUMBER(38,8)	Yes	(null)	3	(null)	(null)
TYPE	NVARCHAR2(40 CHAR)	Yes	(null)	4	(null)	(null)
ADMN_CLASS	NVARCHAR2(20 CHAR)	Yes	(null)	5	(null)	(null)
TOLL_RD	NVARCHAR2(1 CHAR)	Yes	(null)	6	(null)	(null)
RTE_NUM1	NVARCHAR2(3 CHAR)	Yes	(null)	7	(null)	(null)
RTE_NUM2	NVARCHAR2(3 CHAR)	Yes	(null)	8	(null)	(null)
ROUTE	NVARCHAR2(40 CHAR)	Yes	(null)	9	(null)	(null)

图 4－10　HIGHWAYS 数据表结构

STATES

Columns | Data | Constraints | Grants | Statistics | Triggers | Flashback | Dependencies | Details | Indexes | SQL

Actions...

Column Name	Data Type	Nullable	Data Default	COLUMN ID	Primary Key	COMMENTS
OBJECTID	NUMBER	No	(null)	1	1	ESRI auto-incrementing
SHAPE	SDO_GEOMETRY	Yes	(null)	2	(null)	(null)
AREA	NUMBER(38,8)	Yes	(null)	3	(null)	(null)
STATE_NAME	NVARCHAR2(25 CHAR)	Yes	(null)	4	(null)	(null)
SUB_REGION	NVARCHAR2(7 CHAR)	Yes	(null)	5	(null)	(null)
STATE_ABBR	NVARCHAR2(2 CHAR)	Yes	(null)	6	(null)	(null)
POP2000	NUMBER	Yes	(null)	7	(null)	(null)
POP00_SQMI	NUMBER	Yes	(null)	8	(null)	(null)

图 4－11　STATES 数据表结构

4.3 Oracle Spatial 元数据管理

元数据是对 Oracle Spatial 中存储的空间数据的描述，也称为数据的数据。这里主要讨论空间表的元数据以及元数据在应用程序中的使用。

4.3.1 Oracle Spatial 空间表的元数据

Oracle Spatial 将所有存在于一个表的单个 SDO_GEOMETRY 列中的所有对象作为一个空间层(Spatial Layer)。例如，4.2 节中的美国地图示例数据的 CITIES 要素层，存储在数据表 CITIES 的 SHAPE 列的所有几何对象被当作一个空间层。要对每个空间层的空间对象进行验证、创建索引以及查询统计，都需要为每个层指定元数据。这些元数据主要包括以下信息：①维度；②每个维度的边界；③每个维度的容差；④坐标系。每个空间层的上述四个方面的信息被填充在 USER_SDO_GEOM_METADATA 字典视图中。

OracleSpatial 提供可以更新的 USER_SDO_GEOM_METADATA 视图来存储空间层的元数据。该视图的结构如下：

```
Name                 Null      Type
-------------------- --------- ------------------------------------------------
TABLE_NAME           NOT NULL  VARCHAR2(32)
COLUMN_NAME          NOT NULL  VARCHAR2(1024)
DIMINFO                        SDO_DIM_ARRAY()
SRID                           NUMBER
```

上面的视图结构中，TABLE_NAME 和 COLUMN_NAME 合起来可以唯一标识 Oracle Spatial 中的一个空间层。对应的空间层的坐标系统信息存储在 SRID 字段，维度信息存储在 DIMINFO 字段中。

SRID 定义了存储空间层数据的坐标系统。坐标系统可以是下列几种坐标系统之一。①大地坐标系(Geodetic)：角坐标，用经纬度表示的坐标系统；②投影坐标系(Projected)：直角坐标，通过一个数学映射将地球表面的一个区域映射到一个平面上，在平面上采用直接坐标来表示平面上的每个点；③本地坐标系(Local)：直角坐标，与地球表面无关，只与某个应用有关。如 CAD 的设计坐标系统、3D Max 的建模坐标系统等。关于更加详细的 SRID 请参考 3.2.2 的内容。

DIMINFO 属性用于界定空间层的空间维度信息。USER_SDO_GEOM_METADATA 中的 DIMINFO 为相应的空间层指定维度信息，其结构如下：

```
TYPE SDO_DIM_ARRAY AS VARRAY(4) OF SDO_DIM_ELEMENT
TYPE SDO_DIM_ELEMENT   AS OBJECT (
        SDO_DIMNAME      VARCHAR(64),
```

```
SDO_LB          NUMBER,
SDO_UB          NUMBER,
SDO_TOLERANCE NUMBER )
```

从上面可以看出,SDO_DIM_ARRAY 是一个最大长度为 4 的可变长数组,数组元素的类型为 SDO_DIM_ELEMENT。如果空间层是二维的,则 SDO_DIM_ARRAY 是一个包含两个 SDO_DIM_ELEMENT 元素的数组,如果空间层是三维的,则 SDO_DIM_ARRAY 包含三个类型为 SDO_DIM_ELEMENT 的元素的数组。每个 SDO_DIM_ELEMENT 存储一个指定维度的信息,其中:

(1)SDO_DIMNAME 存储该维度的名称。例如,可以是"经度""纬度"或其他自命名的"*X* 轴""*Y* 轴"等,最大长度为 64 字节。Oracle Spatial 只对维度名称进行存储而不对其进行解释。

(2)SDO_LB 和 SDO_UB 是该纬度的最小边界值和最大边界值,例如在 *X* 方向上最大值为 1000,最小值为－1000,则 SDO_LB＝－1000,SDO_UB＝1000。如果是经度,则范围为[－180°,180°],则 SDO_LB＝－180,SDO_UB＝180。如果是纬度,则范围为[－90°,90°],则 SDO_LB＝－90,SDO_UB＝90。需要说明的是,这个方位是应用程序专用的,边界值应该根据具体应用设置。

(3)SDO_TOLERANCE 是容差值,与 SDO_LB 和 SDO_UB 的单位一致,用于指定空间数据的精确度。容差值的选择将直接影响空间函数的运算结果。前面遇到的大部分空间函数都不直接读取 USER_SDO_GEOM_METADATA 中的容差值,而是希望用户把容差值作为一个参数直接输入给函数。容差值选择的一般原则是,设置成应用程序中最小可区别距离。对于大地坐标系统,容差值一般建议设置为 0.5m;对于投影坐标系统和本地坐标系统,容差值一般设置为在某一纬度中任何两个值之间最小距离的一半。

清楚上面相关项的含义后,可以查询 USER_SDO_GEOM_METADATA 中的数据项。与本章示例数据对应的有四条记录:

```
CITIES              SHAPE
SDO_DIM_ELEMENT(SDO_DIM_ELEMENT(X,－180,180,0.001),
                              SDO_DIM_ELEMENT(Y,－90,90,0.001))   4269
COUNTIES            SHAPE
SDO_DIM_ELEMENT(SDO_DIM_ELEMENT(X,－180,180,0.001),
                              SDO_DIM_ELEMENT(Y,－90,90,0.001))   4269
HIGHWAYS            SHAPE
SDO_DIM_ELEMENT(SDO_DIM_ELEMENT(X,－180,180,0.001),
                              SDO_DIM_ELEMENT(Y,－90,90,0.001))   4269
STATES              SHAPE
SDO_DIM_ELEMENT(SDO_DIM_ELEMENT(X,－180,180,0.001),
                              SDO_DIM_ELEMENT(Y,－90,90,0.001))   4269
```

上述记录显示,CITIES 表的 SHAPE 字段是 SDO_GEOMETRY 类型,空间维度为二维,经度的范围为[−180°,180°],容差值为 0.001°;纬度的范围为[−90°,90°],容差值为 0.001°;坐标系统的 SRID 值为 4269。

4.3.2　Oracle Spatial 中的其他元数据

除了空间表的元数据外,还有对于地图的可视化、网络分析等也需要一些额外的附加信息。这些附加信息也存储在一些可更新的字典视图中,主要包括以下几个方面的元数据:

(1)USER_SDO_NETWORK_METADATA 为网络模型元数据视图,具体结构信息见图 4-12。

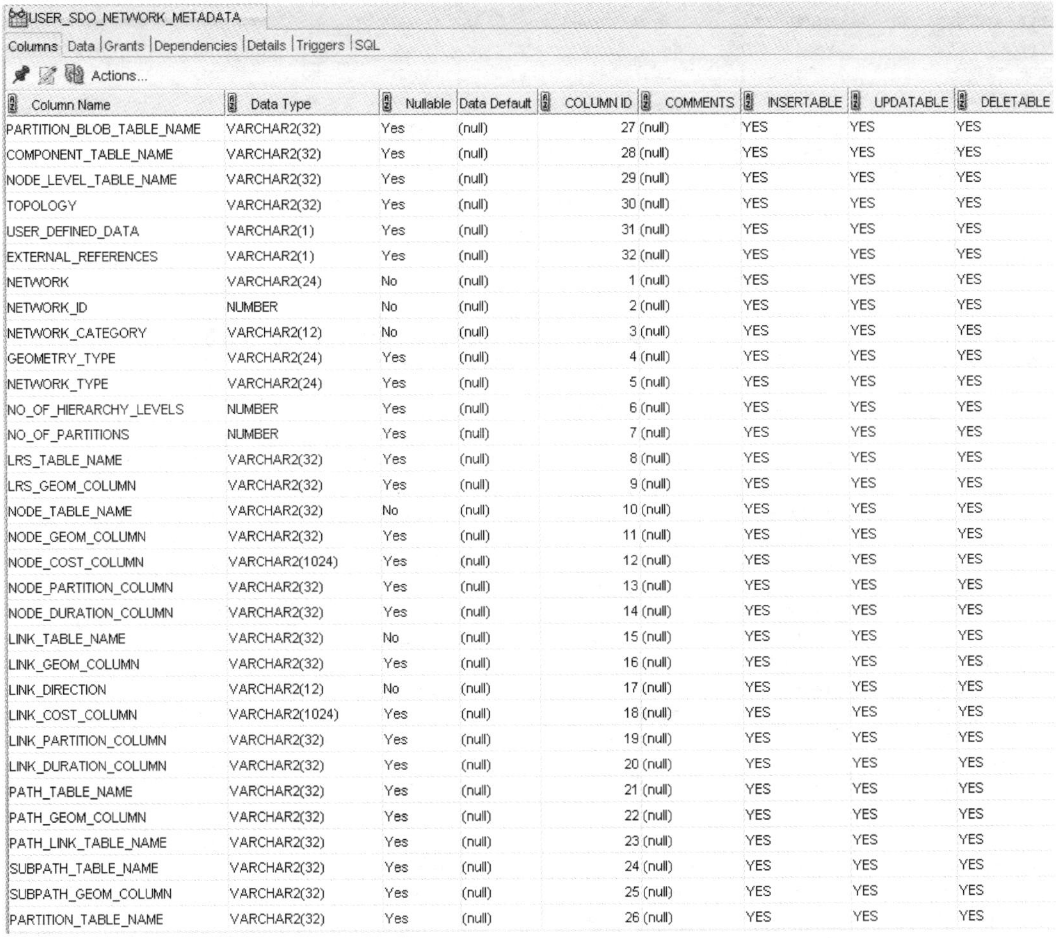

USER_SDO_NETWORK_METADATA

Columns | Data | Grants | Dependencies | Details | Triggers | SQL

Actions...

Column Name	Data Type	Nullable	Data Default	COLUMN ID	COMMENTS	INSERTABLE	UPDATABLE	DELETABLE
PARTITION_BLOB_TABLE_NAME	VARCHAR2(32)	Yes	(null)	27	(null)	YES	YES	YES
COMPONENT_TABLE_NAME	VARCHAR2(32)	Yes	(null)	28	(null)	YES	YES	YES
NODE_LEVEL_TABLE_NAME	VARCHAR2(32)	Yes	(null)	29	(null)	YES	YES	YES
TOPOLOGY	VARCHAR2(32)	Yes	(null)	30	(null)	YES	YES	YES
USER_DEFINED_DATA	VARCHAR2(1)	Yes	(null)	31	(null)	YES	YES	YES
EXTERNAL_REFERENCES	VARCHAR2(1)	Yes	(null)	32	(null)	YES	YES	YES
NETWORK	VARCHAR2(24)	No	(null)	1	(null)	YES	YES	YES
NETWORK_ID	NUMBER	No	(null)	2	(null)	YES	YES	YES
NETWORK_CATEGORY	VARCHAR2(12)	No	(null)	3	(null)	YES	YES	YES
GEOMETRY_TYPE	VARCHAR2(24)	Yes	(null)	4	(null)	YES	YES	YES
NETWORK_TYPE	VARCHAR2(24)	Yes	(null)	5	(null)	YES	YES	YES
NO_OF_HIERARCHY_LEVELS	NUMBER	Yes	(null)	6	(null)	YES	YES	YES
NO_OF_PARTITIONS	NUMBER	Yes	(null)	7	(null)	YES	YES	YES
LRS_TABLE_NAME	VARCHAR2(32)	Yes	(null)	8	(null)	YES	YES	YES
LRS_GEOM_COLUMN	VARCHAR2(32)	Yes	(null)	9	(null)	YES	YES	YES
NODE_TABLE_NAME	VARCHAR2(32)	No	(null)	10	(null)	YES	YES	YES
NODE_GEOM_COLUMN	VARCHAR2(32)	Yes	(null)	11	(null)	YES	YES	YES
NODE_COST_COLUMN	VARCHAR2(1024)	Yes	(null)	12	(null)	YES	YES	YES
NODE_PARTITION_COLUMN	VARCHAR2(32)	Yes	(null)	13	(null)	YES	YES	YES
NODE_DURATION_COLUMN	VARCHAR2(32)	Yes	(null)	14	(null)	YES	YES	YES
LINK_TABLE_NAME	VARCHAR2(32)	No	(null)	15	(null)	YES	YES	YES
LINK_GEOM_COLUMN	VARCHAR2(32)	Yes	(null)	16	(null)	YES	YES	YES
LINK_DIRECTION	VARCHAR2(12)	No	(null)	17	(null)	YES	YES	YES
LINK_COST_COLUMN	VARCHAR2(1024)	Yes	(null)	18	(null)	YES	YES	YES
LINK_PARTITION_COLUMN	VARCHAR2(32)	Yes	(null)	19	(null)	YES	YES	YES
LINK_DURATION_COLUMN	VARCHAR2(32)	Yes	(null)	20	(null)	YES	YES	YES
PATH_TABLE_NAME	VARCHAR2(32)	Yes	(null)	21	(null)	YES	YES	YES
PATH_GEOM_COLUMN	VARCHAR2(32)	Yes	(null)	22	(null)	YES	YES	YES
PATH_LINK_TABLE_NAME	VARCHAR2(32)	Yes	(null)	23	(null)	YES	YES	YES
SUBPATH_TABLE_NAME	VARCHAR2(32)	Yes	(null)	24	(null)	YES	YES	YES
SUBPATH_GEOM_COLUMN	VARCHAR2(32)	Yes	(null)	25	(null)	YES	YES	YES
PARTITION_TABLE_NAME	VARCHAR2(32)	Yes	(null)	26	(null)	YES	YES	YES

图 4-12　USER_SDO_NETWORK_METADATA 视图结构

(2)USER_SDO_TOPO_METADATA　为拓扑模型的元数据视图,具体结构信息见图 4-13。

(3)USER_SDO_INDEX_METADATA 为索引的元数据视图,具体结构信息见图 4-14。

(4)USER_SDO_lrs_METADATA　为线性参考系统的元数据表,具体结构信息见图 4-15。

此外,对于具体的应用程序而言,相关的一些图幅(Map)、图层(Layer)、要素类(Feature Class)等说明信息都可以归为元数据的范畴。

USER_SDO_TOPO_METADATA

Columns | Data | Grants | Dependencies | Details | Triggers | SQL

Actions...

Column Name	Data Type	Nullable	Data Default	COLUMN ID	COMMENTS	INSERTABLE	UPDATABLE	DELETABLE
OWNER	VARCHAR2(32)	Yes	(null)	1	(null)	NO	NO	NO
TOPOLOGY	VARCHAR2(20)	Yes	(null)	2	(null)	NO	NO	NO
TOPOLOGY_ID	NUMBER	Yes	(null)	3	(null)	NO	NO	NO
TOLERANCE	NUMBER	Yes	(null)	4	(null)	NO	NO	NO
SRID	NUMBER	Yes	(null)	5	(null)	NO	NO	NO
TABLE_SCHEMA	VARCHAR2(64)	Yes	(null)	6	(null)	NO	NO	NO
TABLE_NAME	VARCHAR2(64)	Yes	(null)	7	(null)	NO	NO	NO
COLUMN_NAME	VARCHAR2(32)	Yes	(null)	8	(null)	NO	NO	NO
TG_LAYER_ID	NUMBER	Yes	(null)	9	(null)	NO	NO	NO
TG_LAYER_TYPE	VARCHAR2(10)	Yes	(null)	10	(null)	NO	NO	NO
TG_LAYER_LEVEL	NUMBER	Yes	(null)	11	(null)	NO	NO	NO
CHILD_LAYER_ID	NUMBER	Yes	(null)	12	(null)	NO	NO	NO
NODE_SEQUENCE	VARCHAR2(27)	Yes	(null)	13	(null)	NO	NO	NO
EDGE_SEQUENCE	VARCHAR2(27)	Yes	(null)	14	(null)	NO	NO	NO
FACE_SEQUENCE	VARCHAR2(27)	Yes	(null)	15	(null)	NO	NO	NO
TG_SEQUENCE	VARCHAR2(25)	Yes	(null)	16	(null)	NO	NO	NO
DIGITS_RIGHT_OF_DECIMAL	NUMBER	Yes	(null)	17	(null)	NO	NO	NO

图 4-13　USER_SDO_TOPO_METADATA 视图结构

USER_SDO_INDEX_METADATA

Columns | Data | Grants | Dependencies | Details | Triggers | SQL

Actions...

Column Name	Data Type	Nullable	Data Default	COLUMN ID	COMMENTS	INSERTABLE	UPDATABLE	DELETABLE
SDO_RTREE_ENT_XPND	NUMBER	Yes	(null)	36	(null)	YES	YES	YES
SDO_ROOT_MBR	SDO_GEOMETRY	Yes	(null)	37	(null)	YES	YES	YES
SDO_INDEX_OWNER	VARCHAR2(32)	Yes	(null)	1	(null)	YES	YES	YES
SDO_INDEX_TYPE	VARCHAR2(32)	Yes	(null)	2	(null)	YES	YES	YES
SDO_LEVEL	NUMBER	Yes	(null)	3	(null)	YES	YES	YES
SDO_NUMTILES	NUMBER	Yes	(null)	4	(null)	YES	YES	YES
SDO_MAXLEVEL	NUMBER	Yes	(null)	5	(null)	YES	YES	YES
SDO_COMMIT_INTERVAL	NUMBER	Yes	(null)	6	(null)	YES	YES	YES
SDO_INDEX_TABLE	VARCHAR2(32)	Yes	(null)	7	(null)	YES	YES	YES
SDO_INDEX_NAME	VARCHAR2(32)	Yes	(null)	8	(null)	YES	YES	YES
SDO_INDEX_PRIMARY	NUMBER	Yes	(null)	9	(null)	YES	YES	YES
SDO_TSNAME	VARCHAR2(32)	Yes	(null)	10	(null)	YES	YES	YES
SDO_COLUMN_NAME	VARCHAR2(2048)	Yes	(null)	11	(null)	YES	YES	YES
SDO_RTREE_HEIGHT	NUMBER	Yes	(null)	12	(null)	YES	YES	YES
SDO_RTREE_NUM_NODES	NUMBER	Yes	(null)	13	(null)	YES	YES	YES
SDO_RTREE_DIMENSIONALITY	NUMBER	Yes	(null)	14	(null)	YES	YES	YES
SDO_RTREE_FANOUT	NUMBER	Yes	(null)	15	(null)	YES	YES	YES
SDO_RTREE_ROOT	VARCHAR2(32)	Yes	(null)	16	(null)	YES	YES	YES
SDO_RTREE_SEQ_NAME	VARCHAR2(32)	Yes	(null)	17	(null)	YES	YES	YES
SDO_FIXED_META	RAW	Yes	(null)	18	(null)	YES	YES	YES
SDO_TABLESPACE	VARCHAR2(32)	Yes	(null)	19	(null)	YES	YES	YES
SDO_INITIAL_EXTENT	VARCHAR2(32)	Yes	(null)	20	(null)	YES	YES	YES
SDO_NEXT_EXTENT	VARCHAR2(32)	Yes	(null)	21	(null)	YES	YES	YES
SDO_PCTINCREASE	NUMBER	Yes	(null)	22	(null)	YES	YES	YES
SDO_MIN_EXTENTS	NUMBER	Yes	(null)	23	(null)	YES	YES	YES
SDO_MAX_EXTENTS	NUMBER	Yes	(null)	24	(null)	YES	YES	YES
SDO_INDEX_DIMS	NUMBER	Yes	(null)	25	(null)	YES	YES	YES
SDO_LAYER_GTYPE	VARCHAR2(32)	Yes	(null)	26	(null)	YES	YES	YES
SDO_RTREE_PCTFREE	NUMBER	Yes	(null)	27	(null)	YES	YES	YES
SDO_INDEX_PARTITION	VARCHAR2(32)	Yes	(null)	28	(null)	YES	YES	YES
SDO_PARTITIONED	NUMBER	Yes	(null)	29	(null)	YES	YES	YES
SDO_RTREE_QUALITY	NUMBER	Yes	(null)	30	(null)	YES	YES	YES
SDO_INDEX_VERSION	NUMBER	Yes	(null)	31	(null)	YES	YES	YES

图 4-14　USER_SDO_INDEX_METADATA 视图结构

USER_SDO_LRS_METADATA

Columns | Data | Grants | Dependencies | Details | Triggers | SQL

Actions...

Column Name	Data Type	Nullable	Data Default	COLUMN ID	COMMENTS	INSERTABLE	UPDATABLE	DELETABLE
TABLE_NAME	VARCHAR2(32)	No	(null)	1	(null)	NO	NO	NO
COLUMN_NAME	VARCHAR2(32)	No	(null)	2	(null)	NO	NO	NO
DIM_POS	NUMBER	No	(null)	3	(null)	NO	NO	NO
DIM_UNIT	VARCHAR2(32)	Yes	(null)	4	(null)	NO	NO	NO

图 4-15　USER_SDO_LRS_METADATA 视图结构

4.3.3　Oracle Spatial 中元数据操作

对于美国地图示例数据的元数据信息，它们是由 ArcGIS 在导入美国地图数据的时候填写的。为了保证在 Oracle Spatial 中正确地管理空间数据，这些必要的元数据应该由应用程序本身进行插入、查询与更新。例如，要在美国地图示例数据中增加一个铁路要素类，则需要在几何元数据表 USER_SDO_GEOM_METADATA 中插入下列元数据信息：

Code_4_1

```
insert into user_sdo_geom_metadata values (
    'railway',                      ——table name
    'shape',                        ——column name
    sdo_dim_element(
        sdo_dim_element('x',-180,180,0.001),
        sdo_dim_element('y',-90,90,0.001)),
    4269);
```

所谓的元数据，对于 Oracle 数据库而言，其实也只是普通的数据表和视图。因此，对于一般视图和数据表的操作基本都可以用于这些字典的操作，只不过元数据对于应用程序而言，需要设置相应的操作权限，确保系统安全。

4.4　Oracle Spatial 地理编码

地理编码的主要目的，首先是将地理坐标和地址关联起来；其次，如果地址输入有错误，则需要进行错误校正，这一过程一般称为地址规范化(Address Normalization)。地理编码部分将以美国部分地理编码数据为例。

首先建立 gc 表空间，然后创建 gc 用户，并赋予 resource、connect 和 DBA 权限，最后导入 gc.dmp 数据文件。命令行操作如下(实际操作过程中请注意结合自己的 Oracle 环境，指定具体目录)：

Code_4_2

```
create tablespace gc datafile'd:\app\oradata\orcl\gc.dbf'size 100M autoextend on;
create user gc identified by'gc'default tablespace gc temporary tablespace temp;
grant resource to gc;
```

```
grant connect to gc;
grant dba to gc;
imp gc/gc file=gc. dmp ignore=y full=y;
```

上述数据导入后，则可以进行部分地理编码方面的操作，例如，可以将美国的下列地址：3746 CONNECTICUT AVE NW','WASHINGTON，DC 20008，通过下列语句转换成几何对象：

Code_4_3

```
SQL>select mdsys. sdo_gcdr. geocode_as_geometry('gc',——用户名
        mdsys. SDO_KEYWORDARRAY('3746 CONNECTICUT AVE NW','WASHING-
TON,DC 20008'),
        'US')   geom   from dual;
输出结果为：
MDSYS. SDO_GEOMETRY(2001,8307,
        MDSYS. SDO_POINT_TYPE(-77.06029,38.93872,null ),null,null)
```

这是一个 WGS84 坐标系统下的点对象。如果能得到上述结果，也证明数据导入操作是正确的。这个示例显示的是如何将一个地址转变为一个几何对象。除了这个最基本的功能之外，地理编码还有一些其他功能。下面讨论地理编码的总体架构。

4.4.1　地理编码的体系架构

地理编码需要参考数据(含有坐标的地址列)。基于参考数据，地理编码器主要完成下列三个方面的事情(图 4 - 16)。

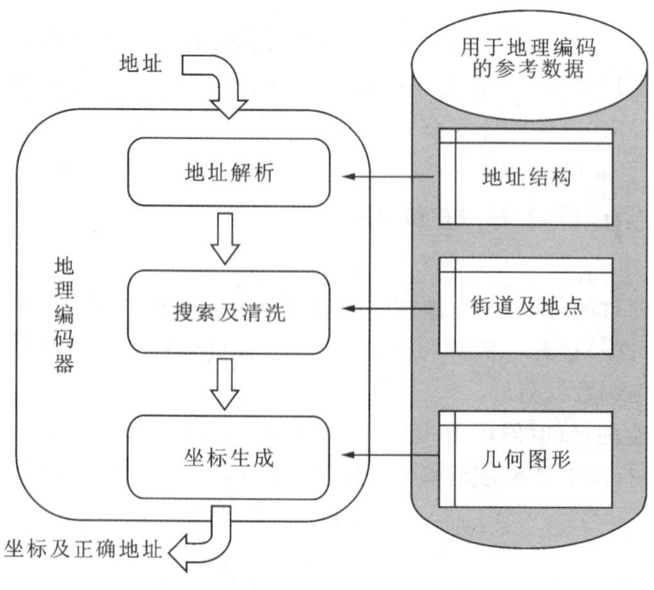

图 4 - 16　Oracle Spatial 地理编码的架构

1. 解析输入地址

地理编码首先识别一个街道地址的各个组成部分，并把它们分割成可以识别的元素，如街道名称、街道类型、名牌号码、邮编和城市。Oracle Spatial 的地理编码可以识别大量的不同国家和不同语言的地址格式。在示例数据中，表 GC_PARSER_PROFILEAFS 对各个国家的地址格式进行了说明。示例数据中只有一条记录，给出了美国的地址格式说明：

```
<address_format unit_seperators="," >
    <address_line>
      <place_name />
    </address_line>
    <address_line>
      <street_address>
        <house_number>
          <format form="0 * " effective="0 - 1" output="$ " />
        </house_number>
        <street_name>
          <prefix />
          <base_name />
          <suffix />
          <street_type />
        <special_format>
            <format form="I 0 * " effective="2 - 3" output="I - $ " />
            <format form="US 0 * " effective="3 - 4" output="US - $ " />
            <format form="ROUTE 0 * " effective="6 - 7" output="RT - $ " />
            <format form="RT 0 * " effective="3 - 4" output="RT - $ " />
            <format form="I - 0 * " effective="2 - 3" output="I - $ " />
            <format form="I0 * " effective="1 - 2" output="I - $ " />
            <format form="US - 0 * " effective="3 - 4" output="US - $ " />
            <format form="US0 * " effective="2 - 3" output="US - $ " />
            <format form="ROUTE - 0 * " effective="6 - 7" output="RT - $ " />
            <format form="RT - 0 * " effective="3 - 4" output="RT - $ " />
          </special_format>
        </street_name>
        <second_unit>
          <special_format>
            <format form="#  0 * " effective="2 - 3" output="APT  $ " />
            <format form="#0 * " effective="1 - 2" output="APT  $ " />
          </special_format>
        </second_unit>
      </street_address>
```

```
    </address_line>
    <address_line>
    <po_box>
        <format form="PO BOX 0 * " effective="7 - 8" />
        <format form="P. O. BOX 0 * " effective="9 - 10" />
        <format form="PO 0 * " effective="3 - 4" />
        <format form="P. O. 0 * " effective="5 - 6" />
        <format form="POBOX 0 * " effective="6 - 7" />
      </po_box>
    </address_line>
    <address_line>
      <city optional="no" />
      <region optional="no" order="1" />
      <postal_code>
        <format form="00000" effective="0 - 4" />
        <format form="00000 - 0000" effective="0 - 4" addon_effective="6 - 9" />
      </postal_code>
    </address_line>
  </address_format>
```

由于各个国家的语言、习惯不同，地址的表达方式也各不相同。为此，国际邮政组织对地址格式进行了官方定义，具体可以参考 www. upu. int。

2. 通过名称匹配查找地址

一旦地址被解析成可以识别的元素，地理编码就可以从街道名称列表中搜索出一个与给定地址最匹配的编码。这种搜索是模糊的，可以在一定程度上纠正拼写错误，也可以对不同的拼写方式进行转换匹配。对于一个地址不同的关键词，甚至是常见的拼写错误，被存储在参考数据的 GC_PARSER_PROFILES 表中。如果搜索找不到精确的结果，地理编码就会使用邮编或者城市名字。通过传递匹配模式参数，用户可以自定义是否对搜索结果予以接受。

3. 对发现的地址计算空间坐标

一旦合适的街道被定位，地理编码就需要把它转换成地理点。Oracle Spatial 中使用的地理编码参考数据包含了每个街道两侧末尾的门牌号码。当输入的查询包含了门牌号码地址的时候，地理编码可以通过插补方法计算该门牌所对应的地理位置。当门牌与其沿路的距离之间有很好的对应关系时，结果将会相当准确；否则，结果将是近似的。一般而言，街道被当作线串，也就是实际街道的中线，Oracle 地理编码就是在中线上对地址进行定位。

当输入的地址不完整的时候，Oracle 对下列情况进行了处理：

(1)当输入地址中没有给出门牌号码的时候，地理编码将返回这条街道的中心。Oracle 地理编码的参考数据存储了预先计算好的中间房子的位置。

(2)当在地址中没有给出街道信息或者给出的街道信息找不到的时候，地理编码返回邮编或城市编码。对于城市则返回城市中心的坐标。

4.4.2　地理编码的参考数据

Oracle Spatial 地理编码所使用的参考数据是一套特定结构的数据表。所有的表都以 GC_为前缀，分为参数表和数据表两种。参数表控制地理编码的操作，数据表包含地名和相应的地理坐标。

Oracle Spatial 的参数表主要包括三个。GC_COUNTRY_PROFILE 包含了地理编码所知道的各个国家的一般信息，如这个国家的行政级别上的划分。GC_PARSER_PROFILEASF 包含了地理编码所支持的各个国家的地址结构。一个国家一行，通过 XML 格式对地址结构进行定义。GC_PARSER_PROFILES 支持地理编码识别地址元素。通过同义字来定义地址元素，包含可能的拼写错误。

Oracle Spatial 数据表的名称包含了特定国家的后缀。具体国家的后缀在 GC_COUNTRY_PROFILE 表中定义。例如，中国的参考数据表的后缀为 CN，美国的参考数据表的后缀为 US，法国的参考数据表的后缀为 FR。

GC_AREA_XX 表中存储了所有行政区的信息。Oracle Spatial 地理编码定了三个级别的行政区域，分别是 REGION、MUNICIPALITY 和 SETTLEMENT。行政区域对于这三个级别的映射根据国家的不同而不同。例如，在中国分别与省、市和城市相对应，在美国分别与州、县和城市对应。

GC_POSTAL_CODE_XX 描述邮政编码信息，并包含每个邮政编码的中心坐标。当输入的地址中街名无效的时候，地理编码将返回该地址邮政编码的中心坐标。

GC_POI_XX 包含了对感兴趣点的选择。

GC_ROAD_XX 主要用于地址搜索。表中的每行包含一条道路信息、一个居住点和一个邮政编码的信息。如果一条路穿越多个邮政编码区，它将在这张表上多次出现。

GC_ROAD_SEGMENT_XX 提供了需要通过插补法计算地址坐标的信息。它的每一行就是每段路的信息，包含路段的形状和路两侧末尾的门牌号。

GC_INTERSECTION_XX 用于描述交点。当多个路段相遇的时候，形成一个交点。

4.4.3　地理编码的函数使用

地理编码 API 主要由 PL/SQL 程序包 SDO_GCDR 中的一些相关函数构成。该包的定义如下：

```
create or replace package  sdo_gcdr authid current_user as


  ——geocode an input address specified by address lines and return
  ——the first matched address as a sdo_geo_addr object
  function geocode(
    username varchar2,
    addr_lines sdo_keywordarray,
    country varchar2,
```

```
  match_mode varchar2) return sdo_geo_addr deterministic;

——geocode an input address specified by address lines and return
——the the coordinates of the first matched address as sdo_geometry
function geocode_as_geometry(
  username varchar2,
  addr_lines sdo_keywordarray,
  country varchar2) return sdo_geometry deterministic;

——geocode an input address specified by a sdo_geo_addr object and return
——the first matched address as a sdo_geo_addr object
function geocode_addr(
  gc_username varchar2,
  address sdo_geo_addr) return sdo_geo_addr deterministic;

——geocode an input address specified by a address lines and return all
——matched addresses as a varray of sdo_geo_addr objects
function geocode_all(
  gc_username varchar2,
  addr_lines sdo_keywordarray,
  country varchar2,
  match_mode varchar2,
  max_res_num number default 4000) return sdo_addr_array deterministic;

——geocode an input address specified by a sdo_geo_addr object and return all
——matched addresses as a varray of sdo_geo_addr objects
function geocode_addr_all(
  gc_username varchar2,
  address sdo_geo_addr,
  max_res_num number default 4000) return sdo_addr_array deterministic;

——reverse-geocode a location specified by longitude and latitude into
——address as a sdo_geo_addr object
function reverse_geocode(
  username varchar2,
  longitude number,
  latitude number,
  country varchar2) return sdo_geo_addr deterministic;
```

```
   ——reverse-geocode a location specified by longitude and latitude into
   ——address as a sdo_geo_addr object
   function reverse_geocode(
   username varchar2,
     location sdo_geometry,
     country varchar2) return sdo_geo_addr deterministic;
……
end sdo_gcdr;
```

这些函数的输入参数都是一个地址，其返回值为地理坐标信息。它们之间的不同在于返回信息的量和输入地址的格式。下面对这些函数进行一一说明。

1. GEOCODE_AS_GEOMETRY

```
function geocode_as_geometry(
  username varchar2,
    addr_lines SDO_KEYWORDARRAY,
      country VARCHAR2) return SDO_GEOMETRY deterministic;
```

该函数将输入的地址转换成一个 SDO_GEOMETRY 对象返回。

username 是包含特定国家地理编码表的 Oracle 模式(Schema)名称(一般与用户名相同)。这是一个必须输入的参数。如果地理编码表所在的模式与调用函数所在的模式相同，也可以使用 SQL 内置的 USER。如果地理编码表所在的模式与调用函数所在的模式不同，则需要具有对地理编码表的查询权限。

addr_lines 是一个 SDO_KEYWORDARRAY 类型的输入参数，是一个简单的字符串数组，用来向地理编码函数传递地址。每行的地址必须根据 GC_PARSER_PROFILEAFS 的结构，按照合适的顺序和格式书写。一般而言，街道放一行，城市放一行，州或省和邮编放一行。这里需要注意的是，街道与门牌号一般只能单独成行，城市、州或省、邮编可以放在一行，也可以分别单独成行。例如，下面三种格式都是有效的。

```
SDO_KEYWORDARRAY(
    '1250 Clay Street',
    'San Francisco',
    'CA',
    '94108'
)

SDO_KEYWORDARRAY(
    '1250 Clay Street',
    'San Francisco',
```

```
'CA    94108'
)

SDO_KEYWORDARRAY(
    '1250 Clay Street',
    'San Francisco    CA    94108'
    )
```

这里“1250 Clay Street”是街道和名牌号码，“San Francisco”是城市，“CA”是一个国家的州或省名，“94108”是邮编。

country 是一个国家的 ISO 编码。例如，美国为 US，中国为 CN。

该地理编码函数总是尽量返回一个地理位置信息。如果门牌号码不存在，则会返回街道上的某个门牌号对应的几何体。如果街道不存在，则会返回邮政区域的中心或城市中心。下面的例子演示了如何在程序中使用该函数：

Code_4_4

```
SQL> select sdo_gcdr.geocode_as_geometry('GC',SDO_KEYWORDARRAY('1250 Clay Street','San Francisco','CA 94108'),'US') from dual;
```

返回的结果为：

```
MDSYS.SDO_GEOMETRY(2001,8307,MDSYS.SDO_POINT_TYPE(-122.413561836735,37.793287755102,null),null,null)
```

也可以采用下列代码调用该函数：

Code_4_5

```
declare
  username varchar2(200);
  addr_lines mdsys.sdo_keywordarray;
  country varchar2(200);
  g mdsys.sdo_geometry;
  gml_clob clob;
begin
  username:='gc';
  --modify the code to initialize the variable
  addr_lines:= sdo_keywordarray('1250 clay street','san francisco','ca 94108');
  country:='us';

  g:= sdo_gcdr.geocode_as_geometry(
    username,
    addr_lines,
```

```
    country
  );
  gml_clob:= mdsys.sdo_util.to_gmlgeometry(g);
  ——modify the code to output the variable
  dbms_output.put_line(sys.dbms_lob.substr(gml_clob,256,1));
end;
```

返回的结果为：

<gml:Point srsName="SDO:8307" xmlns:gml="http://www.opengis.net/gml"><gml:coordinates decimal="." cs="," ts=" ">-122.413561836735,37.793287755102 </gml:coordinates></gml:Point>

2. GEOCODE

```
function geocode(
  username varchar2,
  addr_lines SDO_KEYWORDARRAY,
  country varchar2,
  match_mode varchar2) return sdo_geo_addr   deterministic;
```

GEOCODE 是一个主要的地理编码函数。与 GEOCODE_AS_GEOMETRY 不同之处在于这个函数返回的是一个完全格式化的地址和编码，根据返回的值可以准确地知道地址的匹配度。

username 是包含特定国家地理编码表的 Oracle 模式名称（一般与用户名相同）。这是一个必须输入的参数。如果地理编码表所在的模式与调用函数所在的模式相同，也可以使用 SQL 内置的 USER。如果地理编码表所在的模式与调用函数所在的模式不同，则需要具有对地理编码表的查询权限。

addr_lines 是一个与 GEOCODE_AS_GEOMETRY 函数的 addr_lines 输入参数含义相同的 SDO_KEYWORDARRAY 类型的输入参数。

country 是一个国家的 ISO 编码。例如，美国为 US，中国为 CN。

match_mode 主要用于决定输入地址与地理编码目录中数据的匹配程度，如果没有指定这个参数，则将采取默认模式。如表 4-1 所示。

表 4-1　匹配模式参数表

匹配模式	意义
EXACT	所提供的所有域都必须精确匹配
RELAX_STREET_TYPE	街道类型可以与官方街道类型不同
RELAX_POI_NAME	POI 名称无需精确匹配
RELAX_HOUSE_NUMBER	门牌号和街道类型无需精确匹配

续表 4-1

匹配模式	意义
RELAX_BASE_NAME	街道名称、门牌号和街道类型无需精确匹配
RELAX_POSTAL_CODE	邮编、街道、名牌和街道类型无需匹配
RELAX_BUILTUP_AREA	在规定城市外进行搜索，并包含 RELAX_POSTAL_CODE
RELAX_ALL	与 RELAX_ BUILTUP _CODE 相同
DEFAULT	与 RELAX_POSTAL_CODE 相同

函数执行后返回一个 SDO_GEO_ADDR 类型的对象，包含了地理编码操作的详细结果。SDO_GEO_ADDR 在 MDSYS 方案中的定义如下：

```
create or replace type SDO_geo_addr   as object (
    id   NUMBER,
    addresslines          SDO_KEYWORDARRAY,
    placeName           VARCHAR2(200),
    streetName          VARCHAR2(200),
    intersectStreet   VARCHAR2(200),
    secUnit           VARCHAR2(200),
    settlement             VARCHAR2(200),
    municipality      VARCHAR2(200),
    region            VARCHAR2(200),
  country             VARCHAR2(100),
    postalCode             VARCHAR2(20),
    postalAddonCode        VARCHAR2(20),
    fullPostalCode   VARCHAR2(40),
    poBox             VARCHAR2(100),
    houseNumber             VARCHAR2(100),
    baseName                VARCHAR2(200),
    streetType              VARCHAR2(20),
    streetTypeBefore        VARCHAR2(1),
    streetTypeAttached      VARCHAR2(1),
    streetPrefix        VARCHAR2(20),
    streetSuffix        VARCHAR2(20),
    side        VARCHAR2(1),
    percent             NUMBER,
    edgeId              NUMBER,
    errorMessage        VARCHAR2(20),
    matchcode                   NUMBER,
    matchmode                    VARCHAR2(30),
```

```
    longitude              NUMBER,
    latitude               NUMBER,
  ……
```

从上面可以看出，这个结构体含有非常全面的地理编码信息。其中几个主要信息条目包括经纬度坐标、定居点、城市名称、地区名称、邮政编码、街道名称、名牌号等。GEOCODE 函数很强大，但是也有局限性——它仅返回一个匹配结果。当输入的地址有多个匹配结果的时候，则只会返回它们中的第一个。而后面要介绍的 GEOCODE_ALL 则能返回所有的匹配结果。

3. GEOCODE_ALL

```
function geocode(
    username varchar2,
    addr_lines SDO_KEYWORDARRAY,
    country VARCHAR2,
    match_mode VARCHAR2)
    return SDO_ ADDR_ARRAY;
```

有些地址比较模糊，则可能会导致多个匹配结果。GEOCODE_ALL 函数与 GEOCODE 函数类似。它们接受的参数完全相同，只不过 GEOCODE_ALL 返回的是一个数组对象。

4. 其他常见函数

除了上面几个函数外，地理编码还有一些其他的函数，如用于结构化的地理编码的函数 GEOCODE_ADDR、GEOCODE_ADDR_ALL；还有用于反地理编码的一些函数，如 REVERSE_GEOCODE 等。REVERSE_GEOCODE 是最常用的反地理编码函数，下列代码展示了如何使用该函数：

Code_4_6

```
declare
        g sdo_geometry;
        username varchar2(200);
        country varchar2(200);
        addr sdo_geo_addr;
begin
        g:=mdsys.sdo_geometry(2001,8307,mdsys.sdo_point_type(
                        -122.413561836735,37.793287755102,null),null,null);
      username:='spatial';
      country:='us';
      addr:=sdo_gcdr.reverse_geocode(username,g,country);
      dbms_output.put_line(addr.placename);
      dbms_output.put_line(addr.streetname);
end;
```

第 5 章　空间索引

空间索引是空间数据库中实现大规模空间数据快速访问的基础。在存储空间数据时，依据空间对象的位置、几何形状或空间对象之间的某种空间关系，按一定顺序排列的一种数据结构，即为空间索引。空间索引中包含空间对象的概要信息，如对象的标识、包围矩形及指向空间对象实体的指针。空间索引可以提高空间查询效率和空间定位的准确性。本章主要介绍空间索引的发展历程、分类；重点介绍 R 树空间索引及其在 Oracle Spatial 中的创建、使用方法。

5.1　空间索引概述

空间索引是从普通索引演化、发展而来，其研究始于 20 世纪 70 年代，初始目的是为了提高多属性查询效率。随着空间信息系统的普及与发展，空间数据的海量性特征越来越明显，这推动了空间数据库的大力发展。空间索引作为空间数据库的重要研究内容之一，众多的学者对此进行了深入研究，并且提出了很多空间索引构建方法。从空间索引的演化过程来看，可以把空间索引技术大致分为四大类：基于二叉树、基于 B 树、基于 Hashing 和基于空间填充曲线的空间索引。从空间索引结构上可以分为点存储和扩展对象存储两种方式。按照索引是否是线性组织方式，可以将空间索引方法按照如图 5－1 所示进行分类，大体可以分为四大类，即线性索引、网格索引、树形索引和其他索引。

线性索引是一种最简单直观的索引，但其访问效率一般不高，在大型空间数据库中很少被采用。网格索引的基本思想是将研究区域纵横分成若干个均等的小块，每个小块都作为一个桶，将落在该小块内的地物对象放入该小块对应的桶中。从精度考虑，小块还可细分，直至不可再分为止。当用户进行空间查询时，首先计算出用户查询对象所在网格，然后再在该网格中快速查询所选空间实体，这样就大大加速了空间索引的查询速度。

目前，绝大部分的空间索引都是属于树形索引(图 5－1)。树形索引根据空间性质的不同又可以划分为向量空间索引和度量空间索引，目前在三维空间数据管理中比较常用的是向量空间索引。BSP 树是一种二叉树，它将空间逐级进行一分为二的划分。BSP 树能很好地与空间数据库中空间对象的分布情况相适应，但对一般情况而言，BSP 树深度较大，对各种操作均有不利影响。KDB 树是 B 树向多维空间的一种扩展。它对于多维空间中的点进行索引具有较好的动态特性，删除和增加点对象也可以很方便地实现。其缺点是不直接支持占据一定范围的空间对象，如二维空间中的线和面，三维空间中的线、面、体，该缺点可以通过空间映射或变换的方法部分得到解决。

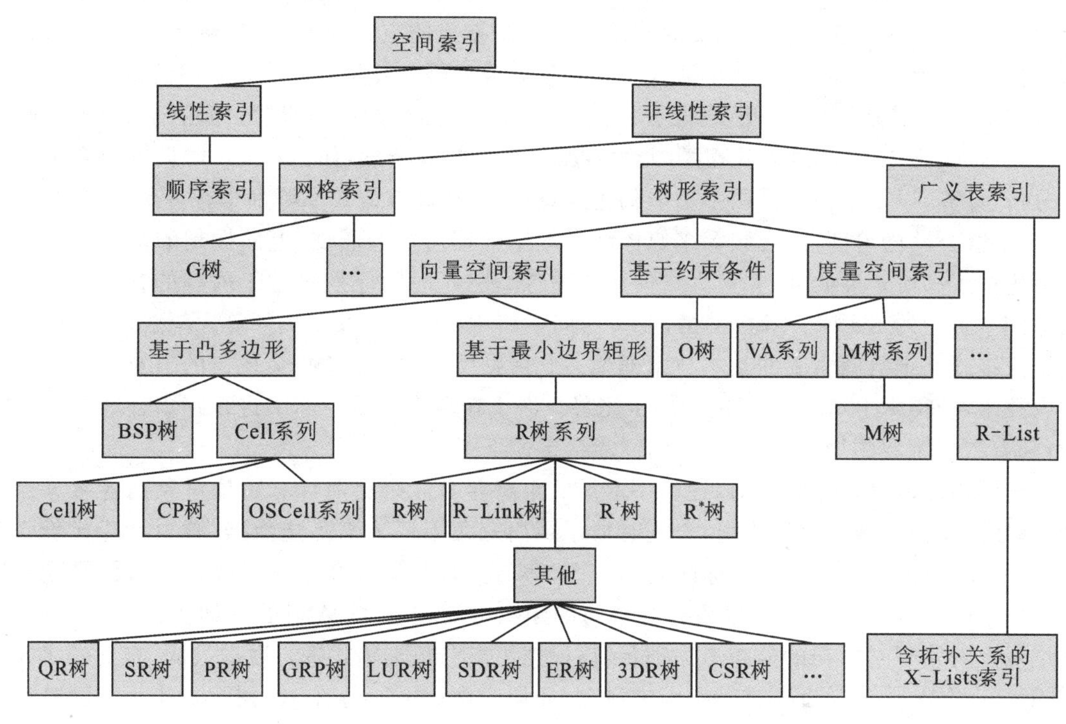

图 5-1　空间索引分类

R 树是 Guttman 于 1984 年提出的最早支持扩展对象存取方法之一，也是目前应用最为广泛的一种空间索引结构，许多商用空间数据库系统，如 Oracle Spatial、IBM DB2 Spatial DataBlade、MySQL Spatial Extensions 和 MapInfo Spatial Ware 等均提供对 R 树的支持，开放源码系统 PostgreSQL 也实现了 R 树。近 20 多年来，许多学者致力于 R 树的研究，在 R 树的基础上衍生出了许多变种。比较典型的有 R^+ 树、R^* 树。

R 树是 B 树在 k 维上的自然扩展，用空间对象的 MBR 来近似表达空间对象，根据地物的 MBR 建立，可直接对空间中占据一定范围的空间对象进行索引。R 树兄弟结点对应的空间区域可以重叠，会导致多路查询问题；其查询效率会因重叠区域的增大而大大减弱，在最坏情况下，其时间复杂度甚至会由对数搜索退化成线性搜索。正是这个原因促使了 R^+ 树的产生。在 R^+ 树中，兄弟结点对应的空间区域没有重叠，克服了 R 树中多路查询的问题。但它不允许节点空间存在重叠，会导致 R^+ 树的结点多次划分、标记，使得插入和删除操作的效率降低。R^* 树是最有效的 R 树变种之一，能对覆盖区域、重叠面积和边界周长进行启发式地优化，并通过重新插入节点重建 R 树以提高其性能，但重新插入过程繁琐，计算量大，并且经实验表明，对大型复杂地质场景数据处理效果不显著。压缩 R 树的空间数据集是预先已知的，通过预先对数据进行合理有效的组织，可以保证其具有很高的空间利用率和良好的查询效率，但由于不能进行动态插入和删除，因而应用受到了很大限制。

CP 树是一种基于凸多边形的空间索引结构，它是 B 树在多维空间中的一般化形式。因此，与 B 树类似，也是一种平衡树，当插入或删除空间对象时，需要对结点进行分裂和合并。CP 树的搜索算法与 R 树类似，是从根结点开始，向下搜索相应的子树，算法递归遍历所有凸多边形与查询窗口相交的子树，当到达叶结点时，边界矩形中的元素被取出并测试其是否与查询矩形相交，所有与查询窗口相交的叶结点即为要查找的空间对象。CP 树是一个动态结构，CP 树的生成是从空树开始，逐个插入空间对象而得。研究及实验表明，CP 树的覆盖范围及重叠区域较 R 树明显减少，因此，它能有效减少 R 树中多路径查询的情形。但由于 CP 树以凸多边形代替 MBR 参与各种索引运算，大大增加了算法的复杂度，如何将 CP 树扩展至高维空间的分析、计算，以及如何改进凸多边形的生成算法，以提高查询效率等都是有待研究的问题。

除此之外，随着图像、视频等多媒体海量数据管理需求的涌现，上面提到的很多索引方法都被进行了高维扩展研究，并被大量使用在图像、视频、时间序列等基于内容的查询中。如向量空间索引中的 Kd 树、R 树、X 树，度量空间索引中的 M 树、VA 文件等。一般认为，R 树奠定了三维或高维空间索引的基本技术框架。此后发展的 R^* 树完善了 R 树的节点分裂与动态插入技术，使得 R 树系列索引更加趋于完善。由于在高维向量空间中进行距离计算的代价很大，随着数据维数的增加，R 树的查询性能会迅速下降。

随后出现的度量空间索引，选取一定量的距离参考点来提前计算数据对象到各参考点的距离，按照距离对数据进行索引，查询时根据距离三角不等式来筛选数据，减少计算代价。典型的如 M 树，采用最优查询候选队列实现 KNN 查询，对与查询覆盖区域相交的数据区域进行搜索。Ciaccia 等(1999)根据数据对象间的距离分布建立了 M 树的查询代价模型，但是多数度量空间索引对数据的分布考虑不足，仅根据距离三角不等式进行数据过滤，查询效率并不理想。在国内，一些学者也进行了跟进研究，如周学海(2002)等在 R^* 树上提出了 ER 树动态索引；冯玉才(2002)等提出了一种基于距离相似索引结构 OPT 树及其变种；朱庆(2011)等提出了三维 R 树，此后又对顾及 LOD 的三维 R 树进行了改进研究；周向东(2008)等提出了基于聚类分解的高维度量索引 B^+ 树；夏宇、朱欣焰(2009)对高维空间索引进行了较为系统的比较研究，并对 VA 文件等常用高维空间索引进行了改进，使其能用于空间数据相似性查询；何珍文(2013)等提出了基于间隔关系算子的多维时空索引，将时空查询转换成具有高可并行的间隔关系算子，为高维时空索引提供了一种通用可行的解决方案。

在商业软件方面，GIS 领域应用现有的商品化软件在处理三维空间索引时大多采用 R 树。在 GIS 领域使用最广泛的后台商业数据库是 Oracle。Oracle Spatial 从 Oracle 11g 开始支持三维数据的管理，但对三维空间数据操纵的能力还很弱，只能处理简单的单个或复合实体、不规则三角网与点云数据等几种有限的三维数据类型，而且其 R 树索引方法存在兄弟节点相互重叠和节点尺寸不均匀的问题，也未考虑复杂地质空间场景的连续非均质特征，难以达到理想的三维空间查询效果。所以，Oracle Spatial 中的 R 树虽然也能处理三维空间数据，但更多的是针对二维空间对象的处理。

5.2 R 树空间索引

Oracle Spatial 的空间索引用 SPATIAL_INDEX 表示，在内部主要是采用 R 树实现，能加快空间操作符和空间函数在 Oracle 数据表的 SDO_GEOMETRY 字段(或列)上的执行速度。R 树是类似于 B 树的分层结构，它将几何体的矩形逼近(也称为边界矩形)存储为关键值。

如图 5-2 所示，以 MVDEMO 方案中的 CUSTOMERS 表为例，左边图上的黑点表示每个 CUSTOMER 的位置，它们以几何点的形式存储在含有 SDO_GEOMETRY 字段中对应的

LOCATION 列。对于 LOCATION 列中的每一个 SDO_GEOMETRY，R 树都用一个最小限定矩形 MBR 将其包围起来，并以此创建一个 MBR 的层次结构。在图 5-2 中，代表位置的点聚集形成三个结点 A、B、C。每个结点关联的 MBR 都将对应子树中数据的位置包围起来，这些 MBR 又进一步聚集成根结点。以这样的方式，一个 R 树就可以用一个表中的 SDO_GEOMETRY 数据 MBR 构造出一个层次的树状结构。然后，R 树使用这个 MBR 的树形层次结构帮助查询找到相应的 R 树分支，并最终找到数据表相应的行。

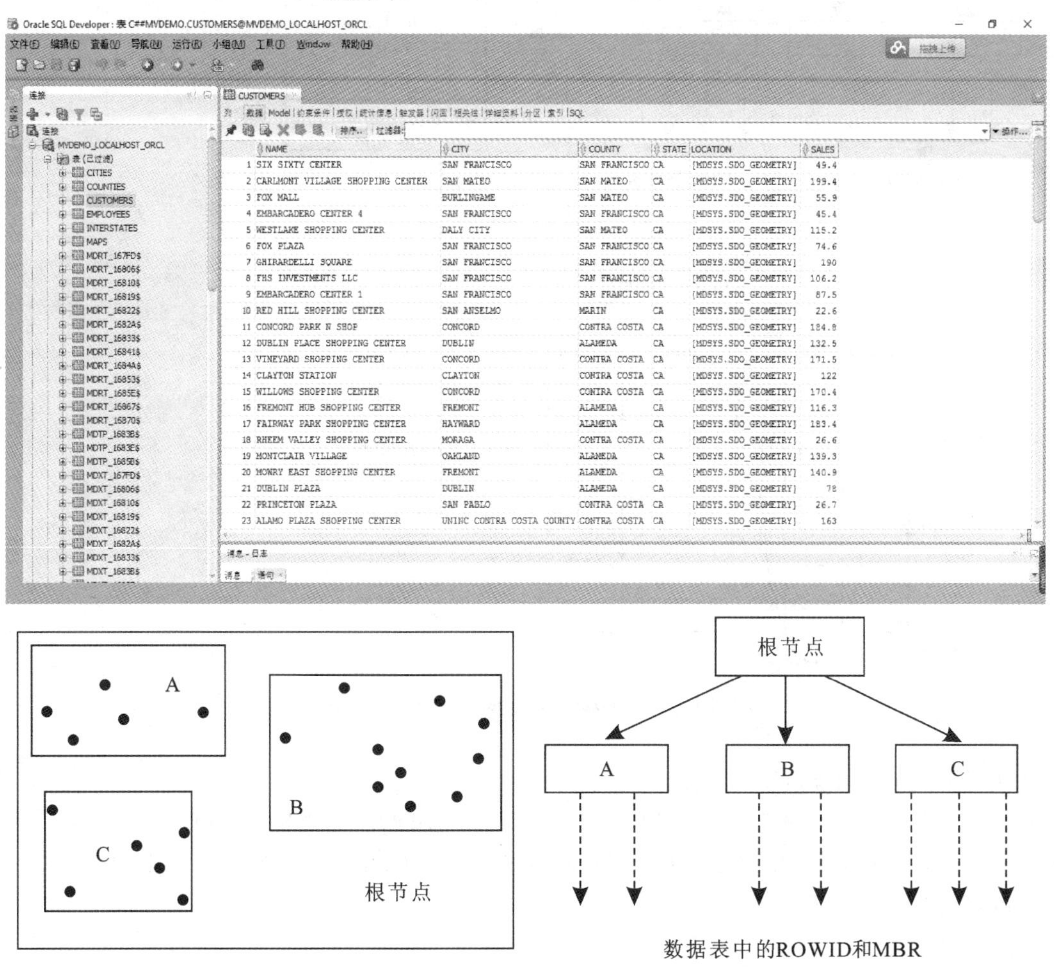

图 5-2　点集上的 R 树示例

图 5-3 描述了 Oracle 中如何存储 R 树索引。树的逻辑结构被存储为以 MDRT 开头的数据表中。树结构的每个结点用表中单独的行存储。空间索引的元数据存储在视图 USER_SDO_INDEX_METADATA 中。该视图存储空间索引名称(SDO_INDEX_NAME)、存放索引的表(SDO_INDEX_TABLE)、R 树索引的根 ROWID、R 树结点的分支因子以及其他的相关参数。通过这个视图，可以确定给定空间索引对应的空间索引表(MDTR_开头的表)。另外，也可以参考更加简单的 USER_SDO_INDEX_INFO 视图。

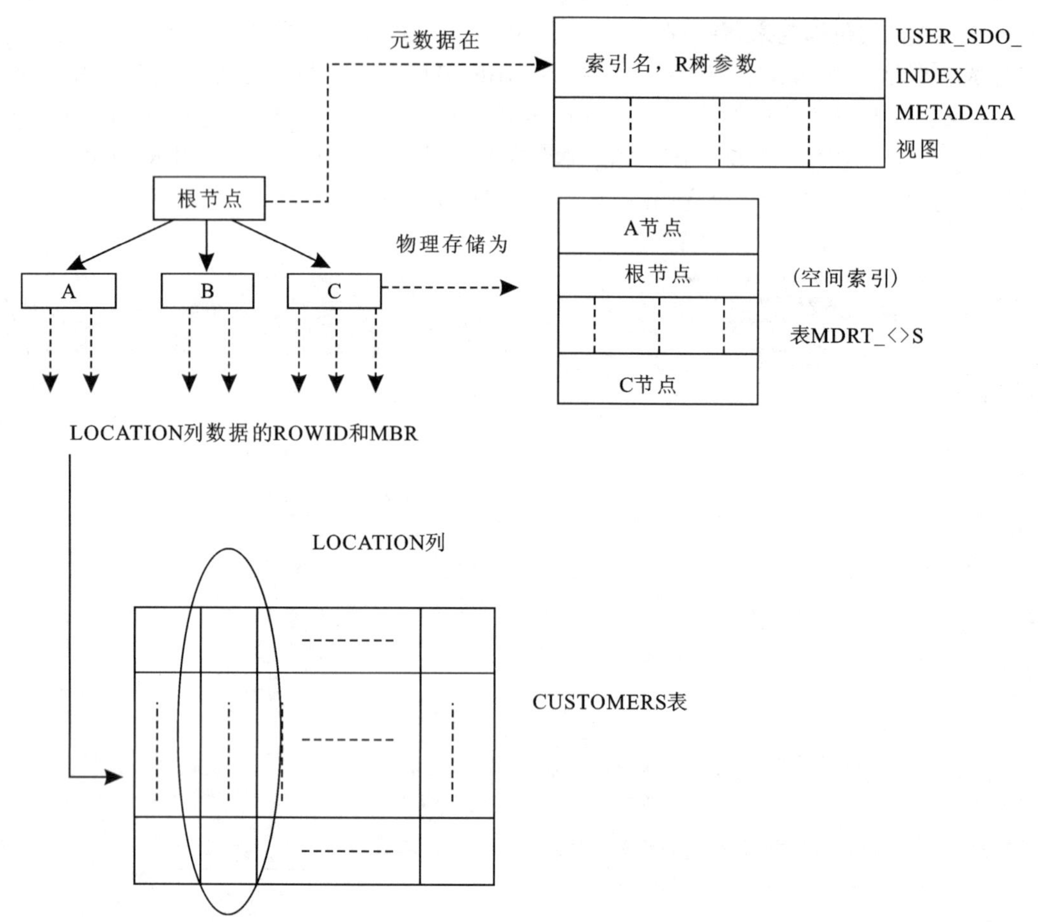

图 5－3　Oracle Spatial 中 R 树的存储

执行下列查询语句：

```
SQL>select SDO_INDEX_TABLE from USER_SDO_INDEX_INFO
  where TABLE_NAME ='CUSTOMERS'AND   COLUMN_NAME='LOCATION';
```

可以得到以下结果：

```
SDO_INDEX_TABLE
--------------------------------
MDRT_1682A$
```

从查询结果可以看出，CUSTOMERS 数据表中的 LOCATION 字段对应的 R 树空间索引的信息存放在 MDRT_1682A$ 表中(注意：这个表的名称是创建索引的时候由 Oracle 自动命名的，索引在机器上可能不是这个名称)。该表的结构与数据如图 5－4 所示。

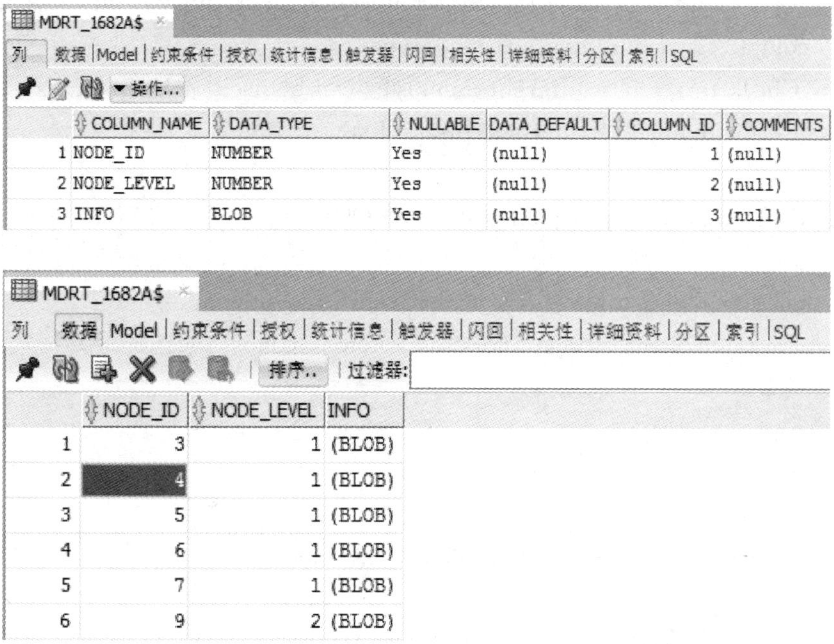

MDRT_1682A$

列 | 数据 | Model | 约束条件 | 授权 | 统计信息 | 触发器 | 闪回 | 相关性 | 详细资料 | 分区 | 索引 | SQL

操作...

	COLUMN_NAME	DATA_TYPE	NULLABLE	DATA_DEFAULT	COLUMN_ID	COMMENTS
1	NODE_ID	NUMBER	Yes	(null)	1	(null)
2	NODE_LEVEL	NUMBER	Yes	(null)	2	(null)
3	INFO	BLOB	Yes	(null)	3	(null)

MDRT_1682A$

列 | 数据 | Model | 约束条件 | 授权 | 统计信息 | 触发器 | 闪回 | 相关性 | 详细资料 | 分区 | 索引 | SQL

排序.. | 过滤器:

	NODE_ID	NODE_LEVEL	INFO
1	3	1	(BLOB)
2	4	1	(BLOB)
3	5	1	(BLOB)
4	6	1	(BLOB)
5	7	1	(BLOB)
6	9	2	(BLOB)

图 5-4　CUSTOMERS 数据表中 LOCATION 字段对应 R 树的存储表结构与数据

5.2.1　空间索引的创建与删除

在关系数据库中，最常用的索引为 B 树索引，其使用方法在数据库原理或数据库系统概论的课程中都学过了。和 B 树索引一样，Oracle 中的空间索引也是用 SQL 语句创建。例如，在 MVDEMO 方案的 CUSTOMERS 表中的 LOCATION 列上创建一个空间索引，程序代码如下：

```
create index customers_location_sindex on customers (location)
                                          indextype is mdsys. spatial_index;
```

上面的语句与 B 树索引的创建语句类似，除了后面的 indextype 字句后面指定的索引类型为 mdsys. spatial_index 外。

针对一个表指定的 SDO_GEOMETRY 字段，只能创建一个空间索引。如果该空间索引已经存在，运行上面的语句会报如下错误：

```
在行:1 上开始执行命令时出错-
CREATE INDEX customers_location_sindex ON customers(location) INDEXTYPE IS
MDSYS. SPATIAL_INDEX
错误报告-
SQL 错误:ORA-29879:使用同一个索引类型无法在列表上创建多个域索引
29879. 00000 -   "cannot create multiple domain indexes on a column list using same indextype"
```

```
* Cause:An attempt was made to define multiple domain indexes on the same
        column list using identical indextypes.
* Action:Check to see if a different indextype can be used or if the index
         can be defined on another column list.
```

通过下列代码可以查询到在 CUSTOMERS(LOCATION)上已经存在的索引名称和对应的索引数据表：

```
SQL>select sdo_index_table,index_name from user_sdo_index_info
     where table_name ='customers'and column_name='location';
```

返回如下结果：

```
SDO_INDEX_TABLE          INDEX_NAME
-----------------------  --------------------------------
MDRT_1682A$              SIDX_CUSTOMERS_LOC
```

也就是说，在 CUSTOMERS(LOCATION)上已经存在一个名为 SIDX_CUSTOMERS_LOC 的索引。这个索引也可以在 Oracle SQL Developer 中点击查看，如图 5-5 所示。

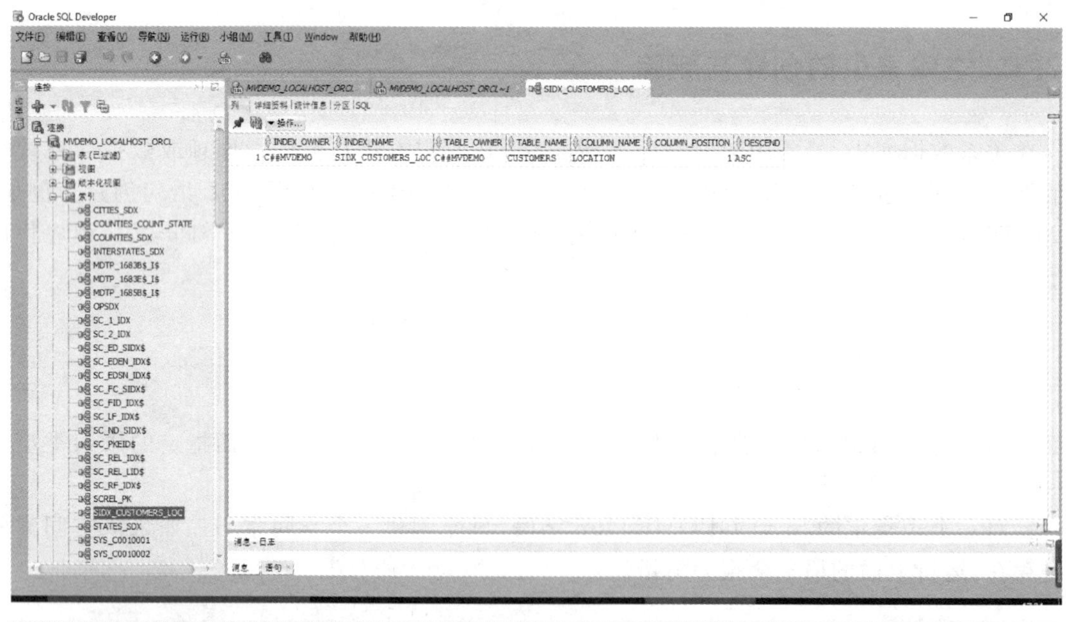

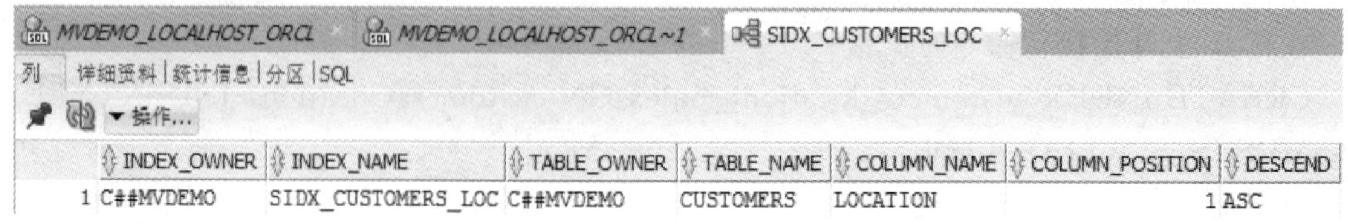

图 5-5　空间索引的元数据信息

也可以采用如下语句查看 USER_SDO_GEOM_METADATA 视图中的元数据信息：

```
SQL>select * from mdsys.user_sdo_geom_metadata
            where table_name='customers'and column_name='location';
```

结果如下：

```
TABLE_NAME     COLUMN_NAME     DIMINFO                          SRID
---------------------------------------------------------------------------
CUSTOMERS      LOCATION        MDSYS.SDO_DIM_ARRAY(             8307
                                MDSYS.SDO_DIM_ELEMENT(
                                  'X',-180,180,0.05),
                                MDSYS.SDO_DIM_ELEMENT(
                                  'X',-90,90,0.05))
```

上面是对已经存在的空间索引元数据进行的分析。如果要对一个从来没有创建过空间索引的表建立空间索引，则首先需要插入相应的空间层元数据。为此，复制 CUSTOMERS 表到一个新表 test 中。如果要为 test(location)建立空间索引，则首先需要为它插入元数据：

```
insert into mdsys.user_sdo_geom_metadata (
                table_name,
                column_name,
                diminfo,
                srid)
  values (
     'test',
     'location',
     mdsys.sdo_dim_array(
          mdsys.sdo_dim_element('x',-180,180,0.05),
          mdsys.sdo_dim_element('x',-90,90,0.05)),
     8307);
```

然后，才能成功执行空间索引创建语句：

```
SQL>create index test_loc_sind on test(location)
                    indextype is mdsys.spatial_index;
```

如果要重建 test_loc_sind 空间索引，可以先采用

```
SQL>drop index test_loc_sind;
```

删除已经存在的索引，然后再进行创建。需要说明的是，test_loc_sind 空间索引虽然被删除了，但是之前插入的元数据却依然存在，所以在重建该字段的索引时，不需要重新插入元数据。

5.2.2 空间索引参数

B 树索引可以指定在哪里存放索引数据。对于与空间索引关联的空间索引表也可以指定

相关参数。这需要通过 PARAMETERS 字句来指定一些参数。

```
create index <indexname> on <tablename> (<columnname>)
      indextype is mdsys. spatial_index
      parameters <'parameter_string'>;
```

这里的 parameter_string 是一个列表，其中的每个元素是一个 parameter_name=value 数据对。下面来看看在实际应用中常见的几个重要参数。

1. TABLESPACE 参数

该参数指定用来存储索引表的表空间，后面还可以跟两个参数 INITIAL 和 NEXT。例如：

```
create index customers_loc_sidx on customers (location)
      indextype is mdsys. spatial_index
      parameters ('tablespace=mvdemo next=5k initial=100m');
```

2. WORK_TABLESPACE 参数

在索引的创建过程中，R 树会在整个数据集上执行排序操作，因此会产生一些工作表。不过这些工作表在索引创建结束后会被删除。创建和删除大量大小不同的表会使得表空间产生大量的空间碎片。为了避免这种情况，可以采用本参数来为这些临时性的工作表指定一个单独的表空间。如果没有设置该参数，则工作表与索引表存放在相同的表空间。例如：

```
create index customers_loc_sidx on customers (location)
      indextype is mdsys. spatial_index
      parameters ('work_tablespace=mvdemo');
```

3. LAYER_GTYPE 参数

通过这个参数可以指定 CUSTOMERS 表中 LOCATION 列的几何数据为特定类型几何体，有助于完整性检查，有时还可以加快查询操作符号的执行速度。例如：CUSTOMERS (LOCATION)中只有 POINT 类型的几何对象，则可以采用该参数限定，提高查询效率。

```
create index customers_loc_sidx on customers (location)
      indextype is mdsys. spatial_index
      parameters ('layer_gtype=point');
```

4. SDO_INDEX_DIMS 参数

该参数指定空间索引的维数，默认的是 2，R 树也可以对三维或四维的几何体建立空间索引。例如：

```
create index customers_loc_sidx on customers (location)
      indextype is mdsys. spatial_index
      parameters ('sdo_index_dims=2');
```

5. SDO_DML_BATCH_SIZE 参数

对于含有空间索引的表的插入和删除操作并没有直接纳入该空间索引。相反，它们是在事务提交的时候被批量地纳入该索引中。这个参数用于指定一个事务中批量插入或删除的批量大小。如果没有明确的指定该参数，默认值为 1000。这意味着一个事务中的插入操作是按照每批 1000 个被批量地纳入到索引中。对于大多数包含插入、删除、更新和查询的混合操作的事务而言，1000 是一个比较合适的取值。如果包含大量插入、删除和更新操作，可以提高该参数值，一般介于 1～10 000 之间。例如：

```
create index customers_loc_sidx on customers (location)
    indextype is mdsys. spatial_index
    parameters ('sdo_dml_batch_size=1000');
```

6. SDO_LEVEL 参数

除了 R 树索引之外，还可以通过 SDO_LEVEL 参数的值来创建一个四分树索引。和 R 树不同，四分树只能索引二维数据。例如：

```
create index customers_loc_sidx on customers (location)
    indextype is mdsys. spatial_index
    parameters ('sdo_level=8);
```

对于一个空间索引而言，上述参数可以通过 USER_SDO_INDEX_METADATA 视图查询得到，例如：

```
select sdo_dml_batch_size from user_sdo_index_metadata
    where sdo_index_name ='sidx_customers_loc';
```

得到如下查询结果：

```
SDO_DML_BATCH_SIZE
------------------------

          4000
```

对于一张表中 N 行数据的集合，R 树空间索引大致需要 $100\times3\times N$ 字节作为空间索引表的存储空间。还有，在创建索引的过程中，R 树空间索引还额外需要 $200\times3\times N$ 到 $300\times3\times N$字节作为临时工作表的存储空间。因此，当数据量较小时，建立索引的开销可能大于查询性能的提升。

5.3 空间索引的高级特征

除了上面几种基本的空间索引外，Oracle Spatial 提供了一些高级特征，如基于函数的空间索引。Oracle Spatial 允许在作用于一张表的一列或多列的函数上创建 B 树索引，同样 Oracle Spatial 也可以创建基于函数的空间索引。与通常直接在 SDO_GEOMETRY 列上创建空间索引不同，对任何使用已有表中的列且返回 SDO_GEOMETRY 的确定性函数(Deterministic Function)，可以在其上创建索引。比如，可以间接地使用 SDO_GCDR. GEOCODE_AS_

GEOMETRY 函数构建确定性函数从而构建空间索引，示例代码如下：

```
create or replace function gcdr_geometry (street_number varchar2,street_name varchar2,city varchar2,state varchar2,postal_code varchar2) return mdsys. sdo_geometry deterministic is
begin
    return (sdo_gcdr. geocode_as_geometry('spatial',sdo_keywordarray(street_number||"||street_name,city ||"|| state ||"|| postal_code),'us'));
    end;
```

此外，Oracle 数据库还有在线索引重建、三维索引、并行索引和本地分区索引等高级索引特征。这些特征基本都属于 Oracle 数据库收费项目，本书不再详细阐述。

第6章　空间查询与分析

空间查询与分析是空间数据库应用的主要接口。本章将主要介绍 Oracle Spatial 中的空间操作符、几何处理函数，以及一些常见的空间分析函数与工具包。首先导入 spatial. dmp 数据文件中的数据：

```
impdp spatial/spatial@pdborcl directory=dump_dir
    dumpfile= spatial.dmp logfile= spatial.log schemas=spatial
```

本章中的实例基于上面的导入数据。

6.1　空间查询

Oracle Spatial 提供了一个基于 SQL 的方案和函数集来储存、检索、更新、查询 Oracle 数据库中的空间数据集。它定义了 SDO_GEOMETRY、SDO_GEORASTER、SDO_TOPO_GEOMETRY 等数据模型，分别用于存储几何数据、栅格数据、拓扑关系等。这些类型可以用于定义数据表中的字段类型。这些类型嵌入数据表后，就构成对象表，可以将含有几何信息、属性信息和拓扑关系的空间要素一体化地存储到数据表中。在数据模型之上，Oracle Spatial 针对每种数据模型提供了大量的 API 函数和工具，用于对应数据的存储、访问、可视化显示和分析处理。空间查询分为简单空间查询和复杂空间查询，下面结合 SDO_GEOMTRY 进行讲解。

6.1.1　简单空间查询

首先，我们创建示例子中使用的一些表：

Code_6_1

```
create table geod_cities(
        location sdo_geometry,
        city varchar2(42),
        state_abrv varchar2(2),
        pop90 number,
        rank90 number);

create table geod_counties(
        county_name varchar2(40),
```

```
        state_abrv varchar2(2),
        geom sdo_geometry);

create table geod_interstates(
        highway varchar2(35),
        geom sdo_geometry);
```

在上面的示例表中，要查找距 I170 州际公路 15 英里(1 英里＝1.609 34km)内的所有城市。这是一个比较简单的空间查询，可以采用 SDO_WITHIN_DISTANCE 运算符来实现。该运算符计算特定距离范围内的一组空间对象，可以指出距离是近似或精确。如果指定 querytype＝FILTER，则距离是近似值；否则，距离是精确值。默认情况下为精确值。例如，找到距 I170 州际公路 15 英里内的所有城市，查询语句如下：

Code_6_2

```
SELECT c.city FROM geod_interstates i,geod_cities c
    WHERE i.highway ='I170'
        AND sdo_within_distance (
            c.location,i.geom,
            'distance=15 unit=mile') ='TRUE';
```

6.1.2 复杂空间查询

相对于简单距离计算而言，绝大部分的空间查询都要比这个复杂一些。例如，查找离州际公路 I170 最近的五个城市，并按照距离进行排序。

Code_6_3

```
SELECT c.city,sdo_nn_distance (1) distance_in_miles
    FROM geod_interstates i,geod_cities c
        WHERE i.highway ='I170'
            AND sdo_nn(c.location,i.geom,
                'sdo_num_res=5 unit=mile',1) ='TRUE'
                    ORDER BY distance_in_miles;
```

在这个例子的基础上，还可以增加限定条件，使得查询更加复杂。例如，限定每个城市的人口数必须大于 30 万，则空间查询语句如下：

Code_6_4

```
SELECT c.city,pop90,sdo_nn_distance (1) distance_in_miles
    FROM geod_interstates i,geod_cities c
        WHERE i.highway ='I170'
            AND sdo_nn(c.location,i.geom,
```

```
        'sdo_batch_size=10 unit=mile',1) ='TRUE'
    AND c.pop90 > 300000
    AND rownum < 6
        ORDER BY distance_in_miles;
```

上面的空间查询中,都用到了 Oracle Spatial 提供的空间操作函数或空间操作符。下面将讨论 Oracle Spatial 的常见空间操作符。

6.2 空间操作符

Oracle Spatial 提供了许多可用于执行空间分析的各种不同的空间操作符。下面将讨论通用语法、语义以及如何运用这些操作符执行各种不同类型的空间查询与分析。

6.2.1 空间操作符基础

空间操作符的通用语法如下:

```
<spatial_operator>
(
table_geometry          IN SDO_GEOMETRY (or ST_GEOMETRY),
query_geometry          IN SDO_GEOMETRY(or ST_GEOMETRY)
[,parameter_string      IN VARCHAR2
  [,tag                 IN NUMBER]}
)
='TRUE'
```

该空间操作说明如下:

(1)table_geometry 是操作符作用表的 sdo_geometry(或 ST_GEOMETRY)列,该列上必须建立空间索引。如果 table_geometry 是 ST_GEOMETRY 类型或其子类型,oracle spatial 会将容差设置为 0.005;如果 table_geometry 是 SDO_GEOMETRY 类型,oracle 将通过 USER_SDO_GEOM_METADATA 视图从指定的 table_geometry 列获取容差值。

(2)query_geometry 是查询位置,可以是另一个表的 SDO_GEOMETRY(或 ST_GEOMETRY)列,也可以是一个绑定的变量或一个动态构造的对象。

(3)parameter_string 是指定某空间操作符特有的参数。开放的方括号表示该参数在某些操作符中是可选的。

(4)tag 是指定了一个在某些空间操作符中专用的数字。同样,开放的方括号表示该参数是可选的。该参数必须和 parameter_string 一起被指定。

空间操作符的语义为,当在一个 SQ1 语句中指定一个空间操作符时,oracle 只选择操作符计算为"TRUE"的行。也就是说,操作符只选择相关表中 table_geometry(SDO_GEOMETRY)值与 query_geometry(查询位置)满足指定的操作符关系的行。

下面简单讨论一下如何对空间操作符进行计算，理解这个过程将有助于保证空间操作符有最好的执行策略。由于空间操作符依赖于空间索引，因此在大多数情况下，空间操作符的计算是通过一个涉及空间索引的两步过滤机制来完成的。如图 6－1 所示，一个空间操作符首先是通过空间索引来计算的，这被称为初级过滤。这里索引中的近似值(存储在空间索引表中的最小限定矩形)被用于识别出一个与指定查询位置具有操作符关系的候选行集。然后使用 Geometry Engine 处理这个候选行集，从而返回符合指定操作符的正确行集，这就是二级过滤。需要注意的是，所有的这些操作对用户都是透明的。用户只需在 SQL 语句的 WHERE 子句中指定一个空间操作符，Oracle 将会内部调用合适的索引(初级过滤)和 Geometry Engine 功能(二级过滤)来选出正确的行集。

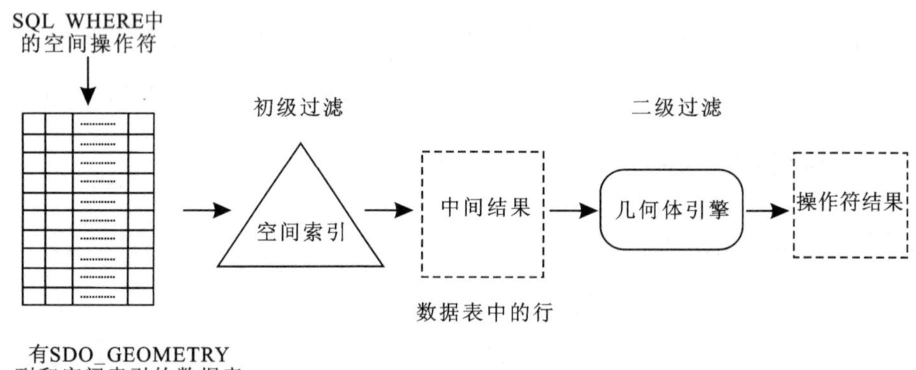

图 6－1 使用一个关联的空间索引来进行空间操作符计算

某些情况下，数据库优化器也许会决定不使用空间索引，而在合适的行上直接使用二级过滤(即 Geometry Engine)。这种情况的发生有很多原因，包括对空间操作符的成本估计不足。无论是否使用空间索引，Oracle Spatial 都会粗略估计空间操作符的计算成本。不使用空间索引时，需注意以下两点：

(1)当 SQL 语句涉及多个表或同一个表上的空间和非空间谓词时，它有可能导致低效的执行策略。这种情况需通过显式的 Hint 进行性能优调。

(2)Oracle Spatial 要求 SDO_NN 操作符的计算必须使用一个空间索引。有时需要通过显式的 Hint 来保证使用空间索引。

6.2.2 常用的空间操作符

Oracle Spatial 提供了很多空间操作符，包括缓冲分析、邻近分析等。以邻近分析为例，Oracle Spatial 提供不同的操作符来执行邻近分析，几种不同空间操作符的语义如下。

(1)找出在查询位置指定距离内的所有数据：该操作符称为 SDO_WITHIN_DISTANCE 或简称 WITHIN DISTANCE 操作符。

(2)找出与查询位置最近的邻居：该操作符被称为 SDO_NN 或简称为 NEAREST_NEIGHBER 操作符。

(3)找出与查询位置相交或关联的所有邻居：可达到这个目标的主要操作符被称为 SDO_

RELATE。另外，还有一些其他的变种可用于确定专有关系。如果只使用索引的近似值，那么可以使用一个简单的变种（操作符），称为 SDO_FILTER。

下面依次讨论上述的每个操作符以及如何在应用中使用它们进行分析。

6.2.2.1　SDO_WITHIN_DISTANCE

SDO_WITHIN_DISTANCE 操作符和 SDO_DISTANCE 函数（见 6.3.2）都可以找出在查询位置指定距离内的所有数据。例如，要找出在指定的竞争对手商店（STORE ID=1）周围 0.25 英里范围内的所有客户，可以使用 SDO_DISTANCE，代码如下：

Code_6_5

```
SQL> SELECT ct.id,ct.name
        FROM competitors comp,customers ct
            WHERE comp.id=1
            AND SDO_GEOM.SDO_DISTANCE( ct.location,comp.location,0.5,'unit
            =mile') < 0.25
            ORDER BY ct.id;
```

运行结果如下：

```
ID    NAME
---   ------ ---------------------------------
25    BLAKE CONSTRUCTION
28    COLONIAL PARKING
34    HEWLETT-PACKARD DC GOV AFFAIRS
41    MCGREGOR PRINTING
48    POTOMAC ELECTRIC POWER
50    SMITH HINCHMAN AND GRYLLS
270   METRO-FARRAGUT NORTH STATION
271   METRO-FARRAGUT WEST STATION
468   SAFEWAY
809   LINCOLN SUITES
810   HOTEL LOMBARDY
1044  MUSEUM OF THE THIRD DIMENSION
1526  INTERNATIONAL FINANCE
1538  MCKENNA AND CUNEO
2195  STEVENS ELEMENTARY SCHOOL
6326  HOTEL LOMBARDY
7754  EXECUTIVE INN
7762  PHILLIPS 66
7789  SEVEN BUILDINGS
7821  RENAISSANCE MAYFLOWER HOTEL
```

8138　ST GREGORY HOTEL
8382　EXXON
8792　DESTINATION HOTEL & RESORTS
23 rows selected.

运行界面如图 6 - 2 所示。需要说明的是，SDO_GEOM. SDO_DISTANCE 函数是 Locator 的一部分。SDO_GEOM. SDO_DISTANCE 函数将满足 SDO_WITHIN_DISTANCE 谓词的客户位置和商店位置作为前两个参数，其第三个参数指定容差，而第四个参数指定可选的单位参数，以便用合适的单位返回所得距离。

图 6 - 2　SDO_DISTANCE 函数的使用

如果采用 SDO_WITHIN_DISTANCE，实现上面同样的功能，代码如下：

Code_6_6

```
SQL>SELECT ct.id,ct.name
        FROM competitors comp,customers ct
            WHERE comp.id=1
            AND SDO_WITHIN_DISTANCE( ct.location,comp.location,
                'DISTANCE=0.25 UNIT=MILE') ='TRUE'
                ORDER BY ct.id;
```

SDO_WITH_DISTANCE 操作符的参数子句除了指定距离，单位之外，还可以指定下面两个参数。

(1)min_resolution=<a>，从查询结果中排除了太小的几何数据。

(2)max_resolution=<b>，从查询结果中排除了太大的几何数据。

如果 min_resolution 被指定为 *a*，在查询时最小限定矩形的长和宽都小于 *a* 个单位(对大地测量数据，单位为米)的数据将会被排除。同理，如果 max_resolution 被指定为 *b*，那么在查询时最小限定矩形的长和宽都大于 *b* 个单位的数据将会被排除。因此查询只会处理没有被排除的几何体数据。min_resolution 和 max_resolution 的单位总是坐标系的默认单位(例如，如果 street_name 的 SRID 属性是 8307，那么它的单位就是米)，而不受查询查询中指定的 UNITS 影响。例如，获取竞争对手商店周围 0.25 英里内的长度至少为 200m 的街道的名称。代码如下：

Code_6_7

```
SQL> SELECT s.street_name
        FROM competitors comp,map_streets s
            WHERE comp.id=1
            AND SDO_WITHIN_DISTANCE (s.geometry,comp.location,
                'DISTANCE=0.25 UNIT=MILE min_resolution=200')='TRUE'
                ORDER BY s.street_name;
```

运行结果如图 6-3 所示。

那么如何排除大于 500m 的街道呢？可以使用 max_resolution 参数来实现，如图 6-4 所示。需要注意的是，参数子句中的 min_resolution 和 max_resolution 可用于 SDO_FILTER、SDO_WITHIN_DISTANCE 和 SDO_RELATE 操作符，但是不能用 SDO_NN 操作符。

6.2.2.2 SDO_NN

SDO_WITHIN_DISTANCE 操作符返回在查询位置指定距离 *d* 范围之内的所有对象。那如果距离 *d* 之内没有任何对象，情况会怎样呢？如果最近的对象与查询位置的距离为 2*d*，情况又会怎么样呢？SDO_WITHIN_DISTANCE 操作符不适合获取指定数量的邻近对象，不管它们离查询位置有多远，而 SDO_NN 操作符可解决以上问题。

给定一个位置集，SDO_NN 操作符将按它与查询位置的距离顺序来返回数据。图 6-5 给出了一个示例。*A*、*B*、*C*、*D* 和 *E* 是一些位置，它们所在的表含有空间索引，*Q* 是一个查询位置，SDO_NN 操作符将 *A*、*B*、*C*、*D*、*E* 按它们与 *Q* 的距离进行排序，并按此顺序返回它们。如果只需要一个邻近对象，就返回 A。如果需要两个邻居，就返回 A 和 B。

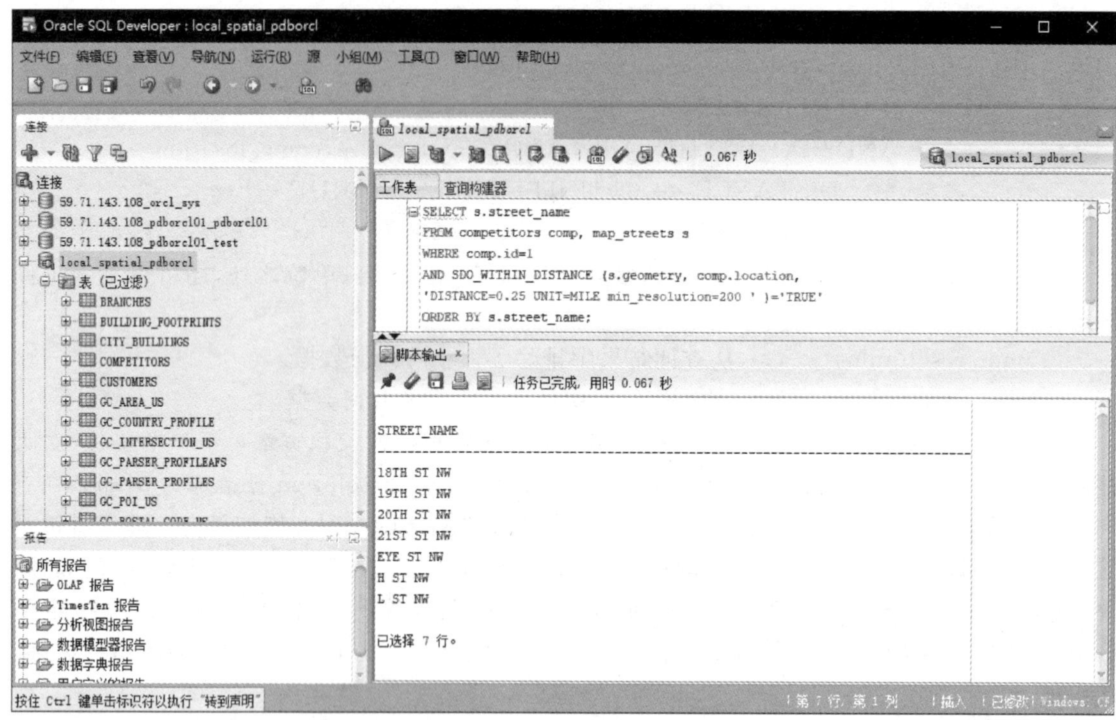

图 6-3 SDO_WITHIN_DISTANCE 操作符的使用

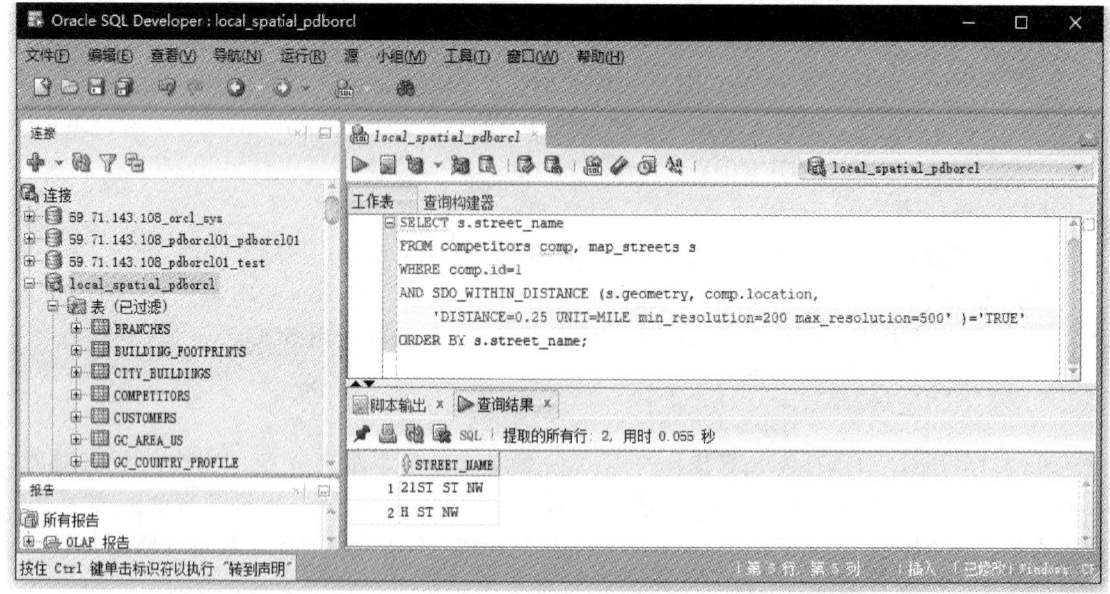

图 6-4 SDO_WITHIN_DISTANCE 操作符参数子句

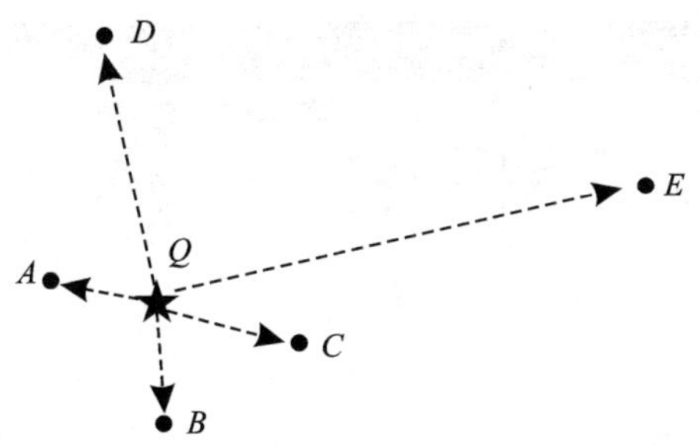

图 6-5　SDO_NN 在五个位置上：A、B、C、D 和 E

SDO_NN 操作符的语法如下：

```
SDO_NN
(
table_geometry IN SDO_GEOMETRY,
query_geometry IN SDO_GEOMETRY
[,parameter_string IN VARCHAR2
[,tag IN NUMBER ]]
)
='TRUE'
```

其中，table_geometry 指定 SDO_GEOMETRY 列，其所在表的空间索引将被引用；query_geometry 为查询位置指定 SDO_GEOMETRY，它可以是另一个表的一列或一个绑定的变量；parameter_string 是一个可选参数，它指定两个性能调优参数 SDO_BATCH_SIZE 和 SDO_NUM_RES 之中的一个；tag 是另一个可选参数，它允许 SDO_NN 操作符绑定到一个辅助距离操作符。该参数只有在 parameter_string 被指定的情况下才能被指定。

SDO_NN 操作符利于在应用中进行邻近分析(图 6-6)。例如，可用它找出离竞争对手商店(ID=1)最近的客户。代码如下：

Code_6_8

```
SQL> SELECT ct.id,ct.name
        FROM competitors comp,customers ct
        WHERE comp.id=1
            AND SDO_NN(ct.location,comp.location)='TRUE';
```

输出结果为：

```
ID NAME
---------- ------------------------------------
1538 MCKENNA AND CUNEO
……
3195 rows selected.
```

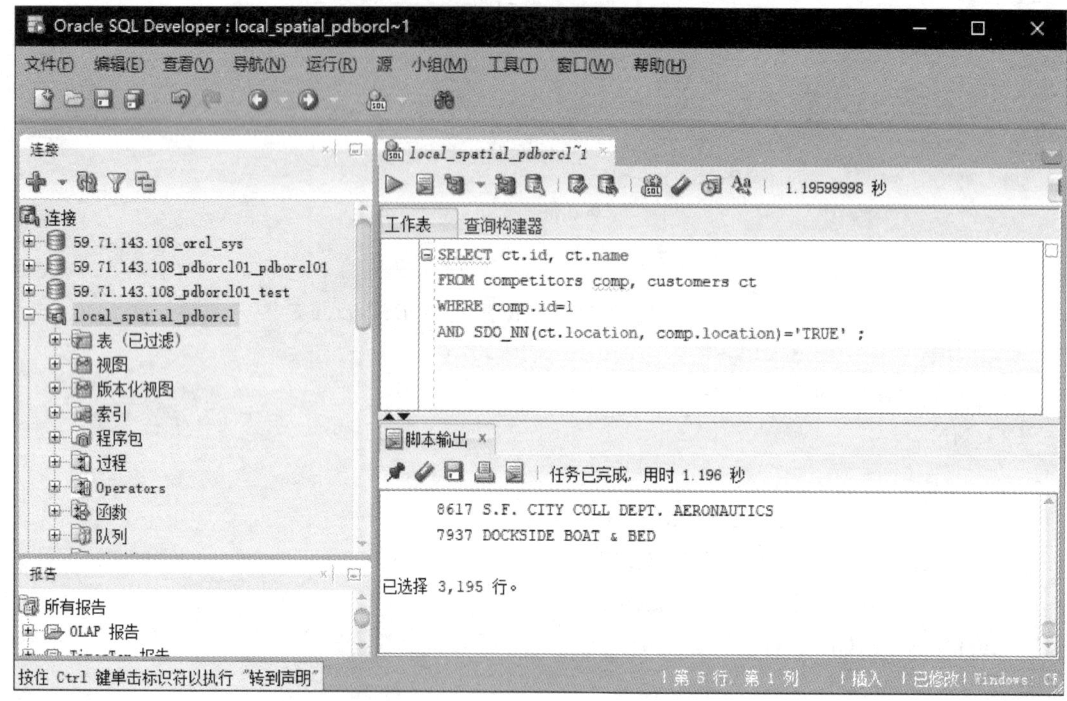

图 6-6　SDO_NN 操作符的使用

上面的程序中，查询从 CUSTOMER 表返回所有 3195 个客户的 id，并按与指定竞争对手商店(id=1)的距离对它们进行排序。但一般情况下，并不想查看所有的客户。相反，只对最近的五个或者十个客户感兴趣。为了执行上述约束，在前面的 SQL 语句中使用 ROWNUM <=N，其中 N 是我们感兴趣的邻近客户的数量。下面的程序给出了 N 为 5 的 SQL 语句(即只返回离 id=1 的竞争对手最近的五个客户)(图 6-7)。

Code_6_9

```
SQL> SELECT ct.id,ct.name,ct.customer_grade
         FROM competitors comp,customers ct
              WHERE comp.id=1
              ANDSDO_NN(ct.location,comp.location)='TRUE'
              AND ROWNUM<=5
```

输出结果为：

```
ID    NAME                                  CUSTOMER_GRADE
------------------------------------        ----------------
1538  MCKENNA AND CUNEO                     SILVER
809   LINCOLN SUITES                        GOLD
1044  MUSEUM OF THE THIRD DIMENSION         SILVER
8792  DESTINATION HOTEL & RESORTS           GOLD
1526  INTERNATIONAL FINANCE                 SILVER
```

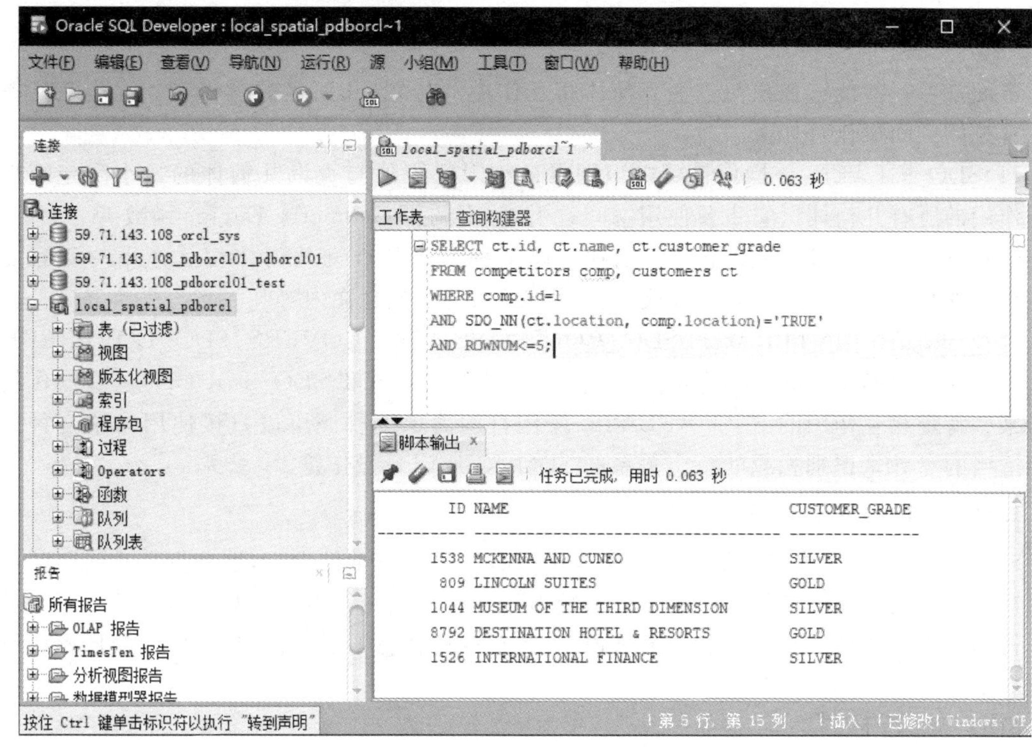

图 6-7　SDO_NN 操作符与 ROWNUM 的使用

在示例数据中，客户已经被定级为 SILVER、GOLD 及其他类型。假如希望不惜一切代价地保留 GOLD 客户，以阻止竞争对手拉走这些重要的客户从而削减市场份额，那么该如何找出这些客户呢？方法之一是关注距离每个竞争对手最近的 GOLD 客户。可以从上面的程序来返回最近的五个 GOLD 客户而不是最近的五个任何客户。代码如下：

Code_6_10

```
SQL> SELECT ct.id,ct.name,ct.customer_grade
        FROM competitors comp,customers ct
          WHERE comp.id=1
            AND ct.customer_grade='GOLD'
            ANDSDO_NN(ct.location,comp.location)='TRUE'
            AND ROWNUM<=5
            ORDER BY ct.id;
```

该程序所有返回的客户都是 GOLD 客户。SILVER 客户被过滤掉了。一般而言，SDO_NN 操作符可以用在不同的应用中，还可以和其他谓词一起用在同一个 SQL 语句中。但它存在以下一些限制：

(1)计算 SDO_NN 操作符时必须使用空间索引。否则，Oracle 会报错。

(2)如果在同一个表上有一个非空间谓词(如 customer_grade='GOLD')，且在它相关的列(customer_grade)上存在一个索引，那么在执行过程中该索引不能被使用。

6.2.2.3　用于空间相互关系的操作符

下面学习一些能够找出与查询几何体相互作用的位置/几何体的操作符。这类空间操作符中常见的空间操作符如下。

(1)SDO_FILTER:该操作符可以识别出最小限定矩形与查询几何体的最小限定矩形有相互作用的所有几何体。它主要使用空间索引,并不调用 Geometry Engine 函数。

(2)SDO_RELATE:该操作符可识别出以某种方式与查询几何体相互作用的所有几何体。指定的相互作用方式可以是相交、与边界接触、完全包含在内等。

(3)SDO_ANYINTERACT、SDO_CONTAINS、SDO_COVERS、SDO_COVEREDBY、SDO_EQUAL、SDO_INSIDE、SDO_ON、SDO_OVERLAPS 和 SDO_TOUCH:这些操作符是针对某些特定相互作用的 SDO_RELATE 操作符的简单变种。可以直接使用简单变种替代使用适当的参数来识别相应的特定关系的 SDO_RELATE 操作符。

1. SDO_FILTER 操作符

SDO_FILTER 操作符能识别出一张表中所有满足下述条件的行,这些行的几何列的最小限定矩形与指定的查询几何体的最小限定矩形相交。该操作符的结果总是其他基于相互关系操作符的结果的超集。从这个意义上来说,它是这些操作符的近似。SDO_FILTER 操作符的语法如下:

```
SDO_FILTER
(
table_geometry IN SDO_GEOMETRY,
query_geometry IN SDO_GEOMETRY
[,parameter_string IN VARCHAR2 ]
)
='TRUE'
```

其中,table_geometry 指定 SDO_GEOMETRY 列,其所在的空间索引将被引用;query_geometry 为查询位置指定 SDO_GEOMETRY 对象;parameter_string 被设为 querytype=window。这个参数是可选的,在 Oracle 10g 及后续版本中可被省略。

例如,获取一个某一指定范围内的所有客户名称(图 6-8)。

其实现代码如下:

Code_6_11

```
SQL> SELECT c.NAME
    FROM customers c
        WHERE SDO_FILTER
        (
            c.LOCATION,SDO_GEOMETRY (
            2003,8307,null,
            SDO_ELEM_INFO_ARRAY(1,1003,3),--Rectangle query window
            SDO_ORDINATE_ARRAY(-122.43886,37.78284,-122.427195,37.79284)
        )) ='TRUE';
```

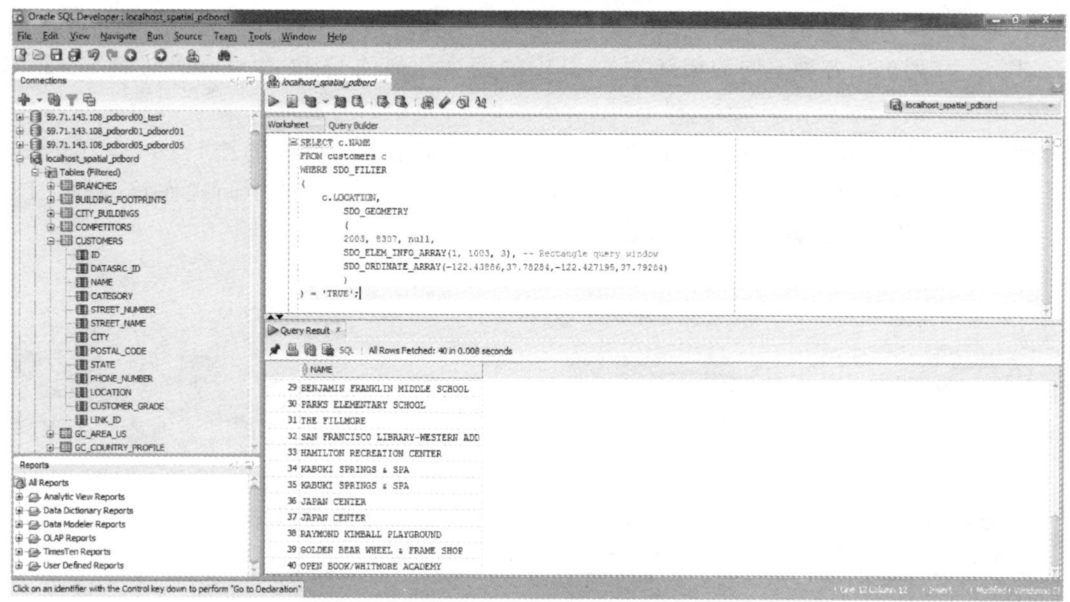

图 6-8　SDO_FILTER 操作符的使用

在上述例子中，返回了 40 个结果。一般情况下，SDO_FILTER 操作符返回的结果比实际上与查询几何体相交的结果要多。那为什么要用这个操作符呢？因为与其他空间操作符相比，它的执行速度比较快，并且它删除了 CUSTOMERS 表中大量不在查询几何体影响区域内的几何体。从这个意义上来说，SDO_FILTER 操作符相当于是其他基于相互关系的操作符（如 SDO_RELATE）的快速近似。

2. SDO_RELATE 操作符

SDO_FILTER 操作符返回的对象并不都与查询几何体相交，有时会返回多余的几何体（超集）。那么如何找出与查询几何体有着特定关系的几何体呢？SDO_RELATE 操作符提供了这个功能。

```
SDO_RELATE
(
table_geometry IN SDO_GEOMETRY,
query_geometry IN SDO_GEOMETRY,
parameter_string IN VARCHAR2
)
='TRUE'
```

其中：table_geometry 指定 SDO_GEOMETRY 列，其所在表的空间索引将被使用；query_geometry 为查询位置指定 SDO_GEOMETRY；parameter_string 被设为“querytype＝window MASK＝<interaction－type> [min_resolution＝<a>] [max_resolution＝<b>]”，如果 table_geometry 与 query_geometry 有<interaction－type>关系，那么 SDO_RELATE 操作符就为真。参数 min_resolution＝<a>和 max_resolution＝<b>用于从结果集合中删除太

小或太大的几何体。

下面将要具体讨论 interaction - type(或 mask - type)。SDO_RELATE 中的相互关系有多种,图 6 - 9 列出了各种不同的相互关系,其中的两个几何体 Q 和 A 对应于前面 SDO_RELATE 语法中的 query_geometry 和 table_geometry。图中的每种相互关系都有一个与之等价的简化操作符,如表 6 - 1 所示。在查询中既可以使用指定了合适的掩码(mask)的 SDO_RELATE 操作符,也可以是使用等价的简化操作符。和所有其他的空间操作符一样,SDO_RELATE 和等价的简化操作都应和字符串"TRUE"比较。

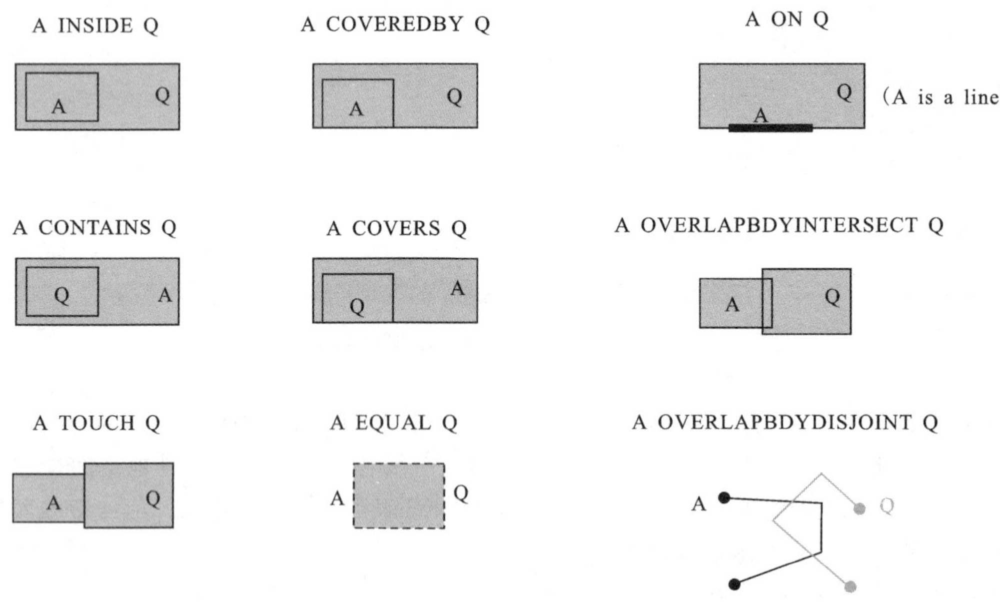

图 6 - 9　数据几何体 A 和查询几何体 Q 之间的关系

表 6 - 1　相互关系的名称、语义和操作符

相互关系	描述	简化操作符
INSIDE	几何体 A 的边界和内部都在查询几何体 Q 的内部	SDO_INSIDE(A,Q)
CONTAINS	Q 的边界和内部在 A 的内部	SDO_CONTAIN(Q,A)
CONVEREDBY	除部分边界重叠以外,如果 A 的内部和边界在 Q 的内部,则 A COVEREDBY Q	SDO_ CONVEREDBY(A,Q)
ON	A 的边界和内部与 Q 的边界相交	SDO_ON(A,Q)
CONVERS	Q 的内部和边界在 A 的内部	SDO_CONVERS(A,Q)
TOUCH	两个几何体的边界接触,但它们的内部不相交	SDO_TOUCH(A,Q)
OVERLAPBDY-INTERSECT	A 的边界和内部与查询 Q 相交	SDO_OVERLAPBDYINTERSECT(A,Q)

续表 6-1

相互关系	描述	简化操作符
OVERLAPB-DYDISJOINT	一个几何体的内部与另一个几何体的边界和内部相交，但它们的边界不相交	SDO_ OVERLAPBDYDISJOINT (A,Q)
EQUAL	A 的内部和边界与 Q 的完全匹配	SDO_EQUAL(A,Q)
ANYINTERACT	若 A 的边界或内部与 Q 的边界或内部相交，则该相互关系为真	SDO_ ANYINTERACT(A,Q)

SQL/MM (MM 表示多媒体) 是一个扩展的标准，用于在 SQL 语句中指定空间和多媒体操作符。该标准明确规定了一套以 ST_为前缀的标准查询关系。在 Oracle 中，可以用相同的名称使用这些 SQL/MM 函数：ST_CONTAINS、ST_WITHIN、ST_OVERLAPS 和 ST_DISJOINT。其中，每个函数作用于一对 ST_GEOMETRY 对象：一个数据几何体和一个查询几何体。在 Oracle 中，可以将这些关系作为操作符，作用于数据几何体的表和查询几何体之上。表 6-2 给出了 SQL/MM 关系(SOIEC 13249)和与其对应的 Oracle Spatial 操作符。

表 6-2 SQL/MM 与空间操作符

SQL/MM 关系	Oracle Spatial 空间操作符
ST_CONTAINS	mask=CONTAINS+COVER 的 SDO_RALSTE 操作符
ST_WITHIN	mask=INSIDE+COVEREDBY 的 SDO_RALSTE 操作符
ST_OVERLAPS	SDO_OVERLAPS 操作符
ST_CROSSES	(只支持 ST_CROSSES 函数的形式)
ST_INTERSECTS	mask=ANYINTERACT 的 SDO_RALSTE 操作符(或 SDO_TOUCH 操作符)
ST_TOUCHES	mask=TOUCH 的 SDO_RALSTE 操作符(或 SDO_TOUCH 操作符)
ST_EQUALS	mask=EQUAL 的 SDO_RALSTE 操作符(或 SDO_TOUCH 操作符)
ST_DISJOINT	SDO_ANYINTERACT 的否定(在整个集合中用 MINUS 减去 SDO_ANYINTERACT 的结果)

前文已经介绍了 SDO_RELATE 操作符(或等价的简化操作符)确定的各种空间关系。下面将介绍如何使用这个操作符。例如，获取一个某一指定范围内的所有客户名称(图 6-10)。

Code_6_12

```
SQL> SELECT c.NAME
     FROM customers c
     WHERE SDO_RELATE
     (
```

```
    c.LOCATION,
    SDO_GEOMETRY
    (
    2003,8307,null,
    SDO_ELEM_INFO_ARRAY(1,1003,3),-- Rectangle query window
    SDO_ORDINATE_ARRAY(-122.43886,37.78284,-122.427195,37.79284)
    ),
    'MASK=ANYINTERACT'
  ) ='TRUE';
```

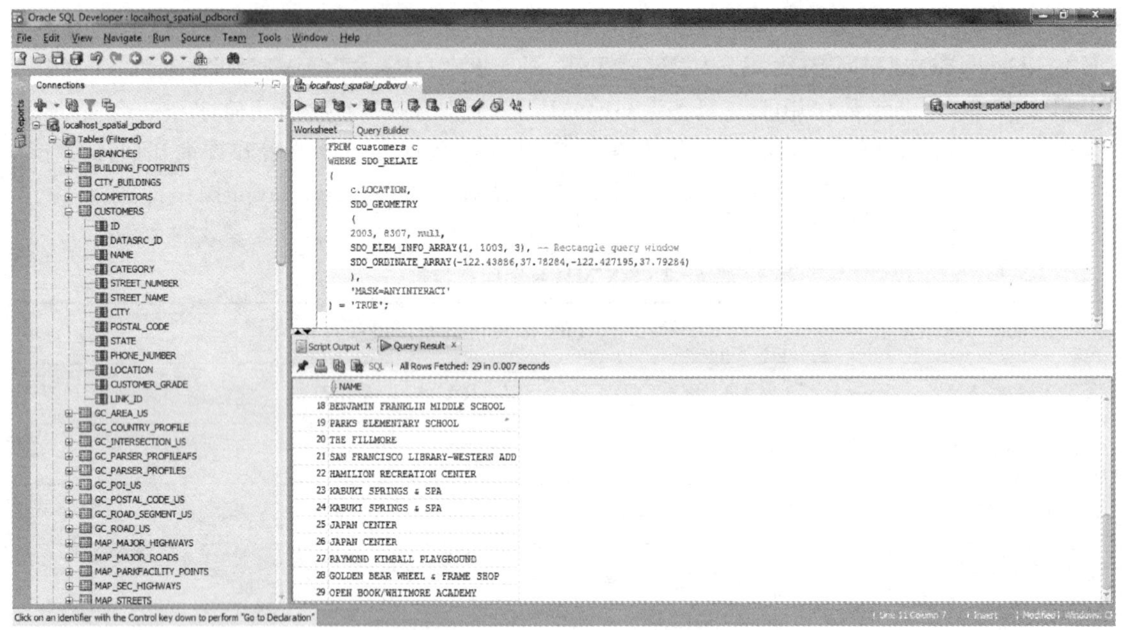

图 6-10　SDO_RELATE 操作符的使用

这个例子之前采用 SDO_FILTER 做过，得到的返回结果为 40 行，而这里采用 SDO_RELATE 得到的结果为 29 行。从这里可以看出，SDO_RELATE 的计算结果比 SDO_FILTER 的结算结果更加精确一些，因为 SDO_FILTER 采用的是粗略计算，也即采用的是索引的包围盒进行计算的。

6.3　几何处理函数

本节将描述如何使用几何处理函数，也称作空间函数。与空间操作符相比，这些几何处理函数具有如下特点：①不需要空间索引；②与带空间索引的空间操作符相比，能够提供更详细的分析；③可出现在 SQL 语句的 SELECT 列表中（以及带 WHERE 子句的 SELECT 列表中）。

这些空间函数可对 SDO_GEOMETRY 对象进行复杂的分析。这些空间函数可分为以下几个主要的类别。

缓冲函数:SDO_BUFFER 函数在已有的 SDO_GEOMETRY 对象周围创建一个缓冲。这个对象可以是任何类型——点、线、多边形或它们的组合。

关系分析函数:这些函数决定了两个 SDO_GEOMETRY 对象之间的关系。

几何组合函数:这些函数执行交、并和其他几何体组合功能。

几何分析函数:这些函数执行分析,比如计算单个几何体的面积。例如,两个销售区域的重叠区域等。

聚合函数:可以对任意空间几何体集而非单个的或者成对的几何体进行聚合。

除了空间聚合函数,上面所有其他空间函数都是 SDO_GEOM 包的一部分。这就意味着可以在 SQL 语句中以 SDO_GOM.<function. name>的形式使用它们。这些函数可以出现在 SQL 语句中能出现用户定义函数的任何地方。然而,空间聚合函数只能出现在 SQL 语句的 SELECT 列表中。我们将依次介绍每一个空间函数,使用这些函数对两种数据集进行分析。

(1)商务应用的 BRANCHES 表和 CUSTOMERS 表。

(2)构成商务应用的地理数据的 US_STATES、US_COUNTIES 和 US_PARKS 表。

6.3.1 缓冲函数

SDO_BUFFER 函数在一个特定的几何体或几何体集合周围构建一个缓冲。例如,可以使用这个函数在一个运输地点周围创建一个 0.25 英里的缓冲区。该缓冲区将会是围绕运输地点的一个圆,半径是 0.25 英里。这个函数有如下的语法:

```
SDO_BUFFER
(
geometry IN SDO_GEOMETRY,
distance IN NUMBER,
tolerance IN NUMBER
[,params IN VARCHAR2]
)
RETURNS an SDO_GEOMETRY
```

其中,geometry 是一个参数,表示将被缓冲的 SDO_GEOMETRY 对象;distance 是一个参数,表示缓冲输入的几何体的数值距离;tolerance 是一个参数,表示容差;params 是一个可选的第四个参数,表示两个参数,即 unit=<valuc_string>和 arc -_tolerance=<value_number>。unit=<valuc_string>参数表示距离单位。可以通过查阅 MDSYS. SDO_DIST_UNITS 表来获得单位的可能取值。

如果几何体是大地测量的(也就是说,如果几何体的 SDO_SRID 被赋值为大地测量 SRID,如 8307 或者 8625),那么 arc_tolerance=<value_number>参数就是必需的。在大地测量的空间里,弧度是不允许的。然而,它们可以近似地用线表示。弧线的容差参数表示弧线与它近似线的最大距离。

可以为在 BRANCHES 表中的每一个分支机构位置周围构建一个 0.25 英里的缓冲。代码如下：

Code_6_13

```
SQL> CREATE TABLE sales_regions AS
        SELECT id,
            SDO_GEOM.SDO_BUFFER(
                b.location,
                0.25,
                0.5,
                'arc_tolerance=0.005 unit=mile') geom
                FROM branches b;
```

注意，第一个参数是将被缓冲的几何体，第二个参数表示缓冲的距离是 0.25，第三个参数表示容差是 0.5m，这个容差是大地测量几何体的容差单位，第四个变量的 parameter_string 参数表示缓冲距离(通常为 0.25)的单位。在这个例子中，单位是英里，那么缓冲距离也是 0.25 英里，此外，parameter_string 参数也表示 0.005 的弧线容差。因为单位是英里，所以弧线容差将被解释为 0.005 英里。代码运行结果如图 6-11 所示。

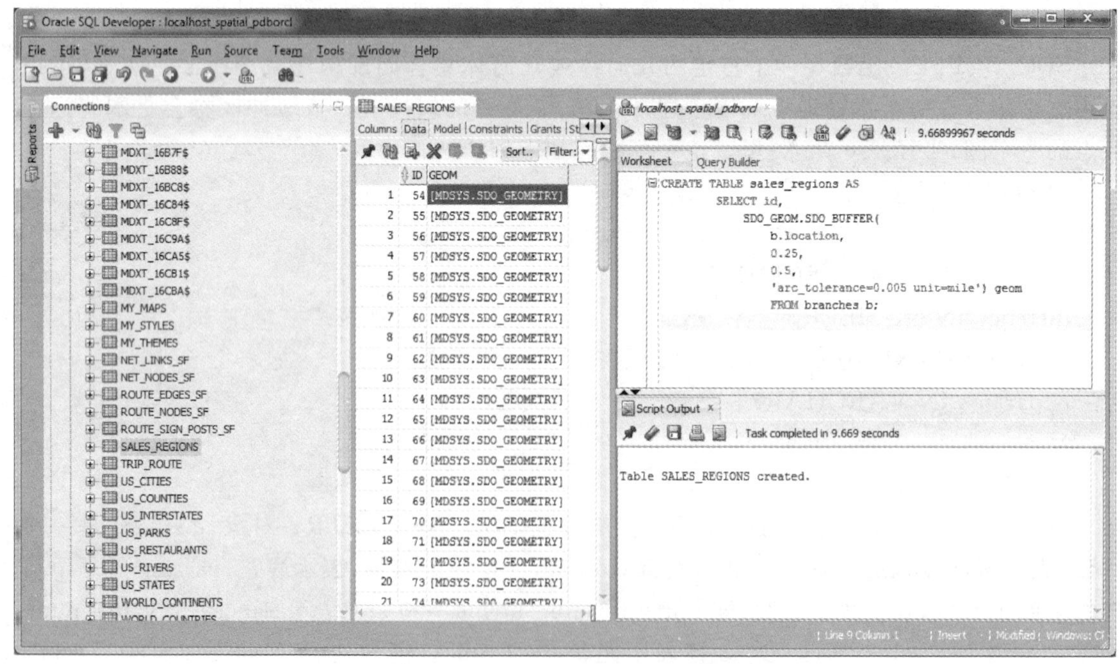

图 6-11 SDO_BUFFER 空间函数的使用

6.3.2 关系分析函数

接下来将介绍两个用于分析 SDO_GEOMETRY 对象之间关系的函数。第一个函数是 SDO_DISTANCE，这个函数用于确定两个几何体之间的距离长度。第二个函数是 RELATE，这个函数用于确定两个几何体是否以任一指定形式相交。

6.3.2.1 SDO_DISTANCE

SDO_DISTSNCE 函数计算了两个几何体的任意两点之间的最小距离。其语法如下：

```
SDO_DISTANCE
(
geometry1 IN SDO_GEOMETRY,
geometry2 IN SDO_GEOMETRY,
tolerance IN NUMBER
[,params IN VARCHAR2]
)
RETURNS a NUMBE
```

其中，geometry1 和 geometry2 是起始的两个参数，它们表示 SDO_GOMETRY 对象。tolerance 表示数据集的容差。对于大地测量的数据，它们通常是 0.5 或者 0.1(0.5m 或者是 0.1m)。对于非大地测量的数据，它将被设置为合适的值，来避免四舍五入引起的错误。params 可选的第四个参数，是形如“unit=<value_string>”的字符串，这个参数指定了返回距离的单位。可以通过查看 MDSYS.SDO_DIST_UNITS 表获得可能的单位值。

例如，要确定在竞争对手位置周围 0.25 英里半径范围内的客户。其代码如下：

Code_6_14

```
SQL> SELECT ct.id,ct.name
     FROM competitors comp,customers ct
     WHERE comp.id=1
          AND SDO_GEOM.SDO_DISTANCE(
               ct.location,
               comp.location,
               0.5,
               'unit=mile') < 0.25
                    ORDER BY ct.id;
```

其运行结果如图 6-12 所示。

6.3.2.2 SDO_CLOSEST_POINT

如果想找到建筑物和轨迹之间最近的特定点该怎么做呢？可以通过 PL/SQL 的 SDO_GEOM 包中的 SDO_CLOSEST_POINTS 过程(注意不是函数)获得最近的点。这个过程的语法如下：

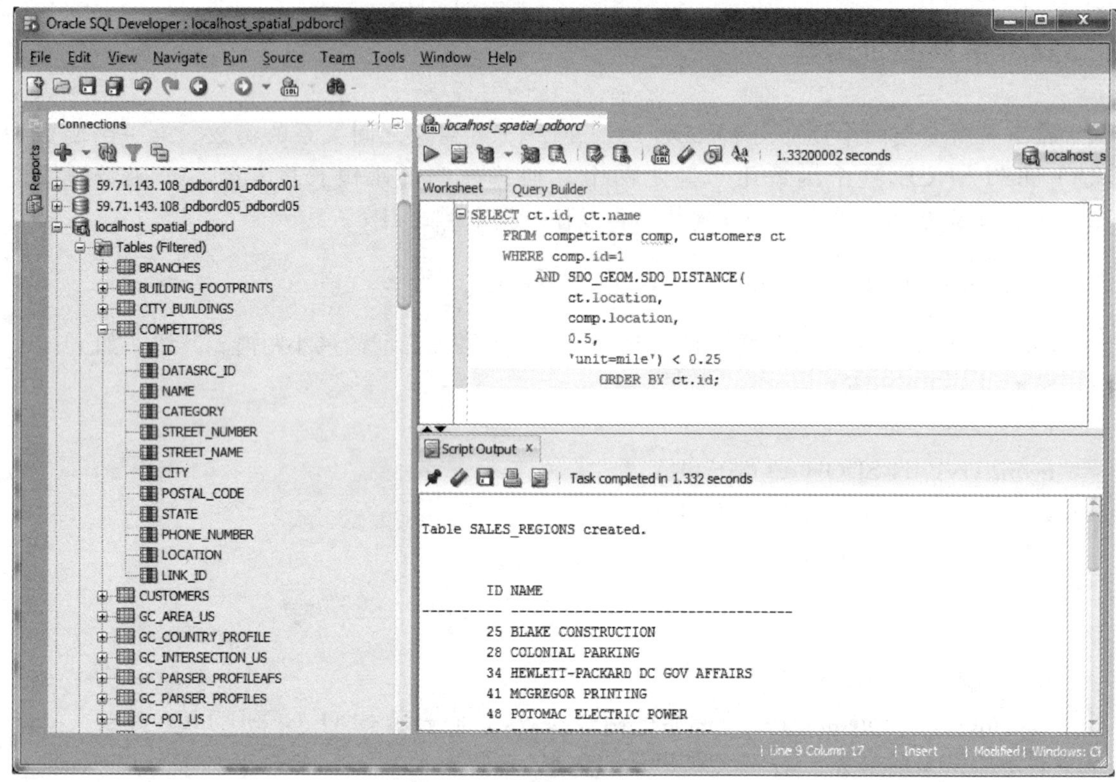

图 6-12　SDO_ DISTANCE 空间函数的使用

```
SDO_CLOSEST_POINTS
(
geometry1 IN SDO_GEOMETRY,
geometry2 IN SDO_GEOMETRY,
tolerance IN NUMBER,
params IN VARCHAR2,
dist OUT NUMBER,
pt1 OUT SDO_GEOMETRY,
pt2 OUT SDO_GEOMETRY
)
```

其中,geometry1 和 geometry2 是 SDO_GEOMETRY 对象,可以计算它们的距离和最近点。tolerance 表示数据集的容差。对于大地测量数据,这个值通常是 0.5 或 0.1(0.5m 或 0.1m)。对于非大地测量的数据,它将被设置为合适的值,来避免四舍五入引起的错误。params 是形如“unit=<value_string>”字符串。这个参数指定了返回距离的单位。可以通过查看 MDSYS>.SDO_DIST_UNITS 表获得可能的单位值。

这个过程的返回如下:

(1)dist 是 geometry1 和 geometry2 之间的距离。

(2)pt1 是上述距离的 geometry1 上的点。

(3)pt2 是上述距离的 geometry2 上的点。

本过程和空间函数 SDK_DISTANCE 相比，除了可以返回最近距离，还能返回最近的两个点对象。例如，使用这个函数来计算第 16 号建筑和直升机轨迹之间的最近的点。代码如下：

Code_6_15

```
declare
    traj sdo_geometry;
    bldg16 sdo_geometry;
    dist number;
    trajpt sdo_geometry;
    bldg16pt sdo_geometry;
begin
    select geom INTO bldg16 from city_buildings where id=16;
    select trajectory into traj from trip_route where rownum<=1;
    bldg16. sdo_srid:=null;-- Workaround for Bug 6201938
    traj. sdo_srid:=null;-- Workaround for Bug 6201938
    sdo_geom. sdo_closest_points(traj,
        bldg16,
        0.05,
        'UNIT=FOOT',
        dist,
        trajpt,
        bldg16pt);
    dbms_output. put_line('Distance='|| TO_CHAR(dist));
    dbms_output. put_line('Pt on Trajectory:'||
        TO_CHAR(trajpt. sdo_point. x) ||','||
        TO_CHAR(trajpt. sdo_point. y) ||','||
        TO_CHAR(trajpt. sdo_point. z));
    dbms_output. put_line('Pt on Bldg 16:'||
        TO_CHAR(bldg 16pt. sdo_point. x) ||','||
        TO_CHAR(bldg 16pt. sdo_point. y) ||','||
        TO_CHAR(bldg 16pt. sdo_point. z));
end;
```

运行结果如图 6-13 所示。

脚本的输出结果为：

Distance= 150

Pt on Trajectory:29729872.8,43920828.9,650

Pt on Bldg16:29729872.8,43920828.9,500

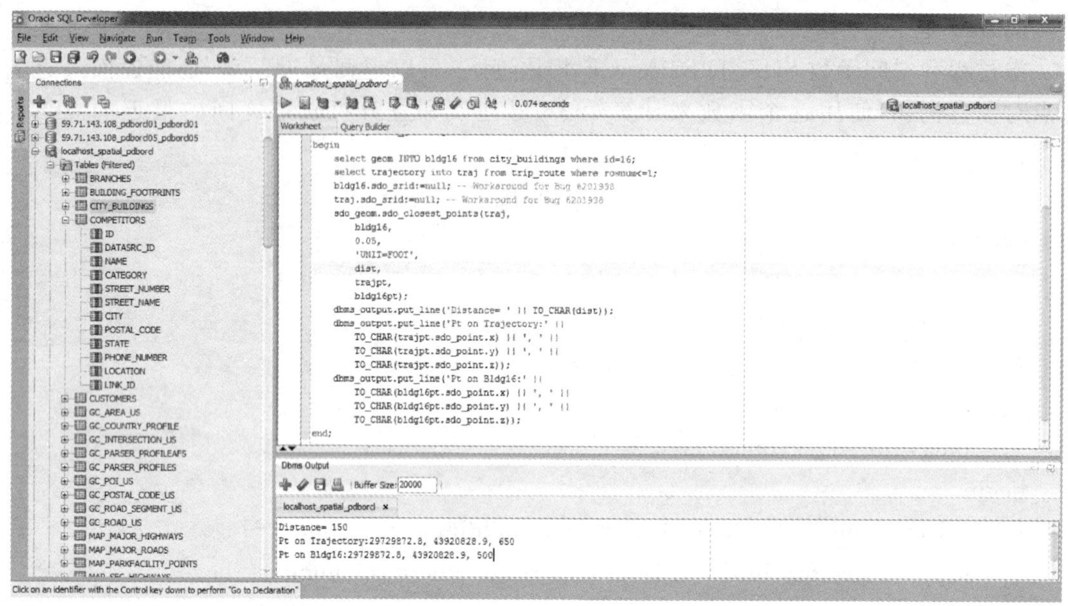

图 6－13　SDO_CLOSEST_POINT 空间过程的使用

6.3.2.3　RELATE

SDO_GEOM 包中的 RELATE 函数与 SDO_RELATE 操作符实现功能基本相同，其函数的语法如下：

RELATE

(

Geometry_A IN SDO_GEOMETRY,

mask,IN VARCHAR2,

Geometry_Q,IN SDO_GEOMETRY,

Tolerance IN NUMBER

)

RETURNS a relationship of type VARCHAR2

其中，Geometry_A 和 Geometry_Q 代表两个几何体。mask 参数可取如下几个值：①DETERMINE，确定 Geometry_A 和 Geometry_Q 之间的关系或者相互作用；②任何一个关系，包括 INSIDE（在内部）、COVEREDBY（被覆盖）、COVERS（覆盖）、CONTAINS（包含）、EQUAL（等价）、OVERLAPBDYDISJOINT、OVERLAPBDYINTERSECT、ON（在……上）和 TOUCH（接触）；③ANYINTERACT，如果先前的任何一个关系存在；④DISJOINT，如果先前的关系不存在。

RELATE 函数的返回值如下：

(1)如果几何体相交并且指定了 ANYINTERACT，返回“TRUE”。

(2)如果 Geometry_A 和 Geometry_Q 满足指定的 mask 类型关系，返回 mask 值。

(3)如果几何体之间的关系不符合第二个参数 mask 指定的关系，返回“FALSE”。

(4)如果 mask 被设置为 DETERMINE，返回关系的类型。

例如，可以通过 SDO_GEOM.RELATE 函数得知哪些建筑与指定轨迹相交。代码如下：

Code_6_16

```
SQL> SELECT cbldg.id
     FROM city_buildings cbldg,trip_route tr
     WHERE SDO_GEOM.RELATE (cbldg.geom,
     'ANYINTERACT',
     tr.trajectory,
     0.5) ='TRUE';
```

运行结果如图 6-14 所示。

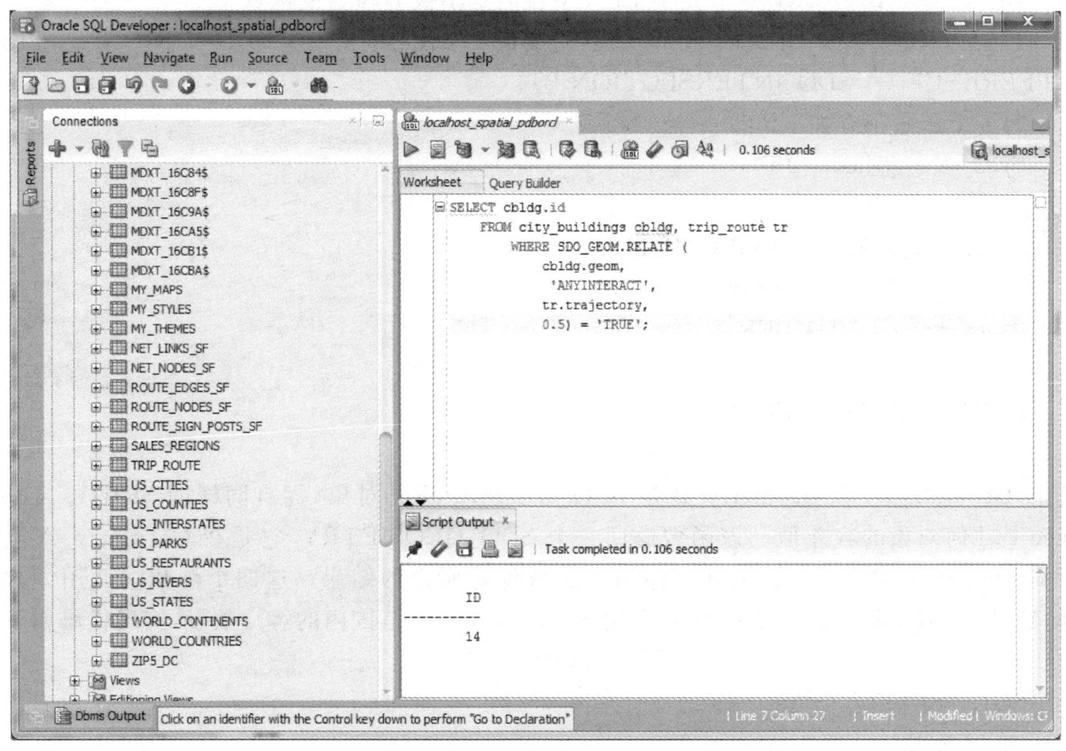

图 6-14　SDO_GEOM.RELATE 空间函数的使用

6.3.3　几何组合函数

在 Oracle Spatial 中，两个集合对象可以进行集合运算，也即几何组合函数，其语义如图 6-15所示。

图中每个函数的返回值如下。

(1)A SDO_INTERSECTION B:返回 A 和 B 共有的区域。

(2)A SDO_UNION B:返回 A 覆盖区域和 B 覆盖区域的并集。

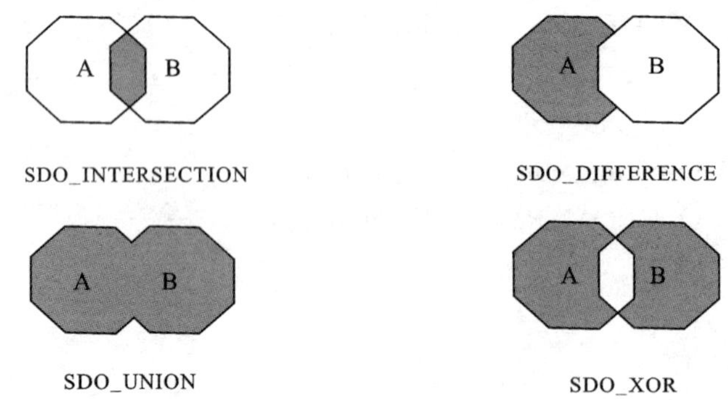

图 6-15 几何组合函数运算示意图

(3)A SDO_DIFFERENCE B：返回 A 覆盖但是不被 B 覆盖的区域。

(4)A SDO_XOR B：返回 A 和 B 不相交的区域，等价于(A SDO_UNION B) SDO_DIFFERENCE (A SDO_INTERSECTION B)。

每一个函数都有如下语法：

```
SDO_<set_theory_fn>
(
Geometry_A IN SDO_GEOMETRY,
Geometry_B IN SDO_GEOMETRY,
Tolerance IN NUMBER
)
RETURNS SDO_GEOMETRY
```

其中，Geometry_A 和 Geometry_B 是 SDO_GEOMETRY 对象(拥有同样的 SRID)。Tolerance 是几何对象的容差值。该函数返回一个 SDO_GEOMETRY，它是在 Geometry_A 上针对 Geometry_B 进行了合适的几何体组合函数计算所得的结果。这四个函数的调用方式一样，这里以 SDO_UNION 为例，确定在销售区域 43 和 51 范围内的客户数量，实现代码如下：

Code_6_17

```
SQL>SELECT count( * )
    FROM
    (
    SELECT SDO_GEOM.SDO_UNION (
            sra.geom,
            srb.geom,
            0.5) geom
      FROM sales_regions srb,sales_regions sra
            WHERE sra.id=51 and srb.id=43
    ) srb,customers sra
     WHERE SDO_RELATE(sra.location,srb.geom,'mask=anyinteract')='TRUE';
```

运行结果如图 6-16 所示。

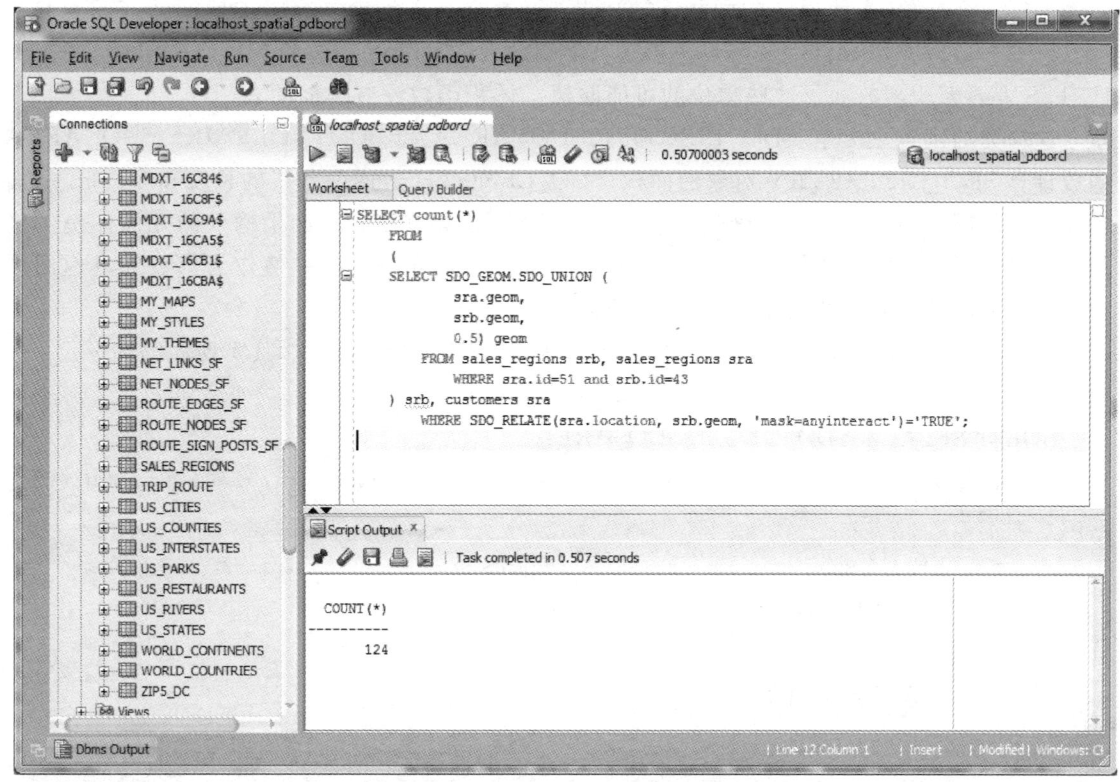

图 6-16　SDO_UNION 函数运算结果

6.3.4　几何分析函数

接下来将描述如何对单个几何体进行深入分析。这些单个几何体在已有的表中以列的形式存储，或者是其他操作如合并和相交所得的结果。

6.3.4.1　面积、长度和体积函数

将先从用于计算输入的 SDO_GEOMETRY 对象的面积、长度和体积的函数开始。可以在一个二维的或者三维的几何体上使用这些函数。这些函数有如下的 PL/SQL 通用语法：

```
Function_name
(
Geometry IN SDO_GEOMETRY,
tolerance IN NUMBER
[,units_params IN VARCHAR2]
)
RETURN NUMBER
```

其中，Geometry 表示将被分析的几何体；tolerance 表示在这个分析中的容差；units_params 是可选的第三个参数，表示返回的面积、长度和体积单位。这个参数的形式是“unit＝＜value_string＞”。可以查看 MDSYS. SDO_DIST_UNITS 表的 length 函数和 MDSYS. SDO_ARES_UNITS 表的面积函数获得这些单位的可能取值。体积函数没有类似的表。

这一类的函数主要有 SDO_LENGTH、SDO_AREA 和 SDO_VOLUME。SDO_AREA 函数计算 SDO_GEOMETRY 对象的面积；SDO_LENGTH 返回一条线的长度和多边形、平面和立方体的周长，对于点，这个函数返回 0。对于 SDO_VOLUME，如果输入的几何体是三维的立方体或者是多重立方体，那么这个函数将一个几何体和一个容差值作为参数并且返回体积。对所有其他的几何体类型，这个函数返回 0。

例如，计算 sales_regions 表中销售区域 51 和 43 相交区域的面积，其实现代码如下：

Code_6_18

```
SQL> SELECT SDO_GEOM. SDO_AREA
    (SDO_GEOM. SDO_INTERSECTION(sra. geom, srb. geom, 0. 5), 0. 5, 'unit=sq_yard') area
        FROM sales_regions srb, sales_regions sra
            WHERE sra. id=51 and srb. id=43;
```

运行结果如图 6－17 所示。

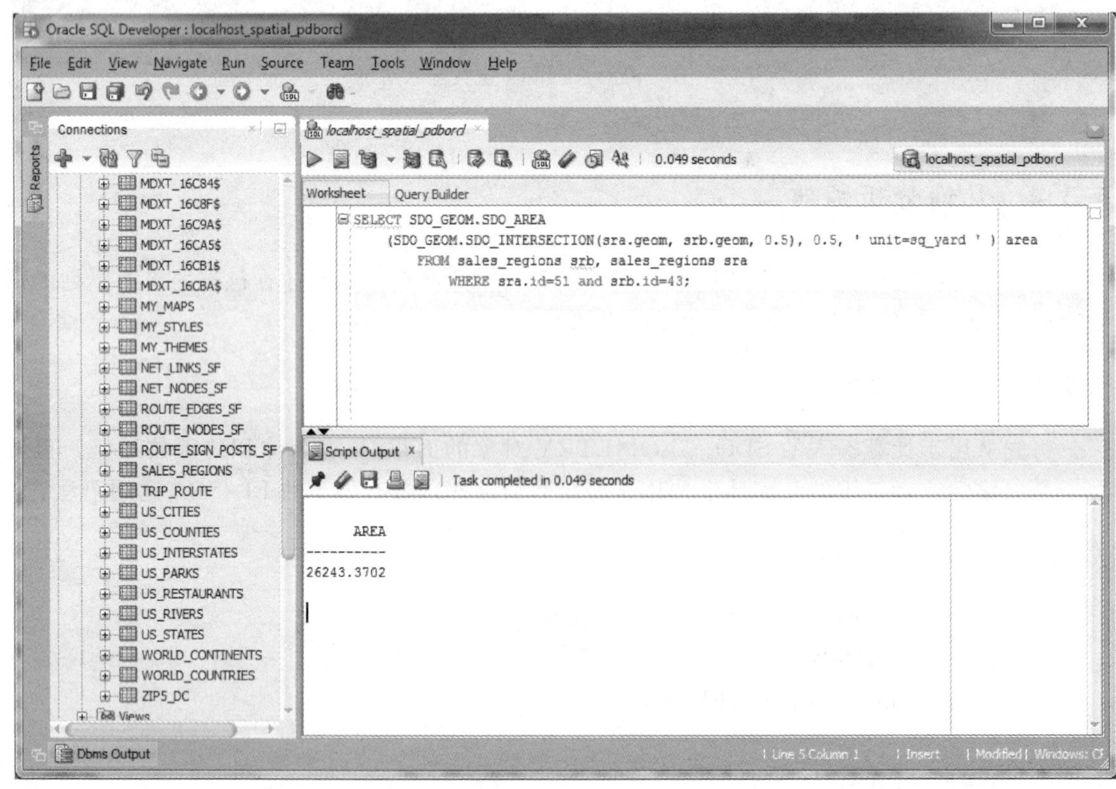

图 6－17　SDO_AREA 函数使用示例

6.3.4.2　MBR 函数

如果想在地图上显示一个几何体，通常需要确定一个范围——也就是指在每一个维度上的下界和上界。可以使用最小边界矩形(MBR)来达到这个目的。这个矩形通常是由左下角点(所有最小值)和右上角(所有最大值)确定。如图 6－18 所示是一个不同几何体 MBR 的例子。

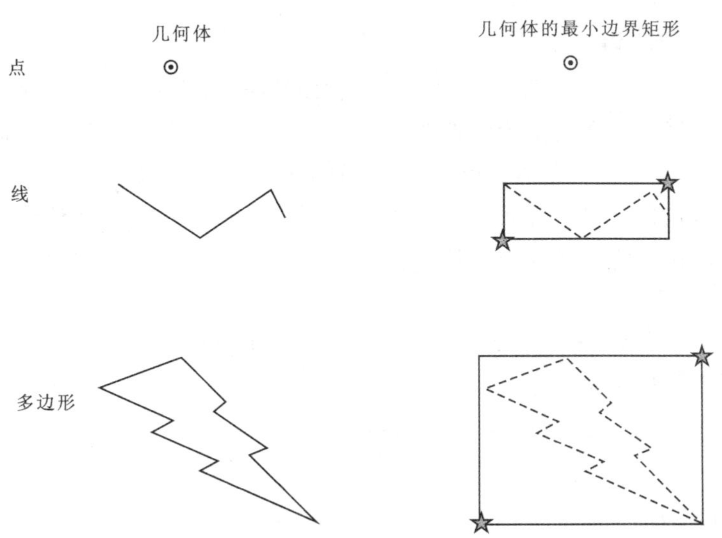

图 6－18　不同几何体的 MBR(“☆”表示 MBR 的左下角和右上角点)

注意，几何体 MBR 经常要比原始的几何体覆盖更多的面积。对于一个点几何体，MBR 也是一个点(也就是说，是一个退化的 MBR，它的左下角和右上角点是一样的)。Oracle Spatial 提供了一些函数来计算 MBR 和相关的组件。

1. SDO_MBR

SDO_MBR 函数把 SDO_GEOMETRY 作为一个输入参数，并计算这个几何体的 MBR。它返回的是一个 SDO_GEOMETRY 对象。如果输入的是一个点，那么 SDO_MBR 函数返回的是一个点几何体。如果输入的是一条平行于 X 轴或 Y 轴的线串，那么函数返回一个线性几何体。否则，函数返回输入几何体的 MBR，将它作为一个 SDO_GEOMETRY 对象。

2. SDO_MIN_MBR_ORDINATE 和 SDO_MAX_ORDINATE

除了获得两个维数上的范围，有时可能对获得指定的维数上的范围感兴趣。可以通过 SDO_MIN_MBR_ORDINATE 和 SDO_MAX_ORDINATE 函数来获得指定的维数上的范围，这两个函数返回指定维数上几何体的最小坐标值和最大坐标值。

6.3.4.3　其他各种分析函数

除了 MBR 函数之外，还有其他一些函数可以用来进行简单的几何分析，如计算质心或者计算凸包。每个函数都有如下的通用语法：

```
<Function_name>
(
Geometry IN SDO_GEOMETRY,
Tolerance IN NUMBER
)
RETURNS SDO_GEOMETRY
```

1. SDO_CONVEXHULL

SDO_CONVEXHULL 函数计算一个 SDO_GEOMETRY 的凸包。MBR 是对一个几何体对象非常粗糙的近似，一个较精确的近似是对象的凸包。对于一个几何体集，如果在这个集合中连接每一对点的线完全被包含在几何体中，那么这个几何体集是凸起的。一个几何体的凸包是最小的凸集，包含了整个几何体，因此，一个多边形的凸包通过消除凹定点（在这个地方，边界向内弯曲），在它的边界线内得到简化。例如：

Code_6_19

```
SQL> SELECT SDO_GEOM. SDO_CONVEXHULL(st. geom,0. 5) cvxhl
        FROM us_states st
        WHERE st. state_abrv='NH';
```

2. SDO_CENTROID

假设想在地图上标记每一个相交区域的名字，把这个标签放在哪里合适呢？放置标签的一个比较合适的地方是几何体的质心（也就是，质量或重力的中心）。从数学上来说，一个几何体的质心是由这个物体所有点的平均位置确定的。SDO_CENTROID 函数计算一个 SDO_GEOMETRY 对象的几何质心。例如，计算美国新罕布什尔州的质心，其代码如下：

Code_6_20

```
SQL> SELECT SDO_GEOM. SDO_CENTROID(st. geom,0. 5) ctrd
        FROM us_states st WHERE st. state_abrv='NH';
```

3. SDO_POINTONSURFACE

一个多边形的质心有可能在也有可能不在这个多边形内，那么在几何体表面的其他点放置一个标签也可能是有用的。可以通过使用 SDO_POINTONSURFACE 函数来得到这样的几何体表面上的点。例如，获得马萨诸塞州几何体表面的一点，代码如下：

Code_6_21

```
SQL> SELECT SDO_GEOM. SDO_POINTONSURFACE(st. geom,0. 5) pt
    FROM us_states st
        WHERE state_abrv='MA';
```

6.3.5 聚合函数

截至目前，已经了解了作用于一个单一几何体或者一对几何体上的空间函数。接下来，讨论作用于 SDO_GEOMETRY 对象集合上的空间聚合函数。

6.3.5.1 聚合 MBR 函数

假设想找到 SDO_GEOMETRY 对象集覆盖的范围，可以使用 SDO_AGGR_MBR 函数计算一个集合的 MBR。例如，计算 city_buildings 表中所有几何体的范围，代码如下：

Code_6_22

```
SQL> SELECT SDO_AGGR_MBR(geom) extent FROM city_buildings;
```

6.3.5.2 其他聚合函数

除了 MBR 之外，还有一些其他的聚类函数，如 SDO_AGGR_UNION、SDO_AGGR_CONVEXHULL、SDO_AGGR_CENTROID 等。与 SDO_AGGR_MBR 函数采用 SDO_GEOMETRY 作为参数不同，这些函数采用 SDOAGGRTYPE 作为参数。SDOAGGTYPE 有如下结构：

```
SQL> DESCRIBE SDOAGGRTYPE;

Name          Null? Type
---------- ----- ---------------------
GEOMETRY            MDSYS.SDO_GEOMETRY()
TOLERANCE           NUMBER
```

1. SDO_AGGR_UNION

聚合函数 SDO_AGGR_UNION 计算几何体集合的并，并以 SDO_GEOMETRY 对象返回。例如，可以创建 branches 表中所有位置的并，以确定商店的覆盖范围，代码如下：

Code_6_23

```
SQL>SELECT SDO_AGGR_UNION(SDOAGGRTYPE(location,0.5)) coverage
           FROM branches;
```

2. SDO_AGGR_CONVEXHULL

函数 SDO_AGGR_CONVEXHULL 用于计算几何体集合的凸包。例如，使用 SDO_AGGR_CONVEXHULL 查找 sales_regions 的覆盖范围，代码如下：

Code_6_24

```
SQL> SELECT SDO_AGGR_CONVEXHULL(SDOAGGRTYPE(geom,0.5)) coverage
           FROM sales_regions;
```

3. SDO_AGGR_CENTROID

该函数用于计算几何体集合的质心。假设已经确认 CUSTOMERS 表中的一组客户距离现有的分支机构位置很远，可能想针对这组客户来开一个新的商店，哪个位置是这个新商店的最佳位置呢？客户所处位置的质心是一个合理的选择。客户位置的质心缩短了客户到新商店的平均距离。下面是使用 SDO_AGGR_CENTROID 查找客户位置的质心代码：

Code_6_25

```
SQL> SELECT SDO_AGGR_CENTROID(SDOAGGRTYPE(location,0.5)) ctrd
        FROM customers;
           WHERE id>100;
```

6.4 高级空间分析函数和工具包

除了上述一些比较常规和基础的函数外，Oracle Spatial 还提供了一些高级空间分析函数和工具包。例如：基于瓦片的分析、邻近分析和群集分析等。Orale Spatial 中的 SDO_SAM 提供了一些函数，可以方便地处理上面描述的几种空间分析。关于这些函数本书将不再详细阐述，如果需要使用，请参考 *Oracle Spatial User's Guide* 文档。

第 7 章　空间数据库应用程序开发

前面的章节对空间数据库的数据结构、索引、查询与分析功能等方面进行了讨论，基本都局限在数据库的 SQL 语言或服务器端的脚本编写。在这一章将重点讨论基于高级语言 C/C++、Java 的空间数据库应用程序开发。最后一节简单介绍基于 PL/SQL 的空间数据库应用程序开发。

7.1　基于 OCI 的 Oracle Spatial 应用程序开发

基于 C/C++的 Oracle 数据库编程有多种连接方式，其中最常用的是 Oracle Call Interface (OCI)。OCI 是一种基于本地 C 语言复杂、高效的 Oracle 数据库接口。Oracle 的一些工具，例如 SQL* Plus、Real Application Testing (RAT)、SQL* Loader 和 Data - Pump 等都是采用的 OCI。

OCI 也是 Oracle 数据库一些其他语言接口的基础，例如 JDBC - OCI、Oracle Data Provider for Net (ODP. Net)、Oracle Precompilers、Oracle ODBC、Oracle C++ Call Interface (OCCI)、PHP OCI8、ruby - oci8、Perl DBD::Oracle、Python cx_Oracle以及 R 语言的 ROracle 等都是基于 OCI 构建的。图 7 - 1 中展示了 OCI 编程的一般步骤。下面以 Oracle 提供的 MDSYS 方案中的 SDO_GEOMETRY 读写操作示例(经过一定的修改)为例子进行阐述。

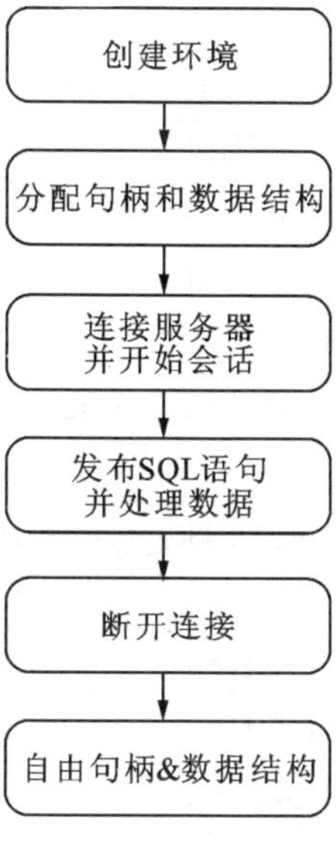

创建环境 → 分配句柄和数据结构 → 连接服务器并开始会话 → 发布SQL语句并处理数据 → 断开连接 → 自由句柄&数据结构

图 7 - 1　OCI 编程的一般步骤

7.1.1　几何数据结构定义

要在 OCI 中对 SDO_GEOMETRY 数据进行访问，首先需要在 C 语言中定义相应的几何数据结构，包括点、元素数组、几何对象和相应的指示数据结构，具体如下：

Code_7_1

```
struct sdo_point_type
{
   OCINumber x;
   OCINumber y;
```

```
  OCINumber z;
};
typedef struct sdo_point_type sdo_point_type;

typedef OCIArray sdo_elem_info_array;
typedef OCIArray sdo_ordinate_array;

struct sdo_geometry
{
  OCINumber        sdo_gtype;
  OCINumber        sdo_srid;
  sdo_point_type    sdo_point;
  OCIArray        * sdo_elem_info;
  OCIArray        * sdo_ordinates;
};

typedef struct sdo_geometry SDO_GEOMETRY_TYPE;

struct sdo_point_type_ind
{
  OCIInd _atomic;
  OCIInd x;
  OCIInd y;
  OCIInd z;
};
typedef struct sdo_point_type_ind sdo_point_type_ind;

struct SDO_GEOMETRY_ind
{
  OCIInd                        _atomic;
  OCIInd                        sdo_gtype;
  OCIInd                        sdo_srid;
  struct sdo_point_type_ind     sdo_point;
  OCIInd                        sdo_elem_info;
  OCIInd                        sdo_ordinates;
};
typedef struct SDO_GEOMETRY_ind SDO_GEOMETRY_ind;
```

7.1.2　连接 Oracle 数据库

用 OCI 访问 Oracle 数据库首先要建立连接，其建立连接的主要步骤如下。

1. 声明、创建环境句柄

Code_7_2

```
OCIEnv          *envhp;
OCIError        *errhp;
OCIInitialize((ub4)(OCI_OBJECT),(dvoid *)0,
    (dvoid*(*)())0,(dvoid*(*)())0,(void (*)())0);
OCIEnvInit(&envhp,(ub4)OCI_DEFAULT,(size_t)0,(dvoid**)0);
```

对于函数 OCIInitialize，第一个参数是初始化的方式，有效的初始化方式包括：OCI_DEFAULT 默认方式；OCI_THREADED 线程环境方式，在这种方式下面内部数据结构将被保护，不会让其他线程访问；OCI_OBJECT 使用对象方式；OCI_EVENTS 使用公共订阅通知方式。由于 SDO_GEOMETRY 是对象类型，因此在 OCIInitialize 中传入的是 OCI_OBJECT 方式参数。

2. 声明、创建其他句柄(错误报告句柄、服务器内容句柄、服务内容句柄)

Code_7_3

```
/*
 **  Initialize error report handle,errhp
 **  Initialize sever context handle,srvhp
*/
OCIHandleAlloc((dvoid*)envhp,(dvoid**)&errhp,(ub4)OCI_HTYPE_ERROR,
    (size_t)0,(dvoid**)0);
OCIHandleAlloc((dvoid*)envhp,(dvoid**)&srvhp,(ub4)OCI_HTYPE_SERVER,
    (size_t)0,(dvoid**)0);
OCIServerAttach(srvhp,errhp,(text*)0,(sb4)0,(ub4)OCI_DEFAULT);

/* initialize svchp*/
OCIHandleAlloc((dvoid*)envhp,(dvoid**)&svchp,(ub4)OCI_HTYPE_SVCCTX,
    (size_t)0,(dvoid**)0);
OCIAttrSet((dvoid*)svchp,(ub4)OCI_HTYPE_SVCCTX,(dvoid*)srvhp,(ub4)0,
    (ub4)OCI_ATTR_SERVER,errhp);
```

3. 创建用户句柄，设置用户名称和密码

Code_7_3

```
/* initialize usrhp*/
OCIHandleAlloc((dvoid*)envhp,(dvoid**)&usrhp,(ub4)OCI_HTYPE_SESSION,
```

```
    (size_t)0,(dvoid**)0);
OCIAttrSet((dvoid*)usrhp,(ub4)OCI_HTYPE_SESSION,
    (dvoid*)username,(ub4)strlen(username),
    (ub4)OCI_ATTR_USERNAME,errhp);
OCIAttrSet((dvoid*)usrhp,(ub4)OCI_HTYPE_SESSION,
    (dvoid*)password,(ub4)strlen(password),
    (ub4)OCI_ATTR_PASSWORD,errhp);
```

4. 开始会话，构建语句句柄

Code_7_4

```
/* session begins*/
checkerr(errhp,OCISessionBegin(svchp,errhp,usrhp,OCI_CRED_RDBMS,
    OCI_DEFAULT));
OCIAttrSet((dvoid*)svchp,(ub4)OCI_HTYPE_SVCCTX,(dvoid*)usrhp,(ub4)0,
    (ub4)OCI_ATTR_SESSION,errhp);

/* initialize stmthp*/
checkerr(errhp,OCIHandleAlloc((dvoid*)envhp,(dvoid**)&stmthp,
    (ub4)OCI_HTYPE_STMT,(size_t)0,(dvoid**)0));
```

5. 分配描述句柄，获取 SDO_GEOMETRY 类型信息

Code_7_5

```
/* describe spatial object types*/
checkerr(errhp,OCIHandleAlloc(envhp,(dvoid**)&dschp,
    (ub4)OCI_HTYPE_DESCRIBE,(size_t)0,(dvoid**)0));
checkerr(errhp,OCIDescribeAny(svchp,errhp,(text*)typename,
    (ub4)strlen((char*)typename),
    OCI_OTYPE_NAME,(ub1)1,
    (ub1)OCI_PTYPE_TYPE,dschp));
checkerr(errhp,OCIAttrGet((dvoid*)dschp,(ub4)OCI_HTYPE_DESCRIBE,
    (dvoid*)&paramp,(ub4*)0,
    (ub4)OCI_ATTR_PARAM,errhp));
checkerr(errhp,OCIAttrGet((dvoid*)paramp,(ub4)OCI_DTYPE_PARAM,
    (dvoid*)&type_ref,(ub4*)0,
    (ub4)OCI_ATTR_REF_TDO,errhp));
checkerr(errhp,OCIObjectPin(envhp,errhp,type_ref,
(OCIComplexObject*)0,
    OCI_PIN_ANY,OCI_DURATION_SESSION,
    OCI_LOCK_NONE,(dvoid**)&tdo));
```

7.1.3 几何数据的读取操作

建立连接和相关句柄后，可以开始构建查询语句，执行查询获取几何数据，代码如下：

Code_7_6

```
/* construct query */
sprintf(query,"SELECT %s,%s FROM %s",id_column,geom_column,table);

/* parse query */
checkerr(errhp,OCIStmtPrepare(stmthp,errhp,
    (text*)query,(ub4)strlen(query),
    (ub4)OCI_NTV_SYNTAX,(ub4)OCI_DEFAULT));

/* define GID and spatial ADT object */
checkerr(errhp,OCIDefineByPos(stmthp,&defn1p,errhp,(ub4)1,
    (dvoid*)global_gid,
    (sb4)sizeof(OCINumber),SQLT_VNU,
    (dvoid*)0,(ub2*)0,(ub2*)0,
    (ub4)OCI_DEFAULT));

checkerr(errhp,OCIDefineByPos(stmthp,&defn2p,errhp,(ub4)2,
    (dvoid*)0,(sb4)0,SQLT_NTY,(dvoid*)0,
    (ub2*)0,(ub2*)0,(ub4)OCI_DEFAULT));

checkerr(errhp,OCIDefineObject(defn2p,errhp,geom_tdo,
    (dvoid**)global_geom_obj,(ub4*)0,
    (dvoid**)global_geom_ind,(ub4*)0));

/* execute */
status=OCIStmtExecute(svchp,stmthp,errhp,(ub4)ARRAY_SIZE,(ub4)0,
    (OCISnapshot*)NULL,(OCISnapshot*)NULL,
    (ub4)OCI_DEFAULT);

if (status == OCI_SUCCESS_WITH_INFO || status == OCI_NO_DATA)
has_more_data=FALSE;
else
{
    has_more_data=TRUE;
    checkerr(errhp,status);
```

```
}

/* process data*/
checkerr(errhp,OCIAttrGet((dvoid*)stmthp,(ub4)OCI_HTYPE_STMT,
    (dvoid*)&rows_fetched,(ub4*)0,
    (ub4)OCI_ATTR_ROW_COUNT,errhp));
rows_to_process=rows_fetched - rows_processed;

process_data(num_dimensions,id_column,
    rows_to_process,&rows_processed);

while (has_more_data)
{
    status=OCIStmtFetch(stmthp,errhp,(ub4)ARRAY_SIZE,
        (ub2)OCI_FETCH_NEXT,(ub4)OCI_DEFAULT);

    if (status ! = OCI_SUCCESS)
        has_more_data=FALSE;

        /* process data*/
        checkerr(errhp,OCIAttrGet((dvoid*)stmthp,(ub4)OCI_HTYPE_STMT,
            (dvoid*)&rows_fetched,(ub4*)0,
            (ub4)OCI_ATTR_ROW_COUNT,errhp));
        rows_to_process=rows_fetched - rows_processed;

        process_data(num_dimensions,id_column,
            rows_to_process,&rows_processed);
}

if (status ! = OCI_SUCCESS_WITH_INFO && status ! = OCI_NO_DATA)
    checkerr(errhp,status);
```

其中,process_data 是自定的几何数据处理函数。需要注意的是,在查询的结果数据足够的情况下,每次返回处理的记录条数为 ARRAY_SIZE。

7.1.4　几何数据的写入操作

为了测试写入操作,首先在相应的方案中创建表 TEST,其 SQL 语句如下:

```
CREATE TABLE TEST (GID NUMBER(10),GEOM SDO_GEOMETRY);
```

后面的写入操作将在该表中写入一个几何对象。首先要定义坐标数据(见本章 WRITE-GEOM 工程中的 test_ordinates[]数组定义),然后将构成几何对象的数据逐一转换到 OCI 的数据类型。

Code_7_7

```
for (i=0;i < 1002;i++){
    checkerr(errhp,OCINumberFromReal(errhp,(dvoid*)&(test_ordinates[i]),
        (uword)sizeof(double),(dvoid*)&oci_number));

    checkerr(errhp,OCICollAppend(envhp,errhp,(dvoid*) &oci_number,
        (dvoid*)0,(OCIColl*)ordinates));
}

checkerr(errhp,OCINumberFromInt(errhp,(dvoid*)&starting_offset,
    (uword)sizeof(ub4),OCI_NUMBER_UNSIGNED,
    (dvoid*)&oci_number));
checkerr(errhp,OCICollAppend(envhp,errhp,(dvoid*)&oci_number,
    (dvoid*)0,(OCIColl*)elem_info));

checkerr(errhp,OCINumberFromInt(errhp,(dvoid*)&element_type,
    (uword)sizeof(ub4),OCI_NUMBER_UNSIGNED,
    (dvoid*)&oci_number));
checkerr(errhp,OCICollAppend(envhp,errhp,(dvoid*)&oci_number,
    (dvoid*)0,(OCIColl*)elem_info));

checkerr(errhp,OCINumberFromInt(errhp,(dvoid*)&interpretation,
    (uword)sizeof(ub4),OCI_NUMBER_UNSIGNED,
    (dvoid*)&oci_number));
checkerr(errhp,OCICollAppend(envhp,errhp,(dvoid*)&oci_number,
    (dvoid*)0,(OCIColl*)elem_info));
```

接下来,构建插入 SQL 语句:

Code_7_8

```
sprintf(query,"INSERT INTO %s (%s,%s)"
    "VALUES (1,%s(4,NULL,NULL,:elem_info,:ordinates))",
    table,id_column,geom_column,SDO_GEOMETRY);

checkerr(errhp,OCIStmtPrepare(stmthp,errhp,
    (text*)query,(ub4)strlen(query),
    (ub4)OCI_NTV_SYNTAX,(ub4)OCI_DEFAULT));
```

绑定元素数组对象和坐标数组对象：

Code_7_9

```
/* bind info_obj varray object*/
checkerr(errhp,OCIBindByName(stmthp,&bnd1p,errhp,
    (text*)":elem_info",(sb4)-1,(dvoid*)0,
    (sb4)0,SQLT_NTY,(dvoid*)0,(ub2*)0,
    (ub2*)0,(ub4)0,(ub4*)0,
    (ub4)OCI_DEFAULT));
checkerr(errhp,OCIBindObject(bnd1p,errhp,elem_info_tdo,
    (dvoid**)&elem_info,(ub4*)0,
    (dvoid**)0,(ub4*)0));
/* bind coordinate varray object*/
checkerr(errhp,OCIBindByName(stmthp,&bnd2p,errhp,
    (text*)":ordinates",(sb4)-1,(dvoid*)0,
    (sb4)0,SQLT_NTY,(dvoid*)0,(ub2*)0,
    (ub2*)0,(ub4)0,(ub4*)0,
    (ub4)OCI_DEFAULT));
checkerr(errhp,OCIBindObject(bnd2p,errhp,ordinates_tdo,
    (dvoid**)&ordinates,(ub4*)0,
    (dvoid**)0,(ub4*)0));
```

最后，执行 SQL 语句：

Code_7_10

```
checkerr(errhp,OCIStmtExecute(svchp,stmthp,errhp,(ub4)1,(ub4)0,
    (OCISnapshot*)NULL,(OCISnapshot*)NULL,
    (ub4)OCI_DEFAULT));
```

在 TEST 数据表中插入一条记录，完成几何对象的写入操作。

7.2　基于 Java 的 Oracle Spatial 应用程序开发

空间对象以 SDO_GEOMETRY 类型存储在数据库表中。要在 Java 中对它进行处理，必须首先使用 JDBC 从数据库中读取它们，然后把它们映射为 Java 类。把 SDO_GEOMETRY 类型映射为 Java 类比较简单，这都归功于 Oracle Spatial 提供的 API 接口。API 本身比较简单，它有一个主要的包(oracle. spatial. geometry)，该包中包含两个主要的类(JGeometry 和 J3D_Geometry)。除此之外，现在包含许多几何体的处理函数，同时也包含可以将一些标准格式(GML、WKT 和 ESRI 等格式)转换成几何体的工具函数。这些工具都位于 oracle. spatial. util 包中。Oracle Spatial 的 Java API 由位于 Oracle 安装目录({ORACLE_HOME} /md/jlib)下的多个以 sdo 开头的 jar 文件(如 sdoapi. jar，sdoutl. jar，sdoshp 等)组成。除了这些

sdo*.jar外，还需要 JDBC 的支持，这里采用 ojdbc8.jar。

7.2.1 构建 Java 应用程序

采用 JetBrains 公司的 IntelliJ IDEA 进行 Java 应用程序工程的构建。这里介绍两种比较常见的构建方法，也即基于 Maven 的构建和 IDE 的构建。

7.2.1.1 基于 Maven 构建 Java 应用程序

首先，打开 IntelliJ IDEA，选择新建 Maven 工程，如图 7-2 所示。如果想采用 Kotlin 语言编写测试代码，则可以选择“Create from archetype”，选择“com.jetbrains.kotlin:kotlin-archetype-jvm”；如果只想采用 Java 语言进行编程，这里就不用选择任何选项。然后设置项目位置和工程名称，如图 7-3 所示。

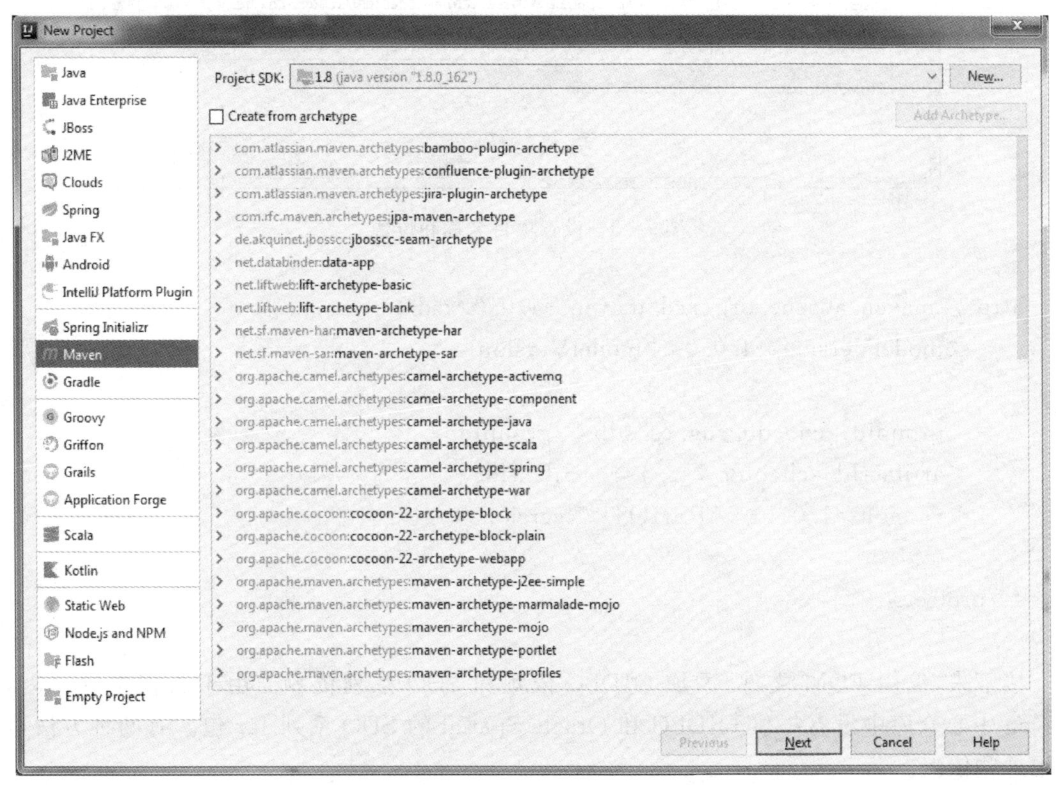

图 7-2 基于 Maven 创建项目

默认生成的 POM 文件内容如下：

Code_7_11

```
<?xml version="1.0" encoding="UTF-8"?>
<project xmlns="http://maven.apache.org/POM/4.0.0"
         xmlns:xsi="http://www.w3.org/2001/XMLSchema-instance"
         xsi:schemaLocation="http://maven.apache.org/POM/4.0.0
```

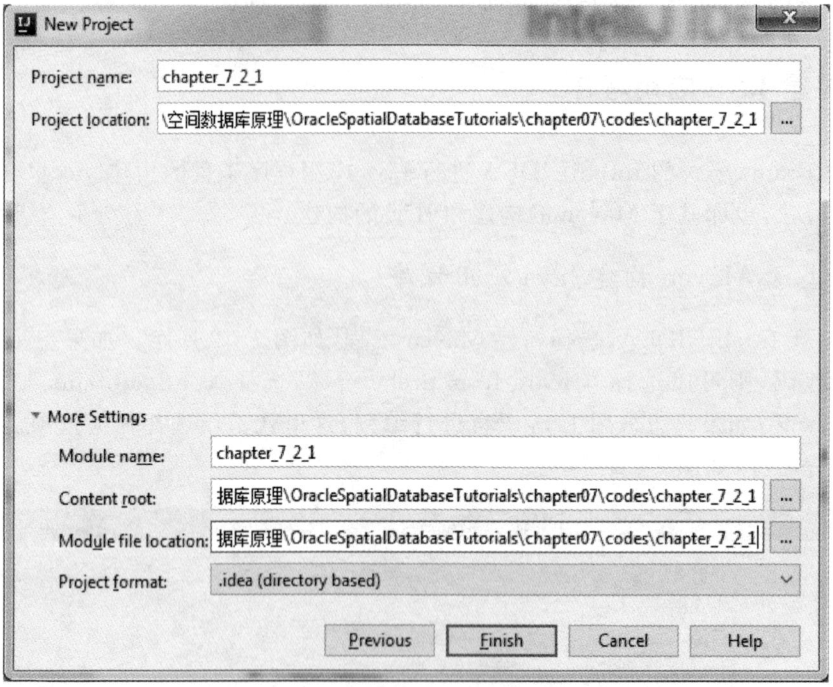

图 7-3　设置项目名称和位置

```
http://maven.apache.org/xsd/maven-4.0.0.xsd">
    <modelVersion>4.0.0</modelVersion>

    <groupId>cn.edu.cug.cs.sdb</groupId>
    <artifactId>chapter_7_2_1</artifactId>
    <version>1.0-SNAPSHOT</version>

</project>
```

接下来，编辑 POM 文件，添加 OJDBC 依赖和 SDO 系列依赖。由于版权限制原因，在 Maven 中心仓库中没有提供 OJDBC 和 Oracle Spatial 的 SDO 系列 Jar 包。有两种方法可以使用这些依赖。

第一种方法是通过添加本地 Jar 依赖方式，添加 ojdbc8.jar、sdoapi.jar 等。修改后的 POM 文件如下：

Code_7_12

```
<?xml version="1.0" encoding="UTF-8"?>
<project xmlns="http://maven.apache.org/POM/4.0.0"
         xmlns:xsi="http://www.w3.org/2001/XMLSchema-instance"
         xsi:schemaLocation="http://maven.apache.org/POM/4.0.0
http://maven.apache.org/xsd/maven-4.0.0.xsd">
```

```
<modelVersion>4.0.0</modelVersion>

<groupId>cn.edu.cug.cs.sdb</groupId>
<artifactId>chapter_7_2_1</artifactId>
<version>1.0-SNAPSHOT</version>

<properties>
    <project.build.sourceEncoding>UTF-8</project.build.sourceEncoding>
    <java.version>1.8</java.version>
    <junit.version>4.12</junit.version>
    <oracle.home>D:/app/oracle/product/12.1.0/dbhome_1</oracle.home>
</properties>

<dependencies>
    <dependency>
        <groupId>junit</groupId>
        <artifactId>junit</artifactId>
        <version>${junit.version}</version>
        <scope>test</scope>
    </dependency>

    <dependency>
        <groupId>oracle</groupId>
        <artifactId>ojdbc</artifactId>
        <version>12.0</version>
      <scope>system</scope>
        <systemPath>${oracle.home}/jdbc/lib/ojdbc8.jar</systemPath>
    </dependency>

    <dependency>
        <groupId>oracle</groupId>
        <artifactId>sdoapi</artifactId>
        <version>12.0</version>
        <scope>system</scope>
        <systemPath>${oracle.home}/md/jlib/sdoapi.jar</systemPath>
    </dependency>

    <dependency>
        <groupId>oracle</groupId>
```

```
            <artifactId>sdoutl</artifactId>
            <version>12.0</version>
            <scope>system</scope>
            <systemPath>${oracle.home}/md/jlib/sdoutl.jar</systemPath>
        </dependency>

        <dependency>
            <groupId>oracle</groupId>
            <artifactId>sdoshp</artifactId>
          <version>12.0</version>
            <scope>system</scope>
            <systemPath>${oracle.home}/md/jlib/sdoshp.jar</systemPath>
        </dependency>

        <dependency>
            <groupId>oracle</groupId>
            <artifactId>sdotype</artifactId>
            <version>12.0</version>
            <scope>system</scope>
            <systemPath>${oracle.home}/md/jlib/sdotype.jar</systemPath>
        </dependency>

    </dependencies>

</project>
```

第二种方法是将本地文件安装到本地的 Maven 仓库中，以 ojdbc8. jar 为例，在目录{ORACLE_HOME}/jdbc/lib 下执行 ojdbc8. jar 的 Maven 安装：

```
mvn install:install-file -Dfile=ojdbc8.jar -DgroupId=com.oracle -Dartifactid=ojdbc -Dversion=8.0 -Dpackaging=jar
```

运行界面及结果如图 7-4 所示。依照类似的方法，安装需要的{ORACLE_HOME}/md/jlib 下的 sdo＊.jar 文件。文件安装到本地 Maven 仓库后，可以在 POM 文件中增加以下依赖：

```
<dependency>
            <groupId>oracle</groupId>
            <artifactId>ojdbc</artifactId>
            <version>8.0</version>
</dependency>
```

```
Administrator: C:\Windows\system32\cmd.exe
D:\app\oracle\product\12.1.0\dbhome_1>cd jdbc/lib

D:\app\oracle\product\12.1.0\dbhome_1\jdbc\lib>mvn install:install-file -Dfile=o
jdbc8.jar -DgroupId=com.oracle -DartifactId=ojdbc -Dversion=8.0 -Dpackaging=jar
[INFO] Scanning for projects...
[INFO]
[INFO] ------------------------------------------------------------------------
[INFO] Building Maven Stub Project (No POM) 1
[INFO] ------------------------------------------------------------------------
[INFO]
[INFO] --- maven-install-plugin:2.4:install-file (default-cli) @ standalone-pom
---
[INFO] Installing D:\app\oracle\product\12.1.0\dbhome_1\jdbc\lib\ojdbc8.jar to C
:\Users\vincent\.m2\repository\com\oracle\ojdbc\8.0\ojdbc-8.0.jar
[INFO] Installing C:\Users\vincent\AppData\Local\Temp\mvninstall2341348460898970
257.pom to C:\Users\vincent\.m2\repository\com\oracle\ojdbc\8.0\ojdbc-8.0.pom
[INFO] ------------------------------------------------------------------------
[INFO] BUILD SUCCESS
[INFO] ------------------------------------------------------------------------
[INFO] Total time: 1.021 s
[INFO] Finished at: 2018-05-29T19:26:30+08:00
[INFO] Final Memory: 7M/119M
[INFO] ------------------------------------------------------------------------

D:\app\oracle\product\12.1.0\dbhome_1\jdbc\lib>_
```

图 7-4　安装 ojdbc8.jar 到 Maven 本地仓库

最后，就可以在该工程下新建 java 文件开始编写代码了，如图 7-5 所示。

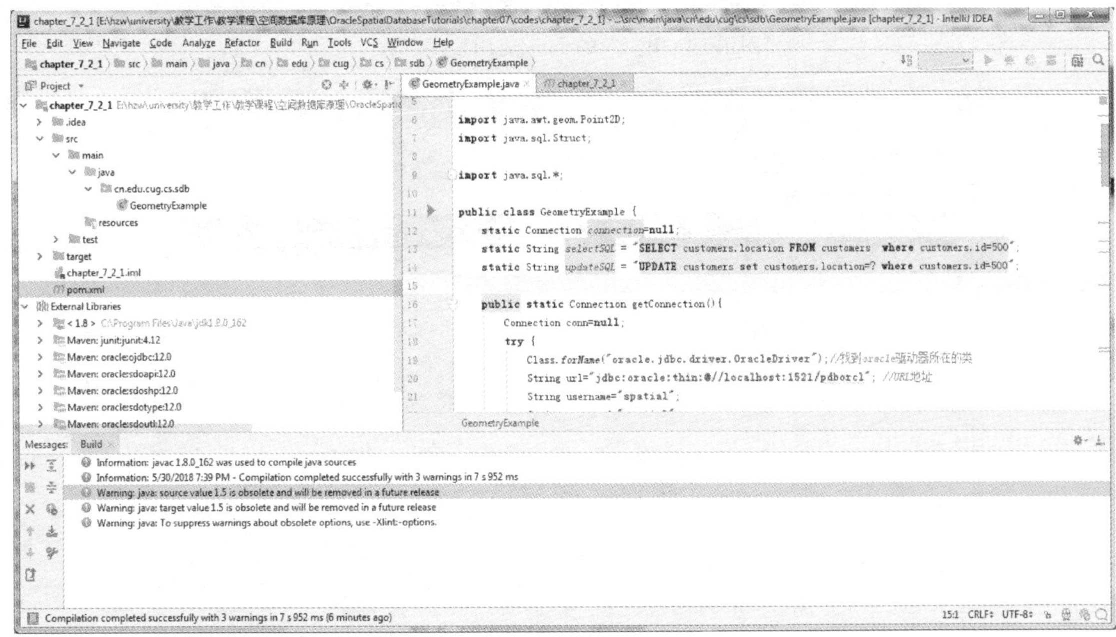

图 7-5　基于 Maven 的 GeometryExample 程序框架

7.2.1.2　基于 IntelliJ IDEA 构建 Java 应用程序

构建 IntelliJ IDEA 的 Java 工程则相对比较简单，只要选择 Java(图 7-6)，然后选择如图

7－7 所示的“Java Hello World”模板(Template),输入工程名称(图 7－8),这样就完成了工程构建。接下来要做的就是将需要的 Jar 文件添加到工程中,如图 7－9 所示。

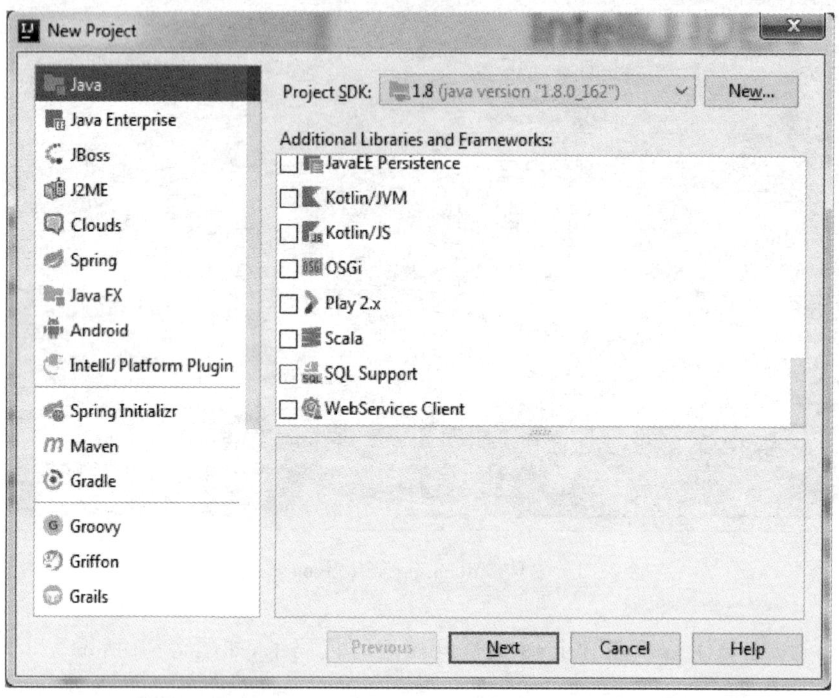

图 7－6　IDEA 的 Java 应用程序工程

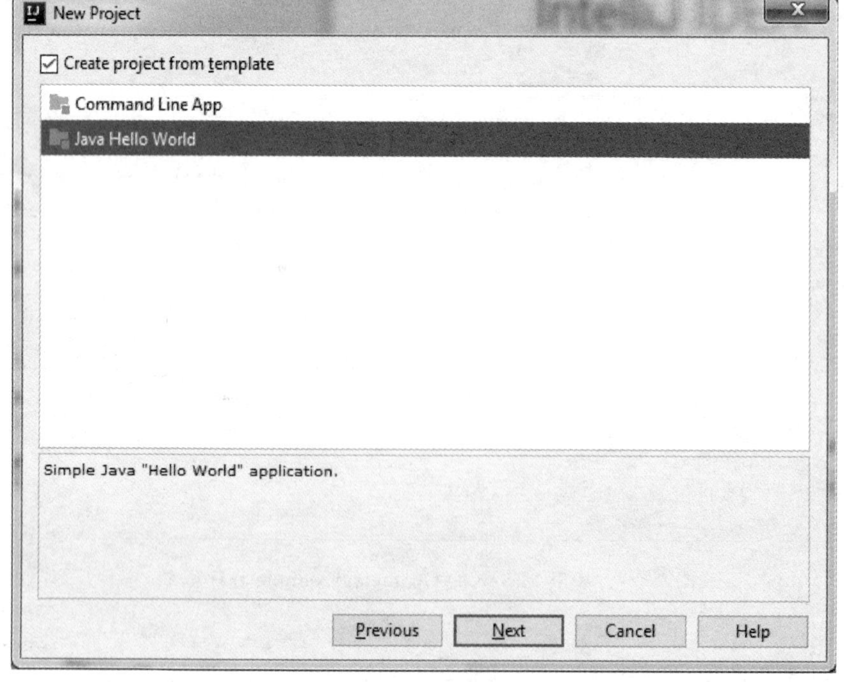

图 7－7　选择 Java Hello World 模板

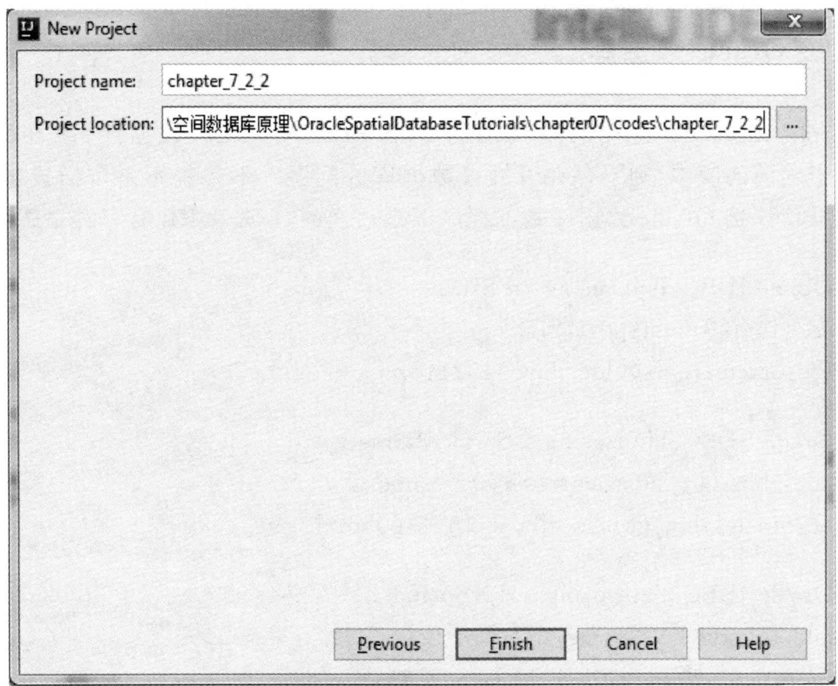

图 7-8 输入工程名称

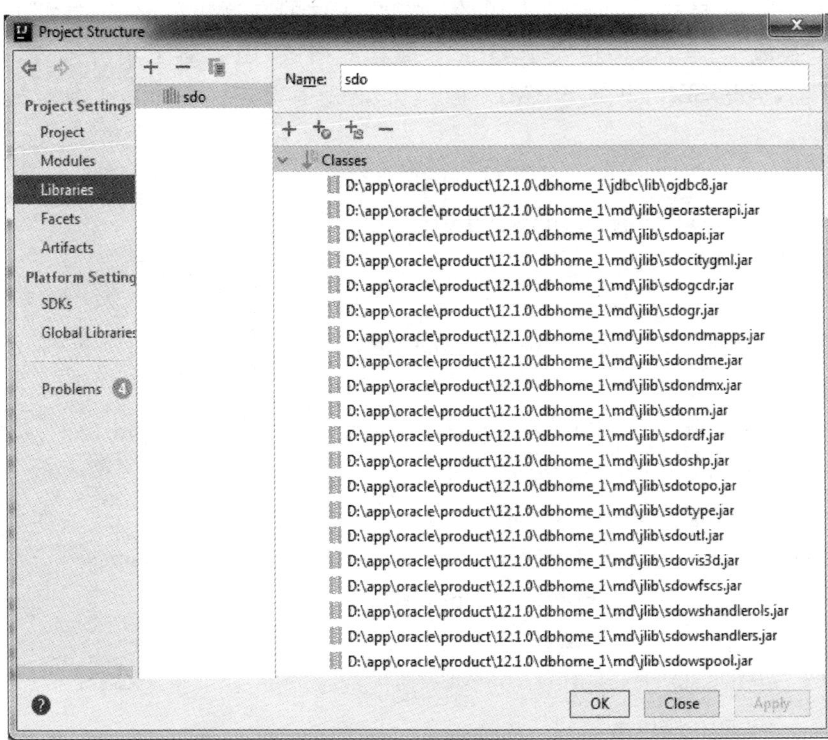

图 7-9 添加依赖的 Jar 包

7.2.2 连接 Oracle 数据库

对于 Oracle 12c，一般连接的是其中的一个 PLUGGABLE 数据库，例如默认的 PDBORCL。对于之前的版本，则不存在可插拔数据库的问题。不管是不是可插拔数据库，一般而言，通过 JDBC 连接 Oracle 数据库基本程序都是一样的，但是 URL 有三种格式：

格式一 Oracle JDBC Thin using an SID：
jdbc:oracle:thin:@host:port:SID
例如：jdbc:oracle:thin:@localhost:1521:orcl

格式二 Oracle JDBC Thin using a ServiceName：
jdbc:oracle:thin:@//host:port/service_name
例如：jdbc:oracle:thin:@//localhost:1521/pdborcl

格式三 Oracle JDBC Thin using a TNSName：
jdbc:oracle:thin:@TNSName
例如：jdbc:oracle:thin:@TNS_ALIAS_NAME

上面三种格式中，格式二是比较常用的。需要注意的是这里的格式，"@"后面有"//"，"port"后面":"换成了"/"，这种格式是 Oracle 推荐的格式，因为对于集群来说，每个节点的 SID 是不一样的，但是 SERVICE_NAME 却可以包含所有节点。下面是连接本书示例数据库 spatial 的代码：

Code_7_13

```
public static Connection getConnection(){
        Connection conn=null;
        try {
            Class.forName("oracle.jdbc.driver.OracleDriver");//找到 oracle 驱动器所在的类
            String url="jdbc:oracle:thin:@//localhost:1521/pdborcl";//URL 地址
            String username="spatial";
            String password="spatial";
            conn=DriverManager.getConnection(url,username,password);
        } catch (ClassNotFoundException e) {
            e.printStackTrace();
        } catch (SQLException e) {
            e.printStackTrace();
        }
        return conn;
}
```

7.2.3　使用 JGeometry 类

Java 中操作几何体的主要工具就是 JGeometry 类。它可以对数据库中的几何体进行读写,同时也可以对几何体进行检查,创建新的几何体和对这些几何体进行一系列的转换。

7.2.3.1　几何体的读写

当用 SQL 的 SELECT 语句读取对象类型(如 SDO_GEOMETRY 类型)时,JDBC 返回一个 java. sql. Struct 对象(需要说明的是,在 Oracle 11g 之前返回的是 Oracle. sql. STRUCT 对象,现在返回该对象的 load 和 store 函数已经被建议不再使用)。在写一个对象的时候(用 INSERT 或 UPDATE 语句),仍需要通过 java. sql. Struct 对象来传递。对 java. sql. Struct 的解码和构造都是相当复杂的,而 Oracle Spatial Java API (JGeometry 类)的主要目标就是使得这种操作变得简单。

JGeometry 类提供了两种把 java. sql. Struct 转换成 JGeometry 对象的方法:

```
staticJGeometry load (byte[] image);
staticJGeometry loadJS(java. sql. Struct st);
```

它们分别是从字节数组和 java. sql. Struct 转换成 JGeometry。与 load 系列方法相反,JGeometry 提供的 store 系列方法则是将 JGeometry 转成字符数组或 java. sql. Struct,方法如下:

```
static byte[]store(JGeometry geom);
static java. sql. StructstoreJS (java. sql. Connection conn,JGeometry geom);
```

在 Oracle Database 12c 中,load()和 store()方法得到了强化,可以提供为几何体对象而优化的序列化及反序列化方法。

对于读取一个几何体,首先要把这个对象以字节数组的形式读入,然后把这个数组传递给 load()方法。下面的例子展示了如何使用 load 方法:

Code_7_14

```
public static JGeometry loadGeometry(Connection connection){
    try {
        Statement statement=connection. createStatement();
        /// reading a geometry from database
        ResultSet rs=statement. executeQuery(selectSQL);
        while (rs. next()) {
            byte[] image=rs. getBytes(1);
            //convert image into a JGeometry object using the SDO pickler
            JGeometry j_geom=JGeometry. load(image);
            return j_geom;
        }
    } catch (Exception e) {
        e. printStackTrace();
    }
```

```
        return null;
    }
```

上面这个例子，首先用结果集的 getBytes()方法，把各行的几何体对象提取为字节数组，然后使用 JGeometry 的静态方法 load()把它转换成 JGeometry 对象。除了上面的这种方式，也可以采用 java. sql. Struct 类型，例如：

```
Struct dbObject=(Struct) rs. getObject(1);
JGeometry geom=JGeometry. loadJS(dbObject);
```

如果要更新数据库中一个几何体对象，则需要使用 JGeometry 的 store 方法，下面的程序展示了数据库中几何体更新：

Code_7_15

```
public static boolean storeGeometry(Connection connection,JGeometry g){
    try {
        PreparedStatement ps=connection. prepareStatement(updateSQL);
        //convert JGeometry instance to DB STRUCT using the SDO pickler
        Struct obj=JGeometry. storeJS(connection,g);
        ps. setObject(1,obj);
        ps. execute();
        return true;
    } catch (Exception e) {
        e. printStackTrace();
    }
    return false;
}
```

该程序首先调用 JGeometry. storeJS(connection,g)将集合对象转成 java. sql. Struct，然后将该结构体对象设置到 PreparedStatement 中，最后执行更新操作。

7.2.3.2　检查几何体

Oracle Spatial 的 JGeometry 对象提供了很多 get()方法，可以用这些 get()方法从几何对象中提取需要的信息。表 7-1 中总结了主要的方法。在表 7-2 中附加的 is()方法对几何体的特性进行了细化。

表 7-1 中的两个方法 getElements()和 getElementAt()可以对复杂几何体的结构进行检查。可以提取独立的元素作为单独的 JGeometry 对象。第一个方法返回所有元素到独立的 JGeometry 对象数组中。第二个方法返回一个指定元素，通过它在几何体中的位置来标识。注意：元素的编号方式是从 1 开始的，而不是 0。

表 7-1　JGeometry 主要的 get()方法

方法	返回信息
getType()	几何体类型("1"表示点,"2"表示线,以此类推)
getDimensions()	维度
getSRID()	空间参考系 ID
getNumPoints()	几何体中的点数
getPoint()	点对象的坐标(如果几何体是点)
getFirstPoint()	几何体中的第一点
getLastPoint()	几何体中的最后一点
getMBR()	几何体的 MBR
getElemInfo()	SDO_ELEM_INFO 数组的内容
getOrdinatesArray()	SDO_ORDINATES 数组的内容
getLabelPoint()	返回 SDO_POINT 结构的坐标。当用来填充线或多边形几何体时,这通常被用来标记点
getJavaPoint()	对一个单点对象来说,以 java. awt. geom. Point2D 对象的形式返回点坐标
getJavaPoints()	对多点对象来说,返回一个 java. awt. geom. Point2D 对象数组
getElements()	得到一个 JGeometry 对象数组,每个对象都表示几何体的一个元素
getElementAt()	以 JGeometry 格式提取几何体的一个元素
createShape()	把几何体转换为 java. awt. Shape 对象,为绘制和使用 java. awt 包中的工具作准备

表 7-2　JGeometry 主要的 is()方法

方法	返回信息
isPoint()	是不是点
isOrientedPoint()	是不是有向点
isCircle()	是不是圆
isGeodeticMBR()	是不是大地测量学的 MBR
isMultiPoint()	是不是多点
isRectangle()	是不是矩形
hasCircularArcs()	几何体中是否包含弧
isLRSGeometry()	是不是一个线性参照的几何体

7.2.3.3　创建几何体

向数据库中写入几何体(用 INSERT 或 UPDATE 语句)要求先创建一个新的 JGeometry 对象,并用 JGeometry. storeJS()方法把它转换成 Struct,然后把 Struct 传递给 INSERT 或 UPDATE 语句。同 load()方法一样,也可以使用速度更快的空间序列化工具。下面是这个方法的例子。首先用 JGeometry 的静态方法 storeJS()把它转换为 Struct，然后用 setObject()方法把它插入到准备好的 SQL 语句中：

```
Struct dbObject=JGeometry. store (geom,dbConnection);
stmt. setObject (1,dbObject);
```

有两种方法可以构造新的 JGeometry 对象：一种方法是使用表 7－3 中的构造函数，另一种方法是用静态的方法来创建不同的几何体。表 7－4 列出了这些方法。

表 7－3　JGeometry 转换器

构造函数	目的
JGeometry (double x,double y,int srid)	构造点
JGeometry (double x,double y,double z,int srid)	构造三维点
JGeometry (double minX,double minY,double maxX,double maxY,int srid)	创建矩形
JGeometry (int gtype,int srid,int[] elemInfo,double[] ordinates)	构造一般几何体

表 7－4　静态 JGeometry 创建方法

创建方法	目的
createPoint(double[] coord,int dim,int srid)	创建点
createLinearLineString(double[] coords,int dim,int srid)	创建简单线串
createLinearPolygon (double[] coords,int dim,int srid)	创建简单多边形
createMultiPoint (java. lang. Object[] coords,int dim,int srid)	创建多重点对象
createLinearMultiLineString (java. lang. Object[] coords,int dim,int srid)	创建多重线串对象
createLinearPolygon (java. lang. Object[] coords,int dim,int srid)	创建多重多边形
createCircle(double x1,double y1,double x2,double y2,double x3,double y3,int srid)	用圆上三个点创建圆
createCircle(double x,double y,double radius,int srid)	用中心和半径创建圆

7.2.3.4　修改几何体

JGeometry 类中没有提供任何用于修改几何体的方法。例如，没有方法从一个线上删除或添加一点。为了执行那些更新，需要用某个方法，如 getOrdinatesArray()来提取点序列，然后更新由此产生的 Java 数组，最后用其结果来创建一个新的 JGeometry 对象。

像先前讨论的那样把修改后的几何体写入到数据库中：用 storeJS()方法把 JGeometry 对象转换为 Struct，然后把 Struct 传给 SQL 中的 INSERT 或 UPDATE 语句。

7.2.3.5　处理几何体

Oracle Spatial 的 Java API 也提供了大量的用于对几何体执行各种处理的方法。表 7－5 中列出了主要的方法。它们以 JGeometry 对象作为输入而以生成的新几何体作为输出。注意，这些函数大部分都由数据库提供，并通过 PL/SQL 来进行调用。

表 7-5 几何体处理函数

方法	目的
buffer(double bufferWidth)	在几何体周围形成一个缓冲区
simplify(double threshold)	简化几何体
densifyArcs(double arc_tolerance)	在几何体中增加所有弧的密度
clone()	复制一个几何体
affineTransforms(...)	基于提供的参数(平移、缩放、旋转、切变、反射)在输入几何体上应用仿射变换
projectToLTP(double smax,double flat)	把一个几何体从经度/纬度投影到一个切面上
projectFromLTP()	把一个几何体从一个本地切面投影到经度/纬度上

表 7-6 总结了 Oracle Spatial 的 Java AP 提供的一些辅助方法。这些函数都不涉及 JGeometry 对象(除了 equals)，用来辅助处理一定的任务。equals()函数用来比较两个 JGeometry 对象，判断它们是否相同。然而，这种比较是基于几何体内的内部编码的，也就是，如果两个几何体的所有点坐标都相同且顺序相同，那么就认为这两个几何体相同。该方法不真正进行涉及容差的几何体的比较。

表 7-6 几何体辅助函数

方法	目的
equals()	判断两个几何体是否相同
computeArc(double x1,double y1,double x2,double y2,double x3,double y3)	从三个坐标点来计算这个弧的中心、半径和角度
linearizeArc(double x1,double y1,double x2,double y2,double x3,double y3)	把一个弧转换成一组二维线段
reFormulateArc(double[] d)	通过重新计算角度重构一条弧
expandCircle(double x1,double y1,double x2,double y2,double x3,double y3)	通过把圆转换成一组二维线段来实现对其线性化
monoMeasure(double[] coords,int dim ()	判断一条线是否有变长或缩短的方法

7.2.4 使用 J3D_Geometry 类

Oracle 11g 及后续版本能够对复杂的 3D 对象(表面和立方体)进行建模。J3D_Geometry 类能够帮助操作这些 3D 结构。注意，它是 JGeometry 的子类，所以到目前为止，已经了解的所有方法都是适用的。

像处理 JGeometry 一样，从数据库中读取 J3D_Geometry 对象，然后由 JGeometry 对象构造一个 J3D_Geometry 对象。例如：

Code_7_16

```
byte[] image=rs. getBytes (1);
JGeometry geom=JGeometry. load(image);
J3D_Geometry geom3D=new J3D_Geometry (
   geom. getType(),geom. getSRID(),
   geom. getElemInfo(),geom. getOrdinatesArray()
);
```

J3D_Geometry 仅通过使用规则的 JGeometry. storeJS()函数向数据库中写入对象：

```
Struct dbObject=JGeometry. store (dbConnection,geom3d);
stmt. setObject (1,dbObject);
```

与 JGeometry 相似，它提供了大量的方法用来对几何体进行不同的操作。表 7-7 总结了这些方法。

表 7-7　三维几何体处理函数

方法	目的
anyInteract(J3D_Geometry A,double tolerance)	判断两个三维几何体是否相交
extrusion (JGeometry polygon, double grdHeight, double height,Connection conn,boolean cond,double tolerance)	通过对一个二维多边形进行拉伸返回一个三维几何体
closestPoints(J3D_Geometry A,double tolerance)	计算出两个三维几何体中离得最近的点
getMBH(J3D_Geometry geom)	对一个三维几何体返回一个三维的边界框
validate(double tolerance)	验证一个三维图像的有效性
area(double tolerance)	计算一个面或立方体中一面的面积
length(int count_shared_edges,double tolerance)	计算三维形状的长度
volume(double tolerance)	计算三维立方体的体积
distance(J3D_Geometry A,double tolerance)	计算两个三维几何体之间的距离

7.2.5　常用数据格式转换

常用的数据格式有 OGC 的标准格式 WKT、WKB 和 GML，还有 ESRI 的 SHP 格式。这些常见数据格式转换功能函数主要在 Oracle. spatial. util 包内。这一小节只讨论 OGC 的三种标准格式，ESRI 的 SHP 格式在下一节进行讨论。下面依次讨论 WKT、WKB 和 GML 格式。

7.2.5.1　对 WKT 的读写

WKT 格式是对几何体编码的一个结构化文本格式。它最初被设计为在不同环境下交换几何体的一种标准方法。点在 WKT 中可以被编码为：

POINT (－111.870478 33.685992)

一个简单多边形可以编码为：

POLYGON ((－119.308006 37.778061，　... －119.308006 37.778061))

可以使用 Oracle. spatial. util 包中 WKT 类的 fromJGeometry()方法将 JGeometry 对象转换为 WKT 格式。注意，这个方法将生成一个字节数组，在将它写入到文件前，需要把它转换成一个字符串。如下所示：

Code_7_17

```
// Create a WKT processor
WKT   wkt   = new WKT()；
…
// Convert the geometry to WKT
String s=new String(wkt. fromJGeometry(geom))；
```

也可以用 WKT 类中的 toJGeometry 方法把 WKT 字符串转回 JGeometry 对象。这个方法的输入也是一个字节数组。过程如下所示：

Code_7_18

```
// Create a WKT processor
WKT   wkt   = new WKT()；
...
// Convert the WKT   to geometry
JGeometry geom=wkt. toJGeometry(s. getBytes())；
```

需要说明的是，WKT 格式和 WKB 格式没用提供任何用来表示几何投影的机制；也就是说，在将几何体转换成另一种格式时，这类信息将丢失。如果想保留这些信息，需要单独对它进行处理，同时用 setSRID()方法把它回添到几何体中。

7.2.5.2　对 WKB 的读写

WKB 编码就是把几何体以二进制的方式编码，是一种比 WKT 更紧凑的格式。它的使用方法与前面的处理相似。WKB 类中的 fromJGeometry()方法也产生一个字节数组，你可以把该数组写到文件中。

首先把 JGeometry 转换为 WKB 格式。这将产生一个字节数组。然后把字节数组的大小和几何体的 SRID 写入输出流。最后以适当的方式写入字节数组，代码如下：

Code_7_19

```
// Create a WKB processor
WKB   wkb   = new WKB(ByteOrder. BIG_ENDIAN)；
```

```
...
// Convert JGeometry to WKB
byte[] b=wkb.fromJGeometry(geom);
// First write the number of bytes in the array
ds.writeInt(b.length);
// Then write the SRID of the geometry
ds.writeInt(geom.getSRID());
// Then write the binary array ds.write(b);
Ds.write(b);
```

注意，ByteOrder.BIG_ENDIAN 参数表明要使用的二进制编码的类型为大尾段(big endian)或小尾段(little endian)。默认生成大尾段编码。需要使它与用来处理 WKB 工具所接受的编码相适应。

用 WKB 类中 toJGeometry()方法可以把 WKB 转换成 JGeometry 对象。这个方法仍用字节数组作为输入。下面的例子展示了这个过程。假设先从以前的文件中读取数据，首先读取 WKB 的长度，然后读取几何体的 SRID，接下来读取重建 WKB 所需的字节数，最后把 WKB 转换为 JGeometry 对象并用 setSRID 方法把 SRID 写回。代码如下：

Code_7_20

```
// Create a WKB processor
WKB  wkb  = new WKB();
...
// Read the size of the byte array int n =ds.readInt();
// Read the SRID of the geometry
int srid=ds.readInt();
// Read the byte array that contains the WKB
byte[] b=new byte[n];
int l=ds.read (b,0,n);
// Convert to JGeometry
geom=wkb.toJGeometry(b);
// Add the SRID
geom.setSRID(srid);
```

不需要指定将要使用的二进制编码的格式(大尾段或者小尾段)，因为 toJGeometry()方法能够自动对编码进行识别并可以对两者进行透明的处理。

7.2.5.3 对 GML 的读写

WKT 格式和 WKB 格式有许多限制：它们只支持简单的二维形状，而不支持任何三维形状，以及弧或圆。另外，它们也无法指定对几何体的投影。GML(地理标识语言)则是一个强有力的解决方案，它对地理信息进行 XML 编码。

为了对 GML 进行读写，将展示使用表 7-8 中总结的四个类及其方法。存在多个类的原因是 GML 标准在不断更新中。现在有两个主要的版本：GML2 和 GML3，其中 GML3 提供对三维（表面和立方体）和其他高级工具的支持。

表 7-8 Oracle Spatial 中的 GML 转换工具

GML 版本	写 GML	读 GML
GML2	GML2. to_GMLGeometry()	GML. fromNodeToGeometry()
GML3	GML3. to_GML3Geometry()	GML3g. fromNodeToGeometry()

其中，GML3 是 GML2 的超集，所以任意由 GML2 编码的几何体都可以被 GML3 读取。反之则不成立。把 JGeometry 对象转换为 GML 格式很容易，代码如下所示：

```
// Create a GML2 Processor
GML2 gml   = new GML2();
...
String s=gml. to_GMLGeometry(geom);
```

to_GMLGeometry()返回一个可以直接写出的字符串，也可以把结果（一个 XML 串）包含在其他 XML 文档中。上面的例子使用了 GML2。而对 GML3 的使用，只要使用合适的类和方法就可以了。

由于方法（GML. fromNodeToGeometry()和 GML3g. fromNodeToGeometry()）不支持 GML 字符串直接作为输入，所以把 GML 字符串转换成 JGeometry 对象就比较麻烦了。好在这两个方法支持解析文档。所以在使用这些方法之前，必须首先对 GML 字符串进行解析。下面的例子展示了这个过程：

Code_7_21

```
// Create a GML3 Processor GML3
gml   = new GML3g();
...
// Read GML string from input stream
String s=ds. readLine();
// Setup an XML DOM parser
DOMParser parser=new DOMParser();
// Parse the XML string
parser. parse(new StringReader(s));
// Get the parsed document
Document document=parser. getDocument();
// Get the top level node of the document
Node node=document. getDocumentElement();
// Convert to geometry
geom=gml. fromNodeToGeometry(node);
```

7.2.6 使用 ESRI shapefile

ESRI shapefile 格式是进行地理数据传输的流行格式。在第 2 章中，曾用了一个简单的命令行工具对 shapefile 进行转换并把它们加载到空间表中。现在要展示的是怎样在 Java 中对它进行读写。为此，将要用到 Oracle. spatial. util 包中的一些类。如果仅需把 ESRI shapefile 加载到数据库表中，那么 Oracle. spatial. util 就能够满足需求。调用其中的 SampleShapefile-ToJGeomFeature 类并向它传递合适的参数即可。该类将创建表，加载该表并在 USER_SDO_GEOM_METADATA 中插入合适的元数据。

7.2.6.1 对 shapefile 的简单说明

每个 shapefile 至少由三个文件构成，它们的文件名都相同，只是扩展名互不相同。

xxx. shp：这个文件中保存了对实际几何体的定义。

xxx. shx：在形状上的空间索引。

xxx. dbf：一个 dBASE 文件，包含每个几何体的属性。

有些 shapefile 中也有其他一些文件，如 xxx. prj 或 xxx. sbn。这些都会被 Oracle Spatial Java 类所忽略。在为 shapefile 命名的时候不要包含. shp 扩展名。所有组成同一个 shapefile 的文件都应该被存储在同一个目录下。

7.2.6.2 在程序中加载 shapefile

Oracle. spatial. util 包中包含了三个可以用来在程序中读取和加载 shapefile 的类。表 7-9 是对它们的总结。

表 7-9 Shapefile 处理类

类名称	目的
ShapefileReaderJGeom	提供函数，用来从 shapefile 中读取形状（几何体）并把它们转换成 JGeometry 对象
DBFReaderJGeom	提供函数，用来从 DBF 文件中读取属性并获取该属性的名称和类型
ShapefileFeatureJGeom	使用两个读取类提供高端函数，用来创建数据库并从 shapefile 中对其进行加载

下面的例子展示了怎样使用 shapefile 处理类，把 shapefile 加载器合并到应用中。首先打开输入文件并设置辅助类。要注意的是，shapeFileName 中包含的是没用扩展名的 shapefile 名称。

Code_7_22

```
// Open SHP and DBF files
ShapefileReaderJGeom shpr=new ShapefileReaderJGeom(shapeFileName);
DBFReaderJGeom dbfr=new DBFReaderJGeom(shapeFileName);
ShapefileFeatureJGeom sf=new ShapefileFeatureJGeom();
```

然后，提取 shapefile 的维度，也就是在文件中所有维度上的几何体坐标的最大值和最小值。

Code_7_23

```
// Get shapefile bounds and dimension
double minX=shpr.getMinX();
double maxX=shpr.getMaxX();
double minY=shpr.getMinY();
double maxY=shpr.getMaxY();
double minZ=shpr.getMinZ();
double maxZ=shpr.getMaxZ();
double minM=shpr.getMinMeasure();
double maxM=shpr.getMaxMeasure();
int shpDims=shpr.getShpDims(shpFileType,maxM);
```

现在，可以构建空间元数据了。getDimArray()方法将根据 shapefile 中数据的限制和维度来生成合适的元数据定义。注意，在使用该方法的一个特殊现象：X 维和 Y 维上的最大值和最小值必须以字符串的形式传递，Z 维和 M 维上的最大值和最小值以数字的形式传递。代码如下：

Code_7_24

```
// Construct the spatial metadata
String dimArray=sf.getDimArray(
   shpDims,String.valueOf(tolerance),
   String.valueOf(minX),
   String.valueOf(maxX),
   String.valueOf(minY),
   String.valueOf(maxY),
   minZ,maxZ,minM,maxM
);
```

接下来，就可以在数据库中创建表了。该方法会先删除已经存在的表，然后用合适的 Oracle 数据类型（与 DBF 文件中的属性类型都相匹配）创建一个新表。它也会向 USER_SOD_GEOM_METADATA 中插入空间数据元素。指定 SDO_GEOMETRY 列的名称（geoColumn），该列将在加载的过程中被自动填充序列号：

Code_7_25

```
// Create table before loading
sf.prepareTableForData(
   dbConnection,dbfr,tableName,geoColumn,idColumn,
   srid,dimArray
);
```

现在，可以从 shapefile 中把数据加载到刚刚创建的数据库表中了。insertFeatures 方法有很多参数：列标识名(idColumn)、起始数据值(firstId)、提交的频率(commitFrequency)和载入期间打印进度消息的频率(printFrequency)。

Code_7_26

```
// Load the features
sf.insertFeatures(dbConnection,dbfr,shpr,tableName,
  idColumn,firstId,
  commitFrequency,printFrequency,srid,
  dimArray
);
```

最后，记得关闭输入文件：

Code_7_27

```
// Close input file
shpr.closeShapefile();
dbfr.closeDBF();
```

7.2.6.3　构建自定义加载器

如果想要更大的灵活性，如选择要加载的属性、对其重命名或在加载前对几何体进行一些处理，就可以使用 ShapefileReaderJGeom 和 DBFReaderJGeom 类中较低层次的方法。表 7-10 和表 7-11 对它作了总结。

表 7-10　ShapefileReaderJGeom 方法

方法	目的
getMinX()	为 X 维返回最小值
getMaxX()	为 X 维返回最大值
getMinY()	为 Y 维返回最小值
getMaxY()	为 Y 维返回最大值
getMinZ()	为 Z 维返回最小值
getMaxZ()	为 Z 维返回最大值
getMinMeasure()	为 M 维返回最小值
getMaxMeasure()	为 M 维返回最大值
getShpFileType()	返回该 shapefile 中包含的几何体类型：点为 1，线为 3，多边形为 5
getShpDims()	返回几何体的维度
numRecords()	返回 shapefile 中记录的数目
getGeometryBytes(int nth)	从 shapefile 中以字节数组的形式提取第 n 个几何体
getGeometry(byte[] recBuffer,int srid) ()	把一个几何体从形状二进制编码转换为 JGeometry 对象
closeShapefile()	关闭 shapefile

表 7-11　DBFReaderJGeom 方法

方法	目的
numRecords()	返回 DBF 文件中记录的数目 这应该与 shapefile 中记录数相匹配
numFields()	返回 DBF 文件中属性的个数(与列数相等)
getFieldName(int nth)	以字符串的形式返回第 n 个域的类型
getFieldType(int nth)	以单独字符编码的形式返回第 n 个域的类型
getFieldLength(int nth)	返回第 n 个域的长度(在文件中占据的字节数)
getRecord(int nth)	以字节数组的形式返回文件中的第 n 个记录
getFieldData(int nth,byte[] rec)	从二进制记录中提取第 n 个域的值
closeDBF()	关闭 DBF 文件

使用这些方法可以从 DBF 文件中提取属性的名称、类型和属性大小。根据获得的信息，在创建数据表时就有了充分的灵活性。以下代码展示了如何把 DBF 数据类型等价地映射到 Oracle 中。

Code_7_28

```
int numFields=dbfr.numFields();
String[] fieldName   = new String[numFields];
byte[]  fieldType   = new byte[numFields];
int[]    fieldLength=new int[numFields];
String[] oracleType   = new String[numFields];
for (int i=0;i<numFields;i++) {
  fieldName[i]=dbfr.getFieldName(i);
  fieldType[i]=dbfr.getFieldType(i);
  fieldLength[i]=dbfr.getFieldLength(i);
  switch (fieldType[i]) {
    case'C':  // Character
         oracleType[i]="VARCHAR2(" + fieldLength[i] + ")";
         break;
    case'L':  // Logical
         oracleType[i]="CHAR(1)";
         break;
    case'D':  // Date
         oracleType[i]="DATE";
         break;
    case'I':  // Integer
    case'F':  // Float
```

```
        case'N':  // Numeric
            oracleType[i]="NUMBER";
            break;
        default:
          throw new RuntimeException("Unsupported DBF field type " + fieldType[i]);
    }
}
```

可以很容易地创建相应的表。仅向 CREATE TABLE 语句添加属性名称就可以实现。代码如下:

Code_7_29

```
String createTableSql="CREATE TABLE " + tableName + "(";
for (int i=0;i<numFields;i++)
  createTableSql=createTableSql + fieldName[i] + " " + oracleType[i] + ",";
createTableSql=createTableSql + geoColumn + " SDO_GEOMETRY)";
```

最后,通过循环向数据库中读取和插入数据,以便对 SHP 和 DBF 记录逐个地进行获取和处理。假设已经构建并准备了相应的 INSERT 语句,每个待填充的列都有一个绑定变量。代码如下:

Code_7_30

```
for (int rowNumber=0;rowNumber < numRows;rowNumber++)
{
      // Extract attributes values from  current DBF record
        byte[] a=dbfr. getRecord (rowNumber);
      for (int i=0;i< dbfr. numFields();i++) {
        stmt. setString (i+1,dbfr. getFieldData(i,a));
      }
      // Extract geometry from current SHP record
      byte[] s=shpr. getGeometryBytes (rowNumber);
        JGeometry geom=ShapefileReaderJGeom. getGeometry (s,srid);
      // Convert JGeometry object into database object
        Struct dbObject=JGeometry. store (dbConnection,geom);
      stmt. setObject (numFields+1,dbObject);
      // Insert row into the database table
      stmt. execute();
}
```

7.3　基于 PL/SQL 的 Oracle Spatial 应用程序开发

除了基于高级语言的 Oracle Spatial 应用程序开发之外，在 Oracle 服务器端的开发中更常用的语言是 PL/SQL。本节首先简单介绍 PL/SQL 的一些基础知识，然后结合 Oracle Spatial 示例讲解如何在服务器端用 PL/SQL 进行程序开发。

7.3.1　PL/SQL 基础

PL/SQL 是由 Oracle 公司在 20 世纪 80 年代末至 90 年代初开发的一门面向过程的编程语言，是对 SQL 语言的过程化扩展，是嵌入在 Oracle 数据库中的三大关键编程语言之一(SQL、Java 和 PL/SQL)。PL/SQL 把数据操作和查询语句组织在 PL/SQL 代码的过程性单元中，通过逻辑判断、循环等操作实现复杂的功能或者计算。PL/SQL 支持静态和动态 SQL。静态 SQL 支持 DML 操作和事务 PL/SQL 块控制。动态 SQL 是 SQL 允许嵌入 PL/SQL 块的 DDL 语句。PL/SQL 允许一次发送整块语句到数据库。这降低了网络流量，并提供高性能的应用程序。PL/SQL 可以查询、转换并在数据库中更新数据。PL/SQL 强劲的异常处理、封装、数据隐藏和面向对象数据类型等特征可以节省设计和调试的时间。编写 PL/SQL 应用程序是完全可移植的。PL/SQL 具有以下特点：

(1)紧密结合集成 SQL。

(2)提供广泛的错误检查。

(3)提供大量的数据类型。

(4)提供多种编程结构。

(5)支持通过函数和过程结构化编程。

(6)支持面向对象的编程。

下面主要介绍 PL/SQL 中的块结构、分支结构、循环结构、字符串与数组、过程和函数以及包等方面的基础知识。

7.3.1.1　PL/SQL 块结构

PL/SQL 是一种块结构的语言，这意味着 PL/SQL 程序被划分为编写代码的逻辑块。每块由三个子部分组成：①声明部分，使用关键字 DECLARE 开头。它是一个可选的部分，并限定在该程序中使用的所有变量、游标、子程序和其他元素。②执行部分关键字 BEGIN 和 END 封闭，这是一个强制性的部分。它有程序可执行文件的 PL/SQL 语句。它应具有至少一个可执行的代码行，这可能仅仅是一个空命令，以指示什么都不执行。③异常处理部分开头使用关键字 EXCEPTION，此部分又是可选的，含有异常，在程序处理错误中。代码如下所示：

```
declare
      <declarations section>
begin
      <executable command(s)>
```

```
exception
    <exception handling>
end;
```

下面是一个“Hello World”版的示例程序：

Code_7_31

```
declare
    message varchar2(50):=  'hello world! ';
begin
    dbms_output.put_line(message);
end;
```

7.3.1.2 PL/SQL 分支结构

PL/SQL 分支结构是程序设计中的基本控制结构之一。PL/SQL 编程语言提供了两种类型的分支语句，分别是 IF 语句和 CASE 语句。IF 语句的基本语法结构如下：

```
if(boolean_expression 1)then
    s1;-- executes when the boolean expression 1 is true
elsif(boolean_expression 2) then
    s2;-- executes when the boolean expression 2 is true
elsif(boolean_expression 3) then
    s3;-- executes when the boolean expression 3 is true
else
    s4;-- executes when the none of the above condition is true
end if;
```

其中，ELSIF 和 ELSE 都是可选部分。IF - THEN - ENDIF 是必须部分。例如：

Code_7_32

```
declare
  a number(3):= 0;
begin
  if (a=10) then
      dbms_output.put_line ('value of a is 10');
  elsif (a=20) then
      dbms_output.put_line ('value of a is 20');
  elsif (a=30) then
      dbms_output.put_line ('value of a is 30');
  else
    dbms_output.put_line ('none of the values is matching');
  end if;
  dbms_output.put_line ('exact value of a is:'|| a);
end;
```

CASE 语句选择要执行的语句序列，它使用一个选择而不是多个布尔表达式。选择器是一个表达式，其值被用来从各个选项中选择一个。PL/SQL 的基本语法结构如下：

```
case selector
    when'value1'then s1;
    when'value2'then s2;
    when'value3'then s3;
    ...
    else sn;-- default case
end case;
```

其中，CASE、WHEN、THEN、ELSE 和 ENDSCASE 是关键字，selector 的值可能为"value1""value2""value3"或其他值，例如：

Code_7_33

```
declare
  grade char(1):='a';
begin
  case grade
      when'a'then dbms_output.put_line(90 - 100);
      when'b'then dbms_output.put_line('80 - 89');
      when'c'then dbms_output.put_line('70 - 79');
      when'd'then dbms_output.put_line('60 - 69');
      when'f'then dbms_output.put_line('0 - 59');
      else dbms_output.put_line('no grade');
  end case;
end;
```

CASE 语句除了这种格式外，还有另外一种叫做搜索 CASE 语句。所搜索的 CASE 语句没有选择 WHEN 子句包含给布尔值的搜索条件。其基本语法结构如下：

```
case
    when selector ='value1'then s1;
    when selector ='value2'then s2;
    when selector ='value3'then s3;
    ...
    else sn;-- default case
end case;
```

例如：

Code_7_34

```
declare
  grade char(1):='a';
begin
```

```
case
    when grade ='a'then dbms_output. put_line(90 - 100);
    when grade ='b'then dbms_output. put_line('80 - 89');
    when grade ='c'then dbms_output. put_line('70 - 79');
    when grade ='d'then dbms_output. put_line('60 - 69');
    when grade ='f'then dbms_output. put_line('0 - 59');
    else dbms_output. put_line('no grade');
  end case;
end;
```

7.3.1.3 PL/SQL 循环结构

循环结构也是程序设计中三种基本结构之一。循环语句可以执行语句多次。PL/ SQL 提供了以下三种循环类型。

(1)LOOP 循环:在这个循环结构中,语句序列封闭在 LOOP 和 END LOOP 语句之间。在每次迭代中,语句序列被执行,然后在循环的顶部恢复控制。PL/SQL 编程语言的一个基本循环的语法是:

```
loop
  sequence of statements;
end loop;
```

(2)WHILE 循环:当给定条件为真时,重复执行循环体内的语句。语法格式如下:

```
while condition loop
  sequence_of_statements
end loop;
```

例如:

Code_7_35

```
declare
  a number(2):= 10;
begin
  while a < 20 loop
    dbms_output. put_line('value of a:'|| a);
    a:= a + 1;
  end loop;
end;
```

(3)FOR 循环:根据给定循环变量初始值、变化步长和判定条件表达式,当条件表达式为真时,执行循环体内语句。FOR 循环重复的控制结构,可以有效地编写需要执行的特定次数的循环。语法如下:

```
for counter in [reverse] initial_value.. final_value loop
```

```
  sequence_of_statements;
end loop;
```

在 FOR 循环结构中，初始步骤首先被执行，并且只有一次。这一步可以声明和初始化任何循环控制变量。接着，对条件 initial_value.. final_value 进行计算。如果为“true”，则执行循环体；如果为“false”，在循环体内不执行，只是之后的 FOR 循环流量控制跳转到下一条语句。循环体执行后，计数器变量的值被增加或减少。条件重新计算，如果为“true”，循环执行的过程重复，反之，则 FOR - LOOP 终止。需要注意的是，initial_value、循环变量和 final_value 可以是字面值、变量或表达式，但计算结果必须为数字。否则，PL/SQL 就会抛出预定义异常 value_error。下面是一个 FOR 循环的例子：

Code_7_36

```
declare
  a number(2);
begin
  for a in 10..20 loop
      dbms_output.put_line('value of a:'|| a);
  end loop;
end;
```

如果启用关键字 REVERSE，则是反转 FOR 循环语句。缺省情况下，迭代前进从初始值到最终值，大体是由上界到下界约束。可以通过使用 REVERSE 关键字实现相反顺序。在这种情况下，每次迭代后循环计数器递减。例如：

Code_7_37

```
declare
  a number(2);
begin
  for a in reverse 10..20loop
      dbms_output.put_line('value of a:'|| a);
  end loop;
end;
```

此外，PL/ SQL 循环可以被标记。标记用双尖括号括起来（＜＜和＞＞），并出现在 LOOP 语句的开头。标签名称也可以出现在循环语句结束位置。可以使用标签在 EXIT 语句从循环退出。下面的程序展示了这个概念：

Code_7_38

```
declare
  i number(1);
  j number(1);
begin
  << outer_loop >>
```

```
  for i in 1..3 loop
      << inner_loop >>
      for j in 1..3 loop
        dbms_output.put_line('i is:'|| i ||'and j is:'|| j);
      end loop inner_loop;
  end loop outer_loop;
end;
```

除了循环结构，还有一些循环控制语句。循环控制语句改变其正常的顺序执行。当执行离开范围时，在该范围内创建的所有对象自动被销毁。PL/ SQL 支持以下控制语句。

EXIT 语句：立刻退出循环。

CONTINUE 语句：退出循环的本次执行，进入下一次循环。

GOTO 语句：控制权转移给标签对应的语句。

例如，下面的程序使用 EXIT 退出循环：

Code_7_39

```
declare
  x number:= 10;
begin
  loop
      dbms_output.put_line(x);
      x:= x + 10;
      if x > 50 then
        exit;
      end if;
  end loop;
  -- after exit,control resumes here
  dbms_output.put_line('after exit x is:'|| x);
end;
```

除了上述格式 EXIT 语句，还可以使用 EXIT WHEN 语句，下面的代码实现了和上面代码一样的执行效果：

Code_7_40

```
declare
  x number:= 10;
begin
  loop
      dbms_output.put_line(x);
      x:= x + 10;
      exit when x > 50;
```

```
  end loop;
  -- after exit,control resumes here
  dbms_output.put_line('after exit x is:'|| x);
end;
```

另外,PL/SQL 允许使用一个循环内嵌套另一个循环。下面代码是基本循环结构的嵌套:

```
loop
  sequence of statements1
  loop
      sequence of statements2
  end loop;
end loop;
```

下面代码是 FOR 循环嵌套:

```
for counter1 in initial_value1..final_value1 loop
  sequence_of_statements1
  for counter2 in initial_value2..final_value2 loop
      sequence_of_statements2
  end loop;
end loop;
```

下面代码是 WHILE 循环嵌套:

```
while condition1 loop
  sequence_of_statements1
  while condition2 loop
      sequence_of_statements2
  end loop;
end loop;
```

同时,不同种类的循环结构之间也可以进行嵌套。这里不再一一列举。

7.3.1.4 PL/SQL 字符串

PL/SQL 字符串实际上是一个字符序列。字符可以是数字、字母、空白、特殊字符或全部的组合。PL/SQL 提供了三种类型的字符串。

(1)固定长度字符串:按指定的长度生成字符串,如果字符个数小于指定长度,该字符串会向右填充空格以达到指定的长度。

(2)变长字符串:最大长度可达 32 767,如果字符个数没有达到指定长度,也不会进行自动填充。

(3)字符大对象(CLOB):也是可变长度的字符串,适于存储文本型的数据,可以达到 4GB。

Oracle 数据库提供了大量的字符串数据类型,如 CHAR、NCHAR、VARCHAR2、NVARCHAR2、CLOB 和 NCLOB。前面加上一个"N"的数据类型为 Unicode 字符数据。如果需要声明一个可变长度的字符串时,必须提供该字符串的最大长度。例如,VARCHAR2 数据类型。要声明一个固定长度的字符串，使用 CHAR 数据类型。下面的例子说明了声明和使用一些字符串变量：

Code_7_41

```
declare
  name varchar2(20);
  company varchar2 (30);
  introduction clob;
  choice char(1);
begin
  name:='john smith';
  company:='infotech';
  introduction:='hello! i''m john smith from infotech. ';
  choice:='y';
  if choice ='y'then
      dbms_output.put_line(name);
      dbms_output.put_line(company);
      dbms_output.put_line(introduction);
  end if;
end;
```

PL/SQL 提供了一些字符串函数和操作符。PL/ SQL 采用连接运算符(||)用于连接两个字符串。表 7－12 提供了用 PL / SQL 的字符串功能(函数)。

表 7－12　PL/SQL 常用字符串函数

函数	说明
ASCII(x);	返回字符 x 的 ASCII 值
CHR(x);	返回字符 x 的 ASCII 值
CONCAT(x,y);	连接字符串 x 和 y,并返回附加的字符串
INITCAP(x);	每个单词的首字母 x 转换为大写,并返回该字符串
INSTR(x,find_string [,start] [,occurrence]);	搜索 find_string 是否在 x 中并返回它出现的位置
INSTRB(x);	返回另一个字符串中字符串的位置,但返回以字节为单位的值
LENGTH(x);	返回 x 中的字符数
LENGTHB(x);	返回单字节字符集字符串的长度
LOWER(x);	把 x 转换为小写字母,并返回该字符串
LPAD(x,width [,pad_string]);	x 用空格向左填充,使字符串的总长度达到指定宽度
LTRIM(x [,trim_string]);	从 x 的左侧修剪字符

续表 7-12

函数	说明
NANVL(x,value);	如果 x 是匹配 NaN 的特殊值(非数字)则返回其值,否则返回 x
NLS_INITCAP(x);	同 INITCAP 函数,但它可以使用不同的排序方法指定 NLSSORT
NLS_LOWER(x);	同 INITCAP 函数,不同的是它可以使用不同的排序方法指定 NLSSORT LOWER 函数
NLS_UPPER(x);	与 UPPER 基本相同,不同之处在于它可以使用不同的排序方法指定 NLSSORT UPPER 函数
NLSSORT(x);	改变排序字符的方法。任何 NLS 函数之前必须指定该参数;否则,默认的排序被使用
NVL(x,value);	如果 x 为 null,返回 null;否则返回 x
NVL2(x,value1,value2);	如果 x 不为 null,则返回 value1;如果 x 为 null,则返回 value2
REPLACE(x, search_string, replace_string);	搜索 x,将其中的 SEARCH_STRING 替换为 replace_string
RPAD(x,width [,pad_string]);	填充 x 到右侧
RTRIM(x [,trim_string]);	从 x 右侧修剪
SOUNDEX(x);	返回包含 x 的拼音表示形式的字符串
SUBSTR(x,start [,length]);	返回 x 的一个子开始于由 start 指定的位置。可选长度为子字符串
SUBSTRB(x);	同 SUBSTR 函数,不同之外在于参数均单字节字符串
TRIM([trim_char FROM) x);	从左侧和右侧修剪 x 字符
UPPER(x);	x 转换为大写字母,并返回该字符串

下面的例子展示了上面部分函数的使用方法:

Code_7_42

```
declare
   greetings varchar2(11):='hello world';
begin
   dbms_output. put_line(upper(greetings));

   dbms_output. put_line(lower(greetings));

   dbms_output. put_line(initcap(greetings));

   /* retrieve the first character in the string */
   dbms_output. put_line (substr (greetings,1,1));

   /* retrieve the last character in the string */
```

```
  dbms_output.put_line (substr (greetings,-1,1));

  /* retrieve five characters,starting from the seventh position. */
  dbms_output.put_line (substr (greetings,7,5));

  /* retrieve the remainder of the string,starting from the second position. */
  dbms_output.put_line (substr (greetings,2));

  /* find the location of the first "e" */
  dbms_output.put_line (instr (greetings,'e'));
end;
```

7.3.1.5 PL/SQL 数组

PL/SQL 程序设计语言提供一种叫做 VARRAY 的数据结构，可存储相同类型元素的一个固定大小的连续集合，也即 PL/SQL 的数组。创造一个 VRRAY 类型的基本语法：

```
create or replace type varray_type_name is varray(n) of <element_type>
```

其中，varray_type_name：数组类型名；n：VARRAY 元素（最大值）的数目；element_type：数组元素的数据类型。PL/SQL 块创建 VRRAY 类型的基本语法：

```
type varray_type_name is varray(n) of <element_type>
```

下面的程序说明了在 PL/SQL 块中如何使用可变数组：

Code_7_43

```
declare
  type namesarray is varray(5) of varchar2(10);
  type grades is varray(5) of integer;
  names namesarray;
  marks grades;
  total integer;
begin
  names:= namesarray('kavita','pritam','ayan','rishav','aziz');
  marks:= grades(98,97,78,87,92);
  total:= names.count;
  dbms_output.put_line('total'|| total ||'students');
  for i in 1..total loop
      dbms_output.put_line('student:'|| names(i) ||'
      marks:'|| marks(i));
  end loop;
end;
```

注意：在 Oracle 环境中，可变数组的起始索引值始终为 1。

VARRAY 的元素也可以是%TYPE 任何数据库表或%ROWTYPE 数据库表的字段。以存储在数据库中的 CUSTOMERS 表为例，使用游标示例如下：

Code_7_44

```
declare
  cursor c_customers is select name from customers;
  type c_list is varray (6) of customers. name%type;
  name_list c_list:= c_list();
  counter integer:=0;
begin
  for n in c_customers loop
      counter:= counter + 1;
      name_list. extend;
      name_list(counter):=n. name;
      dbms_output. put_line('customer('||counter ||'):'||name_list(counter));
  end loop;
end;
```

上面的程序展示了如何访问数组。可以从指定的条目处取值，把条目的数目作为下标。下标可以是返回整数值（该值小于或等于数组条目数）的任意表达式。对 VARRAY 变量使用 count()方法，可以知道这个数组中正在使用的条目数。当 VARRAY 类型被声明的时候，其最大的容量也就被定义了；可以用 limit()方法得到该容量；还可以使用多种技术，最简单的是使用 FOR 循环：

```
for i in 1.. v. count() loop
    dbms_output. put_line('v('||i||')='|| v(i));
end loop;
```

也可以使用 first()和 last()方法。first()返回数组的第一个条目的下标（总是 1），last()返回数组的最后一个条目的下标（与 count 方法相同）。代码如下：

```
for i in v. first().. v. last() loop
    dbms_output. put_line('v('||i||')='|| v(i));
end loop;
```

还可以使用 prior(n)和 next(n)方法，这两个方法分别返回给定条目的前一个和后一个条目的下标。例如，下面的代码用来向后遍历整个数组：

```
i:= v. count();
while i is not null loop
    dbms_output. put_line('v('||i||')='|| v(i));
    i:= v. prior(i);
end loop;
```

prior(n)和 $n-1$ 是一样的，next(n)和 $n+1$ 是一样的，但是 prior(1)和 next (v. count())则返回 null。

如果数组的空间不够，则可以使用 EXTEND(k)方法对 VARRAY 扩展。这个方法可以在 VARRAY 的最后追加 k 个新的条目。如果 k 没有被指定，只增加一个条目。新增的条目没有值(默认为 null)，但是可以对它们进行初始化。需要注意的是，对 VARRAY 的扩展不可以超过其最大容量(通过 limit()方法得到)，且在对 VARRAY 扩展前必须要对它进行初始化。

如果需要缩减数组，使用 TRIM(k)方法。这个方法是在 VARRAY 的尾部删除最后 k 个条目。当 k 没有被指定时，删除最后一个条目。已被删除的条目数值将丢失。DELETE()方法用于删除数组中的所有条目，并把其容量设置为 0。

7.3.1.6　PL/SQL 过程与函数

模块化设计中的子程序是一个程序单元/模块执行特定的任务。子程序可以调用另一个子程序或程序。子程序使用 CREATE PROCEDURE 或 CREATE FUNCTION 语句创建。它被存储在数据库中，并且可以使用 DROP PROCEDURE 或 DROP FUNCTION 语句删除。在 PL/SQL 中，子程序还可以在一个包内创建，这样的子程序是封装子程序。它也存储在数据库中，当使用 DROP PACKAGE 语句删除包的时候，该子程序也可以被删除。

PL/SQL 命名子程序，可使用一组参数来调用 PL/SQL 块。PL/SQL 提供两种子程序：①函数，这些子程序主要用于计算并返回一个值；②过程，这些子程序没有直接返回值，主要用于执行操作。每个 PL/SQL 子程序有一个名称，称为过程名称，并且可以具有一个参数列表，使用 CREATE OR REPLACE PROCEDURE 语句创建，简化语法如下：

```
CREATE [OR REPLACE] PROCEDURE procedure_name
[(parameter_name [IN | OUT | IN OUT] type [,...])]
{IS | AS}
BEGIN
  < procedure_body >
END procedure_name;
```

其中，procedure_name 是指定程序的名称；[OR REPLACE]是选项允许修改现有的程序，可选的参数列表中包含名称、模式和类型的参数；IN 表示该值将被从外部传递；OUT 表示该参数将被用于从过程返回一个值到外面；procedure_body 为可执行部分。下面的示例创建一个简单过程，执行时将“Hello World!”显示在屏幕上：

```
CREATE OR REPLACE PROCEDURE greetings
AS
BEGIN
  dbms_output.put_line('Hello World! ');
END;
```

一个独立的程序可以有两种方式调用：①使用 EXECUTE 关键字调用；②从 PL/SQL 块调用过程的名称。上面名为“greetings”的程序可以通过 EXECUTE 关键字调用为：

```
EXECUTE greetings;
```

也可以从另一个 PL/SQL 块调用：

```
BEGIN
  greetings;
END;
```

使用 DROP PROCEDURE 语句可以删除上面创建的 greetings 过程，语法如下：

```
    DROP PROCEDURE procedure - name;
```

所以，可以使用下面的语句删除 greetings：

```
BEGIN
  DROP PROCEDURE greetings;
END;
```

PL/SQL 子程序参数模式包括 IN、OUT、IN OUT 三种模式。①IN 模式：一个 IN 参数的作用就像一个常数，它不能再被分配值。可以通过一个常量、文字、初始化变量或表达式作为一个 IN 参数。也可以把它初始化为默认值。IN 是参数传递的默认模式。参数是通过引用传递。②OUT 模式：OUT 参数返回一个值到调用程序。在内部的子程序 OUT 参数就像一个变量，可以改变它的值并引用分配后的值。实际参数必须是变量，它是按值传递。③IN OUT 模式：IN OUT 参数传递一个初始值到子程序，并返回一个更新值给调用者。它可以被分配一个值，其值可被读取。一个 IN OUT 形式参数对应的实际参数必须是一个变量，不能是常量或表达式。形式参数必须分配一个值，实际参数就是按值传递。例如，该程序 Code_7_45 查找两个值中的最小值，这里使用 IN 模式接收两个数字，并使用 OUT 参数返回它们的最小值。代码如下：

Code_7_45

```
declare
  a number;
  b number;
  c number;
procedure findmin(x in number,y in number,z out number) is
begin
  if x < y then
      z:= x;
  else
      z:= y;
  end if;
end;
/
begin
  a:= 23;
  b:= 45;
  findmin(a,b,c);
```

```
  dbms_output.put_line('minimum of (23,45):'|| c);
end;
```

下面这个例子 Code_7_46 计算传递值的平方值。这个例子展示如何使用相同的参数传递一个值,然后返回另一个结果。代码如下:

Code_7_46

```
declare
  a number;
procedure squarenum(x in out number) is
begin
  x:= x* x;
end;
begin
  a:= 23;
  squarenum(a);
  dbms_output.put_line('square of (23):'|| a);
end;
```

在方法传递参数中,实际参数可以通过以下三种方式:

(1)位置标记。在位置表示法中,第一实际参数代入所述第一形式参数,第二实际参数代入所述第二形式参数,以此类推。以 findMin(a,b,c,d)为例,a 取代为 x,b 取代为 y,c 取代为 z,以及 d 代替 m。

(2)命名符号。名为符号,实际参数与使用箭头符号的形式参数相关(=>),所以程序调用如下所示:

findMin(x=>a,y=>b,z=>c,m=>d);

(3)混合符号。在混合符号表示法中,可以混合这两种过程调用写法,但是位置标记应先于指定符号。下面的调用是合法的:

findMin(a,b,c,m=>d);

但是,这样是不合法的:

findMin(x=>a,b,c,d);

PL/SQL 函数与过程相同,不同之处在于函数有一个返回值。因此,前面关于过程的所有讨论基本都适用于函数。建立一个独立函数可以使用 CREATE FUNCTION 语句创建。CREATE OR REPLACE PROCEDURE 语句语法如下:

```
CREATE [OR REPLACE] FUNCTION function_name
[(parameter_name [IN | OUT | IN OUT] type [,...])]
RETURN return_datatype
{IS | AS}
BEGIN
  < function_body >
END [function_name];
```

其中，function_name 指定函数的名称；[OR REPLACE]选项允许修改现有的函数；可选的参数列表中包含的名称、模式和类型的参数，如 IN 表示该值将被从外部传递和 OUT 表示该参数将被用于过程外面返回一个值，IN OUT 表示该值先传入函数，然后再返回一个值；函数必须包含一个 RETURN 语句，RETURN 子句指定要在函数返回的数据类型；function_body 包含可执行部分。

例如，Code_7_47 定义和调用了一个简单的 PL/SQL 函数，计算并返回两个值中的最大值。代码如下：

Code_7_47

```
declare
   a number;
   b number;
   c number;
function findmax(x in number, y in number)
return number
is
      z number;
begin
   if x> y then
         z:= x;
   else
         z:= y;
   end if;

   return z;
end;
/
begin
   a:= 23;
   b:= 45;

   c:= findmax(a,b);
   dbms_output.put_line('maximum of (23,45):'|| c);
end;
/
```

7.3.1.7　PL/SQL 包

PL/SQL 包是一组逻辑相关的 PL/SQL 类型，由变量和子程序等构成的对象。程序包将有两个强制性的部分：一个是包规范定义，另一个是包主体或包定义。包规范定义部分，只是声明类型、变量、常量、异常、游标和子程序等。置于规范定义部分的所有对象为公共对象，可从外部引用。任何子程序在包主体中，但没有在包定义中声明的为私有对象。下面的代码显示了程序包规范定义部分的创建，以及一个包中可以定义的全局变量和多个程序或函数。代码如下：

Code_7_48

```
create package example as
    globalvalue number;
    procedure findmax(x in number,y in number,rout number);
end example;
```

包主体主要是指用于实现已经在包定义和其他私人声明中声明的各种方法。使用 CREATE PACKAGE BODY 语句创建包体。下面的代码片段显示了包主体声明上面创建的 example 包。代码如下：

Code_7_49

```
create or replace package body example as
  procedure findmax(x in number,y in number,z out number)   is
  begin
      if x> y then
          z:= x;
  else
          z:= y;
      end if;
  gloablvalue:=z;
      dbms_output.put_line('max:'|| z);
  end findmax;
end example;
```

访问包元素(变量、过程或函数)的语法如下：

```
package_name.element_name;
```

例如，下面的程序 Code_7_50 展示了如何访问 example 包内的变量和过程。Code_7_51 给出了 example 的包完整定义。代码如下：

Code_7_50

```
declare
    result numer;
begin
  example.findmax(2,3,result);
  dbms_output.put_line('result:'|| result);
  dbms_output.put_line('result:'|| example.globalvalue);
end;
```

Code_7_51

```
create or replace package example as
```

```
globalValue number;

  procedure findMax(x in number,y in number,z out number);

  function getCustomerLocation(customerID number) return sdo_geometry;

  procedure insertCustomer(customerID number,
    customerName varchar2,
    customerLocation sdo_geometry);

  function createPoint (
    x number,
    y number,
    srid number default 8307) return sdo_geometry;

  function createRectangle (
    ctr_x NUMBER,
    ctr_y NUMBER,
    exp_x NUMBER,
    exp_y NUMBER,
    srid number default 8307) return sdo_geometry;

  function createLine (
    first_x number,
    first_y number,
    next_x number,
    next_y number,
    srid number default 8307)   RETURN sdo_geometry;

end example;
```

7.3.2　SDO_GEOMETRY 对象的读写

上一节给出了一些 PL/SQL 程序设计的基础知识。基于 PL/SQL 的空间数据库编程，只不过是其处理的对象类型变成了以几何对象 SDO_GEOMETRY 为主。在 example 包中，函数 getCustomerLocation 展示了如何从 customers 数据表中根据 customerID 读取客户的位置信息：

Code_7_52

```
function getCustomerLocation(customerid number) return sdo_geometry as
    r sdo_geometry;
    cursor tgcursor (custid number) is
        select c.location from customers c where c.id= custid;
  begin
    open tgcursor (customerid);
      loop
        fetch tgcursor into r;
        if tgcursor%FOUND then
          return r;
        else
          exit;
        end if;
      end loop;
    return null;
  end getCustomerLocation;
```

上面的程序采用带参数的游标实现了根据指定的客户 ID 查找客户地址,并返回的功能。对于 SDO_GEOMETRY 的写操作则相对简单,构建几何对象后直接采用 INSERT 语句或 UPDATE 语句插入或更新到数据库即可。以插入客户数据为例。首先定义并实现函数 insertCustomer,具体代码如下:

Code_7_53

```
  procedure insertCustomer(customerID number,
    customerName varchar2,
    customerLocation sdo_geometry) as
  begin
    insert into customers (id,name,location)
        values(customerID,customerName,customerLocation);
  end insertCustomer;
```

然后,编写测试程序调用该函数,在测试例子中采用 createPoint 函数(具体实现见下一节)创建一个几何点对象,具体实现代码如下:

Code_7_54

```
declare
  customerid number;
  customername varchar2(200);
  customerlocation sdo_geometry;
begin
  customerid:= 10000;
```

```
    customername:='hzw';
    customerlocation:= example.createpoint(110,130);

    example.insertcustomer(
      customerid => customerid,
      customername => customername,
      customerlocation => customerlocation
    );
  --rollback;
  end;
```

7.3.3 创建新的几何体

为了展示如何创建点、线、面等几何体，在 example 包中建立了点构造函数(createPoint)、矩形构造函数(createRectangle)和线构造函数(createLine)。

1. 点构造函数

点构造函数非常简单，只是对 SDO_GEOMETRY 构造函数的简单调用，具体实现代码如下所示：

Code_7_55

```
function createPoint (
  x number,
  y number,
  srid number default 8307) return sdo_geometry as
begin
  return sdo_geometry (2001,srid,sdo_point_type (x,y,null),null,null);
end createPoint;
```

在上面的代码中，仅仅声明了一个返回 SDO_GEOMETRY 类型的函数。然后，使用这个标准的 SDO_GEOMETRY 构造函数生成一个合适的点(使用提供的 x、y 和空间参考系数)将变得相当简单。除此之外，可以用这个新的构造函数来简化 SQL 语句。例如对一个 ID=1 的分店(branches 数据表)地理位置进行更新：

```
update branches set location=createpoint (-122.48049,37.7805222,8307) where id=1;
```

注意：当函数的结果仅依赖于输入参数(且不依赖数据库的状态时)，记得使用 DETERMINISTIC 关键字。当同样的参数被传入的时候，它可以帮助重用已缓冲的函数评估，这也将产生更好的全局性能。

2. 矩形构造函数

下面的示例程序 example.createRectangle 函数在分店(branches 数据表)周围创建了一个新的几何体来表示销售区域。可以编写一个函数，通过从分店位置开始在二维上分别扩展一个指定的值，来定义分店的销售区域。下面的程序展示了怎样定义一个矩形形状。函数以矩形中心坐标、中心到各边的距离和任意一个坐标系 ID 作为输入参数。SDO_GEOMETRY 构造函数中的 SDOORDINATES 属性存储在左下和右上顶点。代码如下：

Code_7_56

```
function createRectangle (
    ctr_x number,
    ctr_y number,
    exp_x number,
    exp_y number,
    srid number default 8307) return sdo_geometry as
  begin
    return SDO_GEOMETRY (
        2003,srid,NULL,
        SDO_ELEM_INFO_ARRAY (1,1003,3),
        SDO_ORDINATE_ARRAY (
        ctr_x - exp_x,ctr_y - exp_y,
        ctr_x + exp_x,ctr_y + exp_y));
  end createRectangle;
```

可以在 SQL 语句的任何地方使用该函数。例如，下面的代码对一个矩形区域内的客户数目进行统计，按等级分组。代码如下：

Code_7_57

```
select count( * ),customer_grade
    from customers where sdo_inside (location,
        createrectangle (-122.47,37.79,0.01,0.01,8307)) ='true'
        group by customer_grade;
```

运行结果如下：

```
COUNT( * )    CUSTOMER_GRADE
---------- --------------
307           GOLD
4             PLATINUM
457           SILVER
```

3. 线构造函数

在下面的程序中，通过 line 函数用起点和终点创建了一个新的线几何体。程序 Code_7_58 展示了这个函数的定义。代码如下：

Code_7_58

```
  function createline (
    first_x number,
    first_y number,
    next_x number,
    next_y number,
```

```
  srid number default 8307)   return sdo_geometry as
begin
  return sdo_geometry (
      2002,srid,null,
      sdo_elem_info_array (1,2,1),
      sdo_ordinate_array (
      first_x,first_y,
      next_x,next_y));
end createline;
```

本节主要阐述了PL/SQL的编程基础以及如何构建和读写SDO_GEOMETRY对象。只要掌握了这些基础性的知识，就可以通过Oracle官方文档的查询，快速掌握SDO_GEORASTER、SDO_TIN等多种空间数据对象编程。

第二部分

空间数据库实验指导

第8章　空间数据库实验环境

为了使读者能快速动手实验，本书介绍了两种实验平台环境。一种是基于虚拟机的单机实验平台环境，另一种是云计算环境下的C/S模式实验平台环境。

8.1　基于虚拟机的单机实验平台环境

为了方便读者，本书提供了基于VMware构建的虚拟机环境的单机实验平台及虚拟机。该虚拟机采用Windows 7 64bits操作系统，安装有Oracle 12c、Visual Studio 2010、Java JDK 1.8和IntelliJ Idea 2017 Community。虚拟机文件可以在本书对应的百度网盘下载。下载后用VMware打开，即可直接使用，其中所有的环境都已经按照要求配置好了。这个虚拟机文件比较大，接近50GB。如果想配置属于自己的虚拟机实验平台，可以先安装操作系统，然后在上面安装Oracle12c、JDK及其开发工具等，再按照下列步骤进行实验环境配置。

(1)打开虚拟机，启动Oracle的服务程序(图8-1～图8-3)。

(2)打开桌面上的Oracle SQL Developer，用sys用户连接本机的orcl数据库，密码是cug。

(3)展开该连接，在“过程”项上单击右键，选择“创建”过程，得到一个空的过程框架，在框架代码中添加以下代码，编译保存：

Code_8_1

```
create or replace
procedure create_pluggable_database
(
   pdbname in varchar2
) as
strsql varchar2(512);
begin
   strsql:='CREATE PLUGGABLE DATABASE'||
            pdbname ||'ADMIN USER'||pdbname
            ||'IDENTIFIED BY'||pdbname||'roles=(dba)';
   strsql:= strsql || q'(file_name_convert=
            ('c:\app\oradata\orcl\pdbseed','c:\app\oradata\orcl\)';
   strsql:= strsql || pdbname ||''')';
   dbms_output.put_line(strsql);
   execute immediate strsql;
end create_pluggable_database;
```

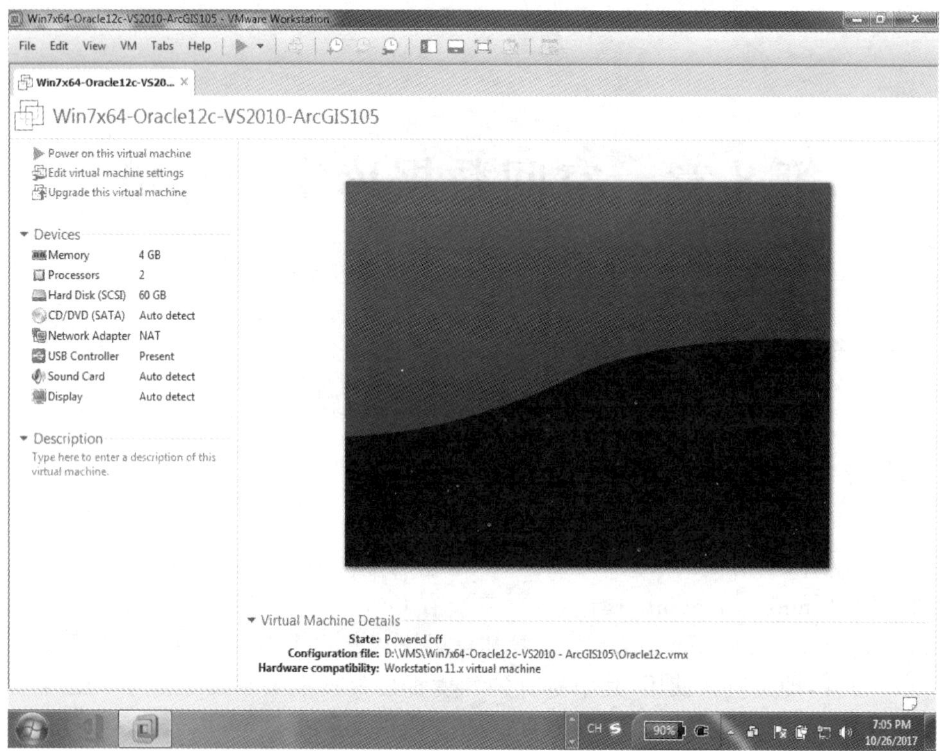

图 8-1　虚拟机启动界面

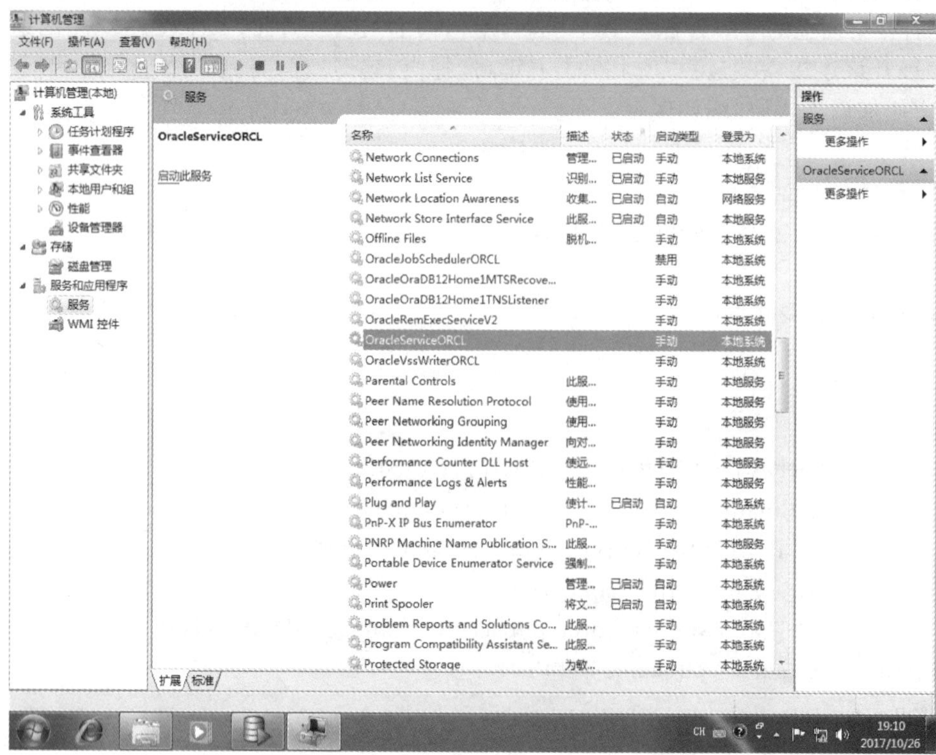

图 8-2　在虚拟机内启动 Oracle 服务—OracleServiceORCL

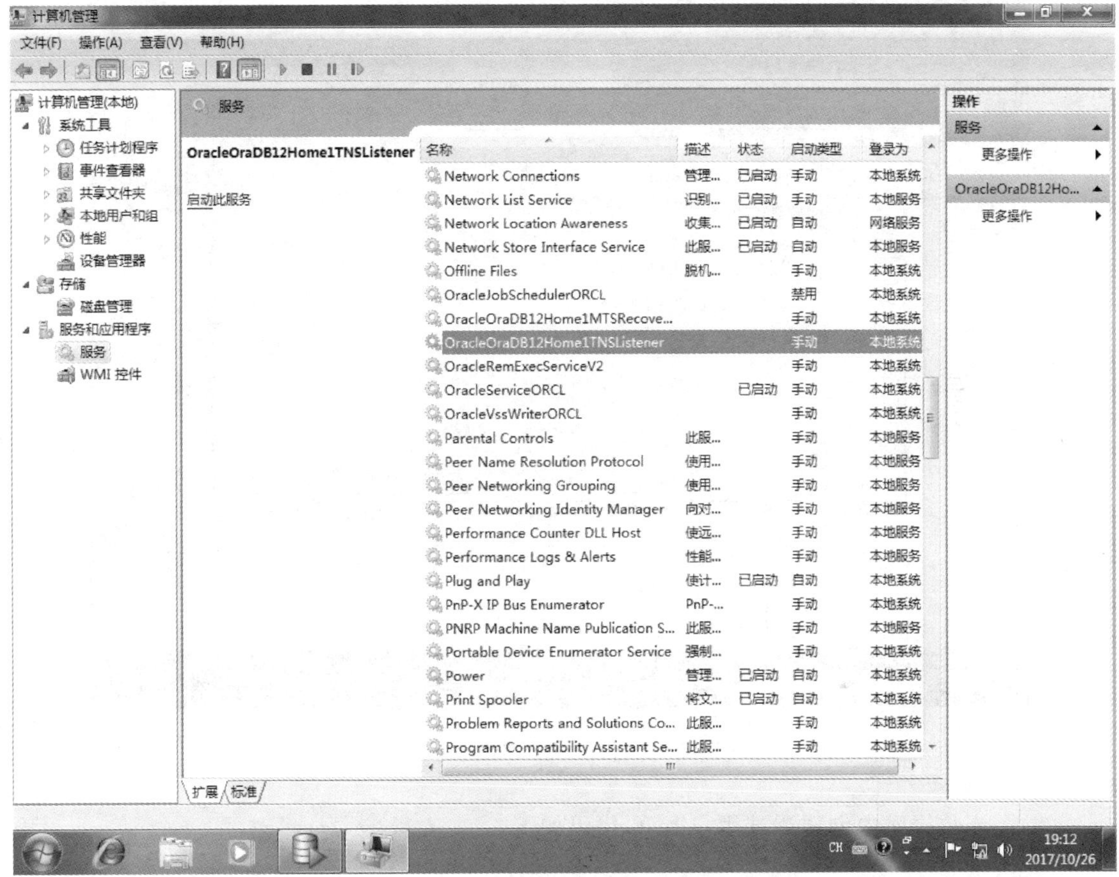

图 8-3　在虚拟机内启动 Oracle 服务—OracleOraDB12Home1TNSListener

(4)编写一个生成可插拔数据库(Pluggable Data Base PDB)的代码调用该过程,代码如下:

Code_8_2

```
begin
  create_pluggable_database('PDBORCL00');
end;
```

(5)打开创建的可插拔数据库 pdborcl00:

Code_8_3

```
alter pluggable database all open;
```

(6)退出 sys 用户登录的连接。

(7)连接自己创建的可插拔数据库 pdborcl00。这里用户名为 pdborcl00,与 PDB 书库同名,是该 PDB 的管理员账号。为了安全起见,一般需要创建一个常规用户来使用数据库(图 8-4)。

图 8-4　登录自己创建的 PDB

(8)在该数据库中创建测试用户 test,代码如下:

Code_8_4

```
-- USER SQL
create user test identified by test
default tablespace "SYSAUX"
temporary tablespace "TEMP";

-- ROLES
grant "RESOURCE" to test;
grant "CONNECT" to test;
grant "DBA" to test;

-- SYSTEM PRIVILEGES

-- QUOTAS
```

(9)退出 pdborcl00 用户。

(10)采用 test 用户登录 pdborcl00 数据库(图 8-5)。

(11)在虚拟机上安装 Idea,进行 Java 数据库编程(图 8-6)。

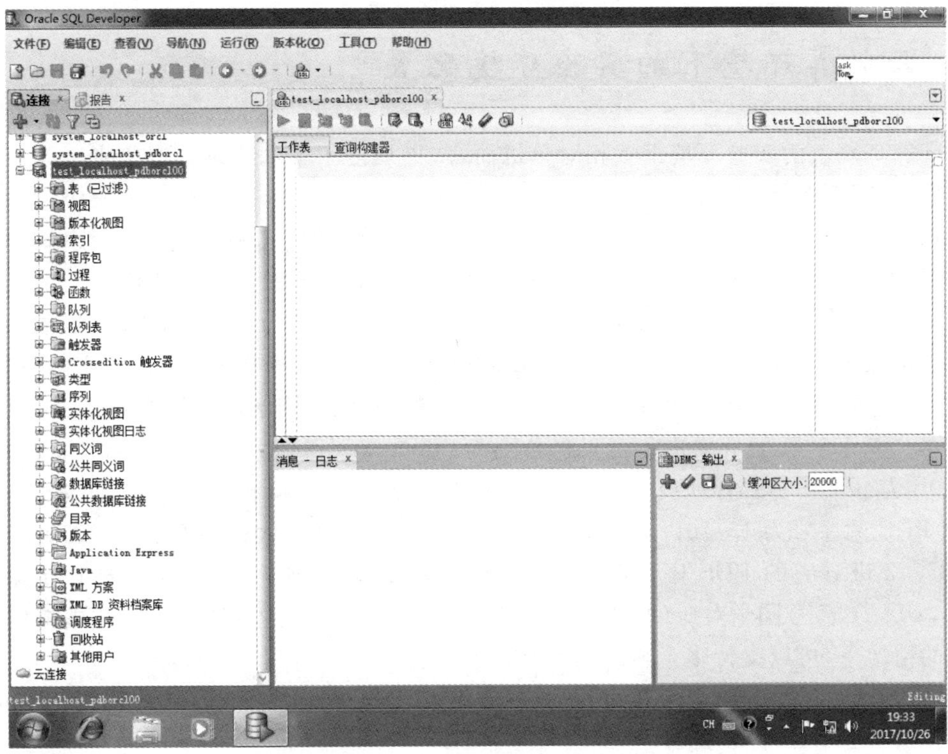

图 8-5　采用 test 用户登录自己创建的 PDB

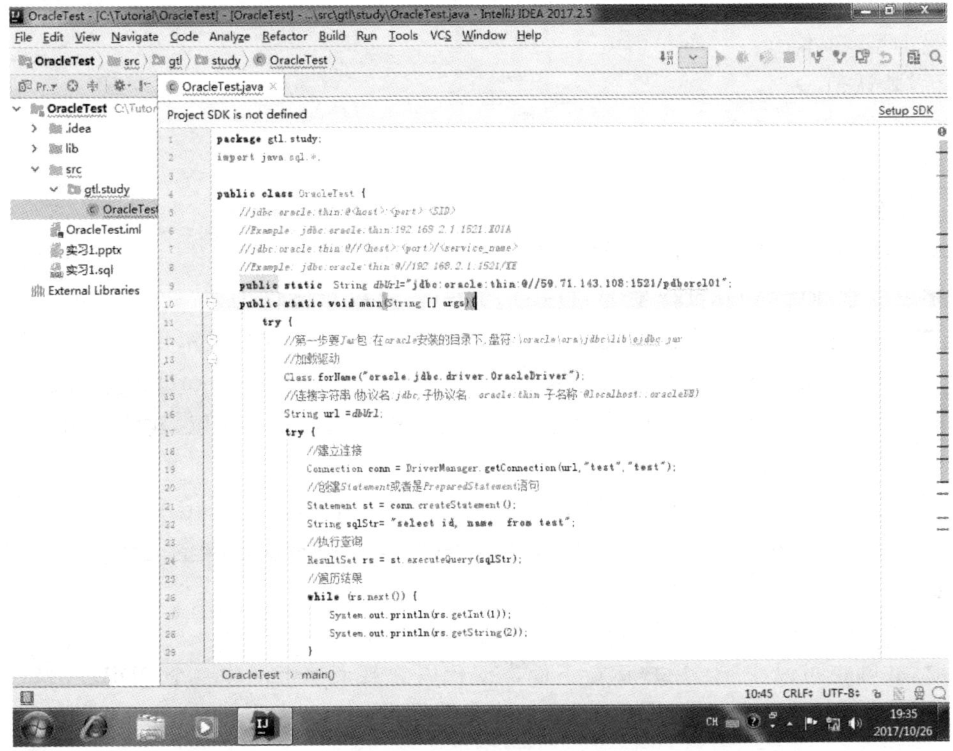

图 8-6　在 Java 编程环境中进行数据库应用程序开发

8.2 云计算环境下的实验环境配置

云计算环境下的实验环境配置相对单机而言，更加便于集约管理。以笔者教学所用的云平台为例，该平台有 75 个云终端，一个 Oracle 数据库服务器，可以支持两个班级的学生进行空间数据库实习。假定云平台下 IP 地址 59.71.143.108 的虚拟机为 Oracle 数据库服务器。在这个服务器里面，每位学生对应一个可插拔数据库，相当于每个同学使用一个独立的数据库。每个 PDB 的系统数据库大小约为 1GB，加上学生实习数据大小为 2GB，也就是 1 个 PDB 最小可以按照 3GB 计算，这是一个比较保守的估计，建议服务器上适当预留一定的空间。

如果实习班级为 1 个，PDB 的序号为 1～35。例如，张三同学的班级序号是 05，则对应的 PDB 为 pdborcl05，管理员用户和密码也分别为 pdborcl05 和 pdborcl05；如果学号是 35，则对应的 PDB 为 pdborcl35，管理员用户和密码分别为 pdborcl35 和 pdborcl35。如果实习班级为 2 个，则 PDB 的序号为 1～70。班级序号小的为 1 班，班级序号大的为 2 班。1 班对应的 PDB 为 1～35。2 班对应的 PDB 序号为 36～70。例如，2 班的 01 号同学对应的 PDB 就是 pdborcl36，2 班的 35 号同学对应的 PDB 就是 pdborcl70。按照上述规则类推，在虚拟服务器足够强大的情况下，可以支持多个班级同时进行实验。

以 1 班 05 号学生为例，其登录参数设置如下。

连接名称：pdborcl05。

用户：pdborcl05。

密码：pdborcl05。

连接类型：基本。

角色：默认值。

主机名：59.71.143.108。

端口：1521。

服务器名：pdborcl05。

从上面的表述可以看出，每个学生的管理员用户就是 pdborclxx，其中 xx 为自己在班级的序号。学生以管理员 pdborclxx 登录对应的 PDB 后，建议自己再创建一个用户和方案（Schema），例如创建 test 用户，系统默认会创建对应的方案（不需要自己显示建立），来操作自己的 PDB 数据库，test 用户的默认表空间可以设置为 sysaux。因为以 pdborclxx 登录的用户默认的表空间是 system 表空间，有些操作不安全，也没有相应的权限。所以，建议采用自己新建的用户进行操作，以免误操作破坏自己的 PDB。

教师对应的 PDB 为 pdborcl00，密码为 pdborcl00，其中创建了 test 用户和方案。为了节省计算资源，每次下课教师可以把所有的 PDB 关掉，但这样每次上课的时候需要首先以 sys 登录，运行以下命令：

```
alter pluggable database all open;
```

同时，教师也可以用 sys 用户运行下面类似代码为每个学生创建一个 PDB。例如，为序号 01 的学生创建 pdborcl01 可插拔数据库的代码如下：

Code_8_5

```
create pluggable database PDBORCL01 admin user PDBORCL01 identified by
PDBORCL01 roles=(DBA) file_name_convert=(
    'A:\app\orcl\oradata\orcl\pdbseed','A:\app\orcl\oradata\orcl\pdborcl01');
```

该用户登录可插拔数据库的界面如图 8-7 所示。

图 8-7　学生用户 pdborcl01 连接数据库界面

如果某个学生的实验数据库损坏，则需要重建。重建可插拔数据库的代码如下。

第一步：查看服务器上所有的可插拔数据库。

SQL> show pdbs;

第二步：关闭所有的可插拔数据库或者只是关闭要修改的可插拔数据库。

SQL> alter pluggable database all close immediate;

或者：

SQL> alter pluggable database pdborcl00 close immediate;

第三步：删除要重建的可插拔数据库。

SQL> drop pluggable database pdborcl00 including datafiles;

第四步：创建新的可插拔数据库。

SQL> create pluggable database PDBORCL00 admin user PDBORCL00 identified by PDBORCL00 roles=(DBA) file_name_convert=(
'A:\app\orcl\oradata\orcl\pdbseed','A:\app\orcl\oradata\orcl\pdborcl00');

第五步：采用 pdborcl00 登录，创建用户 test，代码如下：

SQL> create user test identified by test default tablespace "SYSAUX" temporary tablespace "TEMP";

SQL> grant "RESOURCE" to test;

SQL> grant "CONNECT" to test;

SQL> grant "DBA" to test;

第六步：导入空间数据。

//sqlplus 用户名/密码@主机 ip 或域名：端口/可插拔数据库的服务名。如：

$：sqlplus sys/orcl@59.71.143.108:1521/pdborcl00 as sysdba

SQL>alter session set container=pdborcl00

$：imp test/test@59.71.143.108:1521/pdborcl00 file=c:\mvdemo.dmp full=y

第9章　数据库应用程序开发基础实验

9.1　实验目的

（1）复习数据库的三级模式、两级映象，学会用E－R图表达数据库系统概念模型；掌握概念模型向逻辑模型的转换，以及如何在Oracle数据库中建立相应的数据库。

（2）掌握Oracle关系模型实现方式和使用方法。

（3）熟悉PL/SQL编程环境，掌握Oracle PL/SQL编程基础。

（4）掌握PL/SQL中的存储过程和函数的定义与使用方法。

（5）掌握数据库触发器的设计与使用方法。

（6）掌握Java连接、操作Oracle数据库的基础知识和方法。

说明：本部分实验内容主要为衔接《数据库原理》或《数据库系统概论》课程内容而设置，可以根据实际需要选做本部分实验。

9.2　实验平台

（1）操作系统：Windows 7及后续版本或Ubuntu Linux 16.04及后续版本。

（2）数据库管理系统：Oracle 11g及后续版本。

（3）Oracle SQL Developer或Navicat。

（4）Java SDK 1.8及后续版本。

（5）Java IDE：IntelliJ IDEA或Eclipse。

（6）E－R图绘制工具，如Microsoft Office Visio、PowerDesigner、ERWin、Oracle Data Modeler、Microsoft Visual Studio等具备E－R绘制功能的软件。

9.3　实验内容与要求

设计一个大学教学信息管理应用数据库University。其中，一个教师属于一个系，一个系有多名教师，每个系都有自己的办公地点。每个教师可以讲授多门课程，每个学生属于一个系，可以选修多门课程。每门课程具有一定学分，并可能有先导课程。

（1）数据库概念结构设计。识别出教师（Teacher）、系（Department）、课程（Course）、学生（Student）四个实体。每个实体的属性和代码如下。

系 Department：系的编号 Dno，系的名称 Dname，系所在的办公地址 Daddress；主码为系的编号 Dno。

学生 Student：学生学号 Sno，学生姓名 Sname，学生性别 Ssex，学生年龄 Sage，学生所属系编号 Dno；主码为学生学号 Sno。

教师 Teacher：教师编号 Tno，教师姓名 Tname，教师职称 Ttitle；主码为教师编号 Tno。

课程 Course：课程编号 Cno，课程名称 Cname，先导课程编号 Cpno，课程学分 Ccredit；主码为课程编号 Cno。

根据实际语义，分析实体之间的联系，确定实体之间一对一、一对多和多对多联系，绘制 E－R图(图 9－1)。

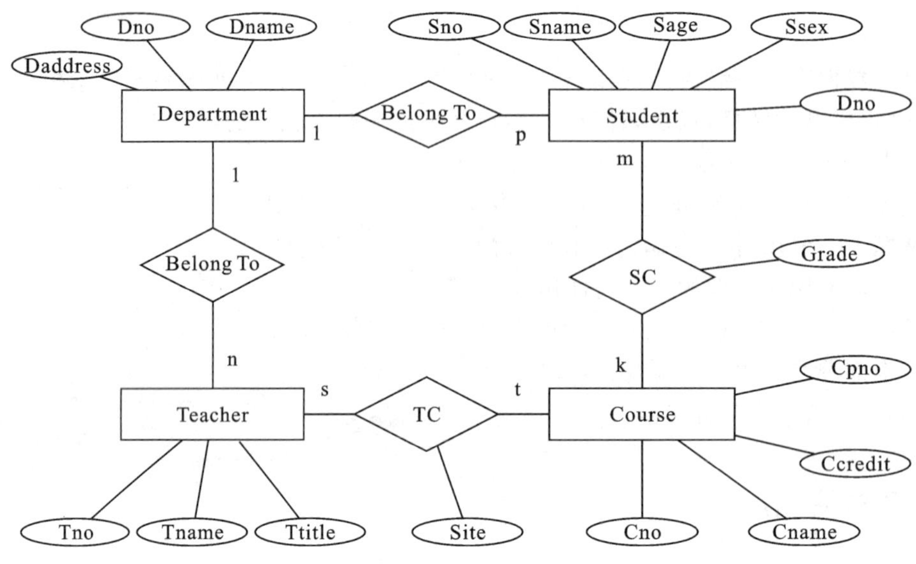

图 9－1　University 数据库 E－R 图

(2)数据库逻辑结构设计。按照数据库设计中概念结构向逻辑结构转换规则，根据所绘制 E－R 图，设计 University 数据库逻辑结构(列出所有关系，确定每个字段的类型、长度等信息，以表的形式列出，画出数据库模式图)，并写出相关 SQL 语句。

第一步，写出 University 关系数据库模式。

(a)系的信息表 Department(Dno，Dname，Daddress)。

(b)学生信息表 Student(Sno，Sname，Ssex，Sage，Dno)。

(c)教师信息表 Teacher (Tno，Tname，Ttitle，Dno)。

(d)课程信息表 Course (Cno，Cname，Cpno，Ccredit)。

(e)学生选课表 SC(Sno，Cno，Grade)。

(f)教师授课表 TC(Tno，Cno，Site)。

第二步，结合选定的数据库管理系统(Oracle)，列出每个关系中每个属性的类型、长度等信息(表 9－1～表 9－6)。

表 9-1　Department 关系属性表

关系名称		Department		关系别名		系的信息	
属性名	别名	类型	长度	值域	唯一	可空	备注
Dno	系编号	INT			Y	N	
Dname	系名称	VARCHAR	50		Y	N	
Daddress	系地址	VARCHAR	50		Y	Y	

表 9-2　Student 关系属性表

关系名称		Student		关系别名		学生信息	
属性名	别名	类型	长度	值域	唯一	可空	备注
Sno	学号	INT			Y	N	
Sname	姓名	VARCHAR	50		N	N	
Ssex	性别	VARCHAR	2	M/F	N	Y	
Sage	年龄	INT			N	Y	
Dno	系编号	INT			Y	Y	所在系

表 9-3　Teacher 关系属性表

关系名称		Teacher		关系别名		教师信息	
属性名	别名	类型	长度	值域	唯一	可空	备注
Tno	工号	INT			Y	N	
Tname	姓名	VARCHAR	50		N	N	
Ttitle	性别	VARCHAR	50		N	Y	
Dno	系编号	INT			Y	Y	所在系

表 9-4　Course 关系属性表

关系名称		Course		关系别名		课程信息	
属性名	别名	类型	长度	值域	唯一	可空	备注
Cno	课程号	INT			Y	N	
Cname	课程名	VARCHAR	50		Y	N	
Cpno	先导课	INT			N	Y	
Ccredit	学分	INT			Y	Y	所在系

表 9-5　SC 关系属性表

关系名称		SC		关系别名		学生选课信息	
属性名	别名	类型	长度	值域	唯一	可空	备注
Cno	课程号	INT			Y	N	
Sno	学号	INT			Y	N	
Grade	成绩	FLOAT			N	Y	

表 9－6　TC 关系属性表

关系名称		TC		关系别名		教师授课信息	
属性名	别名	类型	长度	值域	唯一	可空	备注
Cno	课程号	INT			Y	N	
Tno	工号	INT			Y	N	
Site	位置	VARCHAR	50		N	Y	

第三步，画出数据库模式图，如图 9－2 所示（采用 Oracle Data Modeler 绘制）。需要说明的是，在 Oracle 中，INT 类型会被转换成 NUMBER(38)，VARCHAR 类型会被转换成 VARCHAR2，FLOAT 也会转成 NUMBER 类型。

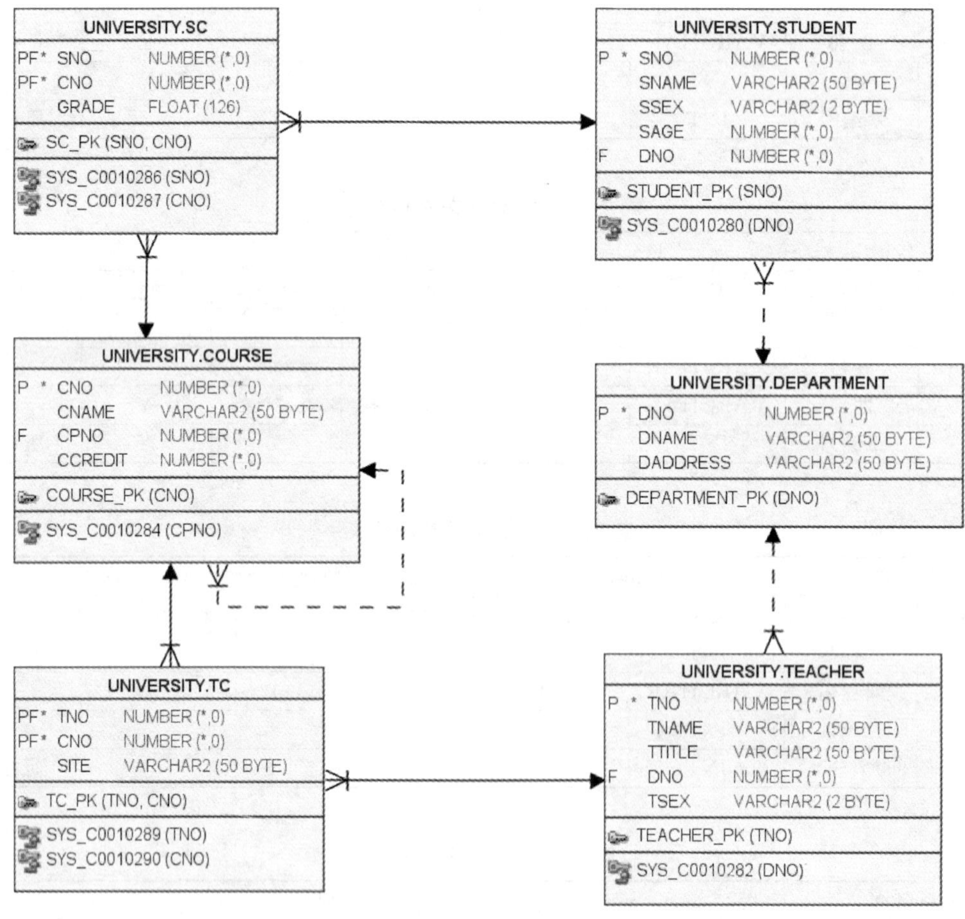

图 9－2　University 关系数据模型模式图

第四步，用户子模式设计。例如，设计计算机系学生信息视图 CSS。这里没有需要设计的其他用户子模式，故可以直接进入下一步物理设计。

（3）数据库物理结构设计。数据库物理结构设计首先根据数据库逻辑结构自动转换生成，然后再根据实际应用需求，设计数据库的索引与存储结构。这里主要给出数据库结构的 SQL

语言实现，代码如 Code_9_1 所示：

Code_9_1

```
create table Department(
    Dno int,
    Dname varchar(50),
    Daddress varchar(50),
    primary key (Dno)
);
create table Student(
    Sno int,
    Sname varchar (50),
    Ssex varchar(2),
    Sage int,
    Dno int,
    primary key (Sno),
    foreign key (Dno) references Department(Dno)
);
create table Teacher(
    Tno int primary key,
    Tname varchar (50),
    Ttitle varchar (50),
    Dno int,
    foreign key (Dno) references Department(Dno)
);
create table Course(
    Cno int primary key,
    Cname varchar (50),
    Cpno int,
    CCredit int,
    foreign key(Cpno) references Course(Cno)
);
create table SC(
    Sno int,
    Cno int,
    Grade float,
    primary key(Sno,Cno),
    foreign key(Sno) references Student(Sno),
    foreign key (Cno) references Course(Cno)
);
```

```
create table TC(
    Tno int,
    Cno int,
    Site varchar(50),
    primary key (Tno,Cno),
    foreign key(Tno) references Teacher(Tno),
    foreign key (Cno) references Course(Cno)
);
```

(4)定义一个无参数存储过程 decreasegrade,更新所有学生成绩,将其降低 5%,并调用该存储过程。代码如下:

Code_9_2

```
create or replace proceduredecreasegrade as
begin
    update sc set grade=grade * 0.95;
end decreasegrade;
/
begin
    decreasegrade();
end;
```

(5)定义一个带输入参数的存储过程 increasegrade,将课程号为 1 的所有学生成绩提升 5%,要求课程号作为存储过程参数输入,并调用该存储过程。代码如下:

Code_9_3

```
create or replace procedure increasegrade (
  ccno in int
) as
begin
  update sc set grade=grade * 1.05 where cno=ccno;
end increasegrade;
/
declare
  ccno number;
begin
  ccno:= 1;
  increasegrade(
    ccno => ccno
  );
end;
```

(6)定义一个带有输入和输出参数的存储过程 averagestudentgrade,计算一个学生的所有选修课程的平均成绩,要求将学号作为输入参数,计算结果——该生的所有选修课平均成绩作

为输出参数;调用该存储过程,并输出计算结果。代码如下:

Code_9_4

```
create or replace procedure averagestudentgrade
(
  paramsno in int,
  paramgrade out float
) as
    g float;
begin
    select sg.ag into g
        from (select sno s,avg(grade) ag
                from sc group by sno) sg
                  where sg.s=paramsno;
    paramgrade:=g;
end averagestudentgrade;
/
declare
  paramsno number;
  paramgrade float;
begin
  paramsno:= 20091000863;

  averagestudentgrade(
    paramsno => paramsno,
    paramgrade => paramgrade
  );
  dbms_output.put_line('PARAMGRADE ='|| paramgrade);
end;
```

(7)定义一个带有输入自定义函数 calculateaveragestudentgrade,计算一个学生的所有选修课程的平均成绩,要求将学号作为输入参数,返回该生的所有选修课平均成绩,调用函数,并输出计算结果。代码如下:

Code_9_5

```
create or replace function calculateaveragestudentgrade
(
  paramsno in number
) return number as
    g number;
begin
    select sg.ag into g
```

```
        from (select sno s,avg(grade) ag
                  from sc group by sno) sg
                      where sg.s=paramsno;
    return g;
  end calculateaveragestudentgrade;
  /
  declare
    paramsno number;
    v_return number;
  begin
    paramsno:= 20091000863;
    v_return:= calculateaveragestudentgrade(
      paramsno => paramsno
    );
    dbms_output.put_line('v_Return ='|| v_return);
  end;
```

(8)定义一个存储过程,采用普通无参游标实现计算学校开设的所有课程的学分之和。代码如下:

Code_9_6

```
create or replace procedure pro_7 (
    vresult out number
  ) as
  cc number;
  ss number;
  CURSOR cur is select ccredit from course;
begin
    ss:=0;
    open cur;
    loop
      fetch cur into cc;
      if cur%FOUND then
        dbms_output.put_line(cc);
        ss:=ss+cc;
      else
        dbms_output.put_line(ss);
        vresult:=ss;
        exit;
      end if;
    end loop;
```

```
end pro_7;
/
declare
  vresult number;
begin
  pro_7(
    vresult => vresult
  );
  dbms_output.put_line('vresult ='|| vresult);
end;
```

(9)定义一个存储过程,采用 REF CURSOR 实现计算学校所有学生选修课程的成绩之和。代码如下:

Code_9_7

```
create or replace procedure pro_8
(
  vresult out number
) as
type rc is ref cursor;--动态游标
cur rc;
cc number;
ss number;
begin
  ss:=0;
  open cur for select grade from sc;
  loop
    fetch cur intocc;
    if cur%FOUND then
      dbms_output.put_line(cc);
      ss:=ss+cc;
    else
      dbms_output.put_line(ss);
      vresult:=ss;
      exit;
    end if;
  end loop;
end pro_8;
/
declare
  vresult number;
```

```
begin
  pro_8(
    vresult => vresult
  );
dbms_output.put_line('vresult ='|| vresult);
end;
```

(10)定义一个存储过程，采用带参数游标实现按照学号计算学生的平均成绩。代码如下：

Code_9_8

```
create or replace procedure pro_9
(
  sno_in in number
) as
g number;
cursor cur(paramsno number) is select sg.ag
        from (select sno s,avg(grade) ag
                from sc group by sno) sg
                  where sg.s=paramsno;
begin
  open cur (sno_in);
  loop
    fetch cur into g;
    if cur%FOUND then
      dbms_output.put_line(g);
    else
      dbms_output.put_line(g);
      exit;
    end if;
  end loop;
end pro_9;

/
declare
  sno_in number;
begin
  sno_in:= 20091000863;
  pro_9(
    sno_in => sno_in
  );
end;
```

(11)在 University 数据库中创建表 SGA_T,记录每个学生的所有选修课程的平均成绩,其主要字段包括 SNO、AVERAGEGRADE,其主码为 Sno。SGA_T 表的创建与初始化 SQL 语句代码如下(图 9-3):

Code_9_9

```
create table sga_t (sno int primary key, averagegrade float);

insert into sga_t select sno, avg(grade) from sc group by sno;
```

	SNO	AVERAGEGRADE
1	20081001197	79
2	20081001266	97
3	20081001888	60
4	20091000481	78
5	20091000863	85
6	20091000934	89.5
7	20091000961	86
8	20091003085	90
9	20101000199	65
10	20101000424	78
11	20101000481	69

图 9-3　初始化的 SGA_T 表

(a)在 SC 表上定义一个 UPDATE 触发器,当修改某个学生的某一门选修课程的成绩后,自动重新计算所有的平均成绩,并更新到 SGA_T 表中。

第一步,对于触发器的创建可以采用界面进行操作,也可编写 SQL 语句进行操作。两者在本质上其实是一样的。这里采用界面操纵,如图 9-4 所示。在 SC 表节点上点击右键弹出菜单,选择"Trigger",选择"Create...",弹出如图 9-5 所示的触发器创建对话框。

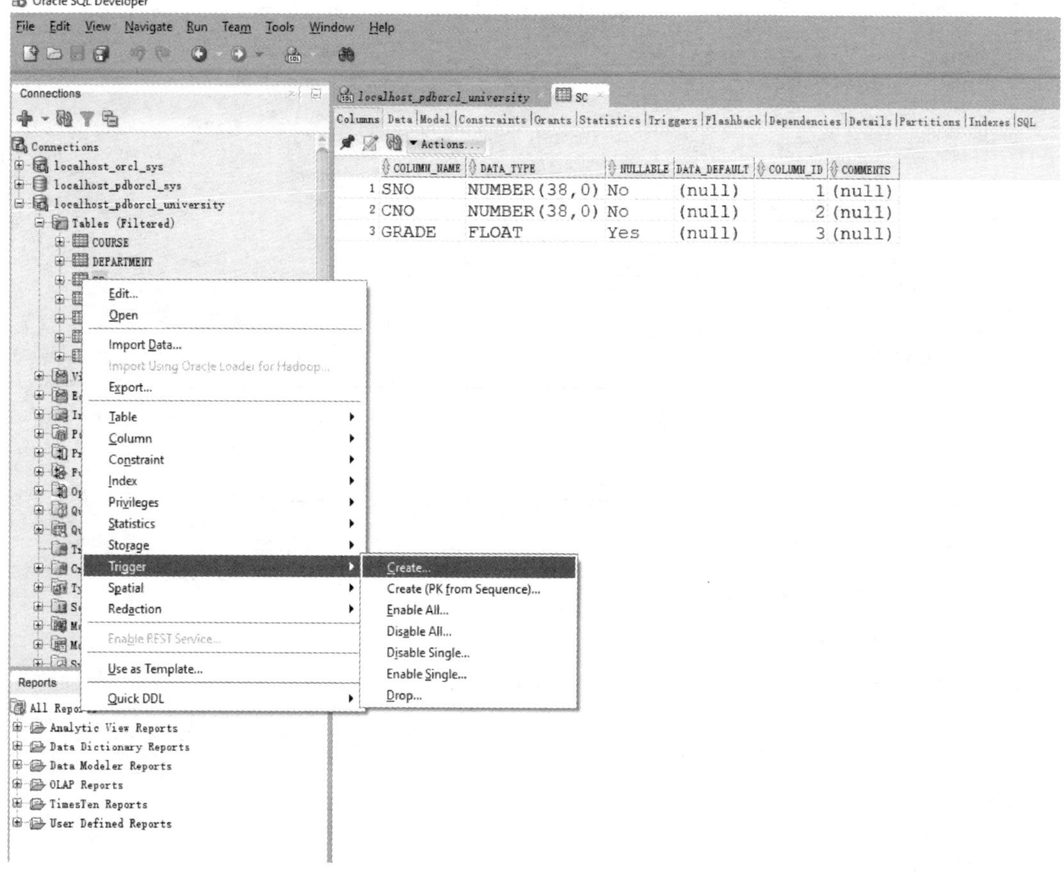

图 9-4　触发器创建菜单

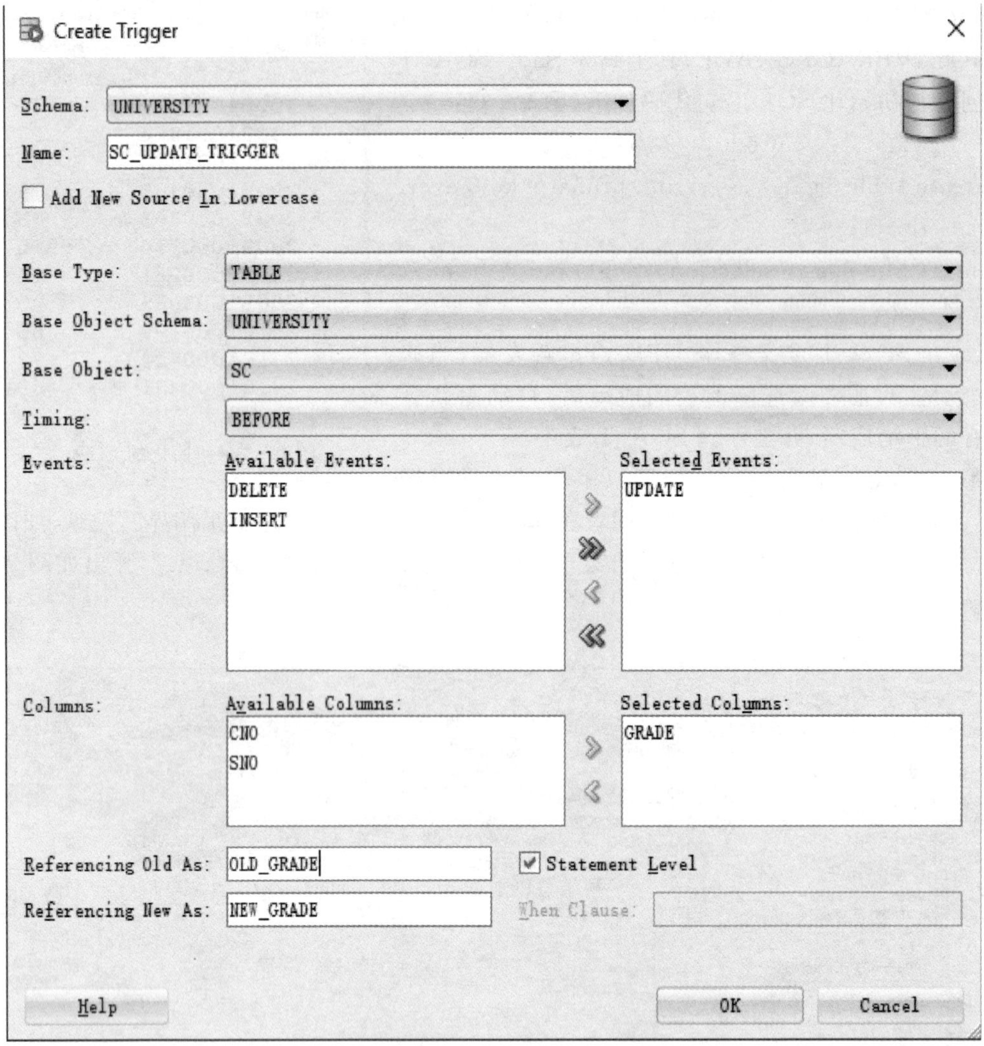

图 9－5　创建触发器对话框

第二步，填写如图 9－5 所示的相关参数后，生成如图 9－6 中所示的初始化代码：

Code_9_10

```
create or replace trigger sc_update_trigger
before update of grade on sc
referencing old as old_grade new as new_grade
begin
  null;
end;
```

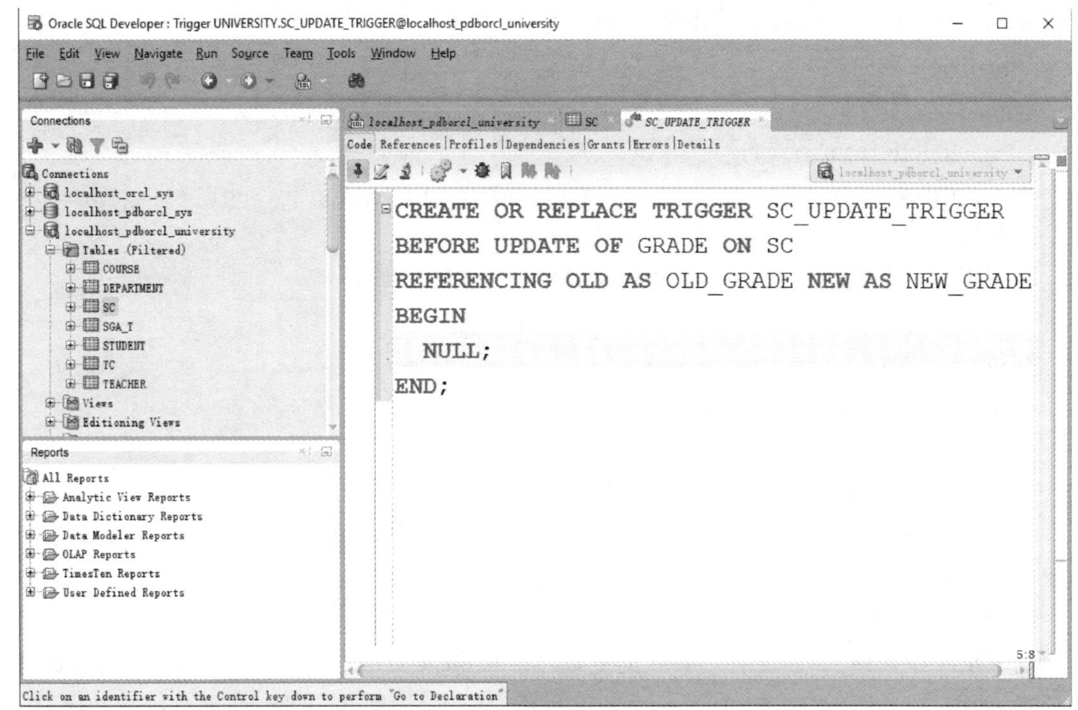

图 9-6　生成的触发器初始代码

第三步，在 BEGIN 和 END 之间编写处理代码，实现修改后自动更新 SGA_T 中的平均成绩数据。具体实现代码如下：

Code_9_11

```
delete from sga_t;
insert into sga_t select sno,avg(grade) from sc group by sno;
```

(b)在 SC 表上定义一个 INSERT 触发器，当添加某个学生的某一门选修课程的成绩时，自动重新计算所有学生的平均成绩，并更新到 SGA_T 表中。代码如下：

Code_9_12

```
create or replace trigger sc_insert_trigger
after insert on sc
begin
  delete from sga_t;
  insert into sga_t select sno,avg(grade) from sc group by sno;
end;
```

(c)在 SC 表上定义一个 DELETE 触发器，当删除某个学生的某一门选修课程的成绩时，自动重新计算所有学生平均成绩，并更新到 SGA_T 表中。代码如下：

Code_9_13

```
create or replace trigger sc_delete_trigger
after delete on sc
begin
        delete from sga_t;
        insert into sga_t select sno,avg(grade) from sc group by sno;
end;
```

d)删除上面三个触发器,并删除数据表 SGA_T。代码如下:

Code_9_14

```
drop trigger sc_insert_trigger;
drop trigger sc_update_trigger;
drop trigger sc_delete_trigger;
drop table sga_t;
```

(12)采用 Java 开发一个基于 JDBC 的数据库应用程序,实现以下功能:输出每个学生选修课程总成绩。

(a)基于 IDEA 构建 Java 工程。

在 IDEA 中新建工程,选择"Java"类型,设置"Project sDK",如图 9-7 所示;然后选择工程模版,如图 9-8 所示;接着,输入工程名称和存放位置,如图 9-9 所示,最后生成如图 9-10 所示的"Hello World"工程。

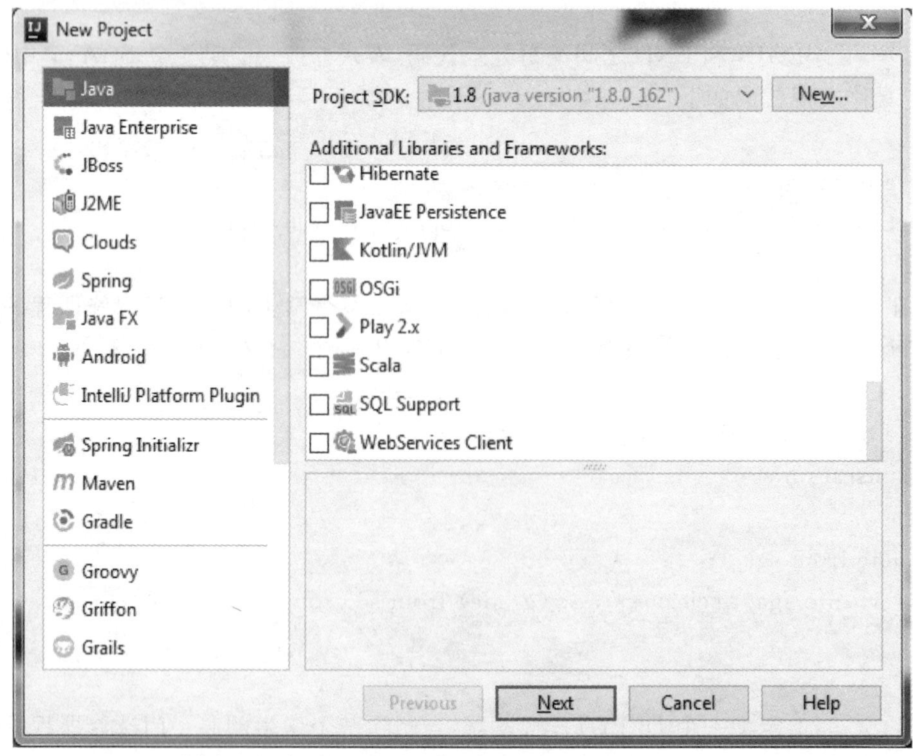

图 9-7 IDEA 构建 Java 工程

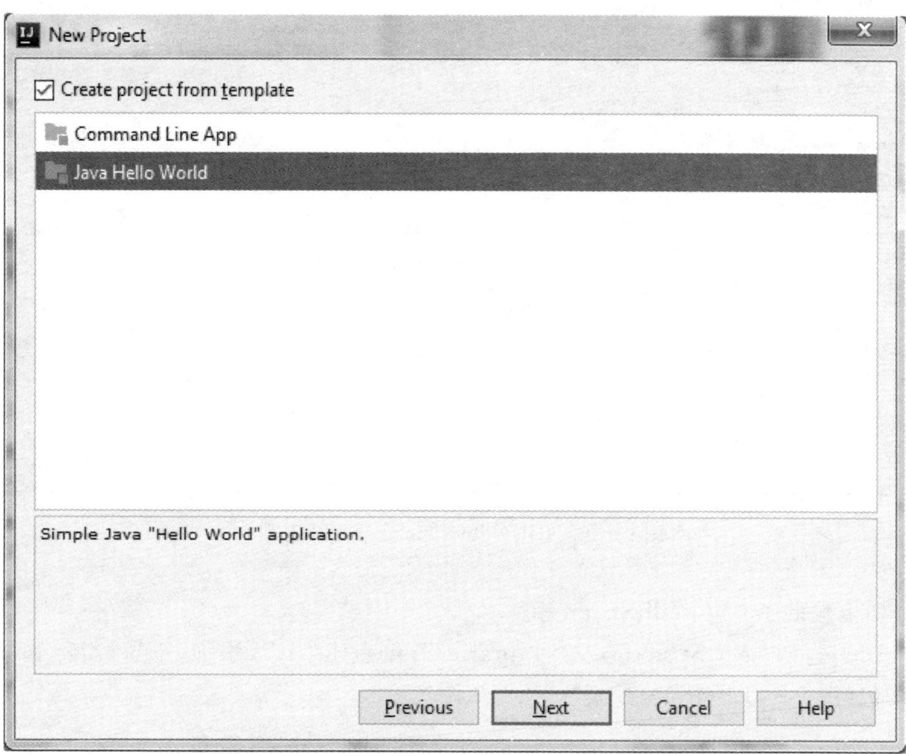

图 9－8　IDEA Java 工程模板

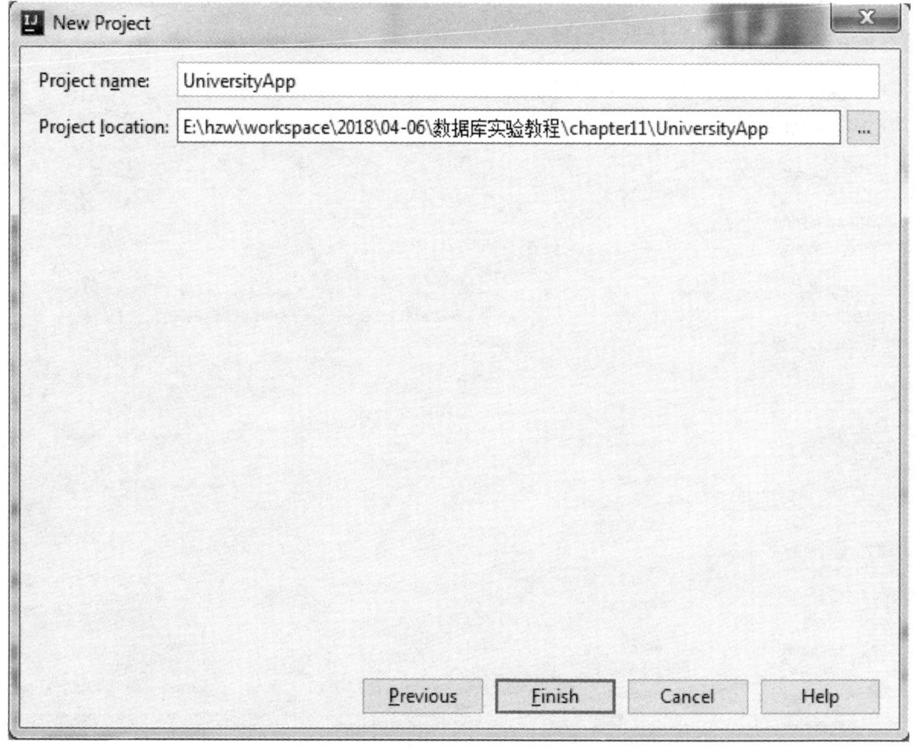

图 9－9　IDEA Java 工程基本信息

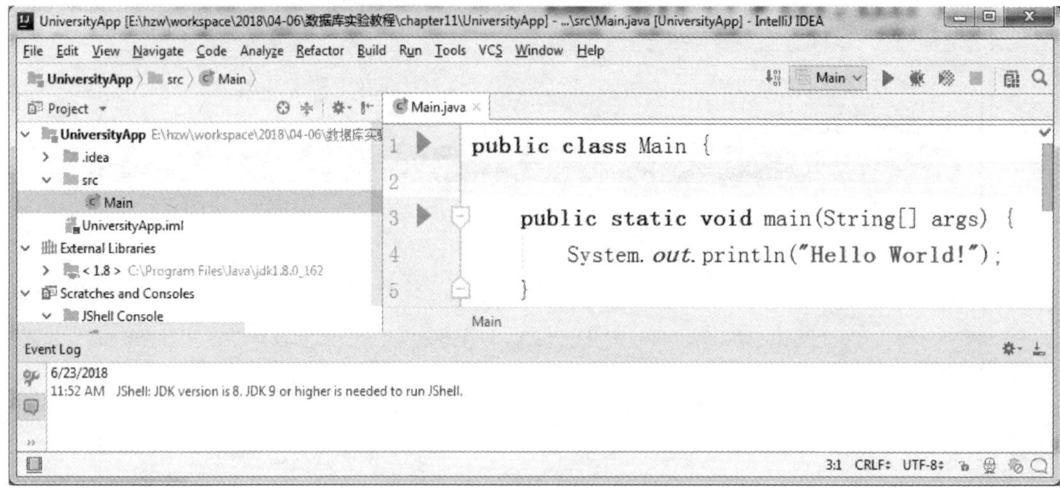

图 9-10　IDEA Java Hello World 工程

(b)添加依赖的 Jar 包、ojdbc8. jar 等。

点击“File ->Project Structure ->Libraries”,再点击“+”,添加 ojdbc8. jar 和其他相关的依赖 Jar 包(图 9-11～图 9-13)。

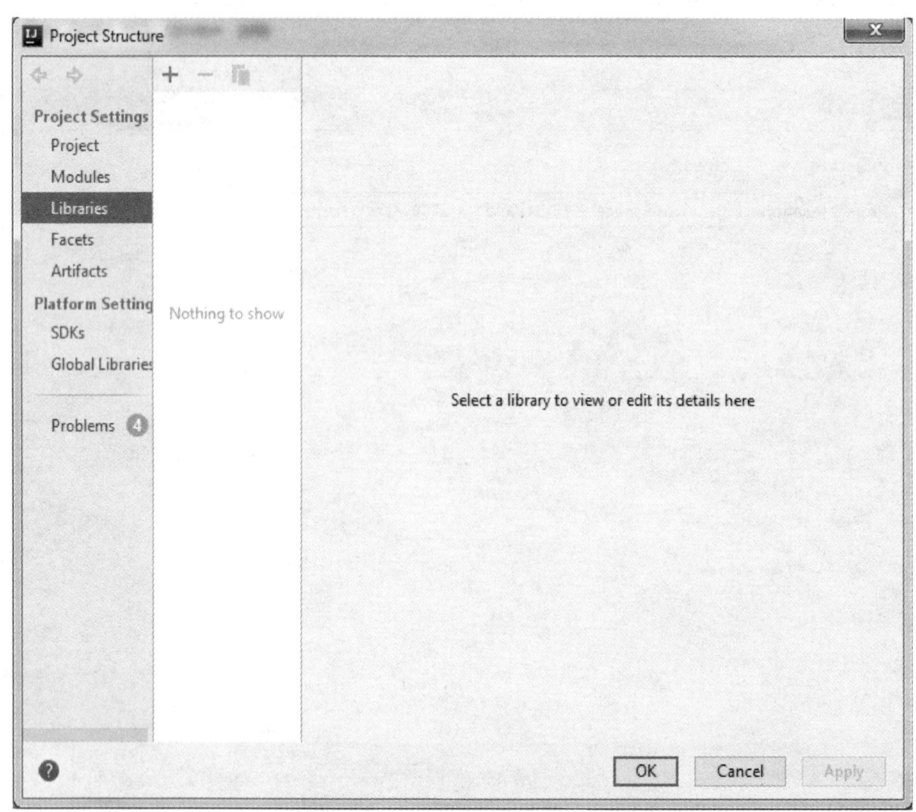

图 9-11　IDEA Java 工程添加依赖库

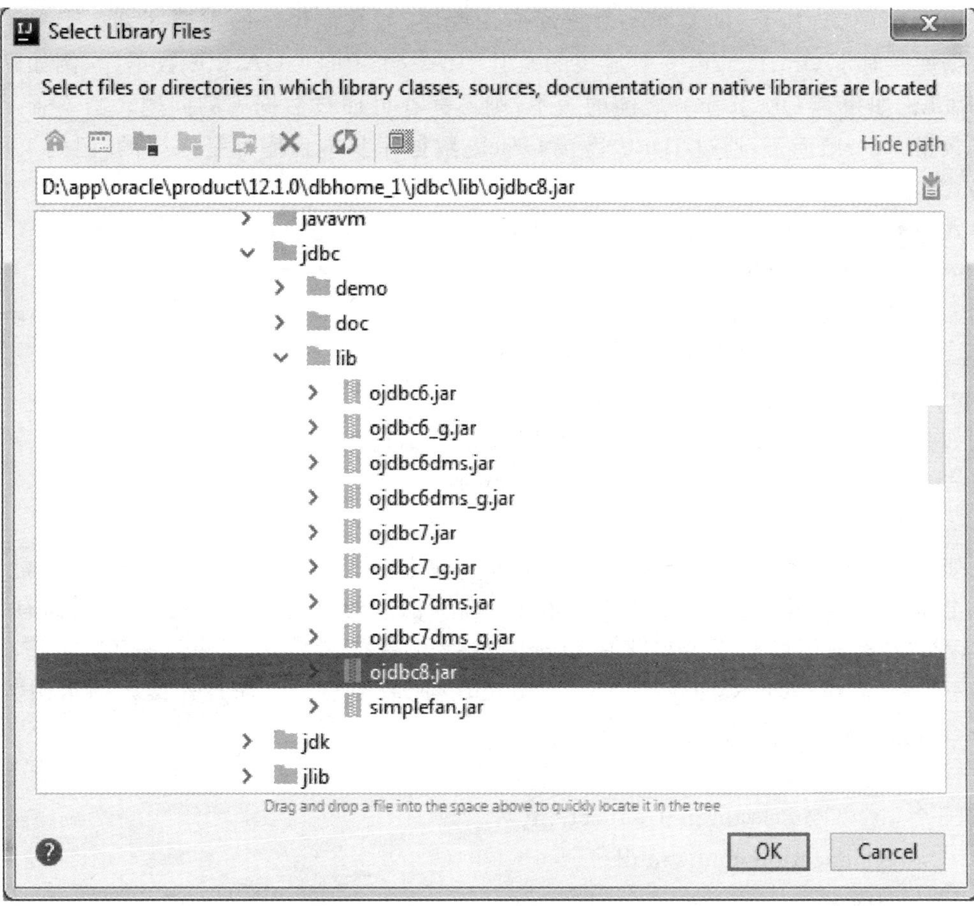

图 9-12　IDEA Java 工程添加 JDBC 下的依赖库

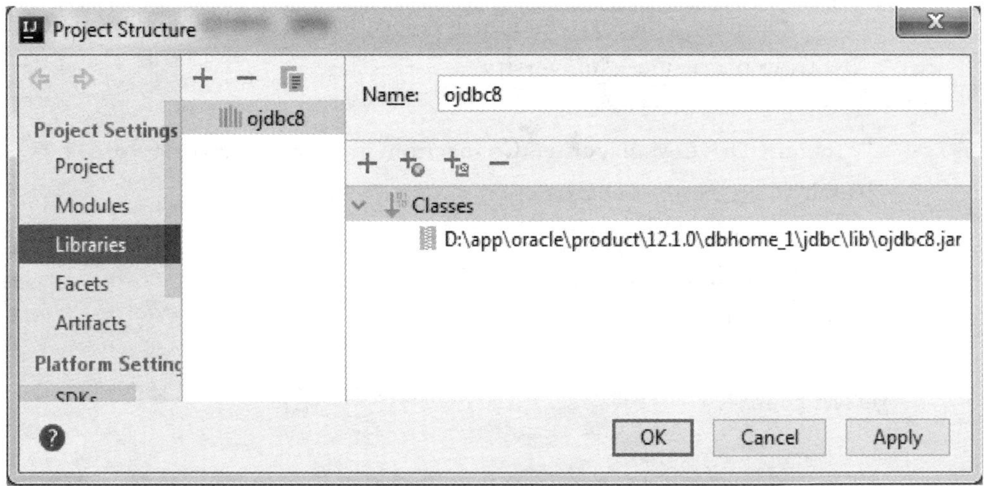

图 9-13　IDEA Java 工程添加 ojdbc8. Jar

(c)编写 Java 程序。

采用 Java 语言,基于 JDBC 编写数据库应用程序,与其他程序的主要区别在于多了如何连接数据库。对于 Oracle 12c,一般连接的是其中的一个 PLUGGABLE 数据库,例如默认的 PDBORCL。如果是 Oracle 12c 之前的版本,则不存在可插拔数据库的问题。当不管是不是可插拔数据库,一般而言,通过 JDBC 连接 Oracle 数据库基本程序都是一样的,但是 URL 有三种格式。

格式一 Oracle JDBC Thin using an SID:

jdbc:oracle:thin:@host:port:SID

例如:jdbc:oracle:thin:@localhost:1521:orcl

格式二 Oracle JDBC Thin using a ServiceName:

jdbc:oracle:thin:@//host:port/service_name

例如:jdbc:oracle:thin:@//localhost:1521/pdborcl

格式三 Oracle JDBC Thin using a TNSName:

jdbc:oracle:thin:@TNSName

例如:jdbc:oracle:thin:@TNS_ALIAS_NAME

在上面三种格式中,格式二是比较常用的。需要注意的是这里的格式,"@"后面有"//","port"后面":"换成了"/",这种格式是 Oracle 推荐的格式,因为对于集群来说,每个节点的 SID 是不一样的,但是 SERVICE_NAME 可以包含所有节点。下面是连接本书示例数据库 University的代码:

Code_9_15

```
public static Connection getConnection(){
        Connection conn=null;
        try {
            Class.forName("oracle.jdbc.driver.OracleDriver");//找到 oracle 驱动器所在的类
            String url="jdbc:oracle:thin:@//localhost:1521/pdborcl";//URL 地址
            String username="university";
            String password="cug";
            conn=DriverManager.getConnection(url,username,password);
        } catch (ClassNotFoundException e) {
            e.printStackTrace();
        } catch (SQLException e) {
            e.printStackTrace();
        }
        return conn;
}
```

获取连接之后,就可以构建语句,执行并获取查询结果。代码如下:

Code_9_16

```
public static void main(String[] args) {
```

```
        String sql="select sno,sum(grade) sg from sc group by sno";
        Connection connection=getConnection();
        try {
            Statement statement =connection.createStatement();
            ResultSet resultSet =   statement.executeQuery(sql);
            while (resultSet.next()){
                String sno=resultSet.getString("sno");
                double sg=resultSet.getDouble("sg");
                System.out.println(sno);
                System.out.println(sg);
            }
        }
        catch (SQLException e){
            e.printStackTrace();
        }
}
```

第 10 章　空间数据入库实验

10.1　实验目的

(1)掌握基于 MapBuilder 的空间数据库入库、编辑与可视化。

(2)掌握基于 Oracle IMP/EXP 或 IMPDP/EXPDP 等空间数据的导入与导出。

10.2　实验平台

(1)操作系统:Windows 7 及后续版本或 Ubuntu Linux 16.04 及后续版本。

(2)数据库管理系统:Oracle 11g 及后续版本。

(3)Oracle SQL Developer 或 Navicat。

(4)Java SDK 1.8 及后续版本。

(5)MapBuilder 11g 及其后续版本。

10.3　实验内容与要求

(1)采用 MapBuilder 将 OVCDEMO 矢量数据(ovcpoints.shp、ovclines.shp、ovcpolygon.shp)和栅格数据(ovcdemo.jpeg)导入到 Oracle 数据库中。

第一步,新建 ovcdemo 表空间和用户,密码也为 ovcdemo,并且至少具有 CONNECT、RESOURCE、CREATE TABLE 和 CREATE VIEW 等权限。

第二步,导入.shp 文件。MapBuilder 提供了两种.shp 文件导入方式,即单文件导入和多文件导入。启动 MapBuilder,点击“Tools ->Import Shapefile”,弹出.shp 文件导入向导,如图 10-1 所示。对于单文件导入选择“Single File”,然后选择“.shp”文件,输入.shp 文件对应的几何表名称,接着输入几何表中几何字段的名称。对于多个.shp 文件的批量导入,则选择 Multiple Files or Directories,所有的几何表名称将与.shp 文件同名,然后输入几何字段的名称,接着选择.shp 文件所在目录,在列表中会显示选择的.shp 文件或目录,点击“Next>”进入下一步,如图 10-2 所示。这一步是附加参数的设置,主要是空间参考系统设置和表信息设置。以 OVCDEMO 数据为例,选择的是 WGS 84 坐标系统。表信息则主要是选择相关的表是新建还是使用已经存在的表以及是否创建空间索引等信息。点击“Next>”进入下一步,显示的是导入向导的总结信息,点击“Finish”开始数据的导入。

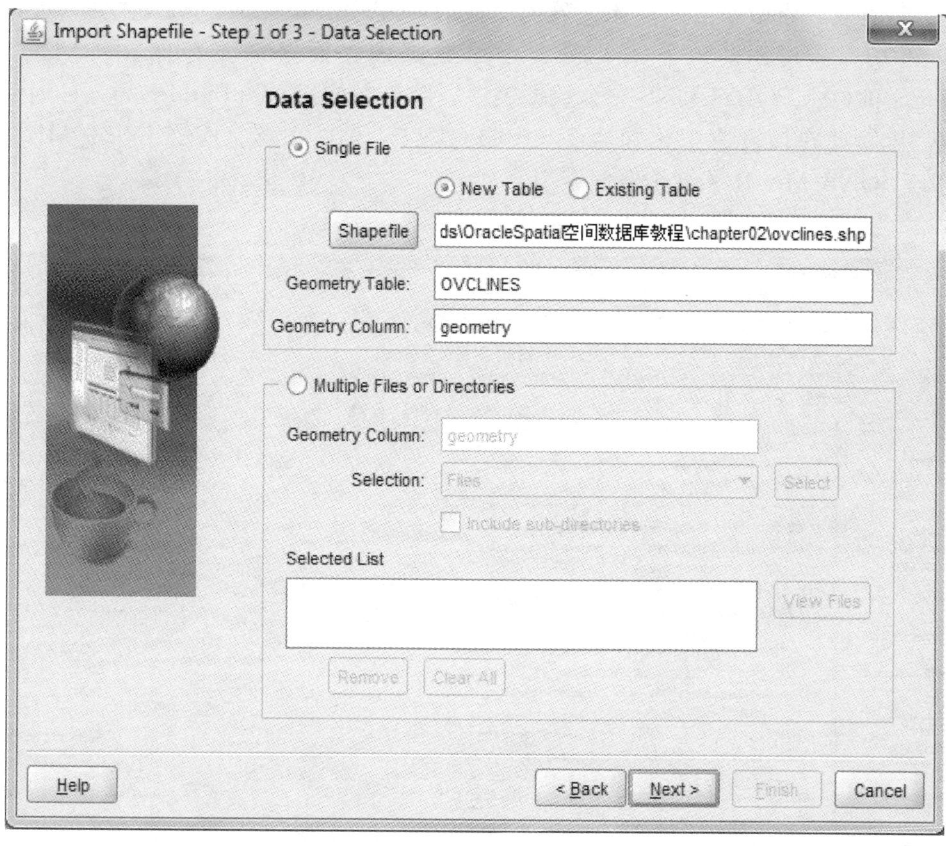

图 10－1　MapBuilder 导入.shp 文件向导——数据选择

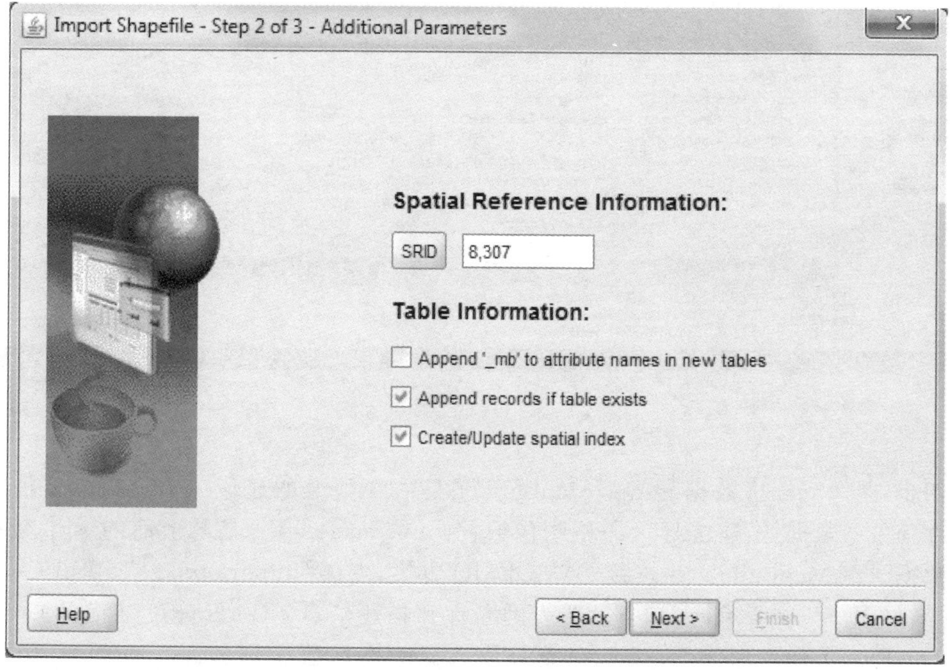

图 10－2　MapBuilder 导入.shp 文件向导——附加参数设置

第三步，查看矢量数据导入结果。导入完成后，可以用 SQL Developer 打开 OVCDEMO 方案，如图 10－3 所示。该方案共包含六个数据表。数据主要存储在 OVCPOINTS、OVCLINES 和 OVCPOLYGONS 三个数据表中。由于在使用 MapBuilder 导入的时候，选择了创建索引，因此在该方案中也包含了 OVCPOINTS_MB_IDX、OVCLINES_MB_IDX 和 OVCPOLYGONS_MB_IDX 三个空间索引。

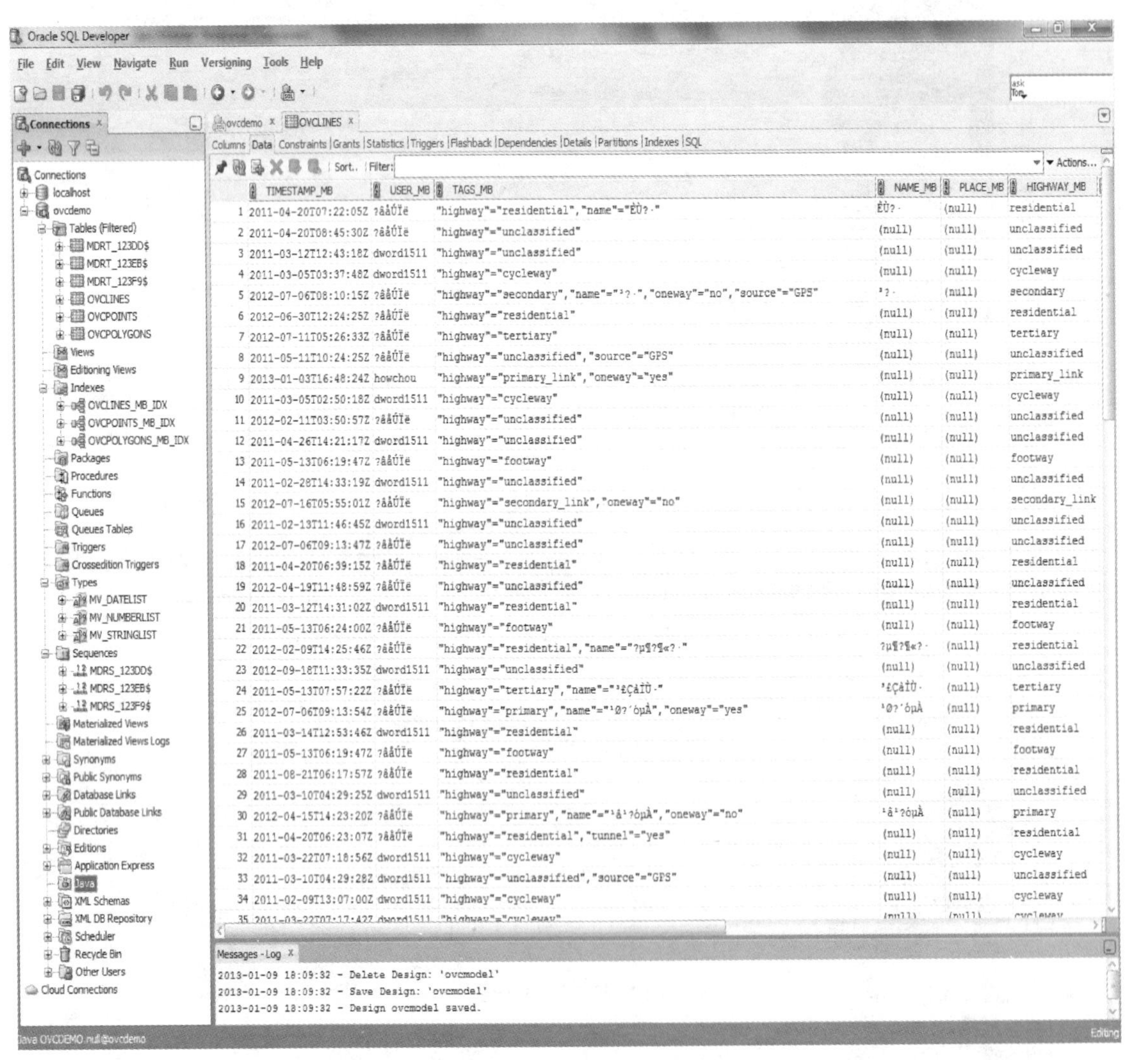

图 10－3　OVCDEMO 方案

第四步，图像或栅格数据导入。MapBuilder 是一个整合的建库工具。它除了能够导入 . shp文件等矢量数据外，还能导入栅格图像数据。ovcimage. jpeg 是与上面的. shp 数据对应的图像数据。在 MapBuilder 中连接 OVCDEMO 方案，点击“Import Image”，弹出 GeoRaster 导入向导，如图 10－4 所示，在其中设置表的名称和描述信息。GeoRaster 表名为 ovcimage，其中的 GeoRaster 列名为 georaster，存放分块数据的栅格数据表名为 ovcimage_rdt。选项“Build Pyramid Levels”用于创建图像金字塔。由于数据很小，没有必要创建，因此没有勾选此项。默认的块大小为 256。图 10 - 5 是选择图像数据文件，可以是一个文件也可以是多个文件，选择 ovcimage.jpeg 文件。图 10 - 6 是空间参考参数设置，SRID 设置为 8307。Model Location 有两种方式：左上模式和中心模式。采用默认值左上模式。图像的大小为：2143 * 1795 * 3。其对应空间范围如下。

X 方向经度范围：114.3684°—114.4331°。

Y 方向纬度范围：30.5354°—30.4837°。

所以，图像左上角点坐标(114.3684，30.5354)，可以算出。

X 分辨率：(114.4331－114.3684)/2143＝3.019132×10^{-5}

Y 分辨率：(30.5354－30.4837)/1795＝2.880223×10^{-5}

将这些参数填入后完成数据导入。

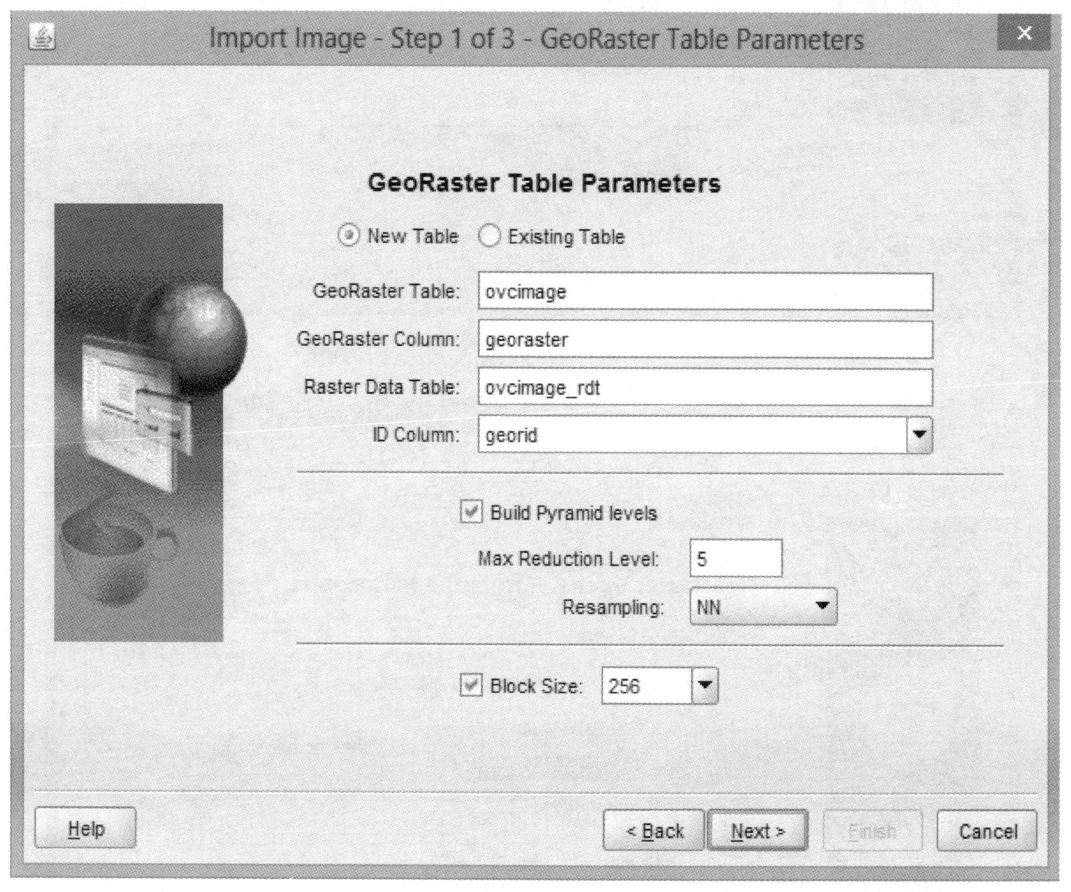

图 10 - 4　GeoRaster 导入向导表参数设置

第五步，导入栅格数据后，可以采用 SQL Developer 进行查看。Oracle 会建立 OVCIMAGE 和 OVCIMAGE_RDT 两个数据表和一个空间索引 OVCIMAGE_RTREEIDX，如图 10 - 7 所示。OVCIMAGE 存放 GEO_RASTER 对象，OVCIMAGE_RDT 存放对应的分块数据。

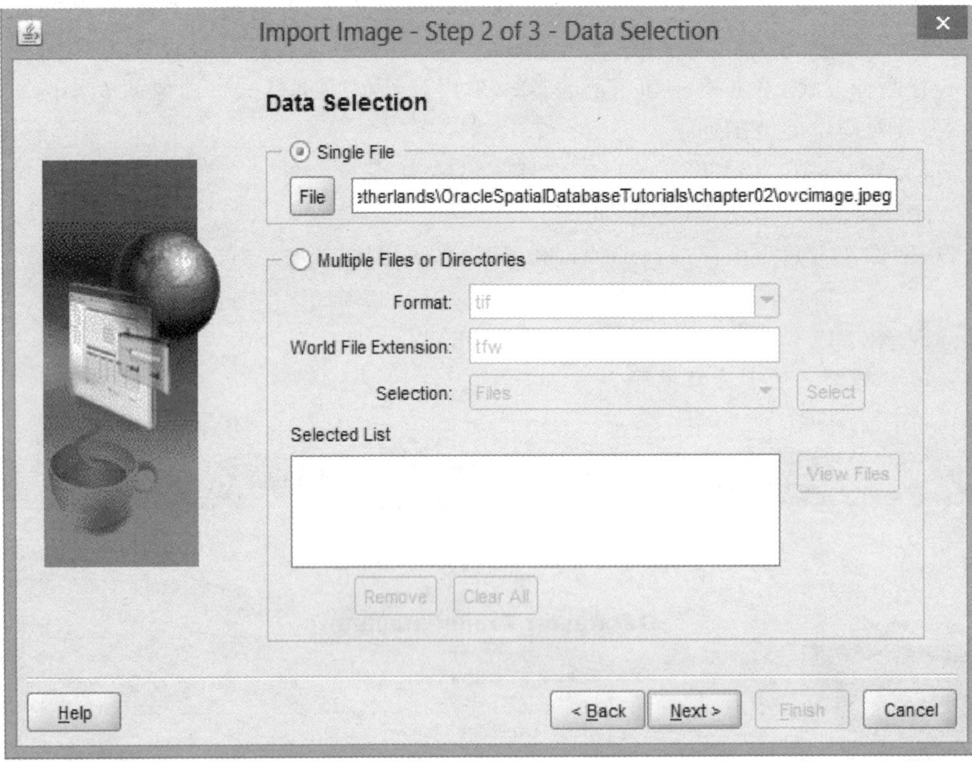

图 10 - 5　GeoRaster 导入向导数据文件选择

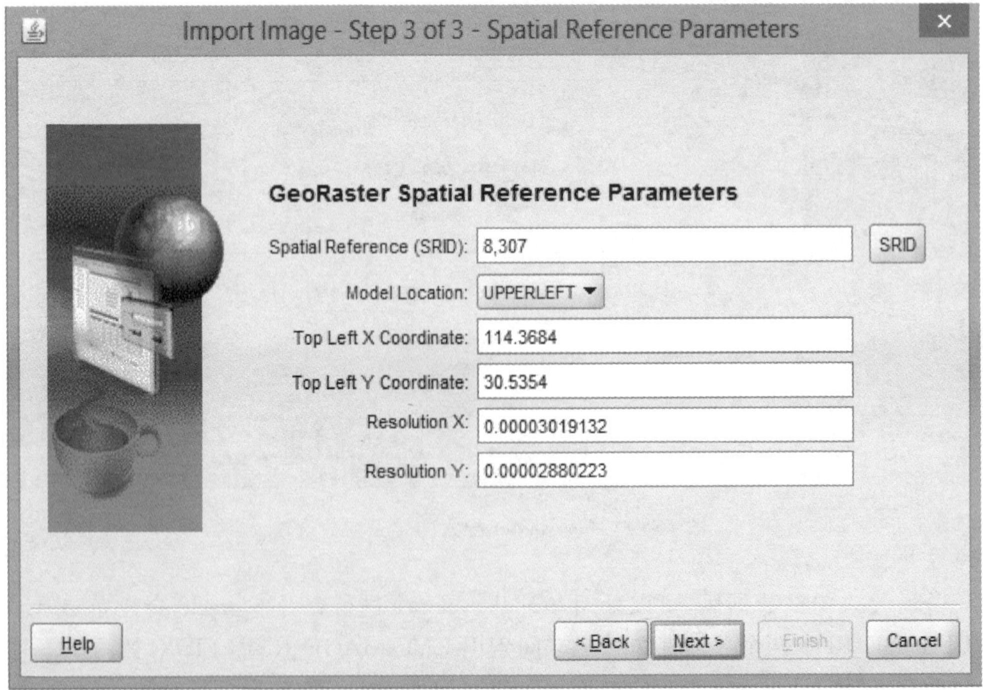

图 10 - 6　GeoRaster 导入向导空间参考参数设置

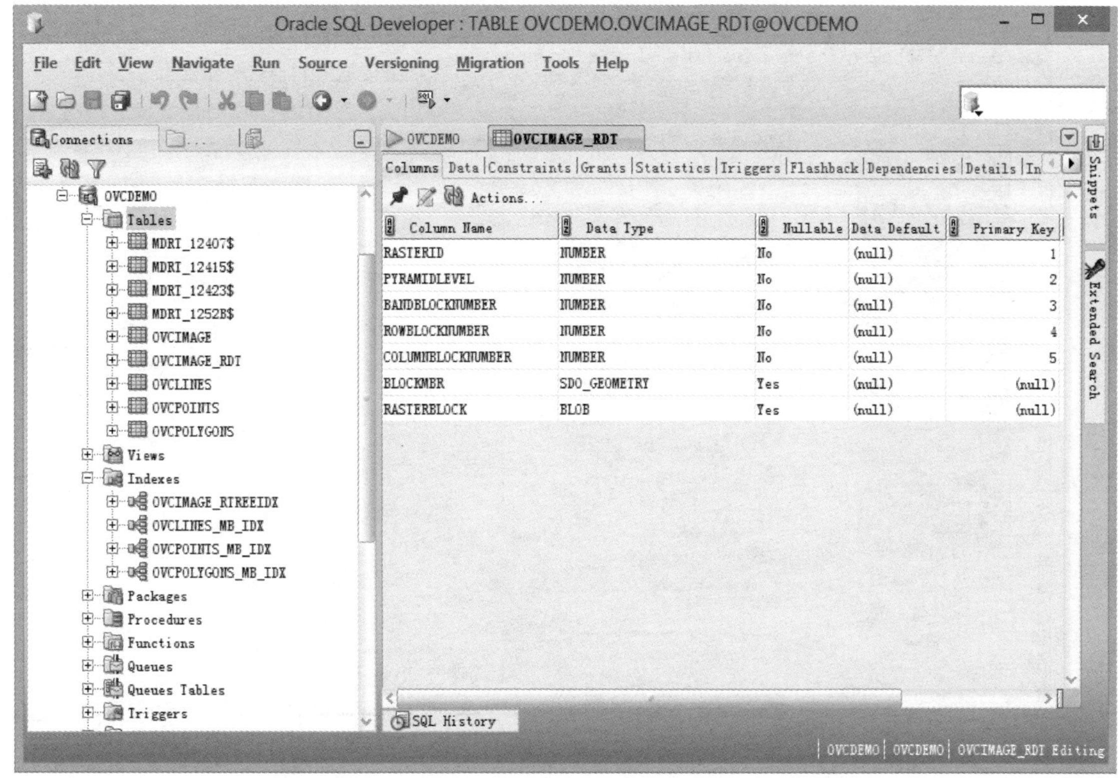

图 10 - 7　GeoRaster 导入后建立的表和索引

第六步，定义主题和地图。.shp 数据通过 MapBuilder 导入 Oracle 数据库以后，如果要在 MapBuilder 或 MapViewer 中显示几何形状，还需要定义几何地图，也即为每个几何字段构建几何主题(Geometry Theme)，然后定义一个基本地图由哪些主题(可能是几何主题、栅格主题等)构成。图 10 - 8 显示的是 ovcpoints 几何主题的创建过程之一，这里给出了几何主题的名称、描述、表的所有者、基础表和几何字段所在的列。图 10 - 9 显示的是 ovcpoints 主题的要素风格。图 10 - 10 显示的是 ovcpoints 主题的标注风格，在这里可以选择某个字段的值进行标注。图 10 - 11 显示的是 ovcpoints 主题的查询条件，采用的是默认查询。然后点击“Next>”进入总结信息页面，点击“Finish”完成 ovcpoints 几何主题的定义。采用同样的方法，也可以利用向导定义 ovclines 和 ovcpolygons 两个几何主题。

这些主题信息存放在 MDSYS 方案的 SDO_THEMES_TABLE 中。为判断上述执行过程是否正确，执行下列查询语句：

select tab. name from mdsys. sdo_themes_table tab where tab. sdo_owner='ovcdemo';

正确的输出结果应该是：

--- Name ---

ovclines

ovcpoints

ovcpolygons

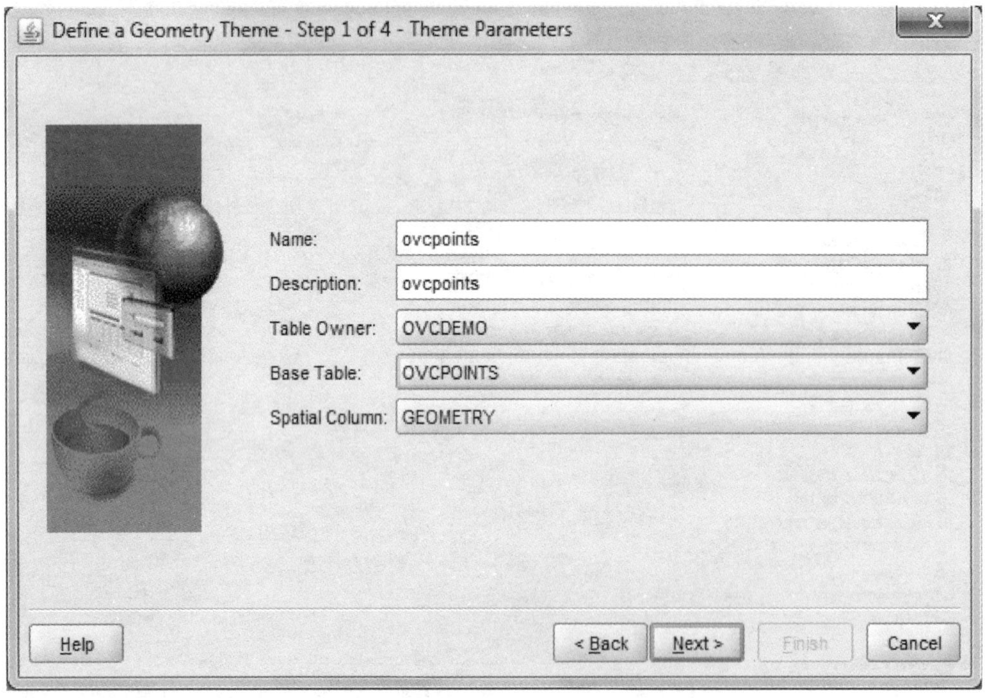

图 10－8　定义几何主题的主题参数设置

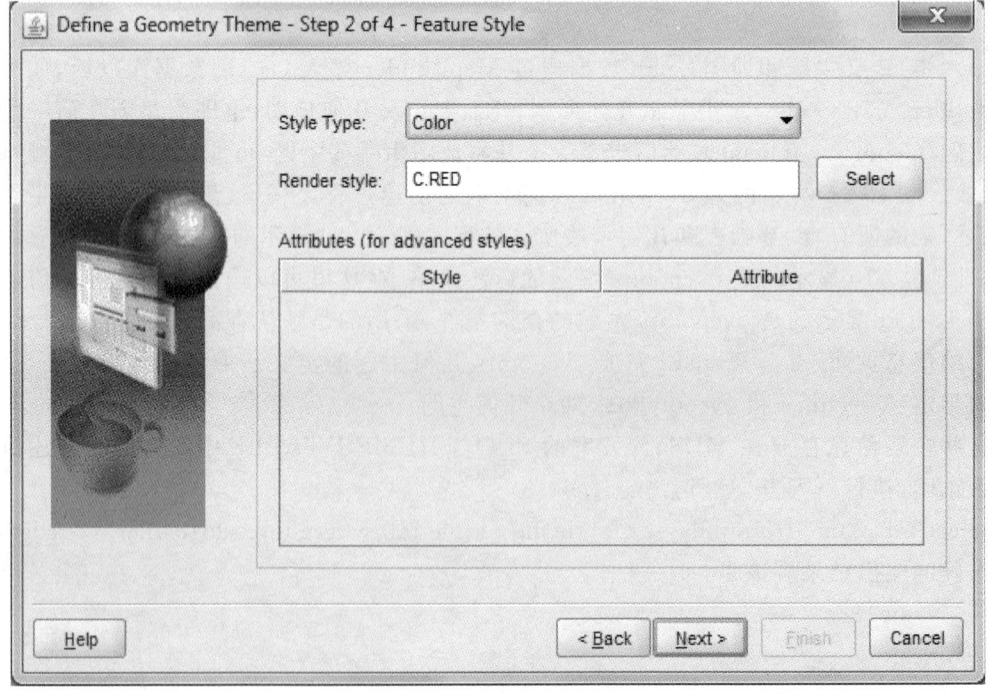

图 10－9　定义几何主题的要素风格

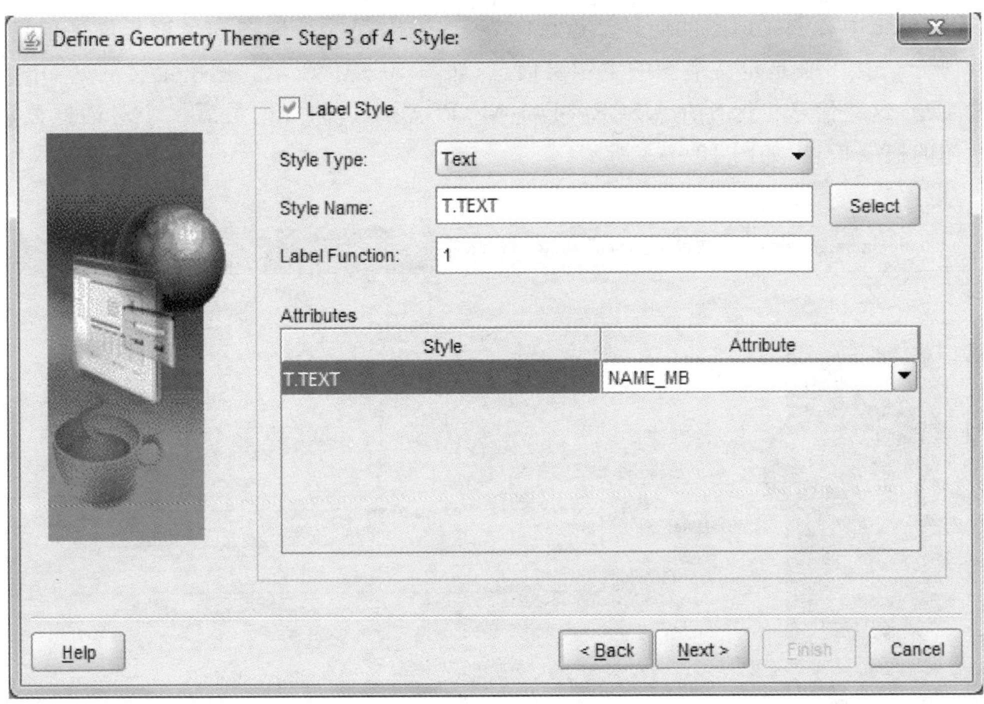

图 10-10　定义几何主题的标注风格

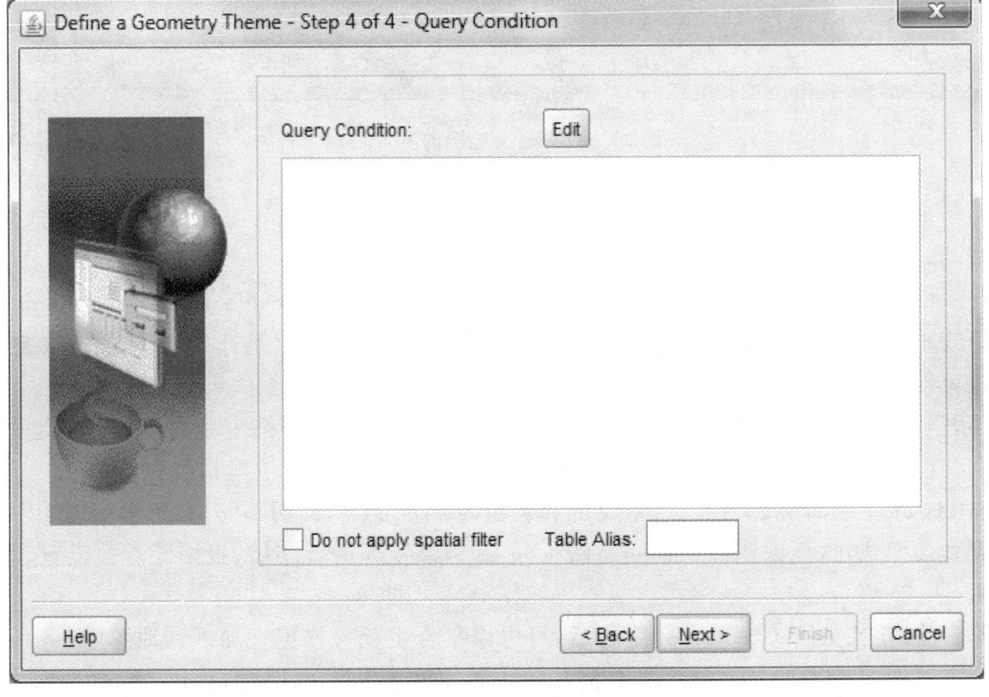

图 10-11　定义几何主题的查询条件

第七步，定义主题之后，接下来应该定义的是地图，它确定的是一个地图包含哪些主题。在 MapBuilder 中有定义地图的向导。运行向导，首先出现的是地图的名称与描述信息，如图 10－12 所示。接下来是定义地图的主题层信息，如图 10－13 所示。这里定义的 ovcmap 包含了三个主题，这些信息将保存在 USER_SDO_MAPS 表中。向导的最后一个对话框显示的是定义地图的概要信息，如图 10－14 所示。

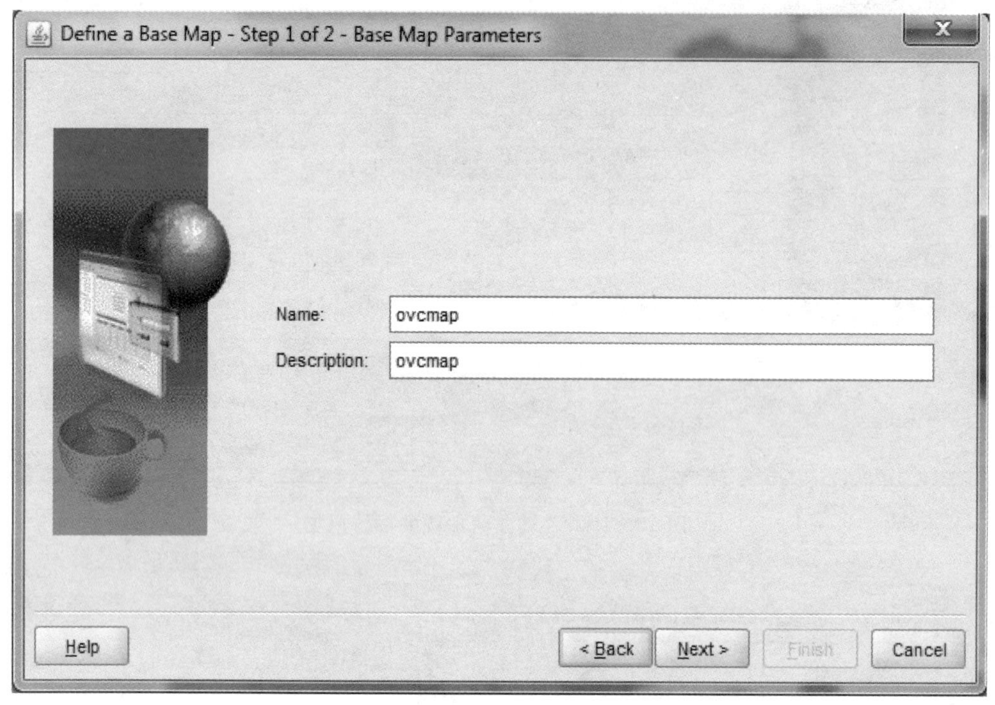

图 10－12　定义地图的基本信息

关于地图的定义信息存放在 MDSYS 方案的 SDO_MAPS_TABLE 中。为判断地图定义是否成功，可以执行下列查询语句：

select tab. name from mdsys. sdo_maps_table tab where tab. sdo_owner='ovcdemo';

第八步，如果地图定义成功，则返回结果应该是 ovcmap。这是通过查询语句来验证的。同时也可以通过 MapBuilder 直接预览该地图，如图 10－15 所示。

第九步，加入栅格主题层。上面的 OVCMAP 中没有加入栅格主题层。栅格主题的定义方法和几何主题方法相似。可以采用 MapBuilder 的 GeoRaster 主题定义向导完成。首先设定 GeoRaster 主题名称等参数，这里设定的名称为 ovcraster，如图 10－16 所示。图 10－17 主要设置查询模式，这里采用默认模式。图 10－18 为该主题的金字塔、投影等参数设置，均采用默认值。

第十步，定义好了 GeoRaster 主题后，可以像集合主题一样把它加入到地图中显示。这里构建一个地图叫 OVCALL，包含所有的几何主题层和栅格主题层，然后在 MapBuilder 中显示该地图，如图 10－19 所示。这样 OVCDEMO 中就存在四个主题层（OVCPOINTS、OVCLINES、OVCPOLYGONS 和 OVCRASTER）和两个图（OVCMAP 和 OVCALL）。

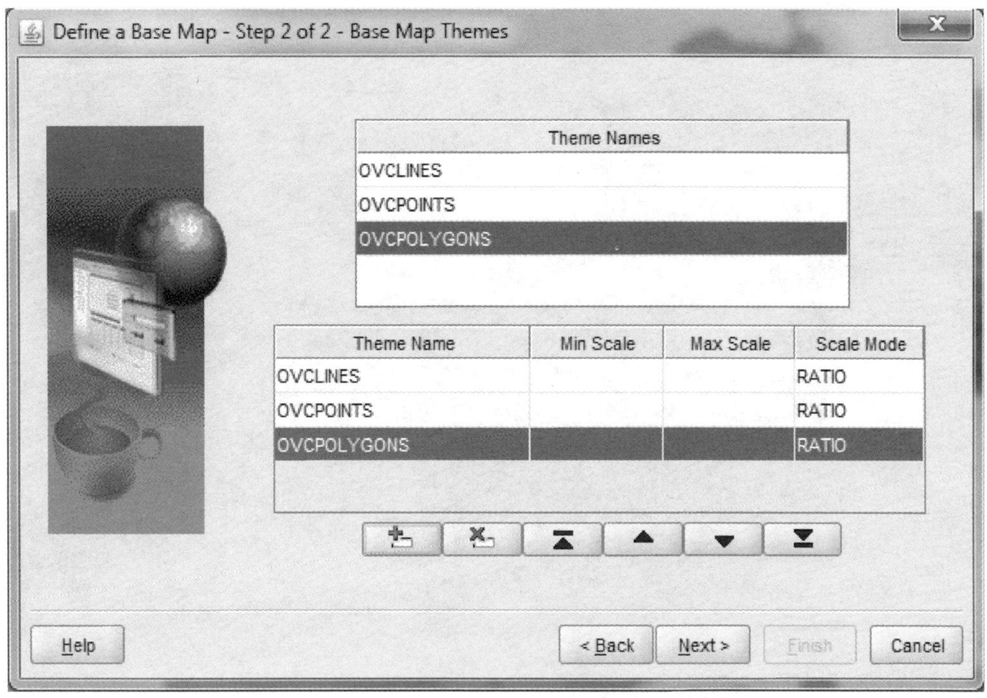

图 10－13　定义地图的主题层信息

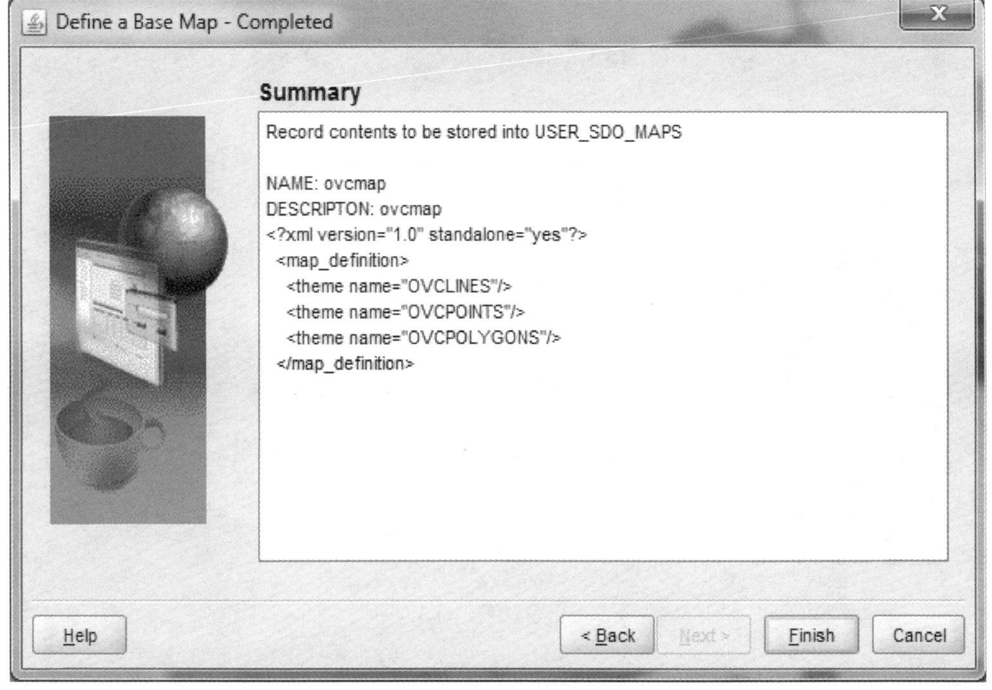

图 10－14　地图的概要信息

图 10－15　预览 OVCMAP 地图

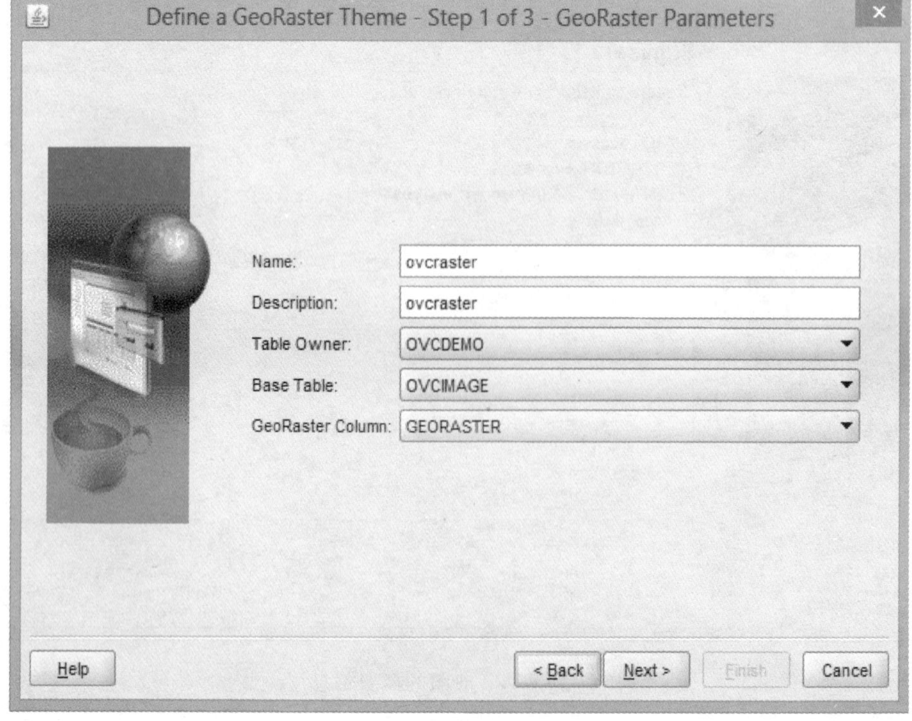

图 10－16　GeoRaster 主题向导(Ⅰ)

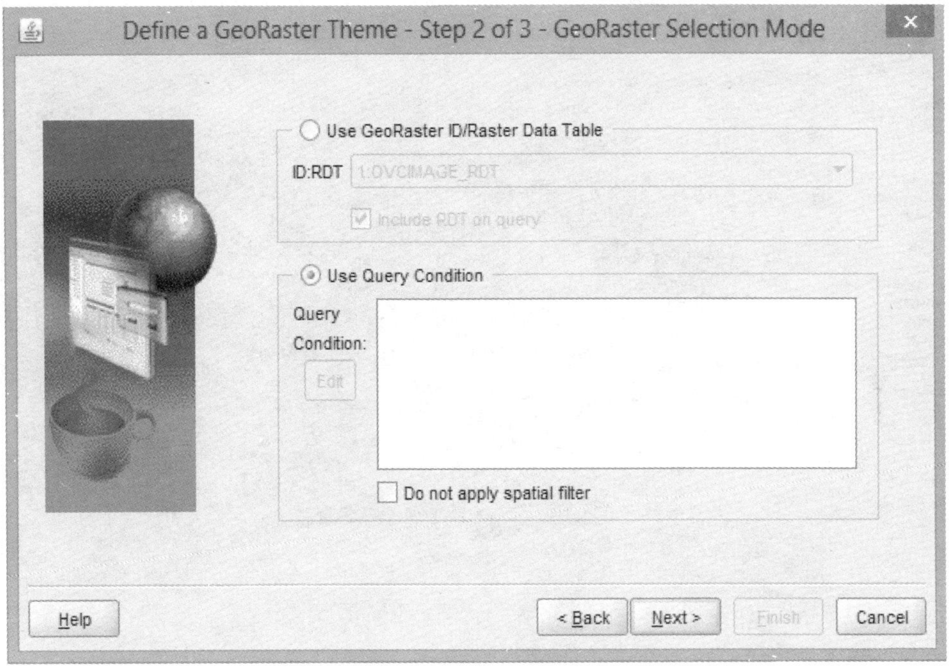

图 10-17 GeoRaster 主题向导(Ⅱ)

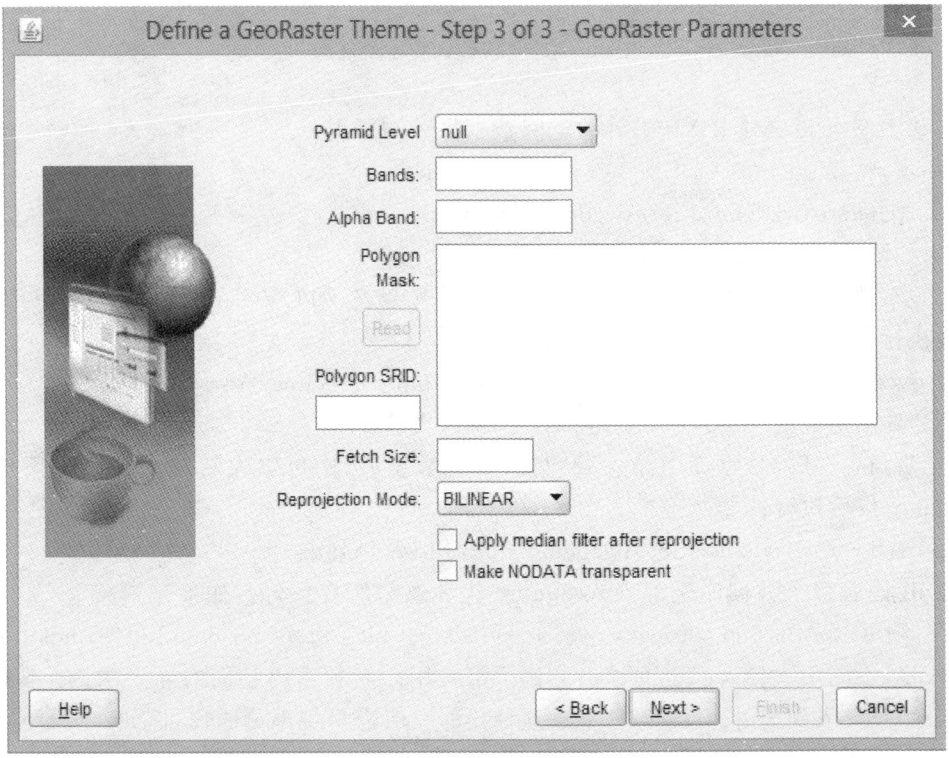

图 10-18 GeoRaster 主题向导(Ⅲ)

图 10 - 19　OVCALL 地图预览

(2)基于 Oracle IMP/EXP 工具的空间数据导入与导出。

第一步,将建立的 OVCDEMO 数据库全部导出:

exp ovcdemo/ovcdemo file=ovcdemo. dmp full=y

大致输出如图 10 - 20 所示。

第二步,部分表导出。如果只想导出某个或某几个表,如 OVCLINES 和 OVCPOINTS 数据表,则执行:

exp ovcdemo/ovcdemo file=ovcdemo. dmp tables='ovclines,ovcpoints'

上面 EXP 导出生成的. dmp 文件就是 IMP 的输入文件。

第三步,在另外的数据库中导入 OVCDEMO 数据库,则可以先新建 ovcdemo 用户,密码为 ovcdemo,然后执行:

imp ovcdemo/ovcdemo file=ovcdemo. dmp full=y ignore=y

这里的 full 代表整个数据库全部导入,ignore 代表忽略所有警告。如果是 Oracle 12c 的可插拔数据库,则可以采用:imp ovcdemo/ovcdemo@pdborcl file=ovcdemo. dmp full=y ignore=y。

第四步,不同用户导入。上面给出的例子都是用户名和密码相同的导入示例。IMP 也支持从一个用户导入到另外一个用户,不过这种操作一般需要管理员账户,例如:

imp system/password fromuser=ovcdemo touser=mvdemo file='ovcdemo. dmp'

就是将 OVCDEMO 数据库中的数据导入到 MVDEMO 数据库中。

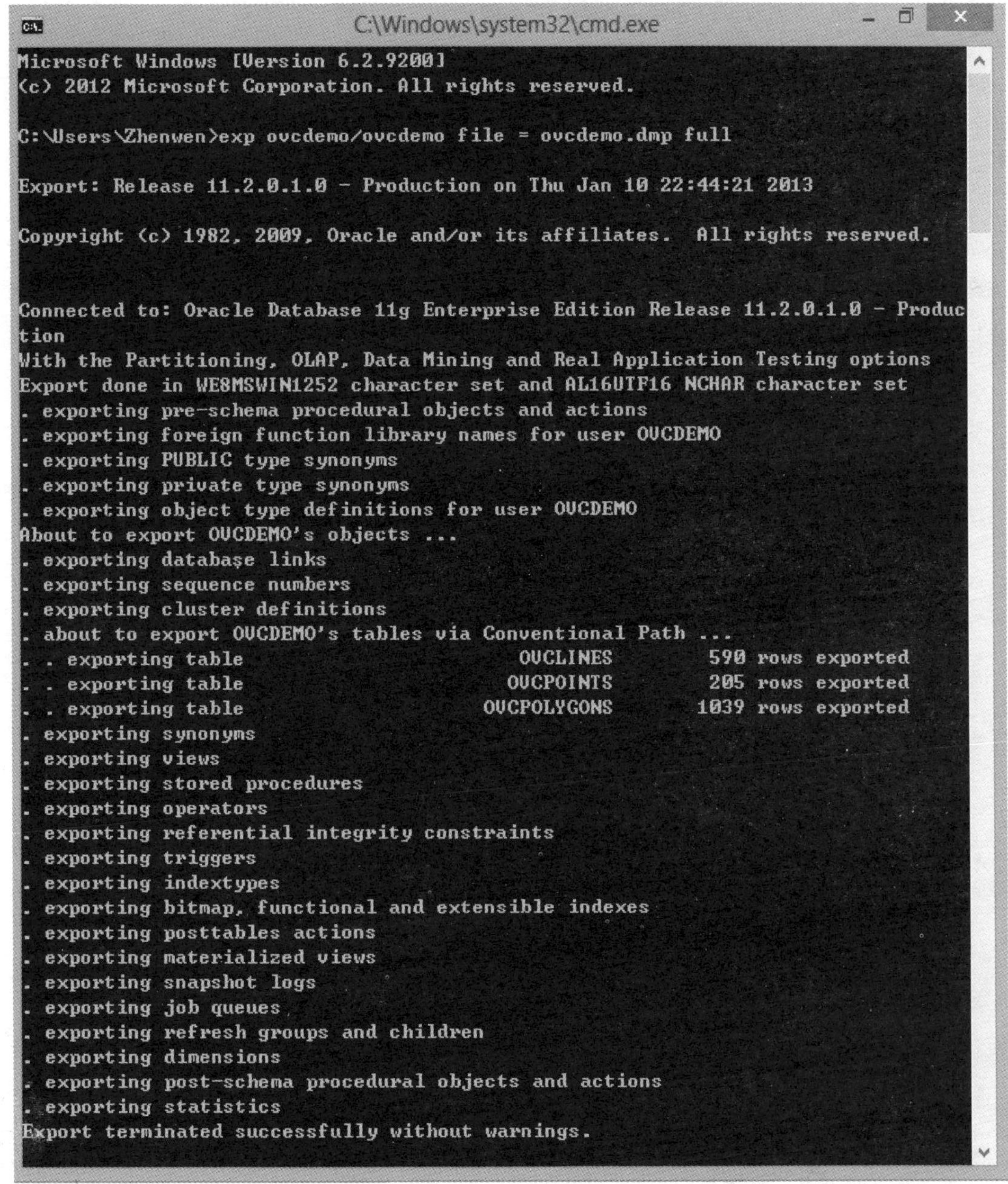

图 10-20　导出 OVCDEMO 数据库

第五步，采用 IMPDP/EXPDP 工具导入导出。Oracle 也提供了和 IMP/EXP 等效的 IMPDP/EXPDP 工具，这组工具对于. dmp 文件处理更高效。例如，在 Oracle 12c 中的 PDBORCL 可插拔数据库中导入 OVCDEMO. DMP，命令行如下：

impdp ovcdemo/ovcdemo@pdborcl directory=DATA_FILE_DIR dumpfile= ovcdemo. dmp logfile= ovcdemo. log schemas= ovcdemo

其中,DATA_FILE_DIR 是 Oracle 定义的目录,如果该目录不存在,则需要创建。例如,将 DATA_FILE_DIR 指定为 d:\app\data,命令行如下:

creat or roplace directory DATA_FILE_DIR as 'd:\app\data'

这样就在 Oracle 数据库中创建了一个目录对象。要导入的文件直接放置在该目录下即可。如果要将 OVCDEMO 方案导出,命令行如下:

expdp ovcdemo/ovcdemo@pdborcl directory=DATA_FILE_DIR dumpfile=ovcdemo.dmp logfile=ovcdemo.log schema=ovcdemo

如果要将 ovcdemo 数据导入到另外一个用户 ovcdemoz 下,则命令行如下:

impdb ovcdemoz/ovcdemoz@pdborcl directory=DATA_FILE_DIR dumpfile=ovcdemo.dmp logfile=ovcdemo.log schema=ovcdemo fromuser=ovcdemo touser=ovcdemoz

第 11 章　空间数据模型实验

11.1　实验目的

(1)复习 Oracle Spatial 空间数据的导入与导出方法。
(2)掌握 Oracle Spatial 中 SDO_GEOMETRY 的主要属性与方法。
(3)掌握 Oracle Spatial 中坐标变换方法。
(4)了解 Oracle Spatial 中 SDO_GEORASTER 的主要属性与方法。

11.2　实验平台

(1)操作系统:Windows 7 及后续版本或 Ubuntu Linux 16.04 及后续版本。
(2)数据库管理系统:Oracle 11g 及后续版本。
(3)Oracle SQL Developer 或 Navicat。
(4)Java SDK 1.8 及后续版本。
(5)Java IDE:IntelliJ IDEA 或 Eclipse。

11.3　实验内容与要求

(1)查看 SDO_GEOMETRY 的主要属性和方法,并结合实例学习对象创建方法和其主要成员变量与成员函数的使用。

第一步,查看 SDO_GEOMETRY 的具体定义。SDO_GEOMETRY 是 Oracle Spatial 支持矢量空间数据库的核心数据结构。可以使用 describe 命令查看 SDO_GEOMETRY 的具体定义描述:

Code_11_1

```
type sdo_geometry              as object (
        sdo_gtype         number,
        sdo_srid          number,
        sdo_point         sdo_point_type,
        sdo_elem_info     sdo_elem_info_array,
        sdo_ordinates     sdo_ordinate_array,
```

```
        member function   get_gtype
        return number deterministic,
        member function   get_dims
        return number deterministic,
        member function   get_lrs_dim
        return number deterministic)


alter type sdo_geometry
add member function get_wkb return blob deterministic,
add member function get_wkt return clob deterministic,
add member function st_coorddim return smallint deterministic,
add member function st_isvalid return integer deterministic,
add constructor function sdo_geometry(wkt in clob,
            srid in integer default null) return self as result,
add constructor function sdo_geometry(wkt in varchar2,
            srid in integer default null) return self as result,
add constructor function sdo_geometry(wkb in blob,
            srid in integer default null) return self as result
cascade
```

上面列出了 SDO_GEOMETRY 的所有数据成员(属性)和成员函数,这里重点讨论其数据成员(属性)。SDO_GTYPE 表示的是几何图形的类型(点、线、多边形、集合、多点、多线、多多边形)。SDO_SRID 表示几何对象使用的空间参考系统(坐标系统)。坐标点是构成几何对象的基本数据,Oracle Spatial 提供两种存放坐标点的方法:①存放在 SDO_POINT 中;②存放在 SDO_ORDINATES 和 SDO_ ELEM_INFO 中,SDO_ORDINATES 中存放构成所有元素的坐标点,SDO_ ELEM_INFO 中存放几何对象元素构成信息。

第二步,导入 ovcdemo. dmp 数据。

第三步,编码输出 OVCDEMO 数据库 OVCPOINTS、OVCLINES 和 OVCPOLYGONS 三个数据表中的几何对象类型。编码如下:

Code_11_2

```
begin
  for i in (select distinct t. geometry. sdo_gtype as it from ovcpoints t) loop
    sys. dbms_output. put_line(to_char(i. it));
  end loop;
  for i in (select distinct t. geometry. sdo_gtype as it from ovclines t) loop
    sys. dbms_output. put_line(to_char(i. it));
  end loop;
  for i in (select distinct t. geometry. sdo_gtype as it from ovcpolygons t) loop
    sys. dbms_output. put_line(to_char(i. it));
  end loop;
```

```
end;
```

第四步，将 OVCPOINTS 中的点(源坐标系统为 WGS84，SRID=8307)全部转换到 Xian 1980 坐标系统(2362，Xian 1980 / 3 - degree Gauss - Kruger zone 38)，并存放到 ovcpoints_xian80 数据表中。下列代码实现了该转换：

Code_11_3

```
drop table ovcpoints_xian80;--如果已经存在该表则删除
/
begin
  mdsys.sdo_cs.transform_layer('ovcpoints','geometry','ovcpoints_xian80',2362);
end;
/
declare
  resultrowid ROWID;
  geom1 ovcpoints.geometry%type;
  geom2 ovcpoints.geometry%type;
  x number;
  y number;
begin
  select t.rowid into resultrowid  from ovcpoints t
    where t.timestamp_mb='2011-10-27T01:02:17Z';
  select t.geometry into geom1 from ovcpoints t
    where t.timestamp_mb='2011-10-27T01:02:17Z';
  select t.geometry into geom2 from ovcpoints_xian80 t  where t.sdo_rowid=resultrowid;
  sys.dbms_output.put_line('WGS84 X='
        ||to_char(geom1.sdo_point.x,'999999999.9999999'));
  sys.dbms_output.put_line('WGS84 Y='
        || to_char (geom1.sdo_point.y,'999999999.9999999'));
  sys.dbms_output.put_line('XA80  X='
        || to_char (geom2.sdo_point.x,'999999999.9999999'));
  sys.dbms_output.put_line('XA80  Y='
        || to_char (geom2.sdo_point.y,'999999999.9999999'));
end;
```

上面代码的输出结果如下：

```
WGS84 X=          114.374 198 5
WGS84 Y=          30.507 657 4
XA80  X=   38 535 919.981 911 8
XA80  Y=    3 376 451.782 540 4
```

第五步，创建一个一维点、一个二维点和一个三维点，并将它们存储到数据表中，代码如下：

Code_11_4

```
drop table geomexamples;
create table geomexamples (name varchar2(50),shape mdsys.sdo_geometry);
/
begin
  insert into geomexamples(name,shape) values('point1',
    mdsys.sdo_geometry(1001,8307,
    mdsys.sdo_point_type(113.0,null,null),null,null));
  insert into geomexamples(name,shape) values(
    'point2',
    mdsys.sdo_geometry(2001,8307,
    mdsys.sdo_point_type(113.0,30.0,null),null,null));
  insert into geomexamples(name,shape) values(
    'point3',
    mdsys.sdo_geometry(3001,8307,
    mdsys.sdo_point_type(113.0,30.0,100.0),null,null));
end;
```

第六步，通过 WKT 字符串创建一个点，输出其各个属性信息，并将返回信息构建另外一个几何对象。通过上述操作，熟悉 SDO_GEOMETRY 的属性和方法。代码如下：

Code_11_5

```
declare
  wkt varchar2(255);
  wkb_blob blob;
  wkt_clob clob;
  geom mdsys.sdo_geometry;
  geom_wkb mdsys.sdo_geometry;
  geom_wkt mdsys.sdo_geometry;
begin
  wkt:='POINT(113.0 30.0)';
  geom:=mdsys.sdo_geometry(wkt,8307);
  sys.dbms_output.put_line('call GET_DIMS'||to_char(geom.get_dims(),'99'));
  sys.dbms_output.put_line('call GET_GTYPE'||to_char(geom.get_gtype(),'9999'));
  sys.dbms_output.put_line('call GET_LRS_DIM'||to_char(geom.get_lrs_dim(),'99'));
  sys.dbms_output.put_line('call ST_COORDDIM'||to_char(geom.st_coorddim(),'99'));
  sys.dbms_output.put_line('call ST_ISVALID'||to_char(geom.st_isvalid(),'9'));
  wkb_blob:= geom.get_wkb();
  --convert blob to string and output it
  sys.dbms_output.put_line('call ST_GET_WKB:'||
      sys.dbms_lob.substr(wkb_blob,256,1));
```

```
    wkt_clob:= geom.get_wkt();
    --convert clob to string and output it
    sys.dbms_output.put_line('call ST_GET_WKT:'||
        sys.dbms_lob.substr(wkt_clob,256,1));
    --create a geometry from blol
    geom_wkb:= mdsys.sdo_geometry(wkb_blob,8307);
    sys.dbms_output.put_line('Create a geometry from wkb and it is valid ? '||
        to_char(geom_wkb.st_isvalid(),'9'));
    --create a geometry from clob
    geom_wkt:= mdsys.sdo_geometry(wkt_clob,8307);
    sys.dbms_output.put_line('Create a geometry from wkt and it is valid ? '||
        to_char(geom_wkt.st_isvalid(),'9'));
end;
```

(2)查看 SDO_GEORASTER 和 SDO_RASTER 的主要属性和方法，结合 OVCDEMO 中的栅格数据学习栅格对象创建方法和其主要成员变量与成员函数的使用。编码输出该栅格实例的主要信息。代码如下：

Code_11_6

```
declare
    sgro ovcimage.georaster%type;
    numb number;
    wkt clob;
begin
    select t.georaster into sgro from ovcimage t where t.georid=1;
    sys.dbms_output.put_line('rasterType:'||
        to_char(sgro.rasterType,'99999'));
    sys.dbms_output.put_line('rasterDataTable:'|| sgro.rasterDataTable);
    sys.dbms_output.put_line('metadata:'|| sgro.metadata.getStringVal());
    sys.dbms_output.put_line('rasterID:'||
          to_char(sgro.rasterID,'99999'));
    select max(t.rowblocknumber)  into numb from ovcimage_rdt t;
    sys.dbms_output.put_line('totalrowblocks:'||to_char(numb+1,'99'));
    sys.dbms_output.put_line('image extend height:'||
          to_char((numb+1)*256,'9999'));
    select max(t.columnblocknumber) into numb from ovcimage_rdt t;
    sys.dbms_output.put_line('totalcolumnblocks:'||to_char(numb+1,'99'));
    sys.dbms_output.put_line('image extend width:'||
          to_char((numb+1)*256,'9999'));
    select max(t.pyramidlevel) into numb  from ovcimage_rdt t;
    sys.dbms_output.put_line('pyramidlevel:'||to_char(numb,'99'));
```

```
    wkt：= sgro.spatialExtent.get_wkt()；
    sys.dbms_output.put_line('spatialExtent:'||
        sys.dbms_lob.substr(wkt,1024,1))；
end；
```

(3)阅读本书 3.4 部分，了解 Oracle Spatial 中的拓扑数据模型。导入 MVDEMO 数据，参照 Code_3_6 部分，编码实现美国 Texas 州的相邻州名输出。

(4)阅读本书 3.5 部分，了解 Oracle Spatial 中的网络模型。导入 NDMDEMO 数据，研究和学习代码 Code_3_7 和代码 Code_3_8。了解如何新建网络，并进行简单最短路径查询。

第12章　空间数据组织管理实验

12.1　实验目的

(1)了解 Oracle Spatial 的空间数据管理体系结构。

(2)了解 Oracle Spatial 的元数据管理方法。

(3)了解掌握 Oracle Spatial 中地理编码的体系结构与地理编码函数的使用。

(4)掌握 PL/SQL 访问控制 SDO_GEOMETRY、SDO_ GEORASTER、SDO_ TIN 等空间对象类型的基本方法。

12.2　实验平台

(1)操作系统：Windows 7 及后续版本或 Ubuntu Linux 16.04 及后续版本。

(2)数据库管理系统：Oracle 12c 及后续版本。

(3)Oracle SQL Developer 或 Navicat。

(4)Java SDK 1.8 及后续版本。

(5)IDE：IntelliJ IDEA 或 Eclipse。

12.3　实验内容与要求

(1)阅读 4.1 和 4.2 部分内容，通过 Oracle 数据库数据导入工具，导入实验数据 mvdemo.dmp 和 ndmdemo.dmp，查看 Oracle Spatial 中相关数据表的结构以及其中的导入数据，研究写出 Oracle Spatial 中对于二维空间数据的组织与管理架构。

(2)阅读 4.3 部分内容，查看导入实验数据后的元数据相关数据表。

第一步，用户空间信息元数据存放在 user_sdo_geom_metadata 视图对应的基表中。在数据库空间建立一个 my_sdo_geom_metadata 视图，代码如下：

Code_12_1

```
SQL>create view my_sdo_geom_metadata as select table_name,column_name,srid,diminfo from user_sdo_geom_metadata;
```

第二步，在 SQL Developer 中查看该视图数据。图 12-1 是 Oracle Spatial 实验数据集的主要空间元数据信息。图 12-2 显示的是 CUSTOMERS 空间层的 DIMINFO 信息。

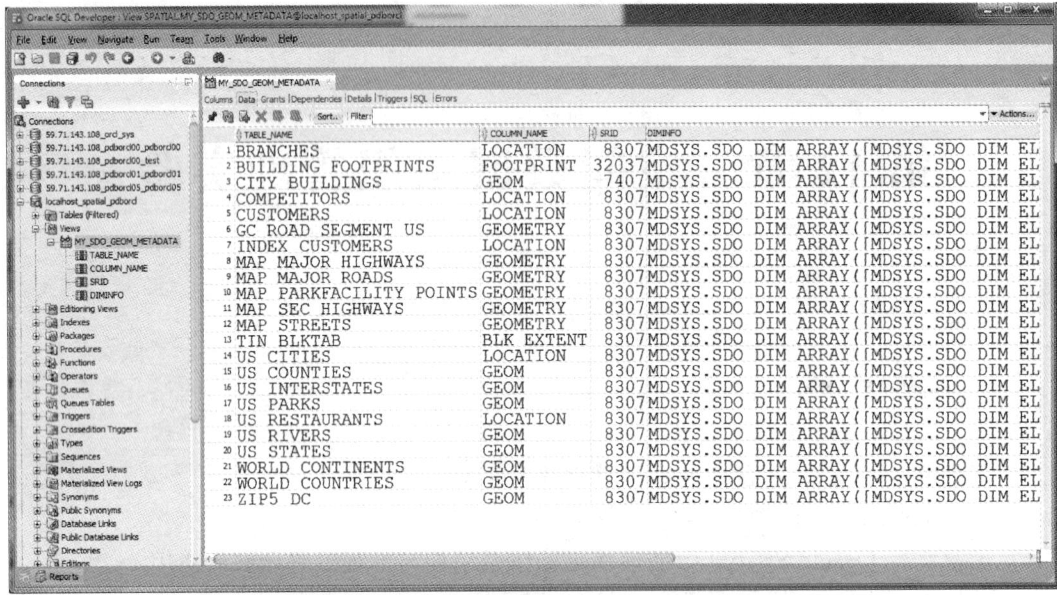

图 12-1　Oracle Spatial 实验数据集的主要空间元数据信息

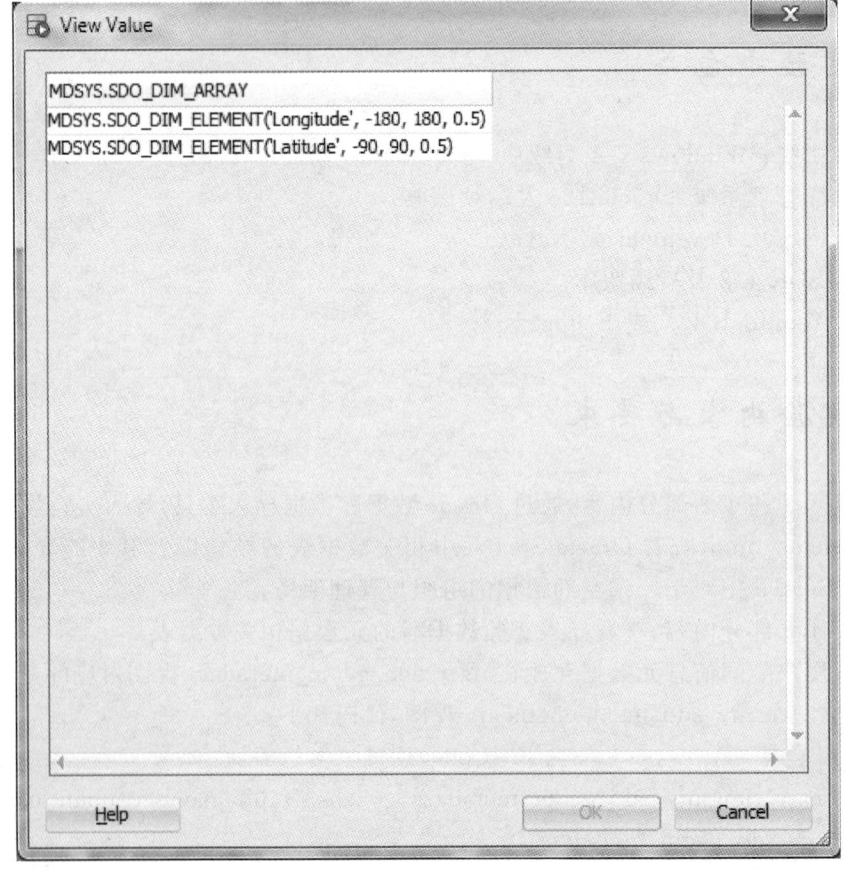

图 12-2　Oracle Spatial 实验数据集中 CUSTOMERS 表对应的 DIMINFO 空间元数据信息

(3)阅读 4.4 部分内容,了解 Oracle Spatial 的地理编码体系架构。完成下面任务。

(a)调用 Oracle Spatial 地理编码函数,计算下列地址的地理位置:

'1250 Clay Street',

'San Francisco　CA　94108'

实现代码如下:

Code_12_2

```
declare
  username varchar2(200);
  addr_lines mdsys.sdo_keywordarray;
  country varchar2(200);
  g mdsys.sdo_geometry;
  gml_clob clob;
begin
  username:='gc';
  -- modify the code to initialize the variable
  addr_lines:= sdo_keywordarray('1250 clay street','san francisco','ca 94108');
  country:='us';

  g:= sdo_gcdr.geocode_as_geometry(
    username,
    addr_lines,
    country
  );
  gml_clob:= mdsys.sdo_util.to_gmlgeometry(g);
  -- modify the code to output the variable
  dbms_output.put_line(sys.dbms_lob.substr(gml_clob,256,1));
end;
```

(b)调用 Oracle Spatial 反地理编码函数,实现 Oracle Spatial 方案中的下列地理位置反编码。

经纬度坐标:-122.413561836735,37.793287755102。

SRID 为:8307。

实现代码如下:

Code_12_3

```
declare
    g sdo_geometry;
    username varchar2(200);
    country varchar2(200);
    addr sdo_geo_addr;
begin
```

```
    g:=mdsys.sdo_geometry(2001,8307,mdsys.sdo_point_type(
            -122.413561836735,37.793287755102,null),null,null);
    username:='spatial';
    country:='us';
    addr:=sdo_gcdr.reverse_geocode(username,g,country);
    dbms_output.put_line(addr.placename);
    dbms_output.put_line(addr.streetname);
end;
```

(4)导入 Oracle Spatial 实验数据集,采用 PL/SQL 编码实现以下功能。

(a)输出数据库中所有州的多边形,采用 WKT 格式输出,代码如下:

Code_12_4

```
declare
  wkt_clob clob;
  g mdsys.sdo_geometry;
  cursor geomcursor is  select  t.geom from us_states t;
begin
  open geomcursor;
  loop
    fetch geomcursor into g;
    if geomcursor%FOUND then
      wkt_clob:= g.get_wkt();
      dbms_output.put_line(sys.dbms_lob.substr(wkt_clob,256,1));
    else
      exit;
    end if;
  end loop;
end;
```

(b)输出数据库中所有的城市几何对象信息,采用 GML 格式输出,代码如下:

Code_12_5

```
declare
  gml_clob clob;
  g mdsys.sdo_geometry;
  cursor geomcursor is  select  t.location from us_cities t;
begin
  open geomcursor;
  loop
    fetch geomcursor into g;
    if geomcursor%FOUND then
      gml_clob:= mdsys.sdo_util.to_gmlgeometry(g);
```

```
        dbms_output.put_line(sys.dbms_lob.substr(gml_clob,256,1));
      else
        exit;
      end if;
    end loop;
end;
```

(c)输出数据库中的郡县几何对象信息，采用 KML 格式输出，代码如下：

Code_12_6

```
declare
  kml_clob clob;
  g mdsys.sdo_geometry;
  cursor geomcursor is  select  t.geom from us_counties t;
begin
  open geomcursor;
  loop
    fetch geomcursor into g;
    if geomcursor%FOUND then
      kml_clob:= mdsys.sdo_util.to_kmlgeometry(g);
      dbms_output.put_line(sys.dbms_lob.substr(kml_clob,256,1));
    else
      exit;
    end if;
  end loop;
end;
```

(5)产生一个随机三维点集，以该点集为输入数据，构建 SDO_TIN 对象。

(a)创建存储 TIN 的基表 tin_tab 和块表 tin_blktab，代码如下：

Code_12_7

```
SQL>create table tin_tab (tin sdo_tin);
SQL>create table tin_blktab as select* from mdsys.sdo_tin_blk_table;
```

(b)构建存储输入点集的数据表 input_tab 和结果数据表 output_tab，代码如下：

Code_12_8

```
SQL>create table tin_input_tab (rid varchar2(40),val_d1 number,
                                  val_d2 number,val_d3 number);
SQL> create table tin_output_tab (ptn_id number,point_id number,
          rid varchar2(24),val_d1 number,val_d2 number,val_d3 number);
```

(c)生成随机三维点集，水平范围为(－180,－90,180,90)，并插入 input_tab 表中，代码如下：

Code_12_9

```
declare
    x number;
```

```
    y number;
    z number;
    c number;
    rid varchar2(4);
begin
    for c in 0..100 loop
        x:=dbms_random.value(-180,180);
        y:=dbms_random.value(-90,90);
        z:=dbms_random.value(-100,100);

        dbms_output.put_line(x);
        dbms_output.put_line(y);
        dbms_output.put_line(z);
        rid:= to_char(c,'999');
        dbms_output.put_line(rid);
        insert into tin_input_tab values(rid,x,y,z);
    end loop;
end;
```

(d)用输入点集初始化、插入和填充 TIN,代码如下：

Code_12_10

```
declare
    tin sdo_tin;
begin
    tin:= sdo_tin_pkg.init(
    'tin_tab',-- table that has the sdo_tin column defined
    'tin',-- column name of the sdo_tin object
    'tin_blktab',-- table to store blocks of the tin
    'blk_capacity=6000',-- max # of points per block
    sdo_geometry(2003,8307,null,
    sdo_elem_info_array(1,1003,3),
    sdo_ordinate_array(-180,-90,180,90)
    ),
    0.00000005,
    3,
    null);
    insert into tin_tab (tin) values (tin);
    sdo_tin_pkg.create_tin(
        tin,
        'tin_input_tab',
```

```
        'tin_output_tab'
    );
end;
```

(e)比较 input_tab 表中的点数目与 tin_blktab 表中点数目是否相等，代码如下：

Code_12_11

```
SQL>select count ( * ) from tin_input_tab;
SQL>select blk_id,num_points from tin_blktab;
```

(f)查询(-74.1,-73.9,39.99999,40.00001)范围内的 TIN 对象，代码如下：

Code_12_12

```
SQL>create table tin_query as select* from mdsys. sdo_tin_blk_table;
/
declare
    inp sdo_tin;
begin
    select tin into inp from tin_tab where rownum=1;
    insert into tin_query
        select* from
        table(sdo_tin_pkg. clip_tin
        (
        inp,
        sdo_geometry(2003,8307,null,
            sdo_elem_info_array(1,1003,3),
            sdo_ordinate_array(-74.1,-73.9,39.99999,40.00001)
        ),
        null,null));
end;
```

(g)将查询得到的 TIN 块转换成 SDO_GEOMETRY，代码如下：

Code_12_13

```
SQL> select blk_id,sdo_tin_pkg. to_geometry(
    r. points,r. triangles,r. num_points,r. num_triangles,2,3,8307) from tin_query r;
```

第 13 章　空间索引实验

13.1　实验目的

(1)了解空间数据库中的空间索引机制。

(2)掌握 Oracle Spatial 中的空间索引创建与使用方法。

(3)测试空间索引对空间查询性能的影响。

13.2　实验平台

(1)操作系统：Windows 7 及后续版本或 Ubuntu Linux 16.04 及后续版本。

(2)数据库管理系统:Oracle 12c 及后续版本。

(3)Oracle SQL Developer 或 Navicat。

(4)Java SDK 1.8 及后续版本。

(5)IDE IntelliJ IDEA 或 Eclipse。

13.3　实验内容与要求

(1)导入实验数据 Oracle Spatial,复制数据表 CUSTOMERS 到 INDEX_CUSTOMERS 表中,然后在该表的 location 列上创建一个空间索引,索引名称为 customers_location_sindex。

(a)复制创建数据表 INDEX_CUSTOMERS。代码如下：

Code_13_1

```
SQL>create table index_customers as select* from customers;
SQL> insert into index_customers select* from customers;
```

(b)为对应于 INDEX_CUSSTOMERS 表的 location 列的空间层插入元数据。代码如下：

Code_13_2

```
SQL> insert into user_sdo_geom_metadata
        (table_name,column_name,srid,diminfo)
        values
        ('index_customers','location',8307,
        sdo_dim_array(
```

```
                sdo_dim_element(
                'longitude',
                -180,180,0.5),
                sdo_dim_element (
                'latitude',
                -90,90,0.5)
        )
    );
```

(c)在 INDEX_CUSSTOMERS 表上创建空间索引。代码如下：

Code_13_3

```
SQL> create index index_customers_sindex on index_customers (location)
indextype is mdsys.spatial_index;
```

(2)测试空间索引创建对于查询性能的影响。测试案例为，查询在竞争对手位置周围 0.25 英里半径范围内的所有客户。

(a)删除 INDEX_CUSTOMERS 表上的空间索引，代码如下：

Code_13_4

```
SQL>drop index index_customers_sindex;
```

(b)采用不依赖于空间索引的几何函数 SDO_DISTANCE 执行测试查询，代码如下：

Code_13_5

```
SQL>select ct.id,ct.name
    from competitors comp,index_customers ct
    where comp.id=1
    and sdo_geom.sdo_distance(ct.location,
            comp.location,0.5,'unit=mile') < 0.25
    order by ct.id;
```

(c)采用依赖于空间索引的空间操作符 SDO_ WITHIN_DISTANCE 执行测试查询。代码如下：

Code_13_6

```
SQL> select ct.id,ct.name from competitors comp,customers ct
        where comp.id=1 and sdo_within_distance (ct.location,comp.location,
        'distance=0.25 unit=mile') ='true'order by ct.id;
```

(d)从两个查询的执行时间可以看出，依赖空间索引的查询完成时间大约为 0.09s，而不依赖于空间索引的查询耗时大约为 2.472s。由此可见，通常情况下空间索引在一定程度上可以提升空间查询性能。但是也需要注意到，当数据量比较小的时候，空间索引并不一定都能提升空间查询性能。

第 14 章　空间数据查询实验

14.1　实验目的

(1)了解掌握 Oracle Spatial 中空间数据查询与访问的原理与方法。

(2)掌握用 PL/SQL 查询访问 Oracle Spatial 数据库中空间数据的方法。

(3)重点掌握空间操作符 SDO_RELATE 和几何处理函数 RELATE 的用法。

(4)掌握基于 SDO_Buffer 的缓冲区分析方法,了解其他空间分析函数。

14.2　实验平台

(1)操作系统:Windows 7 及后续版本或 Ubuntu Linux 16.04 及后续版本。

(2)数据库管理系统:Oracle 12c 及后续版本。

(3)Oracle SQL Developer 或 Navicat。

(4)Java SDK 1.8 及后续版本。

(5)IDE IntelliJ IDEA 或 Eclipse。

14.3　实验内容与要求

(1)导入实验数据集 spatial,采用 PL/SQL 编码实现以下功能。

(a)给定点的经纬度坐标(34°03'N,118°15'W),查询该点是位于美国的哪个州。代码如下:

Code_14_1

```
declare
  wkt varchar2(255);
  wkt_clob clob;
  g mdsys.sdo_geometry;
  gt mdsys.sdo_geometry;
  statename varchar2(255);
  cursor geomcursor (gm mdsys.sdo_geometry) is
```

```
                    select t.state,t.geom from us_states t
                                where sdo_geom.relate(t.geom,'CONTAINS',gm,0.05)=
'CONTAINS';
    begin
      --wkt:='point (-118.15,34.03)';
      --gt:=mdsys.sdo_geometry(wkt,8307);
      gt:=mdsys.sdo_geometry(2001,8307,mdsys.sdo_point_type(-118.15,34.03,
null),null,null);
      wkt_clob:= gt.get_wkt();
      dbms_output.put_line(sys.dbms_lob.substr(wkt_clob,256,1));

      open geomcursor (gt);
      loop
        fetch geomcursor into statename,g;
        if geomcursor%FOUND then
          wkt_clob:= g.get_wkt();
          dbms_output.put_line(statename);
          dbms_output.put_line(sys.dbms_lob.substr(wkt_clob,256,1));
        else
          exit;
        end if;
      end loop;
    end;
```

(b)给定一个矩形区域(35°～45°N,90°～100°W),查询有哪些城市位于该区域内,哪些州与该区域相交。代码如下:

Code_14_2

```
    declare
      wkt varchar2(255);
      wkt_clob clob;
      g mdsys.sdo_geometry;
      gt mdsys.sdo_geometry;
      cityname varchar2(255);
      cursor geomcursor (gm mdsys.sdo_geometry) is
                    select t.city,t.location from us_cities t
                               where sdo_geom.relate(gm,'CONTAINS',t.location,0.05)=
'CONTAINS';
```

```
begin
  gt:=mdsys.sdo_geometry(2003,8307,null,
                         mdsys.sdo_elem_info_array(1,1003,3),
                         mdsys.sdo_ordinate_array(-100.0,35.0,-90.0,45.0));
  wkt_clob:= gt.get_wkt();
  dbms_output.put_line(sys.dbms_lob.substr(wkt_clob,256,1));

  open geomcursor (gt);
  loop
    fetch geomcursor into cityname,g;
    if geomcursor%FOUND then
      wkt_clob:= g.get_wkt();
      dbms_output.put_line(cityname);
      dbms_output.put_line(sys.dbms_lob.substr(wkt_clob,256,1));
    else
      exit;
    end if;
  end loop;
end;
```

(c)给定一个矩形区域(35°～45°N,90°～100°W),查询有哪些州与该区域相交。代码如下:

Code_14_3

```
declare
  wkt varchar2(255);
  wkt_clob clob;
  g mdsys.sdo_geometry;
  gt mdsys.sdo_geometry;
  stateyname varchar2(255);
  cursor geomcursor (gm mdsys.sdo_geometry) is
          select t.state,t.geom from us_states t
               where sdo_geom.relate(t.geom,gm,'ANYINTERACT',gm,0.05)='
TRUE';
begin
  gt:=mdsys.sdo_geometry(2003,8307,null,
                         mdsys.sdo_elem_info_array(1,1003,3),
                         mdsys.sdo_ordinate_array(-100.0,35.0,-90.0,45.0));
  wkt_clob:= gt.get_wkt();
```

```
  dbms_output. put_line(sys. dbms_lob. substr(wkt_clob,256,1));

  open geomcursor (gt);
  loop
    fetch geomcursor into stateyname,g;
    if geomcursor%FOUND then
      wkt_clob:= g. get_wkt();
      dbms_output. put_line(stateyname);
      dbms_output. put_line(sys. dbms_lob. substr(wkt_clob,256,1));
    else
      exit;
    end if;
  end loop;
end;
```

(2)为每个分支机构创建一个 0.25 英里的缓冲区。

(a)创建缓冲区。代码如下：

Code_14_5

```
SQL>create table sales_regions as select id,
        sdo_geom. sdo_buffer(b. location,
        0. 25,0. 5,'arc_tolerance=0. 005 unit=mile') geom
        from branches b;
```

(b)为新建的数据表插入空间元数据。代码如下：

Code_14_6

```
SQL> insert into user_sdo_geom_metadata
        (table_name,column_name,srid,diminfo)
        values  ('sales_regions','geom',8307,
        sdo_dim_array(
              sdo_dim_element(
              'longitude',
              -180,180,0. 5),
              sdo_dim_element (
              'latitude',
              -90,90,0. 5)
          )
      );
```

(c)在 MapBuilder 中显示 BRANCHES 及其缓冲区，如图 14-1 所示。

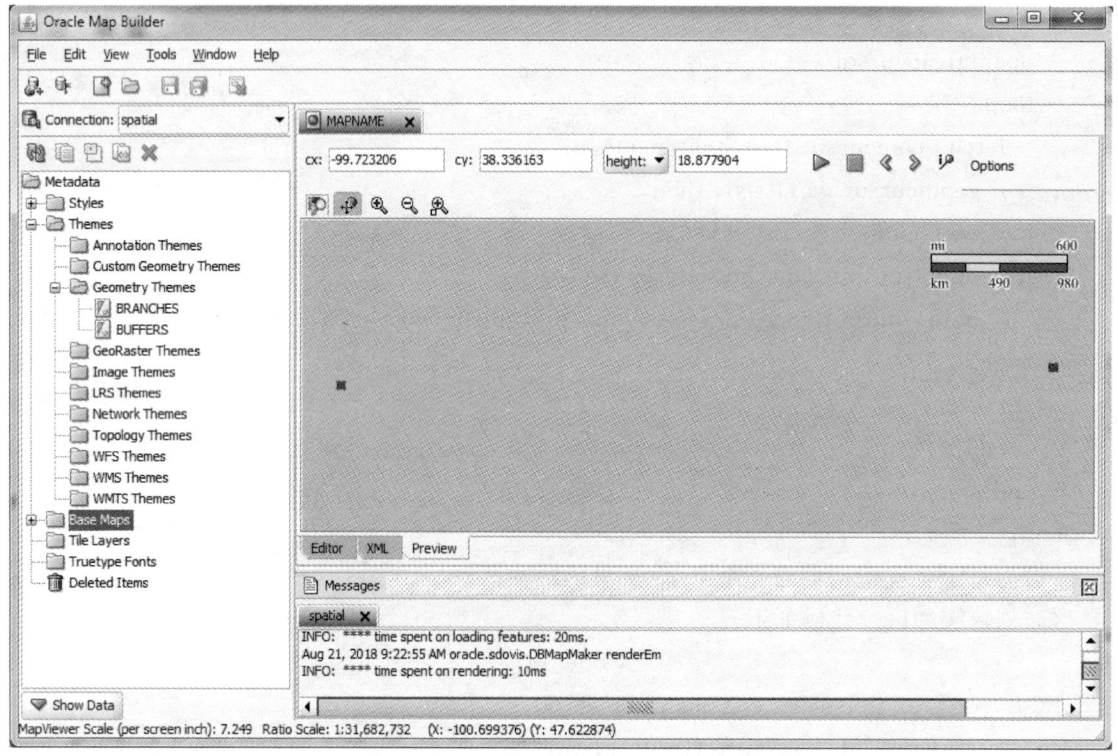

图 14-1　BRANCHES 及其缓存区显示

第15章　空间数据库编程实验

15.1　实验目的

(1)掌握 Oracle Spatial 中存储过程、函数的定义与调用方法。

(2)了解 Oracle Spatial 中存储过程的定义与使用方法。

(3)掌握高级语言(如 Java、C＋＋等)开发空间数据库应用程序的方法。

15.2　实验平台

(1)操作系统:Windows 7 及后续版本或 Ubuntu Linux 16.04 及后续版本。

(2)数据库管理系统:Oracle 11g 及后续版本。

(3)Oracle SQL Developer 或 Navicat。

(4)Java SDK 1.8 及后续版本。

(5)IDE IntelliJ IDEA 或 Eclipse。

15.3　实验内容与要求

(1)编写一个用于计算多边形面积的函数或存储过程,并采用 PL/SQL 调用该函数或存储过程计算美国国土面积(每个州的面积之和)。

(a)编写一个函数 CALCULATE_AREA,用于计算每个多边形的面积。代码如下:

Code_15_1

```
create or replace function calculate_area
(
  geom in sdo_geometry
) return number as
begin
  return mdsys.sdo_geom.sdo_area(geom,0.5,'unit=sq_mile');
end calculate_area;
```

(b)编写 PL/SQL 代码块,调用上个步骤中定义的函数实现美国国土面积计算。代码如下:

Code_15_2

```
declare
   g sdo_geometry;
   area number;
   cursor geomcursor is select t.geom from us_states t;
begin
   area:=0.0;
   open geomcursor;
   loop
      fetch geomcursor into g;
      if geomcursor%found then
         area:=area+calculate_area(g);
      else
         exit;
      end if;
   end loop;
   dbms_output.put_line('area ='|| area);
end;
```

(2)定义一个触发器，在往 SALES_REGIONS 表插入数据之前，检查其对应的空间元数据记录是否存在，如果不存在，则插入空间元数据信息到 MDSYS 方案的 USER_SDO_GEOMETRY_METADATA 视图中。代码如下：

Code_15_3

```
create or replace trigger check_metadata
before insert on sales_regions
referencing old as oldref new as newref
declare
c number;
begin
   select count(*) into c from sales_regions;
   if c<=0 then
      insert into user_sdo_geom_metadata
              (table_name,column_name,srid,diminfo)
              values ('SALES_REGIONS','GEOM',8307,
              sdo_dim_array(
                      sdo_dim_element('longitude',-180,180,  0.5),
                      sdo_dim_element ('latitude',-90,  90,0.5))
              );
   end if;
end;
```

(3)采用高级语言(以 Java 为例),开发一个应用程序,计算美国国土面积(即每个州的面积之和),并将每个州的几何对象以 WKT 格式写入到一个文本文件中。

(a)编写一个存储过程 calc_usa_area,计算美国各州面积之和,供 Java 中调用。代码如下:

Code_15_4

```
create or replace procedure calc_usa_area
(a out number) as
    g sdo_geometry;
    area number;
    cursor geomcursor is select t.geom from us_states t;
begin
    area:=0.0;
    open geomcursor;
    loop
      fetch geomcursor into g;
      if geomcursor%found then
        area:=area+calculate_area(g);
      else
        exit;
      end if;
    end loop;
    dbms_output.put_line('area ='|| area);
    a:=area;
end calc_usa_area;
```

(b)按照 7.2.1.2 部分描述的步骤,构建 Java 应用程序。

(c)添加函数 getConnection()实现 Oracle 数据库连接。代码如下:

Code_15_5

```
public static Connection getConnection(){
        Connection conn=null;
        try {
            Class.forName("oracle.jdbc.driver.OracleDriver");//找到 oracle 驱动器所在
            的类
            String url="jdbc:oracle:thin:@//localhost:1521/pdborcl";//URL 地址
            String username="spatial";
            String password="spatial";
            conn=DriverManager.getConnection(url,username,password);
        } catch (ClassNotFoundException e) {
            e.printStackTrace();
        } catch (SQLException e) {
```

```
            e. printStackTrace();
        }
        return conn;
    }
```

(d)调用 calc_usa_area 存储过程,计算美国国土面积。代码如下:

Code_15_6

```
public static doublecalculateUSAArea(Connection connection){
    try {
        CallableStatement   statement=connection. prepareCall("call calc_usa_area(?)");
        statement. registerOutParameter(1,OracleTypes. NUMBER);
        statement. execute();
        return statement. getDouble(1);
    } catch (Exception e){
        e. printStackTrace();
    }
    return 0;
}
```

(e)获取每个州的几何对象,将其转换成 WKT 字符串,写入文本文件中。代码如下:

Code_15_7

```
public static intoutputWKTs(Connection connection,String fileName){
    try {
        int c=0;
        File f=new File("output. txt");
        f. createNewFile();
        BufferedWriter out=new BufferedWriter(new FileWriter(f));
        Statement statement=connection. createStatement();
        ResultSet rs=statement. executeQuery("select t. geom from us_states t");
        while (rs. next()) {
            byte[] image=rs. getBytes(1);
            JGeometry j_geom=JGeometry. load(image);
            WKT wkt=new WKT();
            String strWKT=new String(wkt. fromJGeometry(j_geom));
            out. write(strWKT+"\r\n");
            c++;
        }
        out. flush();
        out. close();
        return c;
    } catch (IOException e) {
```

```
            e.printStackTrace();
        } catch (SQLException e) {
            e.printStackTrace();
        }catch (Exception e){
            e.printStackTrace();
        }
        return 0;
}
```

(f)在主程序中调用函数，输出美国国土面积和州的个数，并将各州的几何对象以 WKT 字符串的形式写入文本文件中。代码如下：

Code_15_8

```
public static voidmain(String[] args) {
    Connection connection=getConnection();
    System.out.println(calculateUSAArea(connection));
    System.out.println(outputWKTs(connection,"output.txt"));
}
```

第 16 章　空间数据库综合实验

16.1　实验目的

(1)本次实验为综合性实验,目的在于培养、训练学生在空间数据库领域的分析问题和解决问题的能力,提高学生运用所学知识解决空间数据库相关的实际问题的能力。该课程设计为学生提供一个既动手动脑,又独立实践的机会,以便学生将课本上的理论知识和实际应用问题进行有机结合,提高学生空间数据库设计、PL/SQL 程序设计、调试及项目开发能力。

(2)通过综合性实验报告(课程设计报告,模板见附件)的编写,让学生对空间数据库的设计、应用程序开发的各阶段及其任务有所了解和体会,初步学习和掌握空间数据库设计与应用程序开发过程的规范性方法,并能以文档的形式进行归纳总结,锻炼技术文档编写能力。

16.2　实验平台

(1)操作系统:Windows 7 及后续版本或 Ubuntu Linux 16.04 及后续版本。

(2)数据库管理系统:Oracle 12c 及后续版本。

(3)Oracle SQL Developer 或 Navicat。

(4)Java SDK 1.8 及后续版本。

(5)IDE IntelliJ IDEA 或 Eclipse。

(6)ArcGIS 10.0 及后续版本或 QGIS。

16.3　实验内容与要求

(1)选择一个自己熟悉的省会城市或直辖市、国际大都市(每位同学选取一个,在班级内由学习委员负责具体分配,不得有重复的选择),构建省会城市的空间数据库系统(数据可以采用 http://www.openstreetmap.org 开源数据,如图 16-1 所示,编辑工具采用开源软件 QGIS 或 ArcGIS,也可以自己在其他网站上下载);要求具备数据入库、数据查询与空间分析功能(5~10 种功能);按照空间数据库系统设计步骤和要求,完成相关文档和编码,形成最终实习报告。

(2)采用高级语言(Python、Java、C#、C/C++等)连接空间数据库,至少设计、实现一种功能。

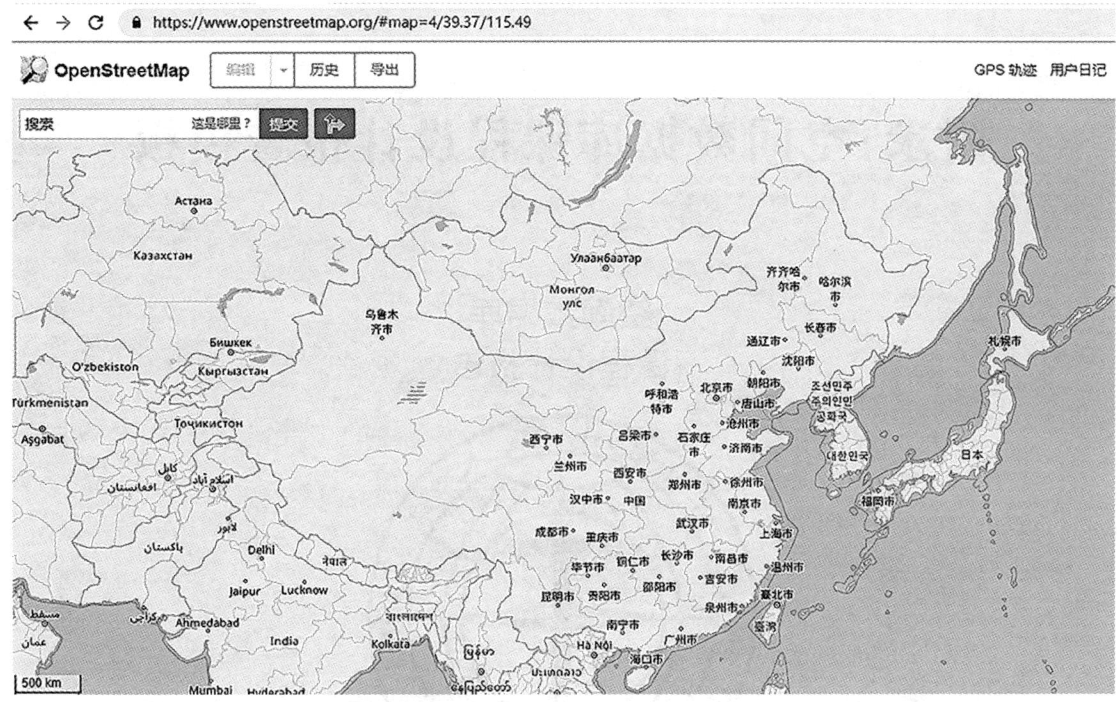

图 16 - 1　OpenStreetMap

附录:空间数据库课程设计报告模板

空间数据库
课程设计报告

题　　目:××××××××××××××空间数据库系统
专　　业:空间信息与数字技术
班　　级:
学　　号:
姓　　名:
指导老师:
日　　期:20××年××月

目　录

空间数据库课程设计

选题简介
课程考核
指导老师： 20××年××月××日

空间数据库课程设计

一、需求分析与系统设计

二、空间数据库结构设计

三、空间数据编辑与入库

(一)空间数据获取与编辑

(二)空间数据入库

四、系统功能实现与测试

(一)功能 1

功能描述:

功能编码:

运行结果:

备注说明[可选]:

(二)功能 2

功能描述:

空间数据库课程设计

功能编码：

运行结果：

备注说明[可选]：

五、选做功能

[可选]采用高级语言连接空间数据库，读取空间数据进行分析处理，并将结果写入空间数据库。

六、课程总结

七、参考文献

主要参考文献

冯玉才，曹奎，曹忠升. 一种支持快速相似检索的多维索引结构[J]. 软件学报，2002，13(8):1678－1685.

刘福江等. 数据库课程设计与开发实操[M]. 北京:科学出版社,2017.

王珊,萨师煊. 数据库系统概论[M]. 5 版. 北京:高等教育出版社,2014.

王珊,张俊. 数据库系统概论习题解析与实验指导[M]. 5 版. 北京:高等教育出版社，2015.

夏宇，朱欣焰. 高维空间数据索引技术研究[J]. 测绘科学，2009，34(1):60－62.

张宏,乔延春,罗政东. 空间数据库实验教程[M]. 北京:科学出版社,2014.

张军旗，周向东，王梅，等. 基于聚类分解的高维度量空间索引 b+－tree[J]. 软件学报，2008，19(6):1401－1412.

周学海，李曦，龚育昌,等. 多维向量动态索引结构研究[J]. 软件学报，2002，13(4):768－773.

JUN G，QING Z，YETING Z，et al. An efficient 3D R－tree extension method concerned with levels of detail[J]. Acta Geodaetica Et Cartographica Sinica，2011，40(2):249－255.

RAVI K，ALBERT G，EURO B. Oracle Spatial 空间信息管理——Oracle Database 11g[M]. 管会生等,译. 北京:清华大学出版社,2009.

RAVI K，ALBERT G，EURO B. Pro Oracle Spatial for Oracle Database 11g[M]. Now York：Springer－Verlag,2007.

ZHAO J，STOTER J，LEDOUX H，et al. Repair and generalization of hand－made 3D building models[J]. Hydrology & Earth System Sciences Discussions，2012，9(11):4703－4746.

Zhenwen He，Chonglong Wu，Gang Liu,et al. Decomposition tree：a spatio－temporal indexing method for movement big data[J]. Cluster Computing，2015，18(4):1481－1492.